"十二五"职业教育国家规划教材

经全国职业教育教材审定委员会审定

建筑与装饰工程工程量
清 单 计 价

（工程造价与工程管理类专业适用）

周慧玲　　　　主　编

程　莉　　　　副主编

莫良善　文桂萍　主　审

U0212958

中国建筑工业出版社

图书在版编目（CIP）数据

建筑与装饰工程工程量清单计价/周慧玲主编.—北京：中国建筑工业出版社，2014.2

"十二五"职业教育国家规划教材.经全国职业教育教材审定委员会审定.工程造价与工程管理类专业适用

ISBN 978-7-112-16371-7

Ⅰ.①建… Ⅱ.①周… Ⅲ.①建筑工程-工程造价-高等学校-教材②建筑装饰-工程造价-高等学校-教材 Ⅳ.①TU723.3

中国版本图书馆 CIP 数据核字(2014)第 022233 号

本书内容包括：工程量清单计价基础知识、工程量清单编制实务及工程量清单计价实务三大部分。本书基础知识简单明了，以够用为度，便于学生理解和掌握相关知识。全书侧重实务，以广西地区为例，以真实的施工项目图纸为载体，讲解清单列项、工程量计算、定额套价，进而计算各项费用、计算工程总造价等方面的知识。重点突出实际应用，通俗易懂，有助于读者理解、掌握与动手操作。

本教材主要作为高职院校工程造价专业及相关专业的教材，也可作为函授和自学辅导用书或供相关专业人员学习参考之用。

课件网络下载方法：请进入 http://www.cabp.com.cn网页，输入本书书名查询，点击"配套资源"下载。

责任编辑：朱首明　张　晶　张　健
责任设计：张　虹
责任校对：姜小莲　关　健

"十 二 五"职 业 教 育 国 家 规 划 教 材
经 全 国 职 业 教 育 教 材 审 定 委 员 会 审 定
建筑与装饰工程工程量清单计价
（工程造价与工程管理类专业适用）
周慧玲　　　　主　编
程　莉　　　　副主编
莫良善　文桂萍　主　审
＊
中国建筑工业出版社出版、发行（北京西郊百万庄）
各地新华书店、建筑书店经销
北京红光制版公司制版
北京市密东印刷有限公司印刷
＊
开本：787×1092毫米　1/16　印张：24½　字数：610千字
2014年8月第一版　　2018年3月第五次印刷
定价：**46.00**元（附网络下载）
ISBN 978-7-112-16371-7
（25095）

前　言

本书根据高职高专教育土建类专业教学指导委员会工程管理类专业分指导委员会制定的《工程造价专业教学基本要求》，结合多年从事工程造价专业技术工作及一体化教学实践经验的基础上编著。

本书涉及的现行规范有《建设工程工程量清单计价规范》GB 50500—2013、《房屋建筑与装饰工程工程量计算规范》GB 50854—2013、《GB 50500—2013 建设工程工程量清单计价规范广西壮族自治区实施细则》、《GB 50854—2013 房屋建筑与装饰工程工程量计算规范广西壮族自治区实施细则》、2013《广西壮族自治区建筑装饰装修工程消耗量定额》、2013《广西壮族自治区建筑装饰装修工程费用定额》。

本书内容包括：工程量清单计价基础知识、工程量清单编制实务及工程量清单计价实务三大部分。本书基础知识简单明了，以够用为度，便于学生理解和掌握相关知识。全书侧重实务，以广西地区为例，以真实的施工项目图纸为载体，讲解清单列项、工程量计算、定额套价，进而计算各项费用、计算工程总造价等方面的知识。重点突出实际应用，通俗易懂，有助于读者理解、掌握与动手操作。

本教材主要作为高职院校工程造价专业及相关专业的教材，也可作为函授和自学辅导用书或供相关专业人员学习参考之用。

本书主要由广西建设职业技术学院管理工程系周慧玲主编。周慧玲负责撰写与整理文字部分；周慧玲、程莉负责编写案例题；周慧玲、唐菊香、陆丽奎负责编制实例工程的招标工程量清单及招标控制价；周慧玲、陶月平负责整理计价计量规范的文字；秦荷成负责CAD图纸的整理。本书由广西建设工程造价管理总站莫良善、广西建设职业技术学院文桂萍主审。全书由周慧玲统稿。

书中的工程量计算与工程量清单、工程量清单计价文件编制的具体做法和实例，仅代表编者个人对规范、定额和相关解释材料的理解。由于作者水平有限，时间仓促，不妥和错漏之处在所难免，恳请读者批评指正。

目　录

第1篇　工程量清单计价基础知识

第2篇 工程量清单编制实务

第3篇 工程量清单计价实务

第1篇 工程量清单计价基础知识

【学习目标】

了解工程量清单计价规范的历史沿革，熟悉工程量清单计价模式与工料单价计价模式的区别，熟悉 2013 规范体系的组成、计价计量规范广西实施细则、工程量清单计价文件的审查，掌握建筑与装饰工程费用组成、工程量清单编制相关规定、工程总造价计价程序、工程量清单综合单价计算程序，能根据工程背景进行工程量清单列项、计算工程总造价、计算工程量清单综合单价。

【学习要求】

能力目标	知识要点	相关知识
能熟练完成工程量清单列项	工程量清单五要件	项目编码、项目名称、项目特征、计量单位、工程量
能熟练计算工程总造价	工程总造价计算程序	建筑与装饰工程费用组成、广西现行取费费率及适用范围、招标控制价与投标报价的编制规定
能熟练计算工程量清单综合单价	工程量清单综合单价计算程序	

教学单元 1 工程量清单计价概述

1.1 工程量清单计价的相关概念

1.1.1 工程量清单计价

为了适应我国建设工程管理体制改革以及建设市场发展的需要，规范建设工程各方的计价行为，进一步深化工程造价管理模式的改革，按照"政府宏观调控、企业自主报价、市场形成价格、加强市场监管"的改革思路，我国于 2003 年 7 月 1 日开始实施工程量清单计价。

工程量清单计价是我国现行的工程预结算工作中的两种计价方法之一，是指招投标阶段由投标人按照招标人提供的招标工程量清单，逐一填报单价，并计算出建设项目所需的全部费用，包括分部分项工程费、措施项目费、其他项目费、规费、税前项目费和税金等，工程结算时必须以承包人完成合同工程应予以计量的工程量确定工程造价的这一过程，就称为工程量清单计价。

工程量清单计价应采用"综合单价"计价。综合单价是指完成规定清单项目所需的人工费、材料费和工程设备费、施工机具使用费和企业管理费、利润，并考虑了风险因素的一种单价。

1.1.2　工程量

工程量即工程的实物数量，是以物理计量单位或自然计量单位所表示的各个分项或子项工程和构配件的数量。物理计量单位，是指以法定计量单位表示的长度、面积、体积、质量等。如建筑物的建筑面积、屋面面积（m²），基础砌筑、墙体砌筑的体积（m³），钢屋架、钢支撑、钢平台制作安装的质量（t）等。自然计量单位是指以物体的自然组成形态表示的计量单位，如通风机、空调器安装以"台"为单位，风口及百叶窗安装以"个"为单位，消火栓安装以"套"为单位，大便器安装以"组"为单位，散热器安装以"片"为单位。

1.1.3　招标工程量清单

工程量清单是载明建设工程分部分项工程项目、措施项目、其他项目、税前项目的名称和相应数量以及规费、税金项目等内容的明细清单，即称为工程量清单。工程量清单体现的核心内容为清单项目名称及其相应数量。

招标工程量清单是招标人依据国家标准、招标文件、设计文件以及施工现场实际情况编制的，随招标文件发布供投标报价的工程量清单，包括其说明和表格。

分部分项工程量清单表明了拟建工程的全部分项实体工程的名称和相应的工程数量，例如某工程泵送商品混凝土 C25 混凝土矩形柱，98.07m³；现浇混凝土钢筋 φ10 以内，115.63t。

措施项目清单表明了为完成拟建工程项目施工，发生于该工程施工准备和施工过程中的技术、生活、安全、环境保护等方面的项目。措施项目清单根据计价程序的不同，分为单价措施项目、总价措施项目。

单价措施项目为可以根据工程图纸和相关计量规范中的工程量计算规则进行计量的项目，例如，混凝土独立基础模板，115.57m²；1m³ 液压挖掘机进退场 1 台次。

总价措施项目为在相关计量规范中无工程量计算规则，无法根据工程图纸计算其工程量的清单项目，例如安全文明施工费、冬雨季施工费等。

招标工程量清单必须作为招标文件的组成部分，其准确性和完整性由招标人负责。招标工程量清单作为编制招标控制价、投标报价、计算或调整工程量、索赔等的依据之一。

1.1.4　工程量清单综合单价

综合单价是指完成一个规定清单项目所需的人工费、材料费和工程设备费、施工机械使用费、企业管理费、利润以及一定范围内的风险费用。

1.1.5　计价规范

规范是一种标准。所谓"计价规范"，就是应用于规范建设工程计价行为的国家标准。具体地讲，就是工程造价工作者，对确定建筑产品价格的分部分项工程名称、项目特征、工作内容、项目编码、工程量计算规则、计量单位、费用项目组成与划分、费用项目计算方法与程序等作出的全国统一规定标准。

我国现行的计价规范是《建设工程工程量清单计价规范》GB 50500—2013 和九个专业工程量计算规范（简称"13 规范"）。

"13规范"是我国国家级标准，其中部分条款为强制性条文，用黑体字标志，必须严格执行。计价规范的发布实施，是我国工程造价工作逐步实现"政府宏观调控、企业自主报价、市场形成价格"的基础。

1.2　工程量清单计价模式

1.2.1　采用工程量清单计价的工程范围

使用国有资金投资的建设工程发承包，必须采用工程量清单计价。国有资金投资的工程建设项目包括使用国有资金投资和国家融资投资的工程建设项目。

1. 使用国有资金投资项目的范围包括：

（1）使用各级财政预算资金的项目；

（2）使用纳入财政管理的各种政府性专项建设基金的项目；

（3）使用国有企事业单位自有资金，并且国有资产投资者实际拥有控制权的项目。

2. 国家融资项目的范围包括：

（1）使用国家发行债券所筹资金的项目；

（2）使用国家对外借款或者担保所筹资金的项目；

（3）使用国家政策性贷款的项目；

（4）国家授权投资主体融资的项目；

（5）国家特许的融资项目。

非国有资金投资的工程建设项目，可采用工程量清单计价，也可采用工料单价法计价。

1.2.2　工程量清单计价主要程序

广西现行的计价模式主要有工程量清单计价模式、工料单价法计价模式两种，其中工料单价法在我国其他地区也称定额计价法。实行工程量清单计价的工程，应采用单价合同。

1. 招标人编制工程量清单

招标投标阶段，由招标人或受其委托的造价咨询人根据招标文件要求、工程图纸、计价与计量规范、计价办法及常规施工方案等资料列出拟建工程项目所有的清单项目，分部分项工程和单价措施项目还需计算出相应工程量，编制成工程量清单作为招标文件的一部分发给所有投标人。

2. 招标人编制招标控制价

招标投标阶段，由招标人或受其委托的造价咨询人以公平、公正为原则，根据招标文件要求、工程量清单、建设主管部门颁发的计价定额、计价的有关规定及常规施工方案等资料合理确定工程总造价。

3. 投标人编制投标报价

招标投标阶段，投标人按照招标文件所提供的工程量清单、施工现场的实际情况及拟定的施工方案、施工组织设计，按企业定额或建设行政主管部门发布的计价定额以及市场价格，结合市场竞争情况，充分考虑风险，自主报价。

4. 以承包人完成合同工程应予以计量的工程量确定工程结算价

工程完工后，发承包双方办理竣工结算时，以承包人完成合同工程应予以计量的工程量、合同约定的综合单价为基础计算工程结算价格。

1.2.3　实行工程量清单计价的意义

工程量清单计价由招标人编制工程量清单、投标人根据自身实际情况自主报价，发承包双方按实际完成计算工程量、按合同约定计算综合单价进行结算，通过市场竞争形成价格，合理地分担了风险，促进了中国特色建设市场有序竞争和企业健康发展。

建设工程造价实行工程量清单计价的意义主要有以下几点：

1. 有利于市场机制决定工程造价的实现，促进我国工程造价管理政府职能的转变。

2. 有利于业主获得合理的工程造价。

3. 有利于促进施工企业改善经营管理，提高竞争能力。

4. 有利于提高工程造价人员业务素质，使其成为懂技术、懂经济、懂管理的复合型人才。

5. 有利于参与国际市场的竞争。

1.2.4　工程量清单计价与工料单价法计价的区别

工程量清单计价模式是一种符合建筑市场竞争规则、经济发展需要和国际惯例的计价办法，是工程计价的趋势。工料单价法计价模式（也称定额计价模式）在我国已使用多年，具有一定的实用性。今后几年中，工程量清单计价和工料单价法计价两种模式将并存，形成以工程量清单计价模式为主导，工料单价法计价模式为补充方式的计价局面。两种计价模式的区别主要有以下几点：

1. 适用范围不同

使用国有资金投资建设工程项目必须采用工程量清单计价。除此以外的建设工程，可以采用工程量清单计价模式，也可采用工料单价法计价模式。

2. 项目划分不同

工料单价法计价的项目是按定额子目来划分的，所含内容相对单一，一个项目包括一个定额子目的工作内容；而工程量清单项目，基本以一个"综合实体"考虑，一个项目既可能包括一个定额子目的工作内容，也可能包括多个定额子目的工作内容。例如，清单项目中"混凝土独立基础"，工作内容包括混凝土制作、浇捣；而工料单价法计价时采用的定额子目"混凝土基础"仅包含混凝土浇捣，混凝土制作需另列项目计算。

3. 计价依据不同

工料单价法计价模式主要是依据建设行政主管部门发布的计价定额计算工程造价，具有地域的局限性；工程量清单计价模式的主要计价依据是《建设工程工程量清单计价规范》和9个专业工程量计算规范，实行全国统一。

4. 编制工程量的主体不同

采用工料单价法计价模式，建设工程的工程量、工程价格均由投标人自行计算；而采用工程量清单计价模式，工程量由招标人或委托有关工程造价咨询单位统一计算，各投标人根据招标人提供的工程量清单，根据自身的技术装备、施工经验、企业成本、企业定额、管理水平等进行报价。

5. 风险分担不同

工程量清单由招标人提供，招标人承担工程量计算风险，投标人则承担单价风险；而工料单价法计价模式下的招投标工程，工程数量由各投标人自行计算，工程量计算风险和单价风险均由投标人承担。

6.计量与计价的单位不同

工料单价法计价模式计量与计价的单位为定额单位，定额单位一般为扩大单位，如"10m³、1000m³、100m²"等。工程量清单计价模式计量与计价的单位为标准单位，如"m、m³、m²"等。

1.3　建筑与装饰工程费用组成

1.3.1　按构成要素划分的费用组成

建筑与装饰工程费用组成按构成要素划分，见表1-1：

建筑与装饰工程费用组成表（按构成要素划分）　　　　　表1-1

建筑与装饰工程费用组成	直接费	人工费	计时工资（或计价工资）
			津贴、补贴
			特殊情况下支付的工资
		材料费	材料原价
			运杂费
			运输损耗费
			采购及保管费
		机械费	折旧费
			大修理费
			经常修理费
			安拆费及场外运费
			人工费
			燃料动力费
			税费
	间接费	企业管理费	管理人员工资
			办公费
			差旅交通费
			固定资产使用费
			工具用具使用费
			劳动保险和职工福利费
			劳动保护费
			工会经费
			职工教育经费
			财产保险费
			财务费
			税金
			其他
		规费	建筑安装工程劳动保险费
			生育保险费
			工伤保险费
			住房公积金
			工程排污费
	利润		
	税金		营业税
			城市维护建设税
			教育费附加、地方教育附加
			水利建设基金

1.3.2　按工程造价形成划分的费用组成

建筑与装饰工程费用组成按工程造价形成划分，如表 1-2 所示。按广西现行规定，工程计价成果文件的报表内容主要是按工程造价形成划分。

建筑与装饰工程费用组成表（按工程造价形成划分）　　　表 1-2

建筑与装饰工程费用组成	分部分项工程费			
	措施项目费	单价措施费	脚手架工程费	1. 人工费 2. 材料费 3. 机械费 4. 管理费 5. 利润
			垂直运输机械费	
			混凝土、钢筋混凝土模板及支架费	
			混凝土运输及泵送费	
			大型机械进出场及安拆费	
			……	
		总价措施费	安全文明施工费	
			检验试验配合费	
			雨季施工增加费	
			工程定位复测费	
			优良工程增加费	
			提前竣工（赶工补偿）费	
			……	
	其他项目费	暂列金额		
		暂估价（材料暂估价、专业工程暂估价）		
		计日工		
		总承包服务费		
	规费	建筑安装工程劳动保险费		
		生育保险费		
		工伤保险费		
		住房公积金		
		工程排污费		
	税前项目费			
	税金	营业税		
		城市维护建设税		
		教育费附加、地方教育附加		
		水利建设基金		

思 考 题 与 习 题

1. 我国现行工程造价管理改革的思路是什么？

2. 什么是工程量清单计价？

3. 什么是工程量清单？什么是招标工程量清单？

4. 什么是工程量清单综合单价？

5. 必须采用工程量清单计价的工程范围包括哪些？
6. 工程量清单计价模式与工料单价法计价模式的区别是什么？
7. 简述建筑与装饰工程费用组成内容（按构成要素划分）。
8. 简述建筑与装饰工程费用组成内容（按工程造价形成划分）。

教学单元 2 工程量清单计价与计量规范概述

2.1 工程量清单计价规范的历史沿革

2.1.1 《建设工程工程量清单计价规范》GB 50500—2003

1. "03 规范"简介

2003 年 2 月 17 日,原建设部以第 119 号公告发布了国家标准《建设工程工程量清单计价规范》GB 50500—2003(简称"03 规范"),自 2003 年 7 月 1 日开始实施。

"03 规范"的实施,为推行工程量清单计价,建立市场形成工程造价的机制奠定了基础。

"03 规范"主要侧重于规范工程招投标阶段的工程量清单计价行为,对工程合同签订、工程计量与价款支付、合同价款调整、索赔和竣工结算等方面缺乏相应的规定。

2. "03 规范"组成内容

"03 规范"共包括 5 章和 5 个附录,条文数量共 45 条,其中强制性条文 6 条,强制性条文为黑色字体标志,必须严格执行。组成内容见表 2-1:

"03 规范"组成内容 表 2-1

序号	章节	名 称	条文数	说 明
1	第 1 章	总则	6	
2	第 2 章	术语	9	
3	第 3 章	工程量清单编制	14	
4	第 4 章	工程量清单计价	10	
5	第 5 章	工程量清单及其计价格式	6	
6	附录 A	建筑工程工程量清单项目及计算规则		
7	附录 B	装饰装修工程工程量清单项目及计算规则		
8	附录 C	安装工程工程量清单项目及计算规则		
9	附录 D	市政工程工程量清单项目及计算规则		
10	附录 E	园林工程工程量清单项目及计算规则		

2.1.2 《建设工程工程量清单计价规范》GB 50500—2008

1. "08 规范"简介

2008 年 7 月 9 日,住房城乡建设部以第 63 号公告,发布了《建设工程工程量清单计价规范》GB 50500—2008(简称"08 规范"),自 2008 年 12 月 1 日开始实施。"08 规范"适用于建设工程工程量清单计价活动。

"08 规范"具有以下特点:

（1）内容涵盖了工程施工阶段从招投标开始到工程竣工结算办理的全过程，并增加了条文说明。

（2）体现了工程造价计价各阶段的要求，使规范工程计价行为形成有机整体。

（3）充分考虑到我国建设市场的实际情况，在安全文明施工费、规费等计取上，规定了不允许竞价；在应对物价波动对工程造价的影响上，较为公平地提出了发、承包双方共担风险的规定，更有利于建立公开、公平、公正的市场竞争秩序。

2. "08 规范"组成内容

"08 规范"共包括 5 章和 6 个附录，增加了"附录 E 矿山工程工程量清单项目及计算规则"。条文数量共 137 条，其中强制性条文 15 条，强制性条文为黑色字体标志，必须严格执行。组成内容见表 2-2：

"08 规范"组成内容　　　　　　　　　　　　　　　表 2-2

序号	章节	名　称	条文数	说　明
1	第 1 章	总则	8	
2	第 2 章	术语	23	
3	第 3 章	工程量清单编制	21	
4	第 4 章	工程量清单计价	72	
5	4.1	一般规定		
6	4.2	招标控制价		
7	4.3	投标价		
8	4.4	工程合同价款的确定		
9	4.5	工程计量与价款支付		
10	4.6	索赔与现场签证		
11	4.7	工程价款调整		
12	4.8	竣工结算		
13	4.9	工程计价争议处理		
14	第 5 章	工程量清单计价表格	13	
15	附录 A	建筑工程工程量清单项目及计算规则		
16	附录 B	装饰装修工程工程量清单项目及计算规则		
17	附录 C	安装工程工程量清单项目及计算规则		
18	附录 D	市政工程工程量清单项目及计算规则		
19	附录 E	园林工程工程量清单项目及计算规则		
20	附录 F	矿山工程工程量清单项目及计算规则		

"08 规范"实施以来，对规范工程实施阶段的计价行为起到了良好的作用，但由于附录没有修订，还存在有待完善的地方。

2.1.3 "13 规范"

1. "13 规范"简介

2012 年 12 月 25 日，住房城乡建设部以 10 个公告，发布了《建设工程工程量清单计价规范》GB 50500—2013 和九个专业工程量计算规范（简称"13 规范"），计价与计量规范共 10 本,自 2013 年 7 月 1 日开始实施。"13 规范"适用于建设工程发承包及实施阶段的计价活动。

"13 规范"是以《建设工程工程量清单计价规范》为母规范,各专业工程工程量计算规范与其配套使用的工程计价、计量标准体系。该标准体系将为深入推行工程量清单计价,建立市场形成工程造价机制奠定坚实基础,并对维护建设市场秩序,规范建设工程发承包双方的计价行为,促进建设市场健康发展发挥重要作用。

2. "13 规范"体系

"13 规范"体系见表 2-3:

"13 规范"体系　　　　　　　　　　　　　　　　　表 2-3

序号	标　准	名　称	说　明
1	GB 50500—2013	建设工程工程量清单计价规范	
2	GB 50854—2013	房屋建筑与装饰工程工程量计算规范	
3	GB 50855—2013	仿古建筑工程工程量计算规范	
4	GB 50856—2013	通用安装工程工程量计算规范	
5	GB 50857—2013	市政工程工程量计算规范	
6	GB 50858—2013	园林绿化工程工程量计算规范	
7	GB 50859—2013	矿山工程工程量计算规范	
8	GB 50860—2013	构筑物工程工程量计算规范	
9	GB 50861—2013	城市轨道交通工程工程量计算规范	
10	GB 50862—2013	爆破工程工程量计算规范	

本教材主要针对《建设工程工程量清单计价规范》GB 50500—2013、《房屋建筑与装饰工程工程量计算规范》GB 50854—2013 进行编写。

3. "13 规范"特点

(1)确立了工程计价标准体系的形成

对于计价而言,无论什么专业都应该是一致的;而计量,随着专业的不同存在不一样的规定,原清单计价规范将其作为附录处理,不方便操作和管理,也不利于不同专业计量规范的修订和增补。为此,计价、计量规范体系表现形式的改变是很有必要的。

"13 规范"共发布 10 本工程计价、计量规范,特别是 9 个专业工程计量规范的出台,使整个工程计价标准体系清晰明了,为下一步工程计价标准的制定打下了坚实的基础。

(2)与当前国家相关法律、法规和政策性的变化规定相适应

《中华人民共和国社会保险法》的实施;《中华人民共和国建筑法》关于实行工伤保险,鼓励企业为从事危险作业的职工办理意外伤害保险的修订;国家发展改革委、财政部关于取消工程定额测定费的规定;财政部开征地方教育附加等规费方面的变化;《建筑市场管理条例》的起草,《建筑工程施工发承包计价管理办法》的修订,均为"08 规范"的修改提供了基础。

(3)注重与施工合同的衔接

"13 规范"明确定义为适用于工程施工发承包及实施阶段,因此,在术语、条文设置上尽可能与施工合同相衔接,既重视规范的指引和指导作用,又充分尊重发承包双方的意

思自治，为造价管理与合同管理相统一搭建了平台。

（4）保持了规范的先进性

"13 规范"增补了建筑市场新技术、新工艺、新材料的项目，删去了淘汰的项目。对土石分类重新进行了定义，实现了与现行国家标准的衔接。

4. 规范中的用词说明

（1）为便于执行本规范条文时区别对待，对要求严重程度不同的用词说明如下：

1）表示很严格，非这样做不可的用词：正面词采用"必须"，反面词采用"严禁"。

2）表示严格，在正常情况下均应这样做的用词：正面词采用"应该"，反面词采用"不应"或"不得"。

3）表示允许稍有选择，在条件许可时首先应这样做的用词：正面词采用"宜"，反面词采用"不宜"；表示有选择，在一定条件下可以这样做的用词，采用"可"。

（2）本规范中指明应按其他有关标准、规范执行的写法为"应符合……的规定"或"应按……执行"。

2.2　建设工程工程量清单计价规范 GB 50500—2013

2.2.1　编制原则

1. 依法原则

建设工程计价活动受《中华人民共和国合同法》等多部法律、法规的管辖，因此"13规范"对规范条文做到依法设援。例如，有关招标控制价的设置，就遵循了《政府采购法》相关规定，以有效遏制哄抬标价的行为；有关招标控制价投诉的设置，就遵循了《招标投标法》的相关规定，既维护了当事人的合法权益，又保证了招标活动的顺利进行；有关合理工期的设置，就遵循了《建设工程质量管理条例》的相关规定，以促使施工作业有序进行，确保工程质量和安全；有关工程结算的设置，就遵循了《合同法》以及相关司法解释的相关规定。

2. 权责对等原则

在建设工程施工活动中，不论发包人或承包人，有权利就必然有责任。"13规范"仍然坚持这一原则，杜绝只有权利没有责任的条款。如关于工程量清单编制质量的责任由招标人承担的规定，就有效遏制了招标人以强势地位设置工程量偏差由投标人承担的做法。

3. 公平交易原则

建设工程计价从本质上讲，就是发包人与承包人之间的交易价格，在社会主义市场经济条件下应做到公平进行。"08规范"关于计价风险合理分担的条文，及其在条文说明中对于计价风险的分类和风险幅度的指导意见，就得到了工程建设各方的认同，因此，"13规范"将其正式条文化。

4. 可操作性原则

"13规范"尽量避免条文点到就止，重视条文的可操作性。例如招标控制价的投诉问题，对投诉时限、投诉内容、受理条件、复查结论等作了较为详细的规定。

5. 从约原则

建设工程计价活动是发承包双方在法律框架下签约、履约的活动。因此，遵从合同约定，履行合同义务是双方的应尽之责。"13 规范"在条文上坚持"按合同约定"的规定，但在合同约定不明或没有约定的情况下，发承包双方发生争议时不能协商一致，规范的规定就会在争议处理方面发挥积极作用。

2.2.2　"13 计价规范"组成内容

"13 计价规范"由正文和附录两部分组成，共包括 16 章和 11 个附录，分 58 节，共有条文数量为 329 条，其中强制性条文 14 条，强制性条文为黑色字体标志，必须严格执行。组成内容见表 2-4：

"13 计量规范"组成内容　　　　　　　　　　　　表 2-4

序号	章节	名　称	节数	条文数	说明
1	第 1 章	总则	1	7	
2	第 2 章	术语	1	52	
3	第 3 章	一般规定	4	19	
4	第 4 章	工程量清单编制	6	19	
5	第 5 章	招标控制价	3	21	
6	第 6 章	投标报价	2	13	
7	第 7 章	合同价款约定	2	5	
8	第 8 章	工程计量	3	15	
9	第 9 章	合同价款调整	15	58	
10	第 10 章	合同价款中期支付	3	24	
11	第 11 章	竣工结算支付	6	35	
12	第 12 章	合同解除的价款结算与支付	1	4	
13	第 13 章	合同价款争议的解决	5	19	
14	第 14 章	工程造价鉴定	3	19	
15	第 15 章	工程计价资料与档案	2	13	
16	第 16 章	工程计价表格	1	6	
17	附录 A	物价变化合同价款调整方法			
18	附录 B	工程计价文件封面			
19	附录 C	工程计价文件扉页			
20	附录 D	工程计价总说明			
21	附录 E	工程计价汇总表			
22	附录 F	分部分项工程的措施项目计价表			
23	附录 G	其他项目计价表			
24	附录 H	规费、税金项目计价表			
25	附录 J	工程计量申请（核准）表			
26	附录 K	合同价款支付申请（核准）表			
27	附录 L	主要材料、工程设备一览表			
		合计	58	329	

2.3　房屋建筑与装饰工程工程量计算规范 GB 50854—2013

2.3.1　编制原则

1. 项目编码唯一性原则

"13 规范"将 9 个专业工程修编为 9 个计量规范，项目编码的设置方式保持不变。前两位定义为每本计量规范的代码，使每个项目清单的编码都是唯一的，没有重复。

2. 项目设置简明适用原则

"13 计量规范"在项目设置上以符合工程实际、满足计价需要为前提，力求增加新技术、新工艺、新材料的项目，删除技术规范已经淘汰的项目。

3. 项目特征满足组价原则

"13 计量规范"在项目特征上，对凡是体现项目自身价值的都作出规定，即使工作内容已列有的内容，在项目特征中仍作出要求。

（1）对工程计价无实质影响的内容不作规定，如现浇混凝土梁底面标高等。

（2）对应由投标人根据施工方案自行确定的不作规定，如预裂爆破的单孔深度及装药量等。

（3）对应由投标人根据当地材料供应及构件配料决定的不作规定，如混凝土拌合料的石子种类及粒径、砂的种类等。

（4）对应由施工措施解决并充分体现竞争要求的，注明了特征描述时不同的处理方式，如弃土运距等。

4. 计量单位方便计量原则

计量单位应以方便计量为前提，注意与现行工程定额的规定衔接。如有两个或两个以上计量单位均可满足某一工程项目计量要求的，均予以标注，由招标人根据工程实际情况选用。

5. 工程量计算规则统一原则

"13 计量规范"不使用"估算"之类的词语；对使用两个或两个以上计量单位的，分别规定了不同计量单位的工程量计算规则；对易引起争议的，用文字说明，如钢筋的搭接如何计量等。

2.3.2　"13 房建计量规范"组成内容

《房屋建筑与装饰工程工程量计算规范》GB 50854—2013 由正文和附录两部分组成，二者具有同等效力，缺一不可。组成内容见表 2-5：

"13 计量规范"组成内容　　　　　　　　　　　　　表 2-5

序号	章节	名　　称	条文数	项目数	说明
1	第 1 章	总则	4		
2	第 2 章	术语	4		
3	第 3 章	工程计量	6		
4	第 4 章	工程量清单编制	15		
5	附录 A	土石方工程		13	

续表

序号	章节	名　称	条文数	项目数	说明
6	附录 B	地基处理与边坡支护工程		28	
7	附录 C	桩基工程		11	
8	附录 D	砌筑工程		27	
9	附录 E	混凝土及钢筋混凝土工程		76	
10	附录 F	金属结构工程		31	
11	附录 G	木结构工程		8	
12	附录 H	门窗工程		55	
13	附录 J	屋面及防水工程		21	
14	附录 K	保温、隔热、防腐工程		16	
15	附录 L	楼地面装饰工程		43	
16	附录 M	墙、柱面装饰与隔断、幕墙工程		35	
17	附录 N	天棚工程		10	
18	附录 P	油漆、涂料、裱糊工程		36	
19	附录 Q	其他装饰工程		62	
20	附录 R	拆除工程		37	
21	附录 S	措施项目		52	
		合计	29	561	

1. 正文

正文有 4 章，条文数量共 29 条，其中强制性条文 8 条，强制性条文为黑色字体标志，必须严格执行。正文包括总则、术语、工程计量、工程量清单编制等内容，分别就《计量规范》的适用范围、遵循的原则（进行工程计量活动、编制工程量清单的原则）和工程量清单作了明确的规定。

2. 附录

这部分有 17 个附录，清单项目共 561 项。附录中主要内容包括有：项目编码、项目名称、项目特征、计量单位、工程量计算规则和工作内容等。其中项目编码、项目名称、项目特征、计量单位、工程量计算规则作为工程量清单"五要件"内容，要求编制工程量清单时必须执行。

3. 附录的表现形式

附录中的详细内容是以表格形式表现的，其格式见表 2-6。

清　单　项　目　表　　　　　　　　　　　　　　　表 2-6

项目编码	项目名称	项目特征	计量单位	工程量计算规则	工作内容
010101004	挖基坑土方	1. 土壤类别 2. 挖土深度 3. 弃土运距	m³	按设计图示尺寸，以基础垫层底面积乘挖土深度计算	1. 排地表水 2. 土方开挖 3. 围护（挡土板）及拆除 4. 基底钎探 5. 运输

项目编码	项目名称	项目特征	计量单位	工程量计算规则	工作内容
010501003	独立基础	1. 混凝土种类 2. 混凝土强度等级	m³	按设计图示尺寸以体积计算，不扣除伸入承台基础的桩头所占体积	1. 模板及支撑制作、安装、拆除、堆放、运输及清理模内杂物、刷隔离剂等 2. 混凝土制作、运输、浇筑、振捣、养护

（1）项目编码。项目编码是分部分项工程和单价措施项目清单项目名称的数字标识，是构成工程量清单的 5 个要件之一。项目编码共设 12 位数字。"13 计量规范"统一到前 9 位，10 至 12 位应根据拟建工程的工程量清单项目名称设置，同一招标工程的项目编码不得有重码。例如，同一个标段（或合同段）的一份工程量清单中含有 3 个单位工程，每一单位工程中都有项目特征相同的"实心砖墙砌体"，在工程量清单中又需反映 3 个不同单位工程的实心砖墙砌体工程量时，工程量清单应以单位工程为编制对象，则第一个单位工程实心砖墙项目编码应为 010401003001，第二个单位工程实心砖墙项目编码应为 010401003002，第三个单位工程实心砖墙项目编码为 010401003003，并分别列出其工程量。

（2）项目名称。项目的设置或划分是以形成工程实体为原则，所以项目名称均以工程实体命名。所谓实体是指形成生产或工艺作用的主要实体部分，对附属或次要部分均不设置项目，如实心砖墙、砌块墙、木楼梯、钢屋架等项目。项目名称是构成分部分项工程量清单的第二个要件。

（3）项目特征。项目特征是指构成分部分项工程量清单项目、措施项目自身价值的本质特征，是用来表述项目名称的，它直接影响实体自身价值（或价格），如材质、规格等。在设置清单项目时，要按具体的名称设置，并表述其特征，如砌筑砖墙项目需要表述的特征有：墙体的类型、墙体厚度、墙体高度、砂浆强度等级及种类等，不同墙体的类型（外墙、内墙、围墙）、不同墙体厚度、不同砂浆强度等级，在完成相同工程数量的情况下，因项目特征的不同，其价格不同，因而对项目特征的具体表述是不可缺少的。项目特征是构成分部分项工程量清单的第三个要件。

（4）计量单位。附录中的计量单位均采用基本单位计量，如 m³、m²、m、t 等，编制清单或报价时一定要按附录规定的计量单位计算，计量单位是构成分部分项工程量清单的第四个要件。

（5）工程量计算规则。附录中每一个清单项目都有一个相应的工程量计算规则，"13 计量规范"中清单项目的工程量计算规则与《全国统一建筑工程预算工程量计算规则》中的计算规则既有区别又有联系。"13 计量规范"大部分清单项目的工程量计算规则同《全国统一建筑工程预算工程量计算规则》，以便于计价工作的开展。

但部分清单项目的计算规则可以由各省、自治区、直辖市或行业建设主管部门的规定实施。如土方工程中的开挖因工作面和放坡增加的工程量是否并入各土方工程量中，应按各地规定实施。

（6）工作内容。工作内容是完成项目实体所需的所有施工工序，如砌筑砖墙中的砂浆制作、运输、砌砖、刮缝、材料运输等都是完成"墙"不可缺少的施工工序，完成项目实体的工作内容或多或少都会影响到投标人报价的高低。由于受各种因素的影响，同一个分项工程可能设计不同，由此所含工作内容可能会发生差异，附录中"工作内容"栏所列的工作内容没有区别不同设计而逐一列出，就某一个具体工程项目而言，确定综合单价时，附录中的工作内容仅供参考。

2.4 "13规范"广西实施细则

2.4.1 广西实施细则概述

1. 广西实施细则简介

为规范广西建设工程造价计价与计量行为，按照政府宏观调控、企业自主报价、竞争形成价格、监管行之有效的工程造价管理和形成机制，结合《广西壮族自治区建设工程造价管理办法》（广西壮族自治区人民政府令第43号）等法规规章规定，结合广西实际，制定计价、计量广西实施细则。

根据国家计价规范，制定《建设工程工程量清单计价规范（GB 50500—2013）广西壮族自治区实施细则》。

根据国家9个专业工程量计算规范，制定《建设工程工程量计算规范（GB 50854~50862—2013）广西壮族自治区实施细则》，如图2-1所示。

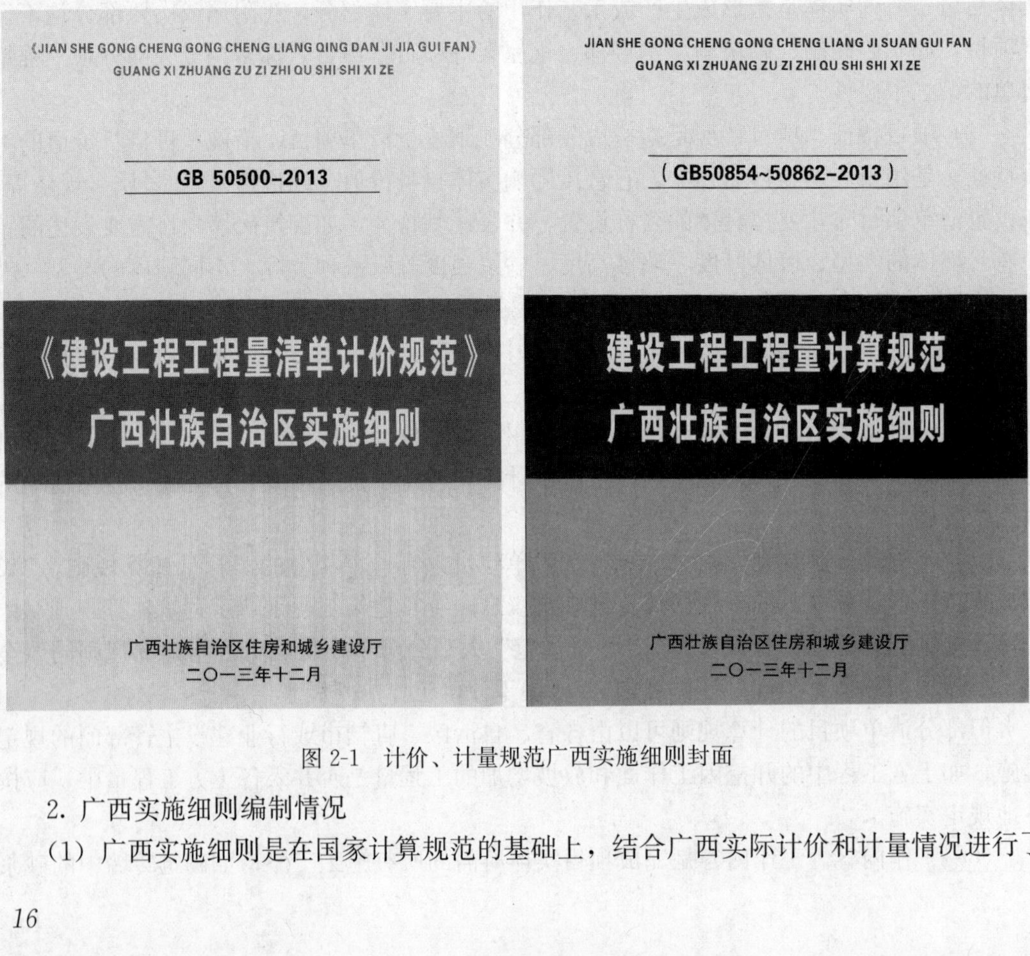

图2-1 计价、计量规范广西实施细则封面

2. 广西实施细则编制情况

（1）广西实施细则是在国家计算规范的基础上，结合广西实际计价和计量情况进行了

调整。

（2）广西实施细则把 2013 国家《建设工程施工合同示范文本》和广西现行《招标文件示范文本》中关于工程计价与计量的条款进行融合。

（3）根据广西的实际情况对部分工程计价表格进行了调整。

（4）结合广西实际情况，各专业均调整了部分清单项目，增补的清单项目既有新增项目，也有取代国家计量规范清单项目的情况，具体清单项目增补、取消的统计详见表 2-7 所示。

2.4.2　广西实施细则适用范围

广西实施细则适用于广西壮族自治区行政区域内的建设工程发承包及实施阶段的计价活动。

建设工程包括：房屋建筑与装饰工程、仿古建筑工程、通用安装工程、市政工程、园林绿化工程、构筑物工程、城市轨道交通工程、爆破工程等。

发承包及实施阶段的计价活动包括：工程量清单编制、招标控制价编制、投标报价编制、合同价款的约定、工程计量、合同价款调整、合同价款期中支付、竣工结算与支付、合同解除的价款结算与支付、合同价款争议的解决、工程造价鉴定等活动。

2.4.3　广西实施细则规定工程造价的组成

广西实施细则规定建设工程发承包及实施阶段的工程造价由分部分项工程费、措施项目费、其他项目费、规费、税前项目费和税金组成。

根据广西的工程计价实际情况，广西实施细则规定的工程造价组成项目内容比国家计价规范规定的项目内容增加了"税前项目费"。

税前项目费指在费用计价程序的税金项目前，根据交易习惯按市场价格进行计价的项目费用。税前项目的综合单价不按定额和清单规定程序组价，而按市场规则组价，其内容为包含了除税金以外的全部费用。

此外，广西实施细则还规定安全文明施工费、建筑安装劳动保险费包括在工程总造价内，计价成果报表《单位工程汇总表》中，这两项费用不需扣除，但须单独列示。

2.4.4　广西实施细则对计量单位的规定

国家计量规范规定，工程量清单的计量单位应按附录中规定的计量单位确定。但附录中部分清单项目的单位列有两个或多个，如《房屋建筑与装饰工程工程量计算规范》中，直行楼梯的计量单位列有"m^2、m^3"，金属（塑钢）门的计量单位列有"樘、m^2"等。为了与定额更好地衔接，以利于进行清单计价工作，广西实施细则对各专业存在多个计量单位的清单项目进行了计量单位的取定，如直行楼梯的计量单位取定为"m^2"，金属（塑钢）门的计量单位取定为"m^2"等。

2.4.5　房屋建筑与装饰工程增补清单项目统计

房屋建筑与装饰工程增补清单项目统计见表 2-7：

房屋建筑与装饰工程增补清单项目统计表　　　　　　　表 2-7

序号	章节	名　称	国家清单项目数	广西调整项目数		说明
				增补	取消	
1	附录A	土石方工程	13	2		

续表

序号	章节	名　称	国家清单项目数	广西调整项目数		说明
				增补	取消	
2	附录 B	地基处理与边坡支护工程	28	6		
3	附录 C	桩基工程	11	15	−9	
4	附录 D	砌筑工程	27			
5	附录 E	混凝土及钢筋混凝土工程	76	10		
6	附录 F	金属结构工程	31			
7	附录 G	木结构工程	8	1		
8	附录 H	门窗工程	55	2		
9	附录 J	屋面及防水工程	21	6		
10	附录 K	保温、隔热、防腐工程	16			
11	附录 L	楼地面装饰工程	43	3		
12	附录 M	墙、柱面装饰与隔断、幕墙工程	35	13	−11	
13	附录 N	天棚工程	10	1		
14	附录 P	油漆、涂料、裱糊工程	36			
15	附录 Q	其他装饰工程	62	4		
16	附录 R	拆除工程	37			
17	附录 S	措施项目	52	57	−11	
	合计		561	120	−31	

思 考 题 与 习 题

1. 简述我国现行"13规范"体系内容。

2. 国家"13计价规范"的编制原则是什么？规范主要包括哪两部分内容？

3. 国家"13计量规范"的编制原则是什么？规范主要包括哪两部分内容？

4. 工程量清单的五要件是什么？

5. 计价、计量规范广西实施细则的适用范围是什么？

6. 发承包及实施阶段的计价活动包括哪些？

7. 广西实施细则规定建设工程发承包及实施阶段，工程造价的组成内容包括哪些？其中哪个费用项目为广西增补的内容？

教学单元 3　工程量清单编制

3.1　招标工程量清单编制概述

3.1.1　招标工程量清单编制相关规定

1. 招标工程量清单组成

招标工程清单应以单位（项）工程为单位编制，应由分部分项工程项目清单、措施项目清单、其他项目清单、税前项目清单、规费和税金项目清单组成。

2. 招标工程量清单的编制人

招标工程量清单应由具有编制能力的招标人或受其委托，具有相应资质的工程造价咨询人编制。

3. 招标工程量清单的编制责任

招标工程量清单必须作为招标文件的组成部分，其准确性和完整性由招标人负责。工程施工招标发包可采用多种方式，但采用工程量清单计价方式招标发包，招标人必须将工程量清单连同招标文件一并发（或售）给投标人，投标人不负有核实的义务，更不具有修改和调整的权力。

招标工程量清单作为投标人报价的共同平台，其准确性是指工程量计算无差错，其完整性是指清单列项不缺项漏项。如招标人委托工程造价咨询人编制，招标工程量清单的准确性和完整性仍由招标人承担。

3.1.2　招标工程量清单编制依据

编制招标工程量清单应依据：

1. 国家 2013 计价规范及广西实施细则；
2. 国家 2013 计量规范及广西实施细则；
3. 自治区建设主管部门颁发的相关定额和计价规定；
4. 建设工程设计文件及相关资料；
5. 与建设工程项目有关的标准、规范、技术资料；
6. 拟定的招标文件；
7. 施工现场情况、地勘水文资料、工程特点及常规施工方案；
8. 其他相关资料。

3.1.3　招标工程量清单编制原则

招标工程量清单是工程量清单计价的基础，应作为编制招标控制价、投标报价、计算或调整工程量、索赔等的依据之一。招标工程量清单编制原则如下：

1. 必须能满足建设工程项目工程量清单计价的需要。
2. 必须遵循国家计价规范、计量规范、广西实施细则中的各项规定（包括项目编码、项目名称、计量单位、计算规则、工作内容等）。

3. 必须能满足控制实物工程量、市场竞争形成价格的价格运行机制和对工程造价进行合理确定与有效控制的要求。

4. 必须有利于规范建筑市场的计价行为，能够促进企业的经营管理、技术进步，增加企业的综合能力、社会信誉和在国内、国际建筑市场的竞争能力。

5. 必须适度考虑我国目前工程造价管理工作的现状。因为在我国虽然已经推行了工程量清单计价模式，但由于各地实际情况的差异，工程造价计价方式不可避免地会出现双轨并行的局面——工程量清单计价与工料单价法计价同时存在、交叉执行。

3.1.4　招标工程量清单报表组成

1. 报表组成

按广西现行规定，工程计价成果文件的报表内容主要是按工程造价形成分类。招标工程量清单由下列内容组成：

（1）封面；

（2）扉页；

（3）总说明；

（4）建设项目招标控制价/投标报价汇总表；

（5）单项工程招标控制价/投标报价汇总表；

（6）单位工程招标控制价/投标报价汇总表；

（7）分部分项工程和单价措施项目清单与计价表；

（8）总价措施项目清单与计价表；

（9）其他项目清单与计价汇总表；

（10）税前项目清单与计价表；

（11）规费、税金项目清单与计价表。

2. 封面、扉页与总说明的填写

（1）封面

封面应由招标人、受委托编制的造价咨询人盖章。

（2）扉页

扉页应按规定的内容填写、签字、盖章，由造价员编制的工程量清单应有负责审核的造价工程师签字、盖章。受委托编制的工程量清单，应有造价工程师签字、盖章以及工程造价咨询人盖章。

（3）总说明

总说明应按下列内容填写：

1）工程概况：建设规模、工程特征、计划工期、施工现场实际情况、自然地理条件、环境保护要求等。

2）工程招标和专业工程发包范围。

3）工程量清单编制依据。

4）工程质量、材料、施工等的特殊要求。

5）其他需要说明的问题。

3.2　分部分项工程和单价措施项目清单

3.2.1　分部分项工程和单价措施项目清单编制的相关规定

分部分项工程量清单是指构成建设工程实体的全部分项实体项目名称和相应数量的明细清单。

单价措施项目清单是指为了完成拟建工程项目施工，发生于该工程施工准备和施工过程中的技术、生活、安全、环境保护等方面的项目，并且该项目可以根据工程图纸和相关计量规范中的工程量计算规则进行计量。

1. 分部分项工程和单价措施项目清单必须载明项目编码、项目名称、项目特征、计量单位和工程量。本规定明确了工程量清单应包括的五要件。

2. 分部分项工程和单价措施项目清单必须根据相关工程现行国家计量规范及广西实施细则规定的项目编码、项目名称、项目特征、计量单位和工程量计算规则进行编制。

3. 工程量清单的项目编码，应采用十二位阿拉伯数字表示。一至九位应按附录的规定设置，十至十二位应根据拟建工程的工程量清单项目名称和项目特征设置，同一招标工程的项目编码不得有重码。

4. 工程量清单的项目名称，应按附录的项目名称，结合拟建工程的实际确定。

5. 工程量清单项目特征，应按附录中规定的项目特征，结合拟建工程项目的实际予以描述。

6. 工程量清单中所列工程量，应按国家计量规范和广西实施细则规定的工程量计算规则计算。

7. 工程量清单的计量单位，应按国家计量规范和广西实施细则规定的计量单位确定。

3.2.2　项目编码

工程量清单项目编码采用五级编码，十二位阿拉伯数字表示，一至九位为统一编码，即必须依据计量规范设置。其中一、二位（一级）为专业工程代码，三、四位（二级）为附录分类顺序码，五、六位（三级）为附录内的小节工程顺序码，七、八、九位（四级）为分项工程顺序码，十至十二位（五级）为具体清单项目顺序码，第五级编码应根据拟建工程的工程量清单项目名称设置。

1. 第一、二位专业工程编码

专业工程编码见表 3-1：

第一、二位专业工程编码　　　　　　　　　　表 3-1

序号	编码	专业工程名称	说　明
1	01……	房屋建筑与装饰工程	
2	02……	仿古建筑工程	
3	03……	通用安装工程	
4	04……	市政工程	
5	05……	园林绿化工程	
6	06……	矿山工程	
7	07……	构筑物工程	
8	08……	城市轨道交通工程	
9	09……	爆破工程	

2. 第三、四位表示附录分类顺序码

本级编码表示附录分类顺序码，相当于分部顺序码，见表3-2：

房屋建筑与装饰工程第三、四位分类编码　　　　　　　表 3-2

编码	附录	专业工程名称	说　明
0101……	附录 A	土石方工程	
0102……	附录 B	地基处理与边坡支护工程	
0103……	附录 C	桩基工程	
0104……	附录 D	砌筑工程	
0105……	附录 E	混凝土及钢筋混凝土工程	
0106……	附录 F	金属结构工程	
0107……	附录 G	木结构工程	
0108……	附录 H	门窗工程	
……		……	

3. 第三级为第五、六位，附录内的小节工程顺序码（相当于分部中的节）

以现浇混凝土工程为例：

现浇混凝土基础，编码 010501……；

现浇混凝矩柱，编码 010502……；

现浇混凝土梁，编码 010503……；

现浇混凝土墙，编码 010504……；

现浇混凝土板，编码 010505。

4. 第七、八、九位，分项工程项目码（以现浇混凝土梁为例）

现浇混凝土基础梁，编码 010503001……；

现浇混凝土矩形梁，编码 010503002……；

现浇混凝土异形梁，编码 010503003……；

现浇混凝土圈梁，编码 010503004……；

现浇混凝土过梁，编码 010503005。

5. 第十至第十二位，清单项目名称顺序码（以现浇混凝土矩形梁为例）

现浇混凝土矩形梁考虑混凝土强度等级，其编码由清单编制人在全国统一九位编码的基础上，在十、十一、十二位上自选设置，编制出项目名称顺序码 001、002、003、……，假如还有抗渗、抗冻等要求，就可以继续编制 004、005、006 等，如：

现浇混凝土矩形 C20，编码 010503002001；

现浇混凝土矩形 C30，编码 010503002002；

现浇混凝土矩形 C35，编码 010503002003。

6. 清单编制人在自行设置编码时的注意事项

（1）一个项目编码对应于一个项目名称、计量单位、计算规则、工作内容、综合单价，因而工程量清单编制人在自行设置项目编码时，以上五项中只要有一项不同，就应另设编码。即使同一作法的项目，只要形成的综合单价不同，第五级编码就应分别设置，如墙面抹灰中的混凝土墙面和砖墙面抹灰，其第五级编码就应分别设置。

（2）项目编码不应再设副码，因第五级编码的编码范围从 001 至 999 共有 999 个，对于一个项目即使特征有多种类型，也不会超过 999 个，在实际工程应用中足够使用。如用 010402001001-1（副码）、010402001001-2（副码）编码，分别表示 M10 水泥石灰砂浆砌块墙和 M7.5 水泥石灰砂浆砌块墙，就是错误的表示方法。

（3）同一个招标工程中第五级编码不应重复。当同一标段（或合同段）的一份工程量清单中含有多个单项或单位工程且工程量清单是以单位工程为编制对象时，项目编码十至十二位编码的设置不能有重复。

【例 3-1】

已知：某工程设计采用混凝土空心砌块墙 190mm 厚，砌筑砂浆分别有 M10 水泥石灰砂浆、M7.5 水泥石灰砂浆两种作法。

要求：对本工程砌块墙进行清单列项并编码。

【解】 本工程砌块墙清单列项并编码如下：

010402001001 混凝土空心砌块墙 190mm 厚，M10 水泥石灰砂浆

010402001002 混凝土空心砌块墙 190mm 厚，M7.5 水泥石灰砂浆

【注释】 同一个单位工程的这两个项目虽然都是砌块墙，但砌筑砂浆强度等级不同，因而这两个项目的综合单价就不同，故第五级编码就应分别设置。

【例 3-2】

已知：某标段共有 1♯教学楼、学生食堂、实训楼三个单位工程，三个单位工程均设计采用 C25 混凝土矩形柱。

要求：对本标段 C25 混凝土矩形柱进行清单列项并编码。

【解】 本标段 C25 混凝土矩形柱清单列项并编码如下：

010502001001 C25 混凝土矩形柱（1♯教学楼）

010502001002 C25 混凝土矩形柱（学生食堂）

010502001003 C25 混凝土矩形柱（实训楼）

【注释】 同一个招标工程的 C25 混凝土矩形柱虽然综合单价都一样，但这三个综合单价一样的项目分别属于三个单位工程。规范规定同一招标工程的项目编码不得有重码，故第五级编码就应分别设置。

3.2.3 项目名称

分部分项工程和单价措施项目清单的项目名称，应按附录的项目名称结合拟建工程的实际确定。

计量规范中，项目名称一般是以"工程实体"命名的，例如实心砖墙、现浇构件钢筋、水泥砂浆楼地面等。应注意，附录中的项目名称所表示的工程实体，有些是可用适当的计量单位计算的完整的分项工程，如砌筑砖墙；也有些项目名称所表示的工程实体是分项工程的组合，如采用现场搅拌混凝土施工的混凝土构造柱就是由混凝土拌制、混凝土浇捣等分项工程组成的。

3.2.4 项目特征描述

项目特征是指工程量清单项目自身价值的本质特征，是确定一个清单项目综合单价的重要依据，在编制的工程量清单中必须对其项目特征进行准确和全面的描述。

工程量清单项目特征的描述，应根据计价规范附录中有关项目特征的要求，结合技术

规范、标准图集、施工图纸，按照工程结构、使用材质及规格或安装位置等，予以详细而准确地表述和说明。

1. 项目特征描述原则

有的项目特征用文字往往又难以准确和全面的描述清楚，因此为达到规范、简洁、准确、全面描述项目特征的要求，在描述工程量清单项目特征时应按以下原则进行：

（1）项目特征描述的内容按规范附录规定的内容，项目特征的表述按拟建工程的实际要求，以能满足确定综合单价的需要为前提。

（2）对采用标准图集或施工图纸能够全部或部分满足项目特征描述要求的，项目特征描述可直接采用详见××图集或××图号的方式。但对不能满足项目特征描述要求的部分，仍应用文字描述进行补充。

2. 必须描述的内容

（1）涉及正确计量的内容必须描述。如门窗洞口尺寸或框外围尺寸，按广西工程计价规定，铝合金门窗大于 $2m^2$ 或小于等于 $2m^2$，其单价不一样，则意味着门窗的大小，直接关系到门窗的价格，因而对门窗洞口或框外围尺寸进行描述就十分必要。

（2）涉及结构要求的内容必须描述。如混凝土构件的混凝土强度等级，是使用 C20 还是 C30 或 C40 等，因混凝土强度等级不同，其价格也不同，必须描述。

（3）涉及材质要求的内容必须描述。如油漆的品种，是调和漆还是硝基清漆等；砌体砖的品种，是混凝土空心砌块还是陶粒混凝土砌块等。材质直接影响清单项目价格，必须描述。

实行工程量清单计价，在招投标工作中，招标人提供工程量清单，投标人依据工程量清单自主报价，而工程量清单的项目特征是确定一个清单项目综合单价的重要依据，类似于要购买某一一商品，需了解品牌、性能等是一样的，因而需要对工程量清单项目特征进行仔细、准确地描述，以确保投标人准确报价。

3.2.5　计量单位

计量规范规定，工程量清单的计量单位应按附录中规定的计量单位确定，如挖土方的计量单位为 m^3，楼地面工程量计量单位为 m^2，钢筋工程的计量单位为 t 等。

国家计量规范附录中，部分清单项目的计量单位列有两个或者多个，针对广西的实际情况，广西实施细则对各专业的计量单位进行了明确取定。房屋建筑与装饰工程计量单位取定情况详见本书附录2。

3.2.6　工程量计算规则

工程量的计算，应按计量规范及广西实施细则规定的统一计算规则进行计量，各清单项目工程量的计算规则见本书第2篇工程量清单编制实务。工程数量的有效位数应遵守下列规定。

（1）以"t、km"为单位，应保留小数点后三位数字，第四位小数四舍五入。

（2）以"m^3、m^2、m、kg"为单位，应保留小数点后两位数字，第三位小数四舍五入。

（3）以"台、个、只、对、份、件、樘、榀、根、组、株、丛、缸、套、支、块、座、系统、项"等为单位，应取整数。

3.2.7 分部分项工程和单价措施项目清单编制流程

在进行分部分项工程和单价措施项目清单编制时，其编制程序见图3-1。

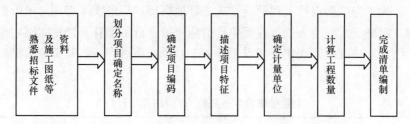

图 3-1 分部分项工程和单价措施项目清单编制程序

【例 3-3】

已知：某工程采用泵送商品混凝土施工，设计采用 C15 毛石混凝土带形基础，计算得其长度 $L=10m$。剖面图如图 3-2 所示。

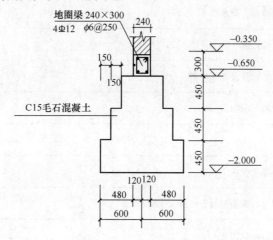

图 3-2 带形基础剖面图

要求：编制 C15 毛石混凝土带形基础工程量清单。

【解】

（1）项目编码：010501002001

（2）项目名称：带形基础

（3）项目特征：毛石混凝土强度等级 C15，商品混凝土

（4）单位：m^3

（5）工程量 $V = [1.2 + 0.9 + 0.6] \times 0.45 \times 10m = 12.15m^3$

（6）表格填写（见表 3-3）。

分部分项工程和单价措施项目清单与计价表　　　　表 3-3

工程名称：××　　　　　　　　　　　　　　　　　　　　　第　页　共　页

序号	项目编码	项目名称	项目特征描述	计量单位	工程量	金额（元）		
						综合单价	合价	其中：暂估价
			A.4 混凝土及钢筋混凝土工程					
1	010501002001	带形基础	C15 商品毛石混凝土	m^3	12.15			

3.2.8　单价措施项目内容

国家计量规范对单价措施项目设置、项目特征描述、工程计量单位、工程量计算规则进行了规定。为了与广西现行工程计价方式更好地衔接，广西实施细则对单价措施项目的脚手架工程、混凝土模板及支架工程等单价措施项目进行了增补，详见本书附录3。

此外，广西实施细则还规定了建设工程各专业措施项目内容，其中单价措施项目见表3-4：

主要措施项目一览表（单价措施项目）　　　　　　　　表 3-4

序　号	项　目　名　称
1　通用项目	
1.1	大型机械进出场及安拆费
1.2	施工排水、降水费
1.3	二次搬运费
1.4	已完工程及设备保护费
1.5	夜间施工增加费
2　建筑与装饰工程	
2.1	脚手架工程费
2.2	混凝土、钢筋混凝土模板及支架费
2.3	垂直运输机械费
2.4	混凝土运输及泵送费
2.5	建筑物超高加压水泵费

3.3　总价措施项目清单

3.3.1　总价措施项目清单编制的相关规定

总价措施项目指在工程量清单计价过程中以总价计算的措施项目，此类措施项目在现行国家计量规范和广西实施细则中无工程量计算规则，以总价（或计算基础乘费率）计算的措施项目。

总价措施项目以"项"为计量单位进行编制，编制时应列出项目的工作内容和包含范围。

3.3.2　总价措施项目内容

国家计量规范对总价措施项目设置、计量单位、工作内容及包含范围进行了规定，为了与广西现行工程计价方式更好地衔接，广西实施细则对建设工程各专业措施项目内容进行规定，其中总价措施项目见表 3-5：

主要措施项目一览表（总价措施项目）　　　　　　　　　　表 3-5

序　号	项　目　名　称
1	通用项目
1.1	安全文明施工费
1.2	检验试验配合费
1.3	雨季施工增加费
1.4	工程定位复测费
1.5	暗室施工增加费
1.6	交叉施工补贴
1.7	特殊保健费
1.8	优良工程增加费
1.9	提前竣工增加费

建筑与装饰工程专业无专业总价项目内容，工程量清单编制时根据工程实际情况选择通用项目进行列项即可。

3.4　其他项目清单

3.4.1　其他项目清单编制的相关规定

其他项目清单应按照下列内容列项：

1. 暂列金额；
2. 暂估价，包括材料暂估价、工程设备暂估价、专业工程暂估价；
3. 计日工，包括计日工人工、材料、机械；
4. 总承包服务费。

3.4.2　暂列金额

招标人在工程量清单中暂定并包括在合同价款中的一笔款项。用于工程合同签订时尚未确定或者不可预见的所需材料、工程设备、服务的采购，施工中可能发生的工程变更、合同约定调整因素出现时的工程价款调整以及发生的索赔、现场签证确认等费用。已签约合同价中的暂列金额应由发包人掌握使用。

结算时，该项费用不再单独体现，而是转换成了施工过程中已经发生的工程变更、合同约定调整因素出现时的工程价款调整以及发生的索赔、现场签证确认等费用。实际发生的费用按规定支付后，暂列金额余额归发包人所有。

3.4.3　暂估价

招标人在工程量清单中提供的用于支付必然发生但暂时不能确定价格的材料、工程设备以及专业工程的金额。

材料暂估价应按招标人在其他项目清单中列出的单价计入综合单价；专业工程暂估价应按招标人在其他项目清单中列出的金额填写。

3.4.4　计日工

计日工指在施工过程中，承包人完成发包人提出的工程合同范围以外的零星项目或工作（所需的人工、材料、施工机械台班等），按合同中约定的综合单价计价的一种方式。计日工综合单价应包含了除税金以外的全部费用。

编制工程量清单时，计日工应列出项目名称、计量单位和暂估数量。

3.4.5　总承包服务费

总承包服务费指总承包人为配合协调发包人进行的专业工程发包，对发包人自行采购的材料、工程设备等进行保管以及施工现场管理、竣工资料汇总整理等服务所需的费用。

总承包服务费应列出服务项目及其内容等。

3.5　税前项目清单

3.5.1　税前项目费的概念

税前项目费指在费用计价程序的税金项目前，根据交易习惯按市场价格进行计价的项目费用。税前项目的综合单价不按定额和清单规定程序组价，而按市场规则组价，其内容为包含了除税金以外的全部费用。

3.5.2　税前项目清单编制

税前项目清单由招标人根据拟建工程特点进行列项。应载明项目编码、项目名称、项目特征、计量单位和工程量。

3.6　规费、税金项目清单

3.6.1　规费项目清单

规费项目清单应按照下列内容列项：

1. 建筑安装劳动保险费；

2. 生育保险费；

3. 工伤保险费；

4. 住房公积金；

5. 工程排污费。

出现广西细则未列的项目，应根据自治区有关部门的规定列项。

3.6.2　税金项目清单

税金项目清单应包括下列内容：

1. 营业税；

2. 城市维护建设税；

3. 教育费附加；

4. 地方教育附加；

5. 水利建设基金。

出现广西细则未列的税金项目，应根据税务部门的规定列项。

思 考 题 与 习 题

1. 招标工程清单应以单位（项）工程为单位编制，组成的内容有哪些？

2. 简述招标工程量清单的编制责任。

3. 工程量清单的报表组成有哪些？

4. 简述清单编码的组成。

5. 进行编制工程量清单，项目特征描述的原则是什么？

6. 简述单价措施、总价措施项目内容。

7. 什么是税前项目？

8. 简述暂列金额与暂估价的区别。

9. 简述规费、税金的费用组成内容。

10. 已知：某高层综合楼工程设计采用混凝土矩形柱，按不同楼层设置的混凝土强度等级分别有 C35、C30、C25。

要求：对本工程混凝土矩形柱进行清单列项并编码。

11. 已知：某工程天棚面设计采用 1∶1∶4 混合砂浆抹面的作法。房间平面图如图 3-3 所示，墙厚 240mm，尺寸标注均居墙中，天棚面无单梁。

要求：编制混合砂浆抹天棚面工程量清单。

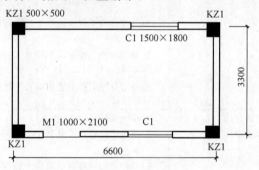

图 3-3　某房间平面图

教学单元 4 工程量清单计价

4.1 工程量清单计价程序

4.1.1 工程总造价计价程序

工程总造价包括分部分项工程费、措施项目费、其他项目费、规费、税前项目费和税金。

按广西现行费用定额规定，工程量清单计价程序见表 4-1。

工程量清单计价程序   表 4-1

序号	项目名称	计 算 程 序
1	分部分项工程量清单计价合计 其中：	Σ(分部分项工程量清单工程量×相应综合单价)
1.1	人工费	Σ(分部分项工程量清单项目工程内容的工程量×相应消耗量定额人工费)
1.2	材料费	Σ(分部分项工程量清单项目工程内容的工程量×相应消耗量定额材料费)
1.3	机械费	Σ(分部分项工程量清单项目工程内容的工程量×相应消耗量定额机械费)
2	措施项目清单计价合计	(2.1)+(2.2)
2.1	单价措施费用计价小计 其中：	Σ(单价措施项目清单工程量×相应综合单价)
2.1.1	人工费	Σ(单价措施项目清单项目工程内容的工程量×相应消耗量定额人工费)
2.1.2	材料费	Σ(单价措施项目清单项目工程内容的工程量×相应消耗量定额材料费)
2.1.3	机械费	Σ(单价措施项目清单项目工程内容的工程量×相应消耗量定额机械费)
2.2	总价措施费用计价小计	Σ[(1.1)+(1.2)+(1.3)+(2.1.1)+(2.1.2)+(2.1.3)]×相应费率或按有关规定计算
3	其他项目费计价合计	按有关规定计算
4	规费	(4.1)+(4.2)+(4.3)+(4.4)+(4.5)
4.1	建安劳保费	[(1.1)+(2.1.1)]×相应费率
4.2	生育保险费	[(1.1)+(2.1.1)]×相应费率
4.3	工伤保险费	[(1.1)+(2.1.1)]×相应费率
4.4	住房公积金	[(1.1)+(2.1.1)]×相应费率
4.5	工程排污费	[(1)+(2)+(3)]×相应费率
5	税前项目费	
6	税金	[(1)+(2)+(3)+(4)+(5)]×相应费率
7	工程总造价	(1)+(2)+(3)+(4)+(5)+(6)

注："（ ）"内的数字均为表中对应的序号。

4.1.2　工程量清单综合单价

综合单价是指完成一个规定清单项目所需的人工费、材料费、工程设备费、施工机械使用费、企业管理费、利润以及一定范围内的风险费用。

工程量清单综合单价计算程序见表4-2：

工程量清单综合单价组成表　　　　　　　　　　　　　　　　　表 4-2

序号	组成内容	计算程序	序号	费用项目的组成	计算方法
				分部分项及单价措施工程量清单综合单价	
A	人工费	$\dfrac{(1)}{清单项目工程量}$	1	人工费	(1)＝Σ(分部分项工程量清单项目工程内容的工程量×相应消耗量定额人工费)
B	材料费	$\dfrac{(2)}{清单项目工程量}$	2	材料费	(2)＝Σ分部分项工程量清单项目工程内容的工程量×(相应消耗量定额材料中材料含量×相应材料单价)
C	机械费	$\dfrac{(3)}{清单项目工程量}$	3	机械费	(3)＝Σ分部分项工程量清单项目工程内容的工程量×(相应消耗量定额材料中机械含量×相应机械单价)
D	管理费	$\dfrac{(4)}{清单项目工程量}$	4	管理费	Σ[(1)＋(3)]×相应费率定额管理费率
E	利润	$\dfrac{(5)}{清单项目工程量}$	5	利润	Σ[(1)＋(3)]×相应费率定额利润费率
小计					A＋B＋C＋D＋E

4.2　广西现行取费费率

4.2.1　管理费与利润

1. 管理费与利润费率

管理费与利润费率见表4-3。

管理费与利润费率表　　　　　　　　　　　　　　　　　表 4-3

编号	项目名称	计算基数	管理费费率（%）	利润费率（%）
1	建筑工程	Σ（分部分项、单价措施项目人工费＋机械费）	32.15～39.29	0～20
2	装饰装修工程		26.79～32.75	0～16.67
3	土石方及其他工程		8.46～10.34	0～5.26
4	地基基础及桩基础工程		13.39～16.37	0～8.30

2. 适用范围

（1）建筑工程：适用于工业与民用新建、改建、扩建的建筑物、构筑物工程。包括各种房屋、设备基础、烟囱、水塔、水池、站台、围墙工程等。但建筑工程中的装饰装修工程、土石方及其他工程、地基基础及桩基础工程单列计费。

（2）装饰装修工程：适用于工业与民用新建、改建、扩建的建筑物、构筑物等的装饰装修工程。

（3）地基基础及桩基础工程：适用于工业与民用建筑物、构筑物等地基基础及桩基础工程。

（4）土石方及其他工程：适用于建筑物和构筑物的土石方工程（包括爆破工程）、垂直运输工程、混凝土运输及泵送工程、建筑物超高增加加压水泵台班、大型机械安拆及进退场费、材料二次运输。

4.2.2 总价措施取费费率

1. 安全文明施工费费率

安全文明施工费费率见表 4-4。

安全文明施工费费率表 表 4-4

编号	项目名称		计算基数	费率（%）或标准		
				市区	城（镇）	其他
1	安全文明施工费	$S<10000m^2$	Σ（分部分项、单价措施项目人工费＋材料费＋机械费）	6.96	5.93	4.87
		$10000m^2 \leqslant S \leqslant 30000m^2$		6.10	5.20	4.27
		$S>30000m^2$		5.24	4.46	3.67

注：S 表示单位工程的建筑面积。

2. 其他费率

其他费率见表 4-5。

其 他 费 率 表 表 4-5

编号	项目名称	计算基数	费率或标准
2	检验试验配合费	Σ（分部分项、单价措施项目人工费＋材料费＋机械费）	0.1%
3	雨季施工增加费		0.5%
4	优良工程增加费		3%～5%
5	提前竣工（赶工补偿）费		按经审定的赶工措施方案计算
6	工程定位复测费		0.05%
7	暗室施工增加费	暗室施工定额人工费	25%
8	交叉施工补贴	交叉部分定额人工费	10%
9	特殊保健费	厂区（车间）内施工项目的定额人工费	厂区内：10.00% 车间内：20.00%
10	夜间施工增加费	夜间施工工日数（工日）	15 元/工日
11	其他	按有关规定计算	

4.2.3　其他项目取费费率

其他项目费率见表 4-6。

其他项目费率表 　　　　　　表 4-6

编号		项目名称	计算基数	费率或标准
1		暂列金额	Σ（分部分项工程费＋措施项目费）	5%～10%
2		总承包服务费		
其中	2.1	总分包管理费	分包工程造价	1.5%
	2.2	总分包配合费		3.5%
	2.3	甲供材的采购保管		规定计算
3	暂估价	材料暂估价	按实际发生计算	
		专业工程暂估价		
4		计日工	按暂定工程量×相应单价	
5		机械台班停滞费	签证停滞台班×机械停滞台班费	系数 1.10
6		停工窝工人工补贴	停工窝工工日数（工日）	30 元/工日

注：采用信息价的计日工（包括人工、材料、机械），计日工综合单价＝相应信息价×综合费率 1.3。

4.2.4　规费取费费率

规费费率见表 4-7。

规 费 费 率 表 　　　　　　表 4-7

编号	费用项目名称	计算基数	费率（%）
1	建安劳保费	Σ分部分项、单价措施项目人工费	27.93
2	生育保险费		1.16
3	工伤保险费		1.28
4	住房公积金		1.85
5	工程排污费	Σ（分部分项、单价措施项目人工费 ＋材料费＋机械费）	0.40

4.2.5　税(费)取费费率

税(费)取费费率见表 4-8。

建筑装饰装修工程税(费)取费费率表 　　　　　　表 4-8

编号	项目名称	计算基数	费率（%）		
			市区	城（镇）	其他
1	营业税	分部分项工程量清单计价合计＋措施项目清单计价合计＋其他项目费合计＋税前项目费＋规费	3.11	3.10	3.10
2	城市维护建设税		0.22	0.16	0.03
3	教育附加费		0.09	0.09	0.09
4	地方教育附加		0.06	0.06	0.06
5	水利建设基金		0.10	0.10	0.10
	合计		3.58	3.510	3.38

4.3 招标投标阶段计价

4.3.1 招标控制价

1. 强制性条文规定，国有资金投资的建设工程招标，招标人必须编制招标控制价。

2. 招标控制价应由具有编制能力的招标人或受其委托具有相应资质的工程造价咨询人编制和复核。

3. 招标控制价应按规定编制，不应上调或下浮。

4. 招标人应在发布招标文件时公布招标控制价。

5. 招标控制价应根据下列依据编制与复核：

（1）国家工程量清单计价规范及广西实施细则；

（2）国家或省级、行业建设主管部门颁发的计价定额和计价办法；

（3）建设工程设计文件及相关资料；

（4）拟定的招标文件及招标工程量清单；

（5）与建设项目相关的标准、规范、技术资料；

（6）施工现场情况、工程特点及常规施工方案；

（7）工程造价管理机构发布的工程造价信息，当工程造价信息没有发布时，参照市场价；

（8）其他的相关资料。

6. 成果文件报表

招标控制价成果文件的报表内容主要包括封面、扉页、总说明、汇总表、计价表等，详见本书第3篇工程量清单计价实务。

4.3.2 投标报价

1. 投标价应由投标人或受其委托具有相应资质的工程造价咨询人编制。

2. 投标人应按规定自主确定投标报价。投标总价应当与分部分项工程费、措施项目费、其他项目费和规费、税前项目费、税金的合计金额一致。

3. 投标报价不得低于工程成本。

4. 投标人必须按招标工程量清单填报价格。项目编码、项目名称、项目特征、计量单位、工程量必须与招标工程量清单一致。投标人不得对招标工程量清单项目进行增减和调整。

5. 分部分项工程项目和单价措施项目，应根据招标文件和招标工程量清单项目中的特征描述确定综合单价计算。

在招投标过程中，出现招标工程量清单特征描述与设计图纸不符时，投标人应以招标工程量清单的项目特征描述为准，确定投标报价的综合单价。

6. 投标报价应根据下列依据编制和复核：

（1）国家工程量清单计价规范及广西实施细则；

（2）国家或省级、行业建设主管部门颁发的计价办法；

（3）企业定额，国家或省级、行业建设主管部门颁发的计价定额及有关规定；

（4）招标文件、招标工程量清单及其补充通知、答疑纪要；

（5）建设工程设计文件及相关资料；

（6）施工现场情况、工程特点及投标对拟定的施工组织设计或施工方案；

（7）与建设项目相关的标准、规范等技术资料；

（8）市场价格信息或工程造价管理机构发布的工程造价信息；

（9）其他的相关资料。

7. 成果文件报表

投标报价成果文件主要包括封面、扉页、总说明、汇总表、计价表等，其报表内容除了封面及扉页的名称、汇总表的表头以外，其余报表与招标控制价报表内容一致，详见本书第 3 篇工程量清单计价实务。

4.3.3　合同价格与计量

1. 实行工程量清单计价的工程，应采用单价合同；建设规模较小，技术难度较低，工期较短，且施工图设计已审查批准的建设工程可采用总价合同；紧急抢险、救灾以及施工技术特别复杂的建设工程可采用成本加酬金合同。

2. 单价合同的计量

（1）工程量必须以承包人完成合同工程应予计量的工程量确定。

（2）施工中进行工程计量，当发现招标工程量清单中出现缺项、工程量偏差，或因工程变更引起工程量增减时，应按承包人在履行合同义务中完成的工程量计算。

4.3.4　计算实例

【例 4-1】

已知：市区内某建筑装饰装修工程建筑面积为 $1965m^2$，编制招标控制价过程中，获取的相关数据如下：

（1）分部分项工程和单价措施项目费用合计为 1934081.30 元，其中人工费为 584978.61 元，材料费为 989200.78 元，机械费为 103461.10 元，管理费为 200351.01 元，利润为 56089.80 元。

（2）总价措施项目有安全文明施工费、检验试验配合费、雨季施工增加费、工程定位复测费。

（3）无其他项目费。

（4）税前项目费为 173760.72 元。

计算：根据广西现行计价规定，计算该工程总造价。

【解】

（1）分部分项工程和单价措施项目费用＝1934081.30 元

（2）总价措施费用见表 4-9：

总价措施项目费计算表　　　　　　　　　　表 4-9

单位：元

项目名称	计　算　基　数	费率（%）	金额
安全文明施工费	分部分项工程和单价措施项目人工费＋材料费＋机械费 ＝584978.61＋989200.78＋103461.10＝1677640.49 元	6.96	116763.78
检验试验配合费		0.1	1677.64
雨季施工增加费		0.5	8388.20
工程定位复测费		0.05	838.82
合计			127668.44

（3）其他项目费＝0 元

（4）规费计算见表 4-10：

规费计算表　　　　　　　　　　　　　　　　　　**表 4-10**

单位：元

项目名称	计　算　基　数	费率（%）	金额
建安劳保费	分部分项工程和单价措施项目人工费＝584978.61 元	27.93	163384.53
生育保险费		1.16	6785.75
工伤保险费		1.28	7487.73
住房公积金		1.85	10822.10
工程排污费	分部分项工程和单价措施项目费＋总价措施项目费＋其他项目费 ＝1934081.30＋127668.44＋0＝2061749.76 元	0.40	6710.56
合计			195190.67

（5）税前项目费＝173760.72 元

（6）税金

計算基数 $=$（1）＋（2）＋（3）＋（4）＋（5）

$=1934081.30＋127668.44＋0＋195190.67＋173760.72$

$=2430701.13$ 元

则税金 $=2430701.13×3.58\%＝87019.10$ 元

（7）总造价 $=$（1）＋（2）＋（3）＋（4）＋（5）＋（6）

$=1934081.30＋127668.44＋0＋195190.67＋173760.72＋87019.10$

$=2517720.23$ 元

4.4　施　工　阶　段　计　价

4.4.1　工程进度报量

1. 相关概念

建设工程项目施工过程中，发承包双方应按照合同约定的时间、程序和方法，办理期中价款结算，支付进度款。进度款支付申请表中，"本周期已完成的工程价款"项目需工程计价成果文件作为附件，体现已完成工程价款的计算过程，该工程计价成果文件常称之为工程进度报量。

工程进度报量以工程实际进度为依据，根据工程计量结果、合同约定计价方式，按照工程计价程序编制而成。

2. 成果文件报表

工程进度报量成果文件主要包括封面、扉页、总说明、汇总表、计价表等，其报表内容除了封面及扉页的名称、汇总表的表头以外，其余报表与招标控制价报表内容一致，详见本书第 3 篇工程量清单计价实务。

4.4.2　合同价款调整

1. 下列事项（但不限于）发生，发承包双方应当按照合同约定调整合同价款：

（1）法律法规变化；

（2）工程变更；

（3）项目特征不符；

（4）工程量清单缺项；

（5）工程量偏差；

（6）计日工；

（7）物价变化；

（8）暂估价；

（9）不可抗力；

（10）提前竣工（赶工补偿）；

（11）误期赔偿；

（12）索赔；

（13）现场签证；

（14）暂列金额；

（15）发承包双方约定的其他调整事项。

2. 工程量偏差

对于任一招标工程量清单项目（含分部分项工程量清单和单价措施项目清单），当因符合规定的工程量偏差和工程变更等原因导致工程项目偏差超过 15% 时，增加部分工程量或减少后剩余部分工程量的综合单价可进行调整，调整的具体办法应在合同中约定。

调整公式如下：

（1）当 $Q_1 > 1.15Q$ 时：

$$S = 1.15Q \times P + (Q_1 - 1.15Q) \times P_1$$

（2）当 $Q_1 < 0.85Q$ 时：

$$S = Q_1 \times P_1$$

式中　S——调整后的某一分部分项工程费结算价；

Q_1——最终完成的工程量；

Q——招标工程量清单中列出的工程量；

P_1——调整后的清单项目综合单价；

P——承包人在工程量清单中填报的综合单价。

4.4.3　物价变化合同价款调整方法

1. 价格指数调整价格差额

因人工、材料和工程设备、施工机械台班等价格波动影响合同价格时，根据招标人提供的"承包人提供主要材料和工程设备一览表"，由投标人在投标函附录中的价格指数和权重表约定的数据，应按下式计算差额并调整合同价款：

$$P = P_0 \left[A + \left(B_1 \times \frac{F_{t1}}{F_{01}} + B_2 \times \frac{F_{t2}}{F_{02}} + B_3 \times \frac{F_{t3}}{F_{03}} + \cdots + B_n \times \frac{F_{tn}}{F_{0n}} \right) - 1 \right]$$

式中　　　　　　　P——需调整的价格差额；

P_0——约定的付款证书中承包人应得到的已完成工程量的金额，此项金额应不包括价格调整、不计质量保证金的扣留和支付、预付款的支付和扣回，约定的变更及其他金额已按现行价格计价的，也不计在内；

A——定值权重（即不调部分的权重）；

B_1、B_2、B_3、……B_n——各可调因子的变值权重（即可调部分的权重），为各可调因子在投标函投标总报价中所占的比例；

F_{t1}、F_{t2}、F_{t3}、……F_{tn}——各可调因子的现行价格指数，指约定的付款证书相关周期最后一天的前 42 天的各可调因子的价格指数；

F_{01}、F_{02}、F_{03}、……F_{0n}——各可调因子的基本价格指数，指基准日期的各可调因子的价格指数。

以上价格调整公式中的各可调因子、定值和变值权重，以及基本价格指数及其来源在投标函附录价格指数和权重表中约定。价格指数应首先采用工程造价管理机构提供的价格指数，缺乏上述价格指数时，可采用工程造价管理机构提供的价格代替。

（1）暂时确定调整差额。在计算调整差额时得不到现行价格指数的，可暂用上一次价格指数计算，并在以后的付款中再按实际价格指数进行调整。

（2）权重的调整。约定的变更导致原定合同中的权重不合理时，由承包人和发包人协商后进行调整。

（3）承包人工期延误后的价格调整。由于承包人原因未在约定的工期内竣工的，对原约定竣工日期后继续施工的工程，在使用价格调整公式时，应采用原约定竣工日期与实际竣工日期的两个价格指数中较低的一个作为现行价格指数。

（4）若可调因子包括了人工在内，人工费不再按建设行政主管部门发布的人工费调整。

2. 造价信息调整价格差额

施工期内，因人工、材料和工程设备、施工机械台班价格波动影响合同价格时，人工、机械使用费按照国家或省、自治区、直辖市建设行政管理部门、行业建设管理部门或其授权的工程造价管理机构发布的人工成本信息、机械台班单价或机械使用费系数进行调整；需要进行价格调整的材料，其单价和采购数应由发包人复核，发包人确认需调整的材料单价及数量，作为调整合同价款差额的依据。

合同约定按工程造价管理机构发布市场价格信息调整且未明确计算方法的，其数量按实际完成工程的材料消耗量，单价按相应工程形象进度施工期间工程造价管理机构发布的市场价格信息加权平均计算。工程造价管理机构未发布市场价格信息的，其单价由发承包双方通过市场调查确定。

材料、工程设备价格变化按照发包人提供的"承包人提供主要材料和工程设备一览表"，由发承包双方约定的风险范围按下列规定调整合同价款：

（1）承包人投标报价中材料单价低于基准单价：施工期间材料单价涨幅以基准单价为基础超过合同约定的风险幅度值，或材料单价跌幅以投标报价为基础超过合同约定的风险幅度值时，其超过部分按实调整。

（2）承包人投标报价中材料单价高于基准单价：施工期间材料单价跌幅以基准单价为基础超过合同约定的风险幅度值，或材料单价涨幅以投标报价为基础超过合同约定的风险幅度值时，其超过部分按实调整。

（3）承包人投标报价中材料单价等于基准单价：施工期间材料单价涨、跌幅以基准单价为基础超过合同约定的风险幅度值时，其超过部分按实调整。

3. 承包人采购材料和工程设备的，应在合同中约定主要材料、工程设备变化的范围或幅度；当没有约定时，且材料、工程设备变化超过 5% 时，超过部分的价格应按"价格指数调整价格差额"或"造价信息调整价格差额"方法计算调整材料、工程设备费。

4. 发生合同工程工期延误的，应按下列规定确定合同履行期的价格调整：

（1）因非承包人原因导致工期延误的，计划进度日期后续工程的价格，应采用计划进度日期与实际进度日期两者的较高者。

（2）因承包人原因导致工期延误的，计划进度日期后续工程的价格，应采用计划进度日期与实际进度日期两者的较低者。

5. 发包人提供材料和工程设备的，应由发包人按照实际变化调整，列入合同工程的工程造价内。

4.5　竣　工　结　算

4.5.1　竣工结算概念

工程竣工结算是指工程项目完工并经竣工验收合格后，发承包双方按照施工合同的约定对所完成的工程项目进行的工程价款的计算、调整和确认。工程竣工结算分为单位工程竣工结算、单项工程竣工结算和建设项目竣工总结算。其中，单位工程竣工结算和单项工程竣工结算也可看作是分阶段结算。

4.5.2　竣工结算编制规定

1. 工程竣工结算应根据下列依据编制和复核：

（1）国家工程量清单计价规范及广西实施细则；

（2）工程合同；

（3）发承包双方实施过程中已确认的工程量及其结算的合同价款；

（4）发承包双方实施过程中已确认调整后追加（减）的合同价款；

（5）建设工程设计文件及相关资料；

（6）投标文件；

（7）其他依据。

2. 分部分项工程和单价措施项目应依据发承包双方确认的工程量与已标价工程量清单的综合单价计算；发生调整的，应以发承包双方确认调整的综合单价计算。

3. 以项目计算的总价项目应依据已标价工程量清单的项目和金额计算；发生调整的，应以发承包双方确认调整的金额计算，以计算基数乘费率计算的总价措施项目按实际发生变化的计算基数及投标报价费率计算。

4. 其他项目应按下列规定计价：

（1）暂估价应按国家清单计价规范及广西细则的规定计算；

（2）总承包服务费应依据已标价工程量清单金额计算；计费基础发生变化的做相应调整；

（3）索赔费用应依据发承包双方确认的索赔事项和金额计算；

（4）现场签证费用应依据发承包双方签证资料确认的金额计算，其中签证工程量有计日工单价的应按其单价计算现场签证费用；

（5）暂列金额应减去合同价款调整（包括索赔、现场签证）金额计算，如有余额归发包人；

（6）合同中约定风险外的人工、材料调整费用为包含除税金之外的所有费用，按合同约定或有关规定进行调整。

5. 规费和税金应按规范的规定计算，计算基础发生变化的做相应调整。

6. 发承包双方在合同工程实施过程中已经确认的工程计量结果和合同价款，在竣工结算办理中应直接进入结算。

思 考 题 与 习 题

1. 简述工程总造价计价程序。

2. 简述工程量清单综合单价计算程序。

3. 对于管理费、利润，广西现行的取费标准及其相应的适用范围是什么？

4. 广西现行取费标准对安全文明施工费是如何规定的？

5. 广西现行取费标准对总价措施项目费是如何规定的？

6. 广西现行取费标准对其他项目费是如何规定的？

7. 广西现行取费标准对规费、税金是如何规定的？

8. 简述招标控制价编制依据。

9. 简述投标报价编制依据。

10. 什么是竣工结算？

11. 已知：某商住楼工程位于广西某市区内，建筑装饰装修工程总承包，建筑面积为 5719m²，编制招标控制价过程中，获取的相关数据如下：

（1）分部分项工程和单价措施项目费用合计为 5872742.22 元，其中人工费为 1637940.11 元，材料费为 3165442.50 元，机械费为 300037.19 元，管理费为 601053.03 元，利润为 168269.40 元。

（2）总价措施项目有安全文明施工费、检验试验配合费、雨季施工增加费、工程定位复测费。

（3）其他项目费中，暂列金额为 150000 元。

（4）税前项目费为 399649.66 元。

计算：根据广西现行计价规定，计算该工程总造价。

教学单元5 工程量清单计价文件的审查

5.1 工程量清单计价文件的审查内容

5.1.1 工程量清单计价文件的审查分类

1. 根据编制主体分类

工程量清单计价文件的审查根据编制主体进行分类，可分为内部审查和外部审查。内部审查、外部审查是相对的。

对具体的编制人员而言，内部审查是指直接参与工程量清单计价工作的造价人员自己的检查，外部审查是指编制单位对业务质量要求而形成的一审、二审制度，由项目负责人对工程计价文件进行校核工作。这一层次的内、外部审查是从编制人与编制单位的关系角度进行分类的。

对发承包双方而言，发承包双方作为编制单位的造价人员自我检查、一审、二审工作，又可称为编制单位的内部审查。只有经编制单位内部审查确认后，工程计价成果文件才会报送对方相关部门签收，以便进行下一步的发承包双方核对确认工作。外部审查指对对方报送的工程计价成果文件进行审查确认的工作。

一个工程项目，依据同一套计价材料，包括图纸、工程量清单规范、计价定额、计价文件、施工方案等，不同的造价人员进行工程计价文件编制，得到的工程总造价总会存在差异，客观地说，即使是同一位造价人员对同一套资料进行两次编制，也不可能编制出一模一样的工程总造价。所以，不同层次的审查是必要的，它是合理完整计价、确定工程价格的基础。

2. 根据发承包及实施阶段的计价活动分类

发承包及实施阶段的计价活动包括：工程量清单编制、招标控制价编制、投标报价编制、合同价款的约定、工程计量、合同价款调整、合同中期支付、竣工结算与支付、合同解除的价款结算与支付、合同价款争议的解决、工程造价鉴定等活动。

根据发承包及实施阶段的计价活动分类，工程量清单计价文件的审查主要分为：

（1）招标工程量清单的审查。

（2）招标控制价的审查。

（3）投标报价的审查。

（4）进度报量的审查。

（5）竣工结算的审查。

其中，按工程量清单计价规范规定，经发承包双方确认调整的合同价款，作为追加（减）合同价款，应与工程进度款或结算款同期支付，因而合同价款的调整计价成果应反映在进度报量的计价文件内。

5.1.2　工程量清单计价文件符合性审查

招标工程量清单、招标控制价、投标报价、进度报量计价、竣工结算的计价结果均以报表为主要的表现形式。对不同的工程量清单计价成果报表，国家清单规范、广西实施细则均有报表格式、填写、签章的要求。进行工程量清单计价文件审查时，首先要进行的是对工程量清单计价文件符合性的审查，主要审查报表内容、报表填写、签章三个方面。

1. 报表内容

（1）封面、扉页、总说明。不同的工程量清单计价成果，如招标控制价、投标报价、施工进度报量、竣工结算等，其报表内容不完全一致，但前三页是一致存在的。

（2）价格汇总表。价格汇总表的审查主要从表格层次、表头、格式三个方面进行审查。编制对象是建设项目，或是单项工程，或是单位工程时其要求的价格汇总表层次是不一样的；编制招标控制价、投标报价时，其价格汇总表的表头是不一样的；编制竣工结算时，其价格汇总表的格式是不一样的。

（3）分部分项工程和单价措施项目清单与计价表。

（4）总价措施项目表。

（5）税前项目表。

（6）其他项目、规费、税金清单与计价表。

（7）主要材料价格表。

2. 报表填写

报表的填写应符合规范要求。特别是总说明、招标工程量清单、招标控制价、投标报价、进度报量计价、竣工结算的编制说明应按实际情况填写。

3. 签章

签字、盖章应符合规范要求。

5.1.3　招标工程量清单的审查内容

招标工程量清单作为招标文件的组成部分，是工程量清单计价的基础，它是编制招标控制价、投标报价、计算或调整工程量、索赔等的依据之一，其编制质量对招投标阶段的计价、合同价款的调整、竣工结算都有很大的影响。按规定，招标工程量清单应由具有编制能力的招标人或受其委托、具有相应资质的工程造价咨询人编制，其准确性和完整性应由招标人负责。审查招标工程量清单成果文件的内容包括：

1. 审查工程量清单编制的项目范围、内容与招标文件的项目范围、内容的一致性。

2. 审查列项的完整性、合理性。

（1）清单项目列项应根据工程项目范围进行完整列项，列项过程需考虑计价条件合理进行列项。例如，某工程挖基坑土方挖深分别有 1.8m、2.0m、2.1m、3.3m，共 4 个不同挖土深度，规范要求挖基坑土方应按不同的挖深分开列项，但不是简单地理解为该工程挖土方就应该列 4 项，根据广西消耗量定额计价，挖基坑土方分为 2m 内、4m 内、6m 内三个子目，考虑到后续计价需要，该 4 个不同的挖土深度工程量应分成 2 个清单项目列项目较为合理。

（2）措施项目是否合理考虑常规施工方案。措施项目清单，特别是总价措施项目只需列出本工程有的项目内容即可，不需将规范中所有的措施项目内容列出。

（3）其他项目清单、规费、税金清单是否符合规定。

3. 审查编码的完整性。清单规范只列出编码的前 9 位，工程项目中是否均已按规定编制完整 12 位编码。

4. 审查项目特征的描述。项目特征的描述以满足计价为原则，必须描述的特征不可缺少，但不必要的描述也不应累赘。

5. 审查计量单位。特别是清单规范列出多个单位的清单项目，要注意审查单位的取定是否符合工程实际情况、广西实施细则对单位的规定等。

6. 审查工程量。

(1) 工程量计算规则与计价规范或定额的一致性。

(2) 计算的准确性。

5.1.4　招标控制价与投标报价的审查内容

发布招标文件时公布的招标控制价应为根据招标文件、招标工程量清单编制完成的工程总造价，不应上调或下浮。

投标报价必须与工程量清单计价成果文件的报表一致，不允许采用总价优惠的形式进行报价。

审查招标控制价、投标报价成果文件的内容包括：

1. 招标控制价、投标报价的工程量清单与招标文件的招标工程量清单的一致性。项目编码、项目名称、项目特征、计量单位、工程量必须与招标工程量清单一致。

2. 总造价的计价程序符合建设主管部门颁发计价办法。

3. 清单项目套取的定额子目合理，换算符合规定。

4. 套用定额子目及换算符合清单项目特征描述。

5. 措施项目计价考虑切实可行的、合理的施工方案。

6. 其他项目、规费、税金按规定计价。

7. 人工、材料、机械台班单价按规定合理取定。

5.1.5　进度报量的审查内容

审查工程进度报量的主要内容包括：

1. 审查进度报量的项目范围、内容与工程进度的项目范围、内容的一致性。

2. 审查工程量计算的准确性、工程量计算规则与计价规范或定额的一致性。

3. 审查执行合同约定的价款调整的严格性。

4. 变更签证凭据的真实性、合法性、有效性，核准变更签证工程费用。

5.1.6　竣工结算的审查内容

1. 施工承包单位的内部审查

施工承包单位内部审查工程竣工结算的主要内容包括：

(1) 审查结算的项目范围、内容与合同约定的项目范围、内容的一致性。

(2) 审查工程量计算的准确性、工程量计算规则与计价规范或定额的一致性。

(3) 审查执行合同约定或现行的计价原则、方法的严格性。对于工程量清单或定额缺项以及采用新材料、新工艺的，应根据施工过程中的合理消耗和市场价格审核结算单价。

(4) 审查变更签证凭据的真实性、合法性、有效性，核准变更工程费用。

(5) 审查索赔是否依据合同约定的索赔处理原则、程序和计算方法以及索赔费用的真实性、合法性、准确性。

（6）审查取费标准执行的严格性，并审查取费依据的时效性、相符性。

2. 建设单位的审查

建设单位审查工程竣工结算的内容包括：

（1）审查工程竣工结算的递交程序和资料的完备性：

1）审查结算资料递交手续、程序的合法性，以及结算资料具有的法律效力。

2）审查结算资料的完整性、真实性和相符性。

（2）审查与工程竣工结算有关的各项内容：

1）工程施工合同的合法性和有效性。

2）工程施工合同范围以外调整的工程价款。

3）分部分项工程、措施项目、其他项目的工程量及单价。

4）建设单位单独分包工程项目的界面划分和总承包单位的配合费用。

5）工程变更、索赔、奖励及违约费用。

6）取费、税金、政策性调整以及材料价差计算。

7）实际施工工期与合同工期产生差异的原因和责任，以及对工程造价的影响程度。

8）其他涉及工程造价的内容。

5.2　工程量清单计价文件的审查方法

5.2.1　工程量清单计价文件的审查方法

由于建设工程的生产过程是一个周期长、数量大的生产消费过程，具有多次性计价的特点。因此采用合理的审核方法不仅能达到事半功倍的效果，而且将直接关系到审查的质量和速度。主要审核方法有以下几种：

1. 全面审核法

全面审核法就是按照施工图纸的要求，结合现行计价规范、计价办法、计价定额、施工组织设计、承包合同或协议等，全面地审核工程数量、综合单价以及费用计算。这种方法实际上与编制工程计价成果文件的方法和过程基本相同。这种方法常常适用于初学者审核的工程量清单计价；投资不多的项目，如维修工程；工程内容比较简单（分项工程不多）的项目，如围墙、道路挡土墙、排水沟等；发包方审核承包方的工程量清单计价文件等。这种方法的优点是：全面和细致，审查质量高，效果好。缺点是：工作量大，时间较长，存在重复劳动。在投资规模较大，审核进度要求较紧的情况下，这种方法是不可取的，但发包方为严格控制工程造价，仍常常采用这种方法。

2. 重点审核法

重点审核法就是抓住工程量清单计价文件中的重点进行审核的方法。这种方法类同于全面审核法，其与全面审核法的区别仅是审核范围不同而已。该方法是有侧重的，一般选择工程量大而且费用比较高的分部分项工程的工程量作为审核重点。如基础工程、砖石工程、混凝土及钢筋混凝土工程、门窗幕墙工程等。高层结构还应注意内外装饰工程的工程量审核。而一些附属项目、零星项目（雨篷、散水、坡道、明沟、水池、垃圾箱）等，往往忽略不计。其次，重点核实与上述工程量相对应的综合单价，尤其重点审核套取定额子目并换算时容易混淆的单价。另外对费用的计取、材料价格的调整等也应仔细核实。该方法的优点是工作量相对减少，效果较佳。

3. 对比审核法

在同一地区，如果单位工程的用途、结构和建筑标准都一样，其工程造价应该基本相似。因此在总结分析工程量清单计价成果文件资料的基础上，找出同类工程造价及工料消耗的规律性，整理出用途不同、结构形式不同、地区不同的工程的单方造价指标、工料消耗指标。然后，根据这些指标对审核对象进行分析对比，从中找出不符合投资规律的分部分项工程，针对这些子目进行重点计算，找出其差异较大的原因的审核方法。常用的分析方法有：

（1）单方造价指标法：通过对同类项目的每平方米造价的对比，可直接反映出造价的准确性。

（2）分部分项工程比例：基础、砖石、混凝土及钢筋混凝土、门窗、围护结构等各占工程总造价的比例。

（3）专业投资比例：土建，给排水，采暖通风，电气照明等各专业占总造价的比例。

（4）工料消耗指标：即对主要材料每平方米的耗用量的分析，如钢材、混凝土、木材、水泥、砂、石、砖、人工等主要工料的单方消耗指标。

4. 分组计算审查法

就是把工程量清单计价成果文件中有关项目划分为若干组，利用同组中一个数据审查分部分项工程量的一种方法。采用这种方法，首先把若干分部分项工程，按相邻且有一定内在联系的项目进行编组。利用同组中分项工程间具有相同或相近计算基数的关系，审查一个分部分项工程数量，就能判断同组中其他几个分项工程量的准确程度。如一般把底层建筑面积、底层地面面积、地面垫层、地面面层、楼面面积、楼面找平层、楼板体积、天棚抹灰、天棚涂料面层编为一组。先把底层建筑面积、楼地面面积求出来，其他分项的工程量利用这些基数就能得出。这种方法的最大优点是审查速度快，工作量小。

5. 筛选法

筛选法是统筹法的一种，通过找出分部分项工程在每单位建筑面积上的工程量、价格、用工的基本数值，归纳为工程量、价格、用工三个单方基本值表。当所审查的工程量清单计价成果文件的建筑标准与"基本值"所适用的标准不同，就要对其进行调整。这种方法的优点是简单易懂，便于掌握，审查速度快，发现问题快。但解决差错问题尚须继续审查。

6. 利用手册审查法

此法是把工程中常用的构件、配件事先整理成预算手册，按手册对照审查的方法。如工程常用的预制构配件；包括洗池、大便台、检查井、化粪池、碗柜等，基本上每个工程都有，把这些标准图集算出来工程量，套上单价，编制成预算手册使用，可大大简化预结算的编审工作。

5.2.2　工程量清单计价文件的审查步骤

审查工程量清单计价文件的步骤：

1. 做好审查前的准备工作

熟悉施工图纸。施工图纸是编审分部分项工程单价措施项目工程量的重要依据，必须全面熟悉了解、核对所有施工图纸，清点无误后，依次识读。

　　了解工程计价包括的范围。根据工程量清单计价编制说明,了解工程计价包括的工程内容。例如,配套设施、室外管线、道路以及会审图纸后的设计变更等。

　　弄清在工程量清单计价过程中采用的计价定额、信息价。任何计价定额都有一定的适用范围,应根据工程性质,收集、熟悉相应的单价、定额资料。

　　2. 选择合适的审查方法,按相应内容审查

　　由于工程规模、繁简程度不同,施工方法和施工企业情况不一样,所编工程量清单计价成果文件的质量也不同。因此,需选择适当的审查方法进行审查。综合整理审查资料,并与编制单位交换意见,定案后编制调整工程量清单计价成果文件。审查后,需要进行增加或核减的,经与编制单位协商,统一意见后,进行相应的修正。

思 考 题 与 习 题

　　1. 简述工程量清单计价文件的审查分类(根据发承包及实施阶段的计价活动分)。

　　2. 简述招标工程量清单的审查内容。

　　3. 简述招标控制价与投标报价的审查内容。

　　4. 简述竣工结算的审查内容。

　　5. 工程量清单计价文件主要有哪些审查方法?

第2篇 工程量清单编制实务

【学习目标】

熟悉分部分项工程与措施项目工程量计算规则；掌握分部分项工程和单价措施项目、总价措施项目、其他项目、税前项目、规费和税金的工程量清单编制方法，能根据国家计价计量规范及其广西实施细则、招标文件、施工图纸、常规施工方案编制招标工程量清单。

【学习要求】

能力目标	知识要点	相关知识
能熟练计算分部分项工程工程量	国家计量规范及其广西实施细则的清单项目工程量计算规则	房屋建筑与装饰工程清单项目工程量计算规则、广西实施细则增补清单项目工程量计算规则
能熟练计算单价措施项目工程量		
能熟练计算税前项目工程量	税前项目概念、广西关于计算税前项目的有关规定	工程造价管理机构发布的《建设工程造价信息》
能结合工程实际情况及广西现行计价规定，对总价措施项目、其他项目、规费和税金项目合理完整地进行清单列项	总价措施项目、其他项目、规费和税金项目编制规定	常规施工方案、不可竞争费的规定
能熟练编制招标工程量清单	招标工程量清单的报表内容、填写及装订	招标文件要求、招标工程量清单编制规定及原则

教学单元6 某食堂工程招标工程量清单实例

6.1 招标工程量清单编制注意事项

6.1.1 格式要求

一个建设项目由一个或多个单项工程组成，一个单项工程由一个或多个单位工程组成。如一般的民用建筑工程通常包括：建筑装饰装修工程、给排水工程、电气工程、消防工程、通风空调工程、智能化工程六个单位工程。在编制招标工程量清单时，为了减少篇幅，建议如无特殊情况，不需按照每个单位工程分别各自设置一套工程量清单，可以根据需要将某栋楼的给排水、电气、通风空调、消防、智能单位工程合并成一个单位工程，再与建筑装饰单位工程合并成一个单项工程编制一套清单及招标控制。

6.1.2　封面签字盖章

招标工程量清单封面必须按要求签字、盖章，不得有任何遗漏。其中，工程造价咨询人需盖单位资质专用章；编制人和复核人需要同时签字和盖专用章，且两者不能为同一人，复核人必须是造价工程师。一套招标工程量清单涉及多个专业的造价人员编制时，每个专业要有一名编制人在封面相应处签字盖章。

6.1.3　编制说明

编制说明内容应包括：工程概况、招标和分包范围、具体的计价依据（如施工图号、13 清单规范及广西实施细则、具体的计价定额名称及参考的信息价等）及其他有关问题说明，不能过于简化。装饰工程的材料价格品牌差异大，因此总说明中关于材料（项目少的可在清单名称描述注明）的说明需分别写明各种主要材料相当于什么品牌的哪一个档次，未注明的则按普通档次产品定价。

6.1.4　清单项目设置

1. 工程量清单项目设置在遵循原则上可适当调整

工程量清单项目设置原则上按照 13 清单规范体系要求进行，但由于国家 13 计量规范中有些项目设置操作时还是具有一定的弹性空间，清单编制人可根据实际情况对清单项目包含的内容适当做局部小调整，但一定要在工程量清单及招标控制价总说明中或单项清单名称描述中注明清楚。但是，为了避免自行调整导致规则不统一，一般情况下不许随意做大幅度调整。

2. 清单编码不能重复和随意编造

在同一份招标工程量清单内，工程量清单编码不允许出现重复，且清单编码一定要严格按照国家 13 清单计量规范相应的编码另加 3 位序号数共 12 位数计列，不能仅按 13 清单计量规范的 9 位数编码。

6.1.5　清单项目名称及项目特征描述要求

工程量清单名称描述要满足计价需要而不累赘。

工程量清单名称的描述要规范、具体。工程量清单名称原则上按 13 清单计量规范的项目特征要求进行描述，以能满足确定综合单价的需要为前提。

有些清单项目要求描述的特征对造价几乎没有影响或影响甚微，为简化起见可不进行详细描述，而是根据定额的口径列项即可。如：门窗工程按"m²"计量时，可不描述洞口尺寸和门窗代号。

本招标工程量清单实例中，清单项目特征描述是按照通常的较为简洁且准确的一种描述方法，但由于不同工程个性差异较大，对于特征的描述不拘泥于一种死板的表述方法，可以针对不同的情况灵活处理，但凡影响报价的因素均应表述清楚。

6.1.6　总价措施项目、其他项目不列入与本工程无关的项目

总价措施项目清单、其他项目清单要结合工程实际情况按常规列项，不要将与本工程无关的项目全部罗列。

6.1.7 主要材料价格表

招标工程量清单中的主要材料价格表要针对工程实际列出本工程的主要材料，尤其要列出在招标文件及合同条款中明确属于风险调整范围的主要材料，不必要把所有材料都列上。

6.2 招标工程量清单实例

6.2.1 封面（封-1）

6.2.2 扉页（扉-1）

6.2.3 总说明（表-01）

6.2.4 分部分项工程和单价措施项目清单与计价表（表-08）

6.2.5 总价措施项目清单与计价表（表-11）

6.2.6 其他项目清单与计价汇总表（表-12）

6.2.7 税前项目清单与计价表（表-14）

6.2.8 规费、税金项目清单与计价表（表-15）

6.2.9 主要材料及价格表（表-17）

　　　　　×× 有限公司食堂工程　　　工程

招标工程量清单

招　标　人：＿＿＿＿＿＿＿＿＿＿＿＿＿＿

（单位盖章）

造价咨询人：＿＿＿＿＿＿＿＿＿＿＿＿＿＿

（单位盖章）

封-1

<u>　　××有限公司食堂工程　　</u>工程

招标工程量清单

招　标　人：<u>　　　　　　　　</u>
　　　　　　　　（单位盖章）

造价咨询人：<u>　　　　　　　　</u>
　　　　　　　　（单位资质专用章）

法定代表人
或其授权人：<u>　　　　　　　　</u>
　　　　　　　　（签字或盖章）

法定代表人
或其授权人：<u>　　　　　　　　</u>
　　　　　　　　（签字或盖章）

编　制　人：<u>　　　　　　　　</u>
　　　　　　（造价人员签字盖专用章）

复　核　人：<u>　　　　　　　　</u>
　　　　　　（造价工程师签字盖专用章）

编 制 时 间：<u>　　　　　　　</u>

复 核 时 间：<u>　　　　　　　</u>

扉-1

51

总　说　明

工程名称：××有限公司食堂工程

1. 工程概况：本工程为新建地上二层建筑，建筑面积为 598.79m²，框架结构。

2. 本招标工程量清单包括范围：本次招标的××有限公司食堂工程施工图（建施、结施图）范围内的建筑、装饰装修工程。

3. 本招标工程量清单编制依据

(1)《建设工程工程量清单计价规范》GB 50500—2013 及广西壮族自治区实施细则。

(2)《房屋建筑与装饰工程工程量计算规范》GB 50854—2013 及广西壮族自治区实施细则。

(3) 广西壮族自治区建设行政主管部门发布的 2013 年《广西壮族自治区建筑装饰装修工程消耗量定额》、《广西壮族自治区建筑装饰装修工程人工材料配合比机械台班基期价》、《广西壮族自治区建筑装饰装修工程费用定额》及其计价相关规定。

(4) 广西壮族自治区建设行政主管部门发布的 2011 年《广西壮族自治区工程量清单编制及招标控制价编制示范文本》。

(5) 本工程建施图、结施图及相关标准、规范、技术资料。

(6) 招标文件。

4. 本招标工程量清单按常规施工方案考虑施工措施

(1) 主体部分采用泵送商品混凝土，其余部分采用商品混凝土。

(2) 脚手架采用钢管脚手架。

(3) 模板采用胶合板模板、木支撑。

5. 其他需要说明的问题

(1) 本工程考虑暂列金额 5 万元。

(2) 经实际勘测，本招标工程量清单凡涉及运输距离的项目均按 10km 考虑。

表-01

分部分项工程和单价措施项目清单与计价表

工程名称：××有限公司食堂工程　　　　　　　　　　　　　第1页　共6页

序号	项目编码	项目名称及项目特征描述	计量单位	工程量	金额（元）		
					综合单价	合价	其中：暂估价
	一	建筑装饰装修工程					
	0101	土（石）方工程					
1	010101001001	平整场地	m²	265.558			
2	010101003001	挖沟槽土方 1. 土壤类别：三类土 2. 挖土深度：2m以内	m³	103.404			
3	010101004001	挖基坑土方 1. 土壤类别：三类土 2. 挖土深度：2m以内	m³	189.151			
4	010103001001	回填方 填方材料品种：原土回填	m³	225.912			
5	010103002001	余方弃置 运距：10km	m³	66.643			
	0104	砌筑工程					
6	010401003001	实心砖墙240mm 1. 砖品种、规格、强度等级：烧结页岩砖 2. 墙体类型：直形混水墙 3. 砂浆强度等级、配合比：M5.0混合砂浆	m³	130.959			
7	010401003002	实心砖墙115mm 1. 砖品种、规格、强度等级：烧结页岩砖 2. 墙体类型：直形混水墙 3. 砂浆强度等级、配合比：M5.0混合砂浆	m³	8.283			
8	010401012001	零星砌砖 1. 零星砌砖名称、部位：屋面保温层侧砌砖 2. 砂浆强度等级、配合比：M5.0混合砂浆	m³	0.615			
9	010401012002	零星砌砖．屋面台阶 采用图集：05ZJ201　1/12	m²	0.300			
10	010401014001	砖地沟、明沟 采用图集：98ZJ901　3/6	m	86.080			
	0105	混凝土及钢筋混凝土工程					
11	010501001001	C15混凝土　基础垫层	m³	17.456			
12	010501001002	C15混凝土　地面垫层	m³	25.497			
13	010501002001	C25混凝土　带形基础	m³	27.369			
14	010501003001	C25混凝土　独立基础	m³	37.210			
15	010502001001	C25混凝土　矩形柱	m³	25.479			
16	010502002001	C25混凝土　构造柱	m³	5.833			
17	010503001001	C25混凝土　基础梁	m³	10.865			
18	010503002001	C25混凝土　矩形梁	m³	1.166			
19	010503004001	C15混凝土　圈梁（厨卫素混凝土反边）	m³	1.727			
20	010503005001	C25混凝土　过梁	m³	2.893			

表-08

分部分项工程和单价措施项目清单与计价表

工程名称：××有限公司食堂工程　　　　　　　　　　　　　第2页　共6页

序号	项目编码	项目名称及项目特征描述	计量单位	工程量	综合单价	合价	其中：暂估价
21	010505001001	C25混凝土　有梁板	m³	107.465			
22	010505008001	C25混凝土　雨篷	m³	2.982			
23	010506001001	C25混凝土　直形楼梯　板厚100mm	m²	23.730			
24	010506001002	C25混凝土　直形楼梯　板厚160mm	m²	20.445			
25	010507001001	C15混凝土　散水 采用图集：98ZJ901　3/6	m²	17.232			
26	010507001002	C15混凝土　坡道 采用图集：98ZJ901　1/18取消防滑凹槽	m²	86.981			
27	010507005001	C25混凝土　压顶	m³	2.230			
28	010512008001	C20混凝土　预制混凝土沟盖板	m³	1.653			
29	010515001001	现浇构件钢筋　Φ10以内　大厂	t	8.274			
30	010515001002	现浇构件钢筋　Φ10以外　大厂	t	0.462			
31	010515001003	现浇构件钢筋　Φ10以外　大厂	t	12.727			
32	010515002001	预制构件钢筋　冷拔低碳钢丝Φᵇ5以下	t	0.020			
33	桂010515011001	砌体加固筋　Φ10以内　大厂	t	0.510			
34	010516002001	预埋铁件	t	0.005			
35	桂010516004001	钢筋电渣压力焊接	个	104.000			
	0108	门窗工程					
36	010801001001	木质门　成品装饰木门 1. 不带纱单扇无亮 2. 运输距离：10km	m²	13.020			
37	010801001002	木质门　成品装饰木门 1. 不带纱双扇有亮 2. 运输距离：10km	m²	4.680			
38	010801004001	木质防火门　乙级 运输距离：10km	m²	8.400			
39	010801006001	门锁安装　L型执手锁	个	6.000			
40	010801006002	防火门配件　闭门器	套	4.000			
41	010801006003	防火门配件　防火铰链	套	4.000			
42	010803001001	镀锌铁皮卷闸门　厚度0.8mm 1. 门代号及洞口尺寸：2樘JM-1 2. 启动装置品种、规格：电动	m²	30.680			
	0109	屋面防水工程					
43	010902001001	屋面卷材防水（上人屋面） 1. 采用图集：05ZJ001屋5第3.4点 2. 满铺0.5厚聚乙烯薄膜一层 3. 1.2厚氯化烯橡胶共混防水卷材	m²	308.563			

表-08

分部分项工程和单价措施项目清单与计价表

工程名称：××有限公司食堂工程　　　　　　　　　　　　　　第3页　共6页

序号	项目编码	项目名称及项目特征描述	计量单位	工程量	金额（元）		
					综合单价	合价	其中：暂估价
44	010902001002	屋面卷材防水（不上人屋面） 1. 采用图集：05ZJ001屋15 第1.2点 2. 二层3厚SBS改性沥青卷材 3. 刷基层处理剂一遍	m²	28.346			
45	010902002001	屋面涂膜防水（上人屋面） 1. 采用图集：05ZJ001屋 第5.6点 2. 1.5厚聚氨酯防水涂料 3. 刷基层处理剂一遍	m²	308.563			
46	010902003001	屋面刚性层（雨篷面） 1. 采用图集：98ZJ901 1/21	m²	29.820			
	0110	保温、隔热、防腐工程					
47	011001001001	保温隔热屋面（上人屋面） 1. 采用图集：05ZJ001屋5 第8点 2. 20厚（最薄处）1：8水泥珍珠岩找2％坡	m²	238.680			
48	011001001002	保温隔热屋面（不上人屋面） 1. 采用图集：05ZJ001屋15 第4点 2. 20厚（最薄处）1：8水泥珍珠岩找2％坡	m²	18.544			
49	011001001003	保温隔热屋面（上人屋面） 1. 采用图集：05ZJ001屋5 第9点 2. 干铺50厚挤塑聚苯乙烯泡沫板	m²	238.680			
50	011001001004	保温隔热屋面（不上人屋面） 1. 采用图集：05ZJ001屋15 第5点 2. 干铺150mm厚珍珠岩	m²	18.176			
	0111	楼地面装饰工程					
51	011102003001	块料楼地面（上人屋面） 1. 采用图集：05ZJ001屋5 第1.2点 2. 耐磨砖500×500	m²	245.038			
52	011102003002	块料楼地面 1. 采用图集：05ZJ001地20、楼10 2. 面层材料品种、规格、颜色：600×600抛光砖	m²	504.156			
53	011102003003	块料楼地面 1. 采用图集：05ZJ001地56、楼33 2. 面层材料品种、规格、颜色：300×300防滑砖	m²	10.856			
54	011106002001	块料楼梯面层 1. 采用图集：05ZJ001楼10 2. 成套梯级砖，自带防滑功能	m²	34.175			
55	011105003001	块料踢脚线 房间 采用图集：05ZJ001踢18	m²	34.092			
56	011105003002	块料踢脚线 楼梯 采用图集：05ZJ001踢18	m²	7.546			
57	011101006001	屋面平面砂浆找平层 找平层厚度、砂浆配合比：20厚1：2.5水泥砂浆找平层	m²	290.765			
	0112	墙、柱面装饰与隔断、幕墙工程					

表-08

分部分项工程和单价措施项目清单与计价表

工程名称：××有限公司食堂工程　　　　　　　　　　　　　第4页　共6页

序号	项目编码	项目名称及项目特征描述	计量单位	工程量	综合单价	合价	其中：暂估价
					金额（元）		
58	011201001001	内墙面一般抹灰混合砂浆 1. 墙体类型：砖墙 2. 采用图集：05ZJ001　内4	m²	911.912			
59	011201001002	外墙面一般抹灰水泥砂浆 1. 墙体类型：砖墙 2. 采用图集：05ZJ001　外23	m²	569.982			
60	011201001003	墙面一般抹灰 1. 墙体类型：多孔页岩砖女儿墙 2. 砂浆配合比：1∶2水泥砂浆（15＋10）mm	m²	124.972			
61	011202001001	柱面一般抹灰 采用图集：05ZJ001　外23	m²	41.760			
62	011202001002	柱面一般抹灰 采用图集：05ZJ001　内墙4	m²	26.240			
63	桂011203004001	砂浆装饰线条 底层厚度、砂浆配合比：水泥砂浆	m	104.200			
	0113	天棚工程					
64	011301001001	天棚抹灰混合砂浆 采用图集：05ZJ001顶3	m²	858.811			
	0114	油漆、涂料、裱糊工程					
65	011401001001	木门油漆 1. 门类型：实木装饰门 2. 油漆品种、刷漆遍数：聚氨酯清漆二遍	m²	17.700			
66	011401001002	木门油漆 1. 门类型：木质防火门，乙级 2. 刮腻子遍数：1遍 3. 油漆品种、刷漆遍数：聚氨酯清漆二遍	m²	8.400			
67	011406003001	满刮腻子内墙面 刮腻子遍数：刮成品腻子粉二遍	m²	163.665			
68	011406003002	满刮腻子天棚面 刮腻子遍数：刮成品腻子粉二遍	m²	78.150			
	0115	其他装饰工程					
69	011503001001	不锈钢栏杆201材质 1. 采用图集：05ZJ401　W/11 2. 扶手选用：05ZJ001　14/28	m	15.558			
		单价措施（建筑装饰装修工程）					
	011701	脚手架工程					
70	011701002001	外脚手架 搭设高度：10m以内　双排	m²	717.411			
71	011701002002	外脚手架 搭设高度：20m以内　双排	m²	37.701			
72	011701003001	里脚手架 搭设高度：3.6m以内	m²	52.970			

表-08

分部分项工程和单价措施项目清单与计价表

工程名称：××有限公司食堂工程　　　　　　　　　　　　第5页　共6页

序号	项目编码	项目名称及项目特征描述	计量单位	工程量	金额（元）		
					综合单价	合价	其中：暂估价
73	011701003002	里脚手架 搭设高度：3.6m以上	m²	201.737			
74	011701006001	满堂脚手架	m²	260.009			
75	桂011701011001	楼板现浇混凝土运输道	m²	598.793			
	011702	模板工程					
76	011702001001	基础　模板制作安装 基础类型：混凝土垫层	m²	37.324			
77	011702001002	基础　模板制作安装 基础类型：有肋式带形基础	m²	41.272			
78	011702001003	基础　模板制作安装 基础类型：独立基础	m²	64.400			
79	011702002001	矩形柱　模板制作安装 柱高3.97m	m²	118.436			
80	011702002002	矩形柱　模板制作安装 柱高4.2m	m²	129.360			
81	011702002003	矩形柱　模板制作安装 柱高3.6m以下	m²	15.120			
82	011702003001	构造柱　模板制作安装 3.6m以下	m²	48.023			
83	011702003002	构造柱　模板制作安装 柱高3.8m	m²	13.680			
84	011702005001	基础梁　模板制作安装	m²	90.902			
85	011702006001	矩形梁　模板制作安装	m²	12.846			
86	011702008001	圈梁　模板制作安装 直形素混凝土反边	m²	15.648			
87	011702009001	过梁　模板制作安装	m²	36.077			
88	011702014001	有梁板　模板制作安装 支撑高度：3.6m以内	m²	534.531			
89	011702014002	有梁板　模板制作安装 支撑高度：4.1m	m²	457.478			
90	011702023001	雨篷　模板制作安装	m²	29.820			
91	011702024001	楼梯　模板制作安装	m²	44.175			
92	桂011702038001	压顶模板制作安装	m	98.020			
93	桂011702039001	混凝土散水模板制作安装 散水厚度：70mm	m²	17.232			
94	桂011702064001	沟盖板　模板制作安装	m³	1.653			
	011703	垂直运输工程					

表-08

分部分项工程和单价措施项目清单与计价表

工程名称：××有限公司食堂工程　　　　　　　　　　　　　　第 6 页　共 6 页

序号	项目编码	项目名称及项目特征描述	计量单位	工程量	综合单价	合价	其中：暂估价
					金额（元）		
95	011703001001	垂直运输 1. 建筑物建筑类型及结构形式：框架结构 2. 建筑物檐口高度、层数：7.35m，地上 2 层	m²	598.790			
	011708	混凝土运输及泵送工程					
96	桂 011708002001	混凝土泵送 1. 檐高：40m 内 2. 碎石 GD20 商品普通混凝土 C25	m³	10.200			
97	桂 011708002002	混凝土泵送 1. 檐高：40m 内 2. 碎石 GD40 商品普通混凝土 C25	m³	224.400			
98	桂 011708002003	混凝土泵送 1. 檐高：40m 内 2. 碎石 GD40 商品普通混凝土 C15	m³	29.500			
		合　计					
		Σ人工费					
		Σ材料费					
		Σ机械费					
		Σ管理费					
		Σ利润					

表-08

总价措施项目清单与计价表

工程名称：××有限公司食堂工程　　　　　　　　　　第1页　共1页

序号	项目编码	项目名称	计算基础	费率（%）或标准	金额（元）	备注
	一	建筑装饰装修工程				
1	桂011801001001	安全文明施工费	Σ（分部分项人材机＋单价措施人材机）	6.96		
2	桂011801002001	检验试验配合费		0.10		
3	桂011801003001	雨季施工增加费		0.50		
4	桂011801004001	工程定位复测费		0.05		
		合　计				

注：以项计算的总价措施，无"计算基础"和"费率"的数值，可只填"金额"数值，但应在备注栏说明施工方案出处或计算方法。

表-11

其他项目清单与计价汇总表

工程名称：××有限公司食堂工程　　　　　　　　　　　　第 1 页　共 1 页

序号	项目名称	金额（元）	备　注
一	建筑装饰装修工程		
1	暂列金额	50000.00	明细详见表-12-1
2	材料暂估价		明细详见表-12-2
3	专业工程暂估价		明细详见表-12-3
4	计日工		明细详见表-12-4
5	总承包服务费		明细详见表-12-5
	合　计	50000.00	

注：材料暂估单价进入清单项目综合单价，此处不汇总。

表-12

暂列金额明细表

工程名称：××有限公司食堂工程　　　　　　　　　　　　　　　　第 1 页　共 1 页

序号	项目名称	计量单位	暂定金额（元）	备　注
一	建筑装饰装修工程			
1	暂列金额	项	50000.00	
1.1	工程量偏差	元	10000.00	
1.2	设计变更及政策调整	元	20000.00	
1.3	材料价格波动	元	20000.00	
	合　　计		50000.00	

注：此表由招标人填写，如不能详列，也可只列暂列金额总额，投标人应当将上述暂列金额计入投标总价中。

表-12-1

61

税前项目清单与计价表

工程名称：××有限公司食堂工程　　　　　　　　　　　　第 1 页　共 1 页

序号	项目编码	项目名称及项目特征描述	计量单位	工程量	金额（元）	
					单价	合价
	一	建筑装饰装修工程				
		税前项目				
1	010802001001	塑钢成品平开门 60 系列 5 厚白玻不带纱	m²	7.560		
2	010807001001	铝合金推拉窗≤2m² 1. 框、扇材质：90 系列　1.4mm 厚白铝 2. 玻璃品种、厚度：5mm 白玻	m²	3.240		
3	010807001002	铝合金推拉窗＞2m² 1. 框、扇材质：90 系列　1.4mm 厚白铝 2. 玻璃品种、厚度：5mm 白玻	m²	52.560		
4	010807002001	铝合金防火窗　乙级	m²	4.050		
5	011407001001	墙面喷刷涂料 1. 涂料品种、喷刷遍数：水性弹性外墙涂料，一底二涂，平涂，十年保质，国产	m²	582.941		
		合　计				

注：税前项目包含除税金以外的所有费用。

表-14

规费、税金项目清单与计价表

工程名称：××有限公司食堂工程 第1页 共1页

序号	项目名称	计算基础	计算费率（%）	金额（元）
一	建筑装饰装修工程			
1	规费	1.1+1.2+1.3+1.4+1.5		
1.1	建安劳保费		27.93	
1.2	生育保险费	Σ（分部分项人工费＋单价措施人工费）	1.16	
1.3	工伤保险费		1.28	
1.4	住房公积金		1.85	
1.5	工程排污费	Σ（分部分项人材机＋单价措施人材机）	0.40	
2	税金	Σ（分部分项工程和单价措施项目费＋总价措施项目费＋其他项目费＋税前项目费＋规费）	3.58	
合　计				

编制人（造价人员）： 复核人（造价工程师）：

表-15

承包人提供主要材料和工程设备一览表

（适用造价信息差额调整法）

工程名称：××有限公司食堂工程　　　　　　　　　　　　　　　编号：

序号	名称、规格、型号	单位	数量	风险系数（%）	基准单价（元）	投标单价（元）	确认单价（元）	价差（元）	合计差价（元）
1	螺纹钢筋 HRB335 10以上（综合）	t	13.300		3805.00				
2	圆钢 HPB300 φ10以内（综合）	t	8.971		3905.00				
3	圆钢 HPB300 φ10以上（综合）	t	0.483		3951.00				
4	普通硅酸盐水泥 32.5MPa	t	42.076		450.00				
5	白水泥（综合）		0.123		715.00				
6	砂（综合）		98.622		116.50				
7	中砂		35.682		122.00				
8	粗砂		0.021		116.00				
9	碎石 5～20mm		1.324		88.00				
10	碎石 5～40mm		3.189		88.00				
11	周转板枋材		0.199		1020.00				
12	周转圆木		6.269		830.00				
13	胶合板模板 1830*915*18	m²	257.978		32.00				
14	汽油 93	kg	444.062		9.94				
15	柴油 0	kg	11.376		8.54				
16	水		268.653		3.40				
17	电	kW·h	4704.821		0.91				
18	碎石 GD20 商品普通混凝土 C20		0.526		324.00				
19	碎石 GD20 商品普通混凝土 C25		10.312		334.00				
20	碎石 GD40 商品普通混凝土 C15		55.727		314.00				
21	碎石 GD40 商品普通混凝土 C25		230.026		334.00				

注：1. 此表由招标人填写除"投标单价"栏的内容，投标人在投标时自主确定投标单价。

　　2. 招标人应优先采用工程造价管理机构发布的单位作为基础单价，未发布的，通过市场调查确定其基准单价。

表-22

教学单元7 房屋建筑工程工程量清单编制

7.1 土石方工程

7.1.1 概况

1. 清单项目设置

本分部设置4小节共15个清单项目，其中广西增补1小节、2个清单项目。清单项目设置情况见表7-1。

土石方工程清单项目数量表 表7-1

小节编号	名 称	国家清单项目数	广西增补项目数	小计
A.1	土方工程	7		7
A.2	石方工程	4		4
A.3	回填	2		2
A.4	其他工程		2	2
	合计	13	2	15

2. 相关问题及说明

（1）计量规范广西实施细则规定，土石方工程清单工程量包括工作面和放坡增加的工程量。

（2）计量规范广西实施细则规定，土方工程量清单项目特征必须清楚描述土壤类别、土方运距，不得以土壤类别（或土与石混合）综合考虑之类的作为描述。

（3）国家房建计量规范"挖一般土方、挖沟槽土方、挖基坑土方"的工作内容中包括基底钎探，由于广西增补工程量清单项目中有"基础钎插（项目编码：桂010104002）"，实际工作中，如基础钎插已单独列项，则"挖一般土方、挖沟槽土方、挖基坑土方"清单项目的工作内容中不再包括基底钎探。

7.1.2 土方工程

1. 平整场地（项目编码：010101001）

（1）单位：m^3。

（2）项目特征：土壤分类；弃土运距；取土运距。

（3）工程量计算规则：按设计图示尺寸以建筑物首层建筑面积计算。

（4）工作内容：土方挖填；场地找平；运输。

（5）应用说明：

1）平整场地是指建筑物场地厚度≤±300mm的挖、填、运、找平等工作。如场地厚度超过±300mm时，应按挖土方列项。

2）实际工作中，如土方工程采用机械大开挖施工，则该工程项目不应列有"平整场地"清单项目。

2. 挖一般土方（项目编码：010101002）

（1）单位：m³。

（2）项目特征：土壤类别；挖土深度；弃土运距。

（3）工程量计算规则：按设计图示尺寸以体积计算。

（4）工作内容：排地表水；土方开挖；围护（挡土板）及拆除；基底钎探；运输。

（5）应用说明：

1）建筑物场地厚度＞±300mm 的竖向布置挖土或山坡切土应按本小节中挖一般土方项目编码列项。

2）沟槽、基坑、一般土方的划分为：底宽≤7m 且底长＞3 倍底宽为沟槽；底长≤3 倍底宽且底面积≤150m² 为基坑；超出上述范围则为一般土方。

3）如采用人工挖土方施工方案，广西 2013 建筑定额"人工挖土方"定额子目步距为1.5m 内、2m 内、4m 内、6m 内、8m 内、10m 内，清单列项及项目特征描述应按定额子目步距列项。

4）如采用机械挖土方，由土方施工工艺、施工方案及计价相关规定综合考虑，挖土方总量中可进一步分为"人工配合机挖工程量、机械只挖不外运的工程量（方案考虑留作现场回填土）、机械连挖带外运的弃土工程量"等的几部分工程量，应结合工程实际情况对该挖土方工程合理列项。

3. 挖沟槽土方（项目编码：010101003）

（1）单位：m³。

（2）项目特征：土壤类别；挖土深度；弃土运距。

（3）工程量计算规则：按设计图示尺寸以基础垫层底面积乘以挖土深度计算。

（4）工作内容：排地表水；土方开挖；围护（挡土板）及拆除；基底钎探；运输。

（5）应用说明：

1）挖沟槽是指挖土时，槽底宽≤7m 且底长＞3 倍底宽的挖土方工程。

2）如采用人工挖沟槽施工方案，列项及项目特征描述应按广西 2013 建筑定额"人工挖沟槽"定额子目步距 2m 内、4m 内、6m 分别列项及项目特征描述。

4. 挖基坑土方（项目编码：010101004）

（1）单位：m³。

（2）项目特征：土壤类别；挖土深度；弃土运距。

（3）工程量计算规则：按设计图示尺寸以基础垫层底面积乘以挖土深度计算。

（4）工作内容：排地表水；土方开挖；围护（挡土板）及拆除；基底钎探；运输。

（5）应用说明：

1）挖基坑是指挖土时，底长≤3 倍底宽且底面积≤150m² 的挖土方工程。

2）如采用人工挖基坑施工方案，列项及项目特征描述应按广西 2013 建筑定额"人工挖基坑"定额子目步距 2m 内、4m 内、6m 分别列项及项目特征描述。

5. 冻土开挖（项目编码：010101005）

（1）单位：m³。

（2）项目特征：冻土厚度；弃土运距。

（3）工程量计算规则：按设计图示尺寸开挖面积乘厚度计算。

（4）工作内容：爆破；开挖；清理；运输。

6. 挖淤泥、流砂（项目编码：010101006）

（1）单位：m^3。

（2）项目特征：挖掘深度；弃淤泥；流砂距离。

（3）工程量计算规则：按设计图示位置、界限以体积计算。

（4）工作内容：开挖；运输。

（5）应用说明：

挖方出现流砂、淤泥时，如设计未明确，在编制工程量清单时，其工程数量可为暂估量，结算时应根据实际情况由发包人与承包人双方现场签证确认工程量。

7. 管沟土方（项目编码：0101010007）

（1）单位：m^3。

（2）项目特征：土壤类别；管外径；挖沟深度；回填要求。

（3）工程量计算规则：

1）以米计量，按设计图示以管道中心线长度计算。

2）以立方米计量，按设计图示管底垫层面积乘以挖土深度计算；无管底垫层按管外径的水平投影面积乘以挖土深度计算。不扣除各类井的长度，井的土方并入。

（4）工作内容：排地表水；土方开挖；围护（挡土板）、支撑；运输；回填。

8. 相关说明

（1）挖土方平均厚度应按自然地面测量标高至设计地坪标高间的平均厚度确定。基础土方开挖深度应按基础垫层底表面标高至交付施工场地标高确定，无交付施工场地标高时，应按自然地面标高确定。

（2）挖土方如需截桩头时，应按桩基工程相关项目列项。

（3）桩间挖土不扣除桩的体积，并在项目特征中加以描述。

（4）弃、取土运距可以不描述，但应注明由投标人根据施工现场实际情况自行考虑，决定报价。

（5）土壤的分类应按表 7-2 确定，如土壤类别不能准确划分时，招标人可注明为综合，由投标人根据地勘报告决定报价。

（6）土方体积应按挖掘前的天然密实体积计算。非天然密实土方应按表 7-3 折算。

（7）挖沟槽、基坑、一般土方因工作面和放坡增加的工程量（管沟工作面增加的工程量）并入各土方工程量。工作面、放坡按表 7-4～表 7-6 计算。

（8）管沟土方项目适用于管道（给排水、工业、电力、通信）、光（电）缆沟〔包括：人（手）孔、接口坑〕及连接井（检查井）等。

土壤分类表　　　　　　　　　　　　　　　　　　　　　表 7-2

土壤分类	土壤名称	开挖方法
一、二类土	粉土、砂土（粉砂、细砂、中砂、粗砂、砾砂）粉质黏土、弱中盐渍土、软土（淤泥质土、泥浆、泥炭质土）、软塑粘土、冲填土	用锹、少许用镐、条锄开挖。机械能全部直接铲挖满载者

续表

土壤分类	土壤名称	开挖方法
三类土	黏土、碎石土（圆砾、角砾）混合土、可塑红黏土、硬塑红黏土、强盐渍土、素填土、压实填土	主要用镐、条锄、少许用锹开挖。机械需部分刨松方能铲挖满载者或可直接铲挖但不能满载者
四类土	碎石土（卵石、碎石、漂石、块石）、坚硬红黏土、超盐渍土、杂填土	全部用镐、条锄挖掘、少许用撬棍挖掘。机械须普遍刨松方能铲挖满载者

注：本表土的名称及其含义按国家标准《岩土工程勘察规范》GB 50021—2001（2009 年版）定义。

土方体积折算系数表 表 7-3

天然密实度体积	虚方体积	夯实后体积	松填体积
0.77	1.00	0.67	0.83
1.00	1.30	0.87	1.08
1.15	1.50	1.00	1.25
0.92	1.20	0.80	1.00

注：1. 虚方指未经碾压、堆积时间≤1 年的土壤。

　　2. 本表按《全国统一建筑工程预算工程量计算规则》GJDGZ—101—95 整理。

　　3. 设计密实度超过规定的，填方体积按工程设计要求执行；无设计要求按各省、自治区、直辖市或行业建设行政主管部门规定的系数执行。

放坡系数表 表 7-4

土类别	放坡起点（m）	人工挖土	机械挖土		
			在坑内作业	在坑上作业	顺沟槽在坑上作业
二类土	1.20	1：0.5	1：0.33	1：0.75	1：0.5
三类土	1.50	1：0.33	1：0.25	1：0.67	1：0.33
四类土	2.00	1：0.25	1：0.10	1：0.33	1：0.25

注：1. 沟槽、基坑中土类别不同时，分别按其放坡起点、放坡系数，依不同土类别厚度加权平均计算。

　　2. 计算放坡时，在交接处的重复工程量不予扣除，原槽、坑作基础垫层时，放坡自垫层上表面开始计算。

基础施工所需工作面宽度计算表 表 7-5

基 础 材 料	每边各增加工作面宽度（mm）
砖基础	200
浆砌毛石、条石基础	150
混凝土基础垫层支模板	300
混凝土基础支模板	300
基础垂直面做防水层	1000（防水层面）

注：本表按《全国统一建筑工程预算工程量计量规则》GJDGZ—101—95 整理。

管沟施工每侧所需工作面宽度计算表 表 7-6

管沟材料＼管道结构（mm）	≤500	≤1000	≤2500	＞2500
混凝土及钢筋混凝土管道（mm）	400	500	600	700
其他材质管道（mm）	300	400	500	600

注：1. 本表按《全国统一建筑工程预算工程量计量规则》GJDGZ—101—95 整理。

　　2. 管道结构宽：有管座的按基础外缘，无管座的按管道外径。

7.1.3　石方工程

1. 挖一般石方（项目编码：010102001）

（1）单位：m³。

（2）项目特征：岩石类别；开凿深度；弃渣运距。

（3）工程量计算规则：按设计图示尺寸以体积计算。

（4）工作内容：排地表水；凿石；运输。

2. 挖沟槽石方（项目编码：010102002）

（1）单位：m³。

（2）项目特征：岩石类别；开凿深度；弃渣运距。

（3）工程量计算规则：按设计图示尺寸沟槽底面积乘以挖石深度以体积计算。

（4）工作内容：排地表水；凿石；运输。

3. 挖基坑石方（项目编码：010102003）

（1）单位：m³。

（2）项目特征：岩石类别；开凿深度；弃渣运距。

（3）工程量计算规则：按设计图示尺寸基坑底面积乘以挖石深度以体积计算。

（4）工作内容：排地表水；凿石；运输。

4. 挖管沟石方（项目编码：010102004）

（1）单位：m³。

（2）项目特征：岩石类别；管外径；挖沟深度。

（3）工程量计算规则：

1）以米计量，按设计图示以管道中心线长度计算。

2）以立方米计量，按设计图示截面积乘以长度计算。

（4）工作内容：排地表水；凿石；回填；运输。

5. 相关说明

（1）挖石应按自然地面测量标高至设计地坪标高的平均厚度确定。基础石方开挖深度应按基础垫层底面积标高至交付施工场地标高确定，无交付施工场地标高时，应按自然地面标高确定。

（2）厚度＞±300mm 的竖向布置挖石或山坡凿石应按清单表中一般石方项目编码列项。

（3）沟槽、基坑、一般石方的划分为：底宽≤7m 且底长＞3 倍底宽为沟槽；底长≤3 倍底宽且底面积≤150m² 为基坑；超出上述范围则为一般石方。

（4）弃渣运距可以不描述，但应注明由投标人根据施工现场实际情况自行考虑，决定报价。

（5）岩石的分类应按表 7-7 确定。

（6）石方体积应按挖掘前的天然密实体积计算。非天然密实石方应按表 7-8 折算。

（7）管沟石方项目适用于管道（给排水、工业、电力、通信）、光（电）缆沟〔包括：人（手）孔、接口坑〕及连接井（检查井）等。

岩石分类		代表性岩石	开挖方法
极软岩		1. 全风化的各种岩石 2. 各种半成岩	部分用手凿工具、部分用爆破法开挖
软质岩	软岩	1. 强风化的坚硬岩或较硬岩 2. 中等风化—强风化的较软岩 3. 未风化—微风化的页岩、泥岩、泥质砂岩等	用风镐和爆破法开挖
	较软岩	1. 中等风化—强风化的坚硬岩或较硬岩 2. 未风化—微风化的凝灰岩、千枚岩、泥灰岩、砂质泥岩等	用爆破法开挖
硬质岩	较硬岩	1. 微风化的坚硬岩 2. 未风化—微风化的大理岩、板岩、石灰岩、白云岩、钙质砂岩等	用爆破法开挖
	坚硬岩	未风化—微风化的花岗岩、闪长岩、辉绿坚硬岩、玄武岩、安山岩、片麻岩、石英岩、石英砂岩、硅质砾岩、硅质石灰岩等	用爆破法开挖

岩 石 分 类 表　　　　表 7-7

注：本表依据国家标准《工程岩体分级标准》GB 50218—94 和《岩土工程勘察规范》GB 50021—2001（2009 年版）整理。

石方体积折算系数表　　　　表 7-8

石方类别	天然密实度体积	虚方体积	松填体积	码方
石方	1.0	1.54	1.31	
块石	1.0	1.75	1.43	1.67
砂夹石	1.0	1.07	0.94	

注：本表按建设部颁发《爆破工程消耗量定额》GYD-102-2008 整理。

7.1.4　回填

1. 回填方（项目编码：010103001）

（1）单位：m^3。

（2）项目特征：密实度要求；填方材料品种；填方粒径要求；填方来源、运距。

（3）工程量计算规则：按设计图示尺寸以体积计算。

1）场地回填：回填面积乘平均回填厚度。

2）室内回填：主墙间面积乘回填厚度，不扣除间隔墙。

3）基础回填：按挖方清单项目工程量减去自然地坪以下埋设的基础体积（包括基础垫层及其他构筑物）。

（4）工作内容：运输；回填；夯实。

（5）应用说明：

1）基础回填土、室内回填土均按本项目列项。应结合工程实际情况确定基础回填土、室内回填土是否分开列项。

2）室内回填土工程量计算 $V=$ 主墙间面积×回填厚度。

2. 余方弃置（项目编码：010103002）

（1）单位：m^3。

（2）项目特征：废弃料品种；运距。

（3）工程量计算规则：按挖方清单项目工程量减利用回填土方体积（正数）计算。

（4）工作内容：余方点装料运输至弃置点。

3. 相关说明

（1）填方密实度要求，在无特殊要求情况下，项目特征可描述为满足设计和规范的要求。

（2）填方材料品种可以不描述，但应注明由投标人根据设计要求验方后方可填入，并符合相关工程的质量规范要求。

（3）填方粒径要求，在无特殊要求情况下，项目特征可以不描述。

（4）如需买土回填应在项目特征填方来源中描述，并注明买土方数量。

7.1.5 其他工程

1. 支挡土板（项目编码：桂 010104001）

（1）单位：m^2。

（2）项目特征：支撑方式、材料；挡土板类型、材料；其他。

（3）工程量计算规则：按槽、坑垂直支撑面积计算。

（4）工作内容：挡土板制作、运输、安装及拆除。

2. 基础钎插（项目编码：桂 010104002）

（1）单位：m。

（2）项目特征：钎插方式；钎插深度；其他。

（3）工程量计算规则：按钎插入土深度以米计算。

（4）工作内容：钎插、记录。

7.1.6 计算实例

【例 7-1】

已知：某建设工程首层平面图如图 7-1 所示，墙体厚度为 240mm，轴线居中标注。

要求：编制平整场地项目的工程量清单。

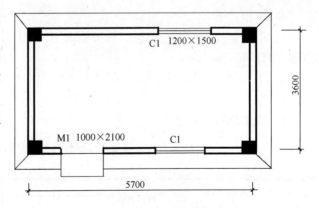

图 7-1 首层平面图

【解】

（1）项目编码：010101001001

（2）项目名称：平整场地

（3）项目特征：无

（4）单位：m^2

（5）工程量计算规则：按设计图示尺寸以建筑物首层建筑面积计算。

（6）工程量 $S = (5.7 + 0.12 \times 2) \times (3.6 + 0.12 \times 2) = 22.81 m^2$

（7）表格填写（见表 7-9）。

分部分项工程和单价措施项目清单与计价表　　　　　表 7-9

工程名称：××　　　　　　　　　　　　　　　　　　　　第　页　共　页

序号	项目编码	项目名称及 项目特征描述	计量 单位	工程量	金额（元）		
					综合单价	合价	其中： 暂估价
	0101	土（石）方工程					
1	010101001001	平整场地	m²	22.81			

【例 7-2】

已知：某工程室外标高为 −0.20m，设计有 10 个混凝土独立基础，如图 7-2 所示。现场勘察确定弃土外运 10km。

要求：编制挖基坑土方项目的工程量清单。

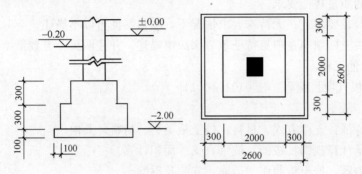

图 7-2　独立基础图

【解】

（1）项目编码：010101004001

（2）项目名称：挖基坑土方

（3）项目特征：1）土壤类别：三类土；2）挖土深度：2m 以内；3）弃土运距：10km。

（4）单位：m³

（5）工程量计算规则：根据广西实施细则规定，工作面和放坡增加的工程量并入清单工程量中计算。

（6）工程量 $V = (2.8+0.3\times2+0.33\times1.9)^2 \times 1.9 + 1/3 \times 0.33^2 \times 1.9^3 \times 10 = 308.4\text{m}^3$

（7）表格填写（见表 7-10）。

分部分项工程和单价措施项目清单与计价表　　　　　表 7-10

工程名称：××　　　　　　　　　　　　　　　　　　　　第　页　共　页

序号	项目编码	项目名称及 项目特征描述	计量 单位	工程量	金额（元）		
					综合单价	合价	其中： 暂估价
	0101	土（石）方工程					
1	010101004001	挖基坑土方 土壤类别：三类土 挖土深度：2m 以内 弃土运距：10km	m³	308.40			

7.2　地基处理与边坡支护工程

7.2.1　概况

本分部设置 2 小节共 34 个清单项目，其中广西增补 6 个清单项目。清单项目设置情况见表 7-11。

地基处理与边坡支护工程清单项目数量表　　　　表 7-11

小节编号	名称	国家清单项目数	广西增补项目数	小　计
B.1	地基处理	17	5	22
B.2	基坑与边坡支护	11	1	12
合　　计		28	6	34

7.2.2　地基处理

1. 换填垫层（项目编码：010201001）

（1）单位：m^3。

（2）项目特征：材料种类及配比；压实系数；掺加剂品种。

（3）工程量计算规则：按设计图示尺寸以体积计算。

（4）工作内容：分层铺填；碾压、振密或夯实；材料运输。

2. 铺设土工合成材料（项目编码：010201002）

（1）单位：m^2。

（2）项目特征：部位；品种；规格。

（3）工程量计算规则：按设计图示尺寸以面积计算。

（4）工作内容：挖填锚固沟；铺设；固定；运输。

3. 预压地基（项目编码：010201003）

（1）单位：m^2。

（2）项目特征：排水竖井种类、断面尺寸、排列方式、间距、深度；预压方法；预压荷载、时间；砂垫层厚度。

（3）工程量计算规则：按设计图示处理范围以面积计算。

（4）工作内容：设置排水竖井、盲沟、滤水管；铺设砂垫层、密封膜；堆载、卸载或抽气设备安拆、抽真空；材料运输。

4. 强夯地基（项目编码：010201004）

（1）单位：m^2。

（2）项目特征：夯击能量；夯基遍数；夯击点布置形式、间距；地耐力要求；夯填材料种类。

（3）工程量计算规则：按设计图示处理范围以面积计算。

（4）工作内容：铺设夯填材料；强夯；夯填材料运输。

5. 振冲密实（不填料）（项目编码：010201005）

（1）单位：m^2。

（2）项目特征：地层情况；振实深度；孔距。

（3）工程量计算规则：按设计图示处理范围以面积计算。

（4）工作内容：振冲加密；泥浆运输。

6．振冲桩（填料）（项目编码：010201006）

（1）单位：m；m³。

（2）项目特征：地层情况；空桩长度、桩长；桩径；填充材料种类。

（3）工程量计算规则：以米计量，按设计图示尺寸以桩长计算；以立方米计量，按设计桩截面乘以桩长以体积计算。

（4）工作内容：振冲成孔、填料、振实；材料运输；泥浆运输。

7．砂石桩（项目编码：010201007）

（1）单位：m；m³。计量规范广西实施细则取定单位为"m³"。

（2）项目特征：地层情况；空桩长度、桩长；桩径；成孔方法；材料种类、级配。

（3）工程量计算规则：以米计量，按设计图示尺寸以桩长（包括桩尖）计算；以立方米计量，按设计桩截面乘以桩长（包括桩尖）以体积计算。

（4）工作内容：成孔；填充、振实；材料运输。

8．水泥粉煤灰碎石桩（项目编码：010201008）

（1）单位：m。

（2）项目特征：地层情况；空桩长度、桩长；桩径；成孔方法；混合料强度等级。

（3）工程量计算规则：按设计图示尺寸以桩长（包括桩尖）计算。

（4）工作内容：成孔；混合料制作、灌注、养护；材料运输。

9．深层搅拌桩（项目编码：010201009）

（1）单位：m。

（2）项目特征：地层情况；空桩长度、桩长；桩截面尺寸；水泥强度等级、掺量。

（3）工程量计算规则：按设计图示尺寸以桩长计算。

（4）工作内容：预搅下钻、水泥浆制作、喷浆搅拌提升成桩；材料运输。

10．粉喷桩（项目编码：010201010）

（1）单位：m。

（2）项目特征：地层情况；空桩长度、桩长；桩径；粉体种类、掺量；水泥强度等级、石灰粉要求。

（3）工程量计算规则：按设计图示尺寸以桩长计算。

（4）工作内容：预搅下钻、喷粉搅拌提升成桩；材料运输。

11．夯实水泥土桩（项目编码：010201011）

（1）单位：m。

（2）项目特征：地层情况；空桩长度、桩长；桩径；成孔方法；水泥强度等级；混合料配比。

（3）工程量计算规则：按设计图示尺寸以桩长（包括桩尖）计算。

（4）工作内容：成孔、夯底；水泥土拌合、填料、夯实；材料运输。

12．高压喷射注浆桩（项目编码：010201012）

（1）单位：m。

（2）项目特征：地层情况；空桩长度、桩长；桩截面；注浆类型、方法；水泥强度等级。

（3）工程量计算规则：按设计图示尺寸以桩长计算。

（4）工作内容：成孔；水泥浆制作、高压喷射注浆；材料运输。

13. 石灰桩（项目编码：010201013）

（1）单位：m。

（2）项目特征：地层情况；空桩长度、桩长；桩径；成孔方法；掺和料种类、配合比。

（3）工程量计算规则：按设计图示尺寸以桩长（包括桩尖）计算。

（4）工作内容：成孔；混合料制作、运输、夯填。

14. 灰土（土）挤密桩（项目编码：010201014）

（1）单位：m。

（2）项目特征：地层情况；空桩长度、桩长；桩径；成孔方法；灰土级配。

（3）工程量计算规则：按设计图示尺寸以桩长（包括桩尖）计算。

（4）工作内容：成孔；灰土拌和、运输、填充、夯实。

15. 柱锤冲扩桩（项目编码：010201015）

（1）单位：m。

（2）项目特征：地层情况；空桩长度、桩长；桩径；成孔方法；桩体材料种类、配合比。

（3）工程量计算规则：按设计图示尺寸以桩长计算。

（4）工作内容：安、拔套管；冲孔、填料、务实；桩体材料制作、运输。

16. 注浆地基（项目编码：010201016）

（1）单位：m；m^3。

（2）项目特征：地层情况；空钻深度、注浆深度；注浆间距；浆液种类及配比；注浆方法；水泥强度等级。

（3）工程量计算规则：以米计量，按设计图示尺寸以钻孔深度计算；以立方米计量，按设计图示尺寸以加固体积计算。

（4）工作内容：成孔；注浆导管制作、安装；浆液制作、压浆；材料运输。

17. 褥垫层（项目编码：010201017）

（1）单位：m^2；m^3。

（2）项目特征：厚度；材料品种及比例。

（3）工程量计算规则：以平方米计量，按设计图示尺寸以铺设面积计算；以立方米计量，按设计图图示尺寸以体积计算。

（4）工作内容：材料拌合、运输、铺设、压实。

18. 水泥粉煤灰碎石桩（CFG）（项目编码：桂 010201018）

（1）单位：m^3。

（2）项目特征：地层情况；单桩长度；桩截面；材料种类、级配；桩倾斜度。

（3）工程量计算规则：按设计桩的截面积乘以设计桩长（设计桩长＋设计超灌长度）以立方米计算。

（4）工作内容：工作平台搭拆；桩机竖拆、移位；成孔；混凝土料制作、灌注、养护；清理。

19. 深层搅拌水泥桩（项目编码：桂 010201019）

（1）单位：m²。

（2）项目特征：地层情况；单桩长度；桩截面；材料种类、级配；桩倾斜度。

（3）工程量计算规则：按设计桩截面积乘以设计桩长以立方米计算。

（4）工作内容：预搅下钻、水泥浆制作、喷浆搅拌提升成桩；材料运输。

20. 高压旋喷水泥桩（项目编码：桂 010201020）

（1）单位：m。

（2）项目特征：地层情况；桩截面；注浆类型、方法；水泥强度等级、掺量；桩倾斜度。

（3）工程量计算规则：桩体长度以米计算。

（4）工作内容：成孔；水泥浆制作、高压喷射注浆；拔管、清洗。

21. 灰土挤密桩（项目编码：桂 010201021）

（1）单位：m³。

（2）项目特征：地层情况；单桩长度；桩截面；材料种类、级配；桩倾斜度。

（3）工程量计算规则：按设计桩截面积乘以设计桩长以立方米计算。

（4）工作内容：成孔；灰土拌合、运输、填充、夯实。

22. 压力灌注微型桩（项目编码：桂 010201022）

（1）单位：m。

（2）项目特征：地层情况；桩截面；材料种类、级配；桩倾斜度。

（3）工程量计算规则：按主杆桩体长度以米计算。

（4）工作内容：成孔；制作钢管（钢筋笼）下泥浆管；做压浆封头、投石、制浆、压浆；泥浆清除及泥浆池砌筑、拆除等。

23. 相关说明

（1）地层情况按表 7-2 土壤分类和表 7-7 岩石分类的规定，并根据岩土工程勘察报告按单位工程各地层所占比例（包括范围值）进行描述。对无法准确描述的地层情况，可注明由投标人根据岩土工程勘察报告自行决定报价。

（2）项目特征中的桩长应包括桩尖，空桩长度＝孔深－桩长，孔深为自然地面至设计桩底的深度。

（3）高压喷射注浆类型包括旋喷、摆喷、定喷，高压喷射注浆方法包括单管法、双重管法、三重管法。

（4）如采用泥浆护壁成孔，工作内容包括土方、废泥浆外运，如采用沉管灌注成孔，工作内容包括桩尖制作、安装。

7.2.3　基坑与边坡支护

1. 地下连续墙（项目编码：010202001）

（1）单位：m³。

（2）项目特征：地层情况；导墙类型、截面；墙体厚度；成槽深度；混凝土种类、强度等；接头形式。

（3）工程量计算规则：按设计图示墙中心线长乘以厚度乘以槽深以体积计算。

（4）工作内容：导墙挖填、制作、安装、拆除；挖土成槽、固壁、清底置换；混凝土制作、运输、灌注、养护；接头处理；土方、废泥浆外运；打桩场地硬化及泥浆池、泥浆沟。

2. 咬合灌注桩（项目编码：010202002）

（1）单位：m；根。

（2）项目特征：地层情况；桩长；桩径；混凝土种类、强度等级部位。

（3）工程量计算规则：以米计量、按设计图示尺寸以桩长计算。以根计量，按设计图数量计算。

（4）工作内容：成孔、固壁；混凝土制作、运输、安装、灌注、养护；套管压拔；土方、泥浆外运；打桩场地硬化及泥浆池、泥浆沟。

3. 圆木桩（项目编码：010202003）

（1）单位：m；根。

（2）项目特征：地层情况；桩长；桩径；混凝土种类、强度等级；部位。

（3）工程量计算规则：以米计量、按设计图示尺寸以桩长计算；以根计量，按设计图示数量计算。

（4）工作内容：成孔、固壁；混凝土制作、运输、安装、灌注、养护；套管压拔；土方、废浆外运；打桩场地硬化及泥浆池、泥浆沟。

4. 预制钢筋混凝土板桩（项目编码：010202004）

（1）单位：m；根。

（2）项目特征：地层情况；送桩深度、桩长；桩截面；沉桩方法；连接方式；混凝土强度等级。

（3）工程量计算规则：以米计量，按设计图示尺寸以桩长（包括桩尖）计算；以根计量，按设计图示数量计算。

（4）工作内容：工作平台搭拆；桩机移位；沉桩；板桩连接。

5. 型钢桩（项目编码：010202005）

（1）单位：t；根。

（2）项目特征：地层情况或部位；送桩深度、桩长；规格型号；桩倾斜度；防护材料种类；是否拨出。

（3）工程量计算规则：以吨计量，按设计图示尺寸以质量计算；以根计量，按设计图示数量计算。

（4）工作内容：工作平台搭拆；桩机移位；打（拔）桩；接桩；刷防护材料。

6. 钢板桩（项目编码：010202006）

（1）单位：t；m^2。

（2）项目特征：地层情况；桩长；板桩厚度。

（3）工程量计算规则：以吨计量，按设计图示尺寸以质量计量；以平方米计量，按设计图示墙中心线长度乘以桩长以面积计算。

（4）工作内容：工作平台搭拆；桩机移位；打拔钢板桩。

7. 锚杆（锚索）（项目编码：010202007）

(1) 单位：m；根。计量规范广西实施细则取定单位为"m"。

(2) 项目特征：底层情况；锚杆（锚索）类型、部位；钻孔深度；钻孔直径；杆体材料品种、规格、数量；预应力；浆液种类、强度等级。

(3) 工程量计算规则：以米计量，按设计图示尺寸以钻孔深度计算；以根计量，按设计图示数量计算。

(4) 工作内容：钻孔、浆液制作、运输、压浆；锚杆（锚索）制作、安装；张拉锚固；锚杆（锚索）施工平台搭设、拆除。

8. 土钉（项目编码：010202008）

(1) 单位：m；根。计量规范广西实施细则取定单位为"m"。

(2) 项目特征：地层情况；钻孔深度；钻孔直径；置入方法；杆体材料品种、规格、数量；浆液种类、强度等级。

(3) 工程量计算规则：以米计量，按设计图示尺寸以钻孔深度计算；以根计量，按设计图示数量计算。

(4) 工作内容：钻孔、浆液制作、运输、压浆；土钉制作、安装；土钉施工平台搭设、拆除。

9. 喷射混凝土、水泥砂浆（项目编码：010202009）

(1) 单位：m²。

(2) 项目特征：部位；厚度；材料种类；混凝土（砂浆）种类、强度等级。

(3) 工程量计算规则：按设计图示尺寸以面积计算。

(4) 工作内容：修整边坡；混凝土（砂浆）制作、运输、喷射、养护；钻排水孔、安装排水管；喷射施工平台搭设、拆除。

10. 钢筋混凝土支撑（项目编码：010202010）

(1) 单位：m³。

(2) 项目特征：部位；混凝土种类；混凝土强度等级。

(3) 工程量计算规则：按设计图示尺寸以体积计算。

(4) 工作内容：模板（支架或支撑）制作、安装、拆除、堆放、运输及清理模内杂物、刷隔离剂等；混凝土制作、运输、浇筑、振捣、养护。

11. 钢支撑（项目编码：010202011）

(1) 单位：t。

(2) 项目特征：部位；钢材品种、规格；探伤要求。

(3) 工程量计算规则：按设计图示尺寸以质量计算。不扣除孔眼质量、焊条、铆钉、螺栓等不另增加质量。

(4) 工作内容：支撑、铁件制作（摊销、租赁）；支撑、铁件安装；探伤；刷漆；拆除；运输。

12. 圆木桩（项目编码：桂 010202012）

(1) 单位：m³。

(2) 项目特征描述：地层情况；桩截面、材质；桩倾斜度。

(3) 工程量计算规则：按设计桩长和梢径根据体积表计算。

（4）工作内容：制作木桩、安桩箍及桩靴；桩机安装、移位；吊装就位打桩校正；拆卸桩箍、锯桩头；清理。

13. 相关说明

（1）地层情况按表 7-2 土壤分类表和 7-7 岩石分类的规定，并根据岩土工程勘察报告按单位工程各层所占比例（包括范围值）进行描述。对无法准确描述的地层情况，可注明由投标人根据岩土工程勘察报告自行决定报价。

（2）土钉置入方法包括钻孔置入，打入或射入等。

（3）混凝土种类：指清水混凝土、彩色混凝土等，如在同一地区既用预拌（商品）混凝土，又允许现场搅拌混凝土时，也应注明（下同）。

（4）地下连续墙和喷射混凝土（砂浆）的钢筋网、咬合灌注桩的钢筋笼及钢筋混凝土支撑的钢筋制作、安装，按国家房建计量规范附录 E 中相关项目列项。本分部未列的基坑与边坡支护的排桩按清单规范附录 C 中相关项目列项。水泥土墙、坑内加固按国家房建计量规范表 B.1 中相关项目列项。砖、石挡土墙、护坡按国家房建计量规范附录 D 中相关项目列项。混凝土挡土墙按国家房建计量规范附录 E 中相关项目列项。

7.3 桩 基 工 程

7.3.1 概况

本分部设置 2 小节共 26 个清单项目，其中广西增补 15 个清单项目。清单项目设置情况见表 7-12。

桩基工程清单项目数量表 表 7-12

小节编号	名 称	国家清单项目数	广西调整项目数		小 计
			增 补	取 消	
C.1	打桩	4	9	—2	11
C.2	灌注桩	7	6	—7	6
合 计		11	15	—9	17

7.3.2 打桩

1. 预制钢筋混凝土方桩（项目编码：010301001）

2. 预制钢筋混凝土管桩（项目编码：010301002）

应用说明：计量规范广西实施细则规定，取消国家房建计量规范本小节 1～2 项，增补本小节 7～13 项。

3. 钢管桩（项目编码：010301003）

（1）单位：t；根。

（2）项目特征：地层情况；送桩深度、桩长；材质；管径、壁厚；桩倾斜度；沉桩方法；填充材料种类；防护材料种类。

（3）工程量计算规则：以吨计量，按设计图示尺寸以质量计算；以根计量，按设计图示数量计算。

（4）工作内容：工作平台搭拆；桩机竖拆、移位；沉桩；接桩；送桩；切割钢管、精割盖帽；管内取土；填充材料、刷防护材料。

4. 截（凿）桩头（项目编码：010301004）

（1）单位：m³；根。

（2）项目特征：桩类型；桩头截面、高度；混凝土强度等级；有无钢筋。

（3）工程量计算规则：以立方米计量，按设计桩截面乘以桩头长度以体积计算；以根计量，按设计图示数量计算。

（4）工作内容：截（切割）桩头；凿平；废料外运。

5. 打预制钢筋混凝土方桩（项目编码：桂010301005）

（1）单位：m³。

（2）项目特征：地层情况；单桩长度；桩截面；桩倾斜度。

（3）工程量计算规则：按设计桩长（包括桩尖、不扣除桩尖虚体积）乘以桩截面以体积计算。

（4）工作内容：工作平台搭拆；桩机竖拆、移位、校测；吊装就位、安装桩帽校正；打桩；清理。

6. 打预制钢筋混凝土管桩（项目编码：桂010301006）

（1）单位：m³。

（2）项目特征：地层情况；单桩长度；桩截面；桩倾斜度。

（3）工程量计算规则：按设计桩长（包括桩尖、不扣除桩尖虚体积）乘以桩截面以体积计算。管桩的空心体积应扣除。

（4）工作内容：工作平台搭拆；桩机竖拆、移位、校测；吊装就位、安装桩帽校正；打桩；清理。

7. 打预制钢筋混凝土板桩（项目编码：桂010301007）

（1）单位：m³。

（2）项目特征：地层情况；单桩体积；桩截面；桩倾斜度。

（3）工程量计算规则：按设计桩长（包括桩尖、不扣除桩尖虚体积）乘以桩截面以体积计算。

（4）工作内容：工作平台搭拆；桩机竖拆、移位、校测；安拆导向夹具；吊装就位、安装桩帽校正；打桩；清理。

8. 压预制钢筋混凝土方桩（项目编码：桂010301008）

（1）单位：m³。

（2）项目特征：地层情况；单桩长度；桩截面；桩倾斜度。

（3）工程量计算规则：按设计桩长（包括桩尖、不扣除桩尖虚体积）乘以桩截面以体积计算。

（4）工作内容：工作平台搭拆；桩机竖拆、移位、校测；吊装就位、安装桩帽校正；压桩；清理。

（5）应用说明：压试验桩和压斜桩应按相应项目单独列项，并应在项目特征中注明试验桩或斜桩（斜率）。

9. 压预制钢筋混凝土管桩（项目编码：桂 010301009）

（1）单位：m。

（2）项目特征：地层情况；单桩长度；桩截面；桩倾斜度。

（3）工程量计算规则：按设计长度以米计算。

（4）工作内容：工作平台搭拆；桩机竖拆、移位、校测；吊装就位、安装桩帽校正；压桩；清理。

（5）应用说明：压试验桩和压斜桩应按相应项目单独列项，并应在项目特征中注明试验桩或斜桩（斜率）。

10. 预制混凝土管桩填桩芯（项目编码：桂 010301010）

（1）单位：m³。

（2）项目特征：管桩填充材料种类；防护材料种类；混凝土强度等级。

（3）工程量计算规则：按设计灌注长度乘以桩芯截面面积以体积计算。

（4）工作内容：管桩填充材料；刷防护材料；混凝土制作、运输、灌注、振捣、养护。

11. 螺旋钻机钻取土（项目编码：桂 010301011）

（1）单位：m。

（2）项目特征：位置；其他。

（3）工程量计算规则：按钻孔入土深度以米计算。

（4）工作内容：准备机具、移动桩机、桩位校测、钻孔；清理钻孔余土运至现场指定地点。

12. 送桩（项目编码：桂 010301012）

（1）单位：m³；m。

（2）项目特征：地层情况；桩类型；单桩长度；桩截面；桩倾斜度。

（3）工程量计算规则：按桩截面面积乘以送桩长度（即打桩架底至桩顶高度或自桩顶面至自然地平面另加 0.5m）以立方米计算。按送桩长度以米计算。

（4）工作内容：送桩。

13. 接桩（项目编码：桂 010301013）

（1）单位：个；m²。

（2）项目特征：接桩方式；其他。

（3）工程量计算规则：电焊接桩按设计数量计算；硫磺胶泥接桩按桩断面以平方米计算。

（4）工作内容：接桩。

14. 相关说明

（1）地层情况按表 7-2 土壤分类和表 7-7 岩石分类的规定，并根据岩土工程勘察报告按单位工程各地层所占比例（包括范围值）进行描述。对无法准确描述的地层情况，可注明出投标人根据岩土工程勘察报告自行决定报价。

（2）项目特征中的桩截面、混凝土强度等级、桩类型等可直接用标准图代号或设计桩型进行描述。

（3）预制钢筋混凝土方桩、预制钢筋混凝土管桩项目以成品桩编制，应包括成品桩购置费，如果用现场预制，应包括现场预制桩的所有费用。

（4）打试验桩和打斜桩应按相应项目单独列项，并应在项目特征中注明试验桩或斜桩（斜率）。

（5）截（凿）桩头项目适用于国家房建计量规范附录 B、附录 C 所列桩的桩头截（凿）。

（6）预制钢筋混凝土管桩桩顶与承台的连接构造按国家房建计量规范附录 E 相关项目列项。

7.3.3　灌注桩

1. 泥浆护壁成孔灌注桩（项目编码：010302001）

2. 沉管灌注桩（项目编码：010302002）

3. 干作业成孔灌注桩（项目编码：010302003）

4. 挖孔桩土（石）方（项目编码：010302004）

5. 人工挖孔灌注桩（项目编码：010302005）

6. 钻孔压浆桩（项目编码：010302006）

7. 灌注桩后压浆（项目编码：010302007）

应用说明：计量规范广西实施细则规定，取消国家房建计量规范本小节 1～7 项，增补本小节 8～13 项。

8. 灌注桩成孔（项目编码：桂 010302008）

（1）单位：m³。

（2）项目特征：地层情况；成孔方式；桩径。

（3）工程量计算规则：按成孔长度乘以设计桩截面积以立方米计算。成孔长度为打桩前的自然地坪标高至设计桩底的长度。

（4）工作内容：工作平台搭拆；桩机竖拆、移位、校测；钻孔、成孔、固壁；清理、运输。

9. 人工挖孔桩成孔（项目编码：桂 010302009）

（1）单位：m³。

（2）项目特征：孔深；桩径；护壁混凝土种类、强度等级。

（3）工程量计算规则：按设计桩截面（桩径＝桩芯＋护壁）乘以挖孔深度加上桩的扩大头体积以立方米计算。

（4）工作内容：挖土、提土、运土 50m 以内，排水沟修造、修正桩底；安装护壁模具，灌注护壁混凝土；抽水、吹风、坑内照明、安全设施搭拆。

10. 灌注桩桩芯混凝土（项目编码：桂 010302010）

（1）单位：m³。

（2）项目特征：桩类型；单桩长度、根数；桩截面；混凝土种类、强度等级。

（3）工程量计算规则：按设计桩芯的截面积乘以桩芯的深度（设计桩长＋设计超灌长度）以立方米计算。人工挖孔桩加上桩的扩大头增加的体积。

（4）工作内容：浇灌桩芯混凝土；安、拆导管及漏斗。

11. 灌注桩入岩增加费（项目编码：桂 010302011）

（1）单位：m³。

（2）项目特征：桩类型；桩径；入岩方法。

（3）工程量计算规则：按入岩部分以体积计算。

（4）工作内容：钻孔、爆破、通风照明、垂直运输。

12. 长螺旋钻孔压灌桩（项目编码：桂 010302012）

（1）单位：m³。

（2）项目特征：单桩长度、根数；桩截面；混凝土种类、强度等级。

（3）工程量计算规则：按设计桩的截面积乘以设计桩长（设计桩长＋设计超灌长度）以立方米计算。

（4）工作内容：工作平台搭拆；桩机竖拆、移位、校测；灌注混凝土；清理钻孔余土并运至现场指定地点。

13. 泥浆运输（项目编码：桂 010302013）

（1）单位：m³。

（2）项目特征：运距。

（3）工程量计算规则：按钻孔体积以立方米计算。

（4）工作内容：装卸泥浆、运输、清理场地。

14. 相关说明

（1）地层情况按表 7-2 土壤分类和表 7-7 岩石分类的规定，并根据岩土工程勘察报告按单位工程各地层所占比例（包括范围值）进行描述。对无法准确描述的地层情况，可注明由投标人根据岩土工程勘察报告自行决定报价。

（2）项目特征中的桩长应包括桩尖，空桩长度＝孔深－桩长，孔深为自然地面至设计桩底的深度。

（3）项目特征中的桩截面（桩径）、混凝土强度等级、桩类型等可直接用标准图代号或设计桩型进行描述。

（4）泥浆护壁成孔灌注桩是指在泥浆护壁条件下成孔，采用水下灌注混凝土的桩。其成孔方法包括冲击钻成孔、冲抓锥成孔、回旋钻成孔、潜水钻成孔、泥浆护壁的旋挖成孔等。

（5）沉管灌注桩的沉管方法包括锤击沉管法、振动沉管法、振动冲击沉管法、内夯沉管法等。

（6）干作业成孔灌注桩是指不用泥浆护壁和套管护壁的情况下，用钻机成孔后，下钢筋笼，灌注混凝土的桩，适用于地下水位以上的土层使用。其成孔方法包括螺旋钻成孔、螺旋钻成孔扩底、干作业的旋挖成孔等。

（7）混凝土种类：指清水混凝土、彩色混凝土、水下混凝土等，如在同一地区既使用预拌（商品）混凝土，又允许现场搅拌混凝土时，也应注明（下同）。

（8）混凝土灌注桩的钢筋笼制作、安装，按国家房建计量规范附录 E 中相关项目编码列项。

7.3.4　计算实例

【例 7-3】

已知：某市区内的桩基础工程，设计室外地坪标高为－0.300m，设计桩顶标高为－5.000m。根据勘察报告建议，结合本工程特点，基础采用高强预应力混凝土管桩，选用

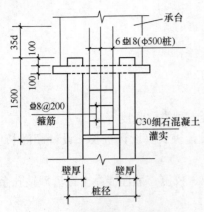

图 7-3　预制混凝土管桩与
承台连接大样图

桩型为 PHC500AB100—16，采用静力压桩施工。经计算该工程共 100 根桩，其中试验桩 3 根。桩头填充及与承台连接大样详见图 7-3，其中壁厚为 100mm。

根据广西常规施工组织设计方案，针对该工程地质，在压桩前，先对每桩点进行螺旋钻机钻取土 2m，钻孔余土不考虑外运。

要求：编制压预制钢筋混凝土管桩工程的工程量清单。

【解】　根据题意，本桩基础工程应列以下清单项目：

1. 压桩

（1）项目编码：桂 010301009001

（2）项目名称：静力压桩机压预制钢筋混凝土管桩

（3）项目特征：①单桩长度：16m；②桩截面：直径 500mm。

（4）单位：m。

（5）工程量计算规则：按设计长度以 m 计算。

（6）工程量 $L=16×（100-3）=1552$m

2. 压试验桩

（1）项目编码：桂 010301009002

（2）项目名称：静力压桩机压预制钢筋混凝土管桩（试验桩）

（3）项目特征：①单桩长度：16m；②桩截面：直径 500mm。

（4）单位：m。

（5）工程量计算规则：按设计长度以 m 计算。

（6）工程量 $L=16×3=48$m

3. 填桩芯混凝土

（1）项目编码：桂 010301010001

（2）项目名称：预制混凝土管桩填桩芯

（3）项目特征：①管桩填充材料种类：商品混凝土；②混凝土强度等级：C30。

（4）单位：m。

（5）工程量计算规则：按设计灌注长度乘以桩芯截面面积以 m³ 计算。

（6）工程量 $V=3.14×[（0.5-0.1×2）÷2]^2×1.5×100=10.60$m³

4. 螺旋钻机钻取土

（1）项目编码：桂 010301011001

（2）项目名称：螺旋钻机钻取土

（3）项目特征：无

（4）单位：m。

（5）工程量计算规则：按钻孔入土深度以 m 计算。

（6）工程量 $L=2×100=200$m

5. 送桩

（1）项目编码：桂 010301012001

（2）项目名称：送桩

（3）项目特征：①桩类型：静力压预制钢筋混凝土管桩；②单桩长度：16m；③桩截面：直径 500mm。

（4）单位：m。

（5）工程量计算规则：按送桩长度以 m 计算。

（6）工程量 $L=（5-0.3+0.5）\times（100-3）=504.40$m

6. 送桩试验桩

（1）项目编码：桂 010301012002

（2）项目名称：送桩

（3）项目特征：①桩类型：静力压预制钢筋混凝土管桩；②单桩长度：16m；③桩截面：直径 500mm。

（4）单位：m。

（5）工程量计算规则：按送桩长度以 m 计算。

（6）工程量 $L=（5-0.3+0.5）\times3=15.60$m

7. 桩钢筋笼Φ10 以内

（1）项目编码：010515004001

（2）项目名称：桩头插筋

（3）项目特征：钢筋种类、规格：Φ10 以内。

（4）单位：t。

（5）工程量计算规则：按设计图示钢筋长度乘单位理论质量计算。

（6）工程量：

圆箍筋单根长度 $=3.14\times[（0.5-0.1\times2-0.04\times2）\div2]^2+11.9\times0.008\times2=0.458$m

单桩根数 $=（1.5-0.1\times2）\div0.2=6.5$，取整后单桩圆箍根数 $=7$ 根

圆箍筋工程量 $T=0.458\times7\times100\times0.395\div1000=0.130$t

8. 桩钢筋笼Φ10 以上

（1）项目编码：010515004002

（2）项目名称：桩头插筋

（3）项目特征：钢筋种类、规格：Φ10 以上。

（4）单位：t。

（5）工程量计算规则：按设计图示钢筋长度乘单位理论质量计算。

（6）工程量：

Φ18 纵筋单根长度 $=1.5+38\times0.018=2.13$m

纵筋工程量 $T=2.13\times6\times100\times2.000\div1000=2.556$t

（7）表格填写（见表 7-13）。

分部分项工程和单价措施项目清单与计价表

表 7-13

工程名称：××

序号	项目编码	项目名称及项目特征描述	计量单位	工程量	金额（元）		
					综合单价	合价	其中：暂估价
	0103	桩与地基基础工程					
1	桂 010301009001	静力压桩机压预制钢筋混凝土管桩 ①单桩长度：16m ②桩截面：直径 500mm	m	1552.00			
2	桂 010301009002	静力压桩机压预制钢筋混凝土管桩（试验桩） ①单桩长度：16m ②桩截面：直径 500mm	m	48.00			
3	桂 010301010001	预制混凝土管桩填桩芯 ①管桩填充材料种类：商品混凝土 ②混凝土强度等级：C30	m³	10.60			
4	桂 010301011001	螺旋钻机钻取土	m	200.00			
5	桂 010301012001	送桩 ①桩类型：静力压预制钢筋混凝土管桩 ②单桩长度：16m ③桩截面：直径 500mm	m	504.40			
6	桂 010301012002	送桩试验桩 ①桩类型：静力压预制钢筋混凝土管桩 ②单桩长度：16m ③桩截面：直径 500mm	m	15.60			
	0105	混凝土及钢筋混凝土工程					
7	010515004001	钢筋笼 钢筋种类、规格：Φ10 以内	t	0.130			
8	010515004002	钢筋笼 钢筋种类、规格：Φ10 以上	t	2.556			

7.4　砌　筑　工　程

7.4.1　概况

本分部设置 4 小节共 27 个清单项目。清单项目设置情况见表 7-14。

砌筑工程清单项目数量表
表 7-14

小节编号	名　　称	国家清单项目数	广西增补项目数	小　计
D. 1	砖砌体	14		14
D. 2	砌块砌体	2		2
D. 3	石砌体	10		10
D. 4	垫层	1		1
合　计		27		27

7.4.2　砖砌体

1. 砖基础（项目编码：010401001）

（1）单位：m^3。

（2）项目特征：砖品种、规格、强度等级；基础类型；砂浆强度等级；防潮层材料种类。

（3）工程量计算规则：按设计图示尺寸以体积计算；包括附墙垛基础宽出部分体积，扣除地梁（圈梁）、构造柱所占体积，不扣除基础大放脚 T 形接头处的重叠部分及嵌入基础内的钢筋、铁件、管道基础砂浆防潮层和单个体积≤0.3m² 的孔洞所占面积，靠墙暖气沟的挑檐不增加。

（4）工作内容：砂浆制作、运输；砌砖；防潮层铺设；材料运输。

（5）应用说明：

1）"砖基础"项目适用于各种类型砖基础、柱基础、墙基础、管道基础等。

2）基础与墙（柱）身使用同一种材料时，以设计室内地面为界（有地下室者，以地下室室内设计地面为界），以下为基础，以上为墙（柱）身。基础与墙身使用不同材料时，位于设计室内地面高度≤±300mm 时，以不同材料为分界线，高度＞±300mm 时，以设计室内地面为分界线。

3）砖围墙以室内设计室外地坪为界，以下为基础，以上为墙身。

2. 砖砌挖孔桩护壁（项目编码：010401002）

（1）单位：m^3。

（2）项目特征：砖品种、规格、强度等级；砂浆强度等级。

（3）工程量计算规则：按设计图示尺寸以 m^3 计算。

（4）工作内容：砂浆制作、运输；砌砖；材料运输。

3. 实心砖墙（项目编码：010401003）

（1）单位：m^3。

（2）项目特征：砖品种、规格、强度等级；墙体类型；砂浆强度等级、配合比。

（3）工程量计算规则：按设计图示尺寸以体积计算；扣除门窗、洞口、嵌入墙内的钢

87

筋混凝土柱、梁、圈梁、挑梁、过梁及凹进墙内的壁龛、管槽、暖气槽、消火栓箱所占体积，不扣除梁头、板头、檩头、垫木、木楞头、沿缘木、木砖、门窗走头、砖墙内加固钢筋、木筋、铁件、钢管及单个面积≤$0.3m^2$的孔洞所占的体积。凸出墙面的腰线、挑檐、压顶、窗台线、虎头砖、门窗套的体积亦不增加。凸出墙面的砖垛并入墙体体积内计算。

1) 墙长度：外墙按中心线、内墙按净长计算。

2) 墙高度：

A. 外墙：斜（坡）屋面无檐口天棚者算至屋面板底；有屋架且室内外均有天棚者算至屋架下弦底另加200mm；无天棚者算至屋架下弦底另加300mm，出檐宽度超过600mm时按实砌高度计算；与钢筋混凝土楼板隔层者算至板顶；平屋顶算至钢筋混凝土板底。

B. 内墙：位于屋架下弦者，算至屋架下弦底；无屋架者算至天棚底另加100mm；有钢筋混凝土楼板隔层者算至楼板顶；有框架梁时算至梁底。

C. 女儿墙：从屋面板上表面算至女儿墙顶面（如有混凝土压顶时算至压顶下表面）。

D. 内、外山墙：按其平均高度计算。

3) 框架间墙：不分内外墙按墙体净尺寸以体积计算。

4) 围墙：高度算至压顶上表面（如有混凝土压顶时算至压顶下表面），围墙柱并入围墙体积内。

(4) 工作内容：砂浆制作、运输；砌砖；刮缝；砖压顶砌筑；材料运输。

4. 多孔砖墙（项目编码：010401004）

(1) 单位：m^3。

(2) 项目特征：砖品种、规格、强度等级；墙体类型；砂浆强度等级、配合比。

(3) 工程量计算规则：按设计图示尺寸以体积计算；扣除门窗、洞口、嵌入墙内的钢筋混凝土柱、梁、圈梁、挑梁、过梁及凹进墙内的壁龛、管槽、暖气槽、消火栓箱所占体积，不扣除梁头、板头、檩头、垫木、木楞头、沿缘木、木砖、门窗走头、砖墙内加固钢筋、木筋、铁件、钢管及单个面积≤$0.3m^2$的孔洞所占的体积。凸出墙面的腰线、挑檐、压顶、窗台线、虎头砖、门窗套的体积亦不增加。凸出墙面的砖垛并入墙体体积内计算。

1) 墙长度：外墙按中心线、内墙按净长计算。

2) 墙高度：

A. 外墙：斜（坡）屋面无檐口天棚者算至屋面板底；有屋架且室内外均有天棚者算至屋架下弦底另加200mm；无天棚者算至屋架下弦底另加300mm，出檐宽度超过600mm时按实砌高度计算；与钢筋混凝土楼板隔层者算至板顶；平屋顶算至钢筋混凝土板底。

B. 内墙：位于屋架下弦者，算至屋架下弦底；无屋架者算至天棚底另加100mm；有钢筋混凝土楼板隔层者算至楼板顶；有框架梁时算至梁底。

C. 女儿墙：从屋面板上表面算至女儿墙顶面（如有混凝土压顶时算至压顶下表面）。

D. 内、外山墙：按其平均高度计算。

3) 框架间墙：不分内外墙按墙体净尺寸以体积计算。

4) 围墙：高度算至压顶上表面（如有混凝土压顶时算至压顶下表面），围墙柱并入围墙体积内。

(4) 工作内容：砂浆制作、运输；砌砖；刮缝；砖压顶砌筑；材料运输。

5. 空心砖墙（项目编码：010401005）

（1）单位：m³。

（2）项目特征：砖品种、规格、强度等级；墙体类型；砂浆强度等级、配合比。

（3）工程量计算规则：按设计图示尺寸以体积计算；扣除门窗、洞口、嵌入墙内的钢筋混凝土柱、梁、圈梁、挑梁、过梁及凹进墙内的壁龛、管槽、暖气槽、消火栓箱所占体积，不扣除梁头、板头、檩头、垫木、木楞头、沿缘木、木砖、门窗走头、砖墙内加固钢筋、木筋、铁件、钢管及单个面积≤0.3m² 的孔洞所占的体积。凸出墙面的腰线、挑檐、压顶、窗台线、虎头砖、门窗套的体积亦不增加。凸出墙面的砖垛并入墙体体积内计算。

1）墙长度：外墙按中心线、内墙按净长计算。

2）墙高度：

A. 外墙：斜（坡）屋面无檐口天棚者算至屋面板底；有屋架且室内外均有天棚者算至屋架下弦底另加 200mm；无天棚者算至屋架下弦底另加 300mm，出檐宽度超过 600mm 时按实砌高度计算；与钢筋混凝土楼板隔层者算至板顶；平屋顶算至钢筋混凝土板底。

B. 内墙：位于屋架下弦者，算至屋架下弦底；无屋架者算至天棚底另加 100mm；有钢筋混凝土楼板隔层者算至楼板顶；有框架梁时算至梁底。

C. 女儿墙：从屋面板上表面算至女儿墙顶面（如有混凝土压顶时算至压顶下表面）。

D. 内、外山墙：按其平均高度计算。

3）框架间墙：不分内外墙按墙体净尺寸以体积计算。

4）围墙：高度算至压顶上表面（如有混凝土压顶时算至压顶下表面），围墙柱并入围墙体积内。

（4）工作内容：砂浆制作、运输；砌砖；刮缝；砖压顶砌筑；材料运输。

6. 空斗墙（项目编码：010401006）

（1）单位：m³。

（2）项目特征：砖品种、规格、强度等；墙体类型；砂浆强度等级、配合比。

（3）工程量计算规则：按设计图示尺寸以空斗墙外形体积计算。墙角、内外墙交接处、门窗洞口立边、窗台砖、屋檐处的实砌部分体积并入空斗墙体积内。

（4）工作内容：砂浆制作、运输；砌砖；装填充料；刮缝；材料运输。

7. 空花墙（项目编码：010401007）

（1）单位：m³。

（2）项目特征：砖品种、规格、强度等；墙体类型；砂浆强度等级、配合比。

（3）工程量计算规则：按设计图示尺寸以空花部分外形体积计算，不扣除空洞部分体积。

（4）工作内容：砂浆制作、运输；砌砖；装填充料；刮缝；材料运输。

8. 填充墙（项目编码：010401008）

（1）单位：m³。

（2）项目特征：砖品种、规格、强度等级；墙体类型；填充材料种类及厚度；砂浆强度等级、配合比。

（3）工程量计算规则：按设计图示尺寸以填充墙外形体积计算。

（4）工作内容：砂浆制作、运输；砌砖；装填充料；刮缝；材料运输。

9. 实心砖柱（项目编码：010401009）

(1) 单位：m³。

(2) 项目特征：砖品种、规格、强度等级；柱类型；砂浆强度等级、配合比。

(3) 工程量计算规则：按设计图示尺寸以体积计算，扣除混凝土及钢筋混凝土梁垫、梁头、板头所占体积。

(4) 工作内容：砂浆制作、运输；砌砖、刮缝、材料运输。

10. 多孔砖柱（项目编码：010401010）

(1) 单位：m³。

(2) 项目特征：砖品种、规格、强度等级；柱类型；砂浆强度等级、配合比。

(3) 工程量计算规则：按设计图示尺寸以体积计算，扣除混凝土及钢筋混凝土梁垫、梁头、板头所占体积。

(4) 工作内容：砂浆制作、运输；砌砖、刮缝、材料运输。

11. 砖检查井（项目编码：010401011）

(1) 单位：座。

(2) 项目特征：井截面、深度；砖品种、规格、强度等级；垫层材料种类、厚度；底板厚度；井盖安装；混凝土强度等级；砂浆强度等级；防潮层材料种类。

(3) 工程量计算规则：按设计图示数量计算。

(4) 工作内容：砂浆制作、运输；铺设垫层；底板混凝土制作、运输、浇筑、振捣、养护；砌砖；刮缝；井池底、抹灰；抹防潮层；材料运输。

12. 零星砌砖（项目编码：010401012）

(1) 单位：m³；m²；m；个。

(2) 项目特征：零星砌砖名称、部位；砖品种、规格、强度等级；砂浆强度等级、配合比。

(3) 工程量计算规则：以 m³ 计量，按设计图示尺寸截面积乘以长度计算；以 m² 计量，按设计图示尺寸水平投影面积计算；以 m 计量，按设计图示尺寸长度计算；以个计量，按设计图示数量计算。

(4) 工作内容：砂浆制作、运输；砌砖；刮缝；材料运输。

13. 砖散水、地坪（项目编码：010401013）

(1) 单位：m²。

(2) 项目特征：砖品种、规格、强度等级；垫层材料种类、厚度；散水、地坪厚度；面层种类、厚度；砂浆强度等级。

(3) 工程量计算规则：按设计图示尺寸以面积计算。

(4) 工作内容：土方挖、运、填；地基找平、夯实；铺设垫层；砌砖散水、地坪；抹砂浆面层。

14. 砖地沟、明沟（项目编码：010401014）

(1) 单位：m。

(2) 项目特征：砖品种、规格、强度等级；沟截面尺寸；垫层材料种类、厚度；混凝土强度等级；砂浆强度等级。

(3) 工程量计算规则：以 m 计量，按设计图示以中心线长度计算。

（4）工作内容：土方挖、运、填、铺设垫层；底板混凝土制作、运输、浇筑、振捣、养护；砌砖；刮缝、抹灰；材料运输。

15. 相关说明

（1）框架外表面的镶贴砖部分，按零星项目编码列项。

（2）附墙烟囱、通风道、垃圾道应按图示尺寸以体积（扣除孔洞所占体积）计算并入所依附的墙体体积内。当设计规定孔洞内需抹灰时，应按清单计量规范附录 M 中零星抹灰项目编码列项。

（3）空斗墙的窗间墙、窗台下、楼板下、梁头下等实砌部分，按零星砌砖项目编码列项。

（4）"空花墙"项目适用于各类型的空花墙，使用混凝土花格砌筑的空花墙，实砌墙体与混凝土花格应分别计算，混凝土花格按混凝土及钢筋混凝土中预制构件相关项目编码列项。

（5）台阶、台阶挡墙、梯带、锅台、炉灶、蹲台、池槽、池槽腿、砖胎模、花台、花池、楼梯栏板、阳台栏板、地垄墙、小于等于 0.3m² 孔洞填塞等，应按零星砌砖项目编码列项。砖砌锅台与炉灶可按外形尺寸以个计算，砖砌台阶可按水平投影面积以 m² 计算，小便槽、地垄墙可按长度计算，其他工程以 m³ 计算。

（6）砖砌体内钢筋加固，应按国家房建计量规范附录 E 中相关项目编码列项。

（7）砌体勾缝按国家房建计量规范附录 M 中相关项目编码列项。

（8）检查井内的爬梯按国家房建计量规范附录 E 中相关项目编码列项；井内的混凝土构件按国家房建计量规范附录 E 中混凝土及钢筋混凝土预制构件编码列项。

（9）如施工图设计标注做法标准图集时，应在项目特征描述中注明标注图集的编码、页号及节点大样。

（10）标准砖尺寸应为 240mm×115mm×53mm。

（11）标准砖厚度应按表 7-15 计算。

<table>
<tr><td colspan="9" style="text-align:center">标准墙计算厚度表　　　　　　　　　　　　　　表 7-15</td></tr>
<tr><td>砖数（厚度）</td><td>1/4</td><td>1/2</td><td>3/4</td><td>1</td><td>1.5</td><td>2</td><td>2.5</td><td>3</td></tr>
<tr><td>计算厚度（mm）</td><td>53</td><td>115</td><td>180</td><td>240</td><td>365</td><td>490</td><td>615</td><td>740</td></tr>
</table>

7.4.3　砌块砌体

1. 砌块墙（项目编码：010402001）

（1）单位：m³。

（2）项目特征：砌块品种、规格、强度等级；墙体类型；砂浆强度等级。

（3）工程量计算规则：按设计图示尺寸以体积计算。扣除门窗、洞口、嵌入墙内的钢筋混凝土柱、梁、圈梁、挑梁、过梁及凹进墙内的壁龛、管槽、暖气槽、消火栓箱所占体积，不扣除梁头、板头、檩头、垫木、木楞头、沿缘木、木砖、门窗走头、砌块墙内加固钢筋、木筋、铁件、钢管及单个面积≤0.3m² 的孔洞所占的体积。凸出墙面的腰线、挑檐、压顶、窗台线、虎头砖、门窗套的体积亦不增加。凸出墙面的砖垛并入墙体体积内计算。

1）墙长度：外墙按中心线、内墙按净长计算。

2）墙高度：

A. 外墙：斜（坡）屋面无檐口天棚者算至屋面板底；有屋架且室内外均有天棚者算至屋架下弦底 200mm；无天棚者算至屋架下弦底另加 300mm，出檐宽度超过 600mm 时按实砌高度计算；与钢筋混凝土楼板隔层者算至板顶；平屋面算至钢筋混凝土板底。

B. 内墙：位于屋架下弦者，算至屋架下弦底；无屋架者算至天棚底另加 100mm；有钢筋混凝土楼板隔层者算至楼板顶；有框架梁时算至梁底。

C. 女儿墙：从屋面板上表面上算至女儿墙顶面（如有混凝土压顶时算至压顶下表面）。

D. 内、外山墙：按其平均高度计算。

3）框架间墙：不分内外墙，按墙体净尺寸以体积计算。

4）围墙：高度算至压顶上表面（如有混凝土压顶时算至压顶下表面），围墙柱并入围墙体积内。

（4）工作内容：砂浆制作、运输；砌砖、砌块；勾缝；材料运输。

2. 砌块柱（项目编码：010402002）

（1）单位：m³。

（2）项目特征：砌块品种、规格、强度等级；墙体类型；砂浆强度等级。

（3）工程量计算规则：按设计图示尺寸以体积计算；扣除混凝土及钢筋混凝土梁垫、梁头、板头所占体积。

（4）工作内容：砂浆制作、运输；砌砖、砌块；勾缝；材料运输。

3. 相关说明

（1）砌体内加筋、墙体拉结的制作、安装，应按国家房建计量规范附录 E 中相关项目编码列项。

（2）砌块排列应上、下错缝搭砌，如果搭错缝长度满足不了规定的压搭要求，应采取压砌钢筋网片的措施，具体构造要求按设计规定。若设计无规定时，应注明由投标人根据工程实际情况自行考虑；钢筋网片按国家房建计量规范附录 F 中相应编码列项。

（3）砌体垂直灰缝宽＞30mm 时，采用 C20 细石混凝土灌实。灌注的混凝土应按国家房建计量规范附录 E 相关项目编码列项。

7.4.4 石砌体

1. 石基础（项目编码：010403001）

（1）单位：m³。

（2）项目特征：石料种类、规格；基础类型；砂浆强度等级。

（3）工程量计算规则：按设计图示尺寸以体积计算。包括附墙垛基础宽出部分体积，不扣除基础砂浆防潮层及单个面积≤0.3m² 的孔洞所占体积，靠墙暖气沟的挑檐不增加体积。

基础长度：外墙按中心线，内墙按净长计算。

（4）工作内容：砂浆制作、运输；吊装；砌石；防潮层铺设；材料运输。

2. 石勒脚（项目编码：010403002）

（1）单位：m³。

（2）项目特征：石料种类、规格；石表面加工要求；勾缝要求；砂浆强度等级、配合比。

（3）工程量计算规则：按设计图示尺寸以体积计算，扣除单个面积＞0.3m² 的孔洞所占的体积。

（4）工作内容：砂浆制作、运输；吊装；砌石；石表面加工；勾缝；材料运输。

3. 石墙（项目编码：010403003）

（1）单位：m³。

（2）项目特征：石料种类、规格；石表面加工要求；勾缝要求；砂浆强度等级、配合比。

（3）工程量计算规则：按设计图示尺寸以体积计算。扣除门窗、洞口、嵌入墙内的钢筋混凝土柱、梁、圈梁、挑梁、过梁及凹进壁龛、管槽、暖气槽、消火栓箱所占的体积，不扣除梁头、板头、檩头、垫木、木楞头、沿缘木、木砖、门窗走头、石墙内加固钢筋、木筋、铁件、钢管及单个面积≤0.3m² 的孔洞所占的体积。凸出墙面的腰线、挑檐、压顶、窗台线、虎头砖、门窗套的体积亦不增加。凸出墙面的砖垛并入墙体体积内计算。

1）墙长度：外墙按中心线、内墙按净长计算。

2）墙高度：

A. 外墙：斜（坡）屋面无檐口天棚者算至屋面板底；有屋架且室内外均有天棚者计算至屋架下弦底另加 200mm；无天棚者算至屋架下弦底另加 300mm，出檐宽度超过 600mm 时按时砌高度计算；有钢筋混凝土楼板隔层者算至板顶；平层顶算至钢筋混凝土板底。

B. 内墙：位于屋架下弦者，算至屋架下弦底；无屋架者算至天棚底另加 100mm；有钢筋混凝土楼板隔层者算至楼板顶；有框架梁时算至梁底。

C. 女儿墙：从屋面板上表面算至女儿墙顶面（如有混凝土压顶时算至压顶下表面）。

D. 内、外山墙：按其平均高度计算。

3）围墙：高度算至压顶上表面（如有混凝土压顶时算至压顶下表面），围墙柱并入围墙体积内。

（4）工作内容：砂浆制作、运输；吊装；砌石；石表面加工；勾缝；材料运输。

4. 石挡土墙（项目编码：010403004）

（1）单位：m³。

（2）项目特征：石料种类、规格；石表面加工要求；勾缝要求；砂浆强度等级、配合比。

（3）工程量计算规则：按设计图示尺寸以体积计算。

（4）工作内容：砂浆制作、运输；吊装；砌石；变形缝、泄水孔、压顶抹灰；滤水层；勾缝；材料运输。

5. 石柱（项目编码：010403005）

（1）单位：m³。

（2）项目特征：石料种类、规格；石表面加工要求；勾缝要求；砂浆强度等级、配合比。

（3）工程量计算规则：按设计图示尺寸以体积计算。

（4）工作内容：砂浆制作、运输；吊装；砌石；石表面加工；勾缝；材料运输。

6. 石栏杆（项目编码：010403006）

（1）单位：m。

（2）项目特征：石料种类、规格；石表面加工要求；勾缝要求；砂浆强度等级、配合比。

（3）工程量计算规则：按设计图示以长度计算。

（4）工作内容：砂浆制作、运输；吊装；砌石；石表面加工；勾缝；材料运输。

7. 石护坡（项目编码：010403007）

（1）单位：m³。

（2）项目特征：垫层材料种类、厚度；石料种类、规格；护坡厚度、高度；石表面加工要求；勾缝要求；砂浆强度等级、配合比。

（3）工程量计算规则：按设计图示尺寸以体积计算。

（4）工作内容：砂浆制作、运输；吊装；砌石；石表面加工；勾缝；材料运输。

8. 石台阶（项目编码：010403008）

（1）单位：m³。

（2）项目特征：垫层材料种类、厚度；石料种类、规格；护坡厚度、高度；石表面加工要求；勾缝要求；砂浆强度等级、配合比。

（3）工程量计算规则：按设计图示尺寸以体积计算。

（4）工作内容：铺设垫层；石料加工；砂浆制作、运输；砌石；石表面加工；勾缝；材料运输。

9. 石坡道（项目编码：010403009）

（1）单位：m²。

（2）项目特征：垫层材料种类、厚度；石料种类、规格；护坡厚度、高度；石表面加工要求；勾缝要求；砂浆强度等级、配合比。

（3）工程量计算规则：按设计图示以水平投影面积计算。

（4）工作内容：铺设垫层；石料加工；砂浆制作、运输；砌石；石表面加工；勾缝；材料运输。

10. 石地沟、明沟（项目编码：010403010）

（1）单位：m。

（2）项目特征：沟截面尺寸；土壤类别、运距；垫层材料种类、厚度；石料种类、规格；石表面加工要求；勾缝要求；砂浆强度等级、配合比。

（3）工程量计算规则：按设计图示以中心线长度计算。

（4）工作内容：土方挖、运；砂浆制作、运输；铺设垫层；砌石；石表面加工；勾缝；回填；材料运输。

11. 相关说明

（1）石基础、石勒脚、石墙的划分：基础与勒脚应以设计室外地坪为界。勒脚与墙身应以设计室内地面为界。石围墙内外地坪标高不同时，应以较低地坪标高为界，以下为基础；内外标高之差为挡土墙时，挡土墙以上为墙身。

（2）"石基础"项目适用于各种规格（粗料石、细料石等）、各种材质（砂石、青石等）和各种类型（柱基、墙基、直形、弧形等）基础。

（3）"石勒脚"、"石墙"项目适用于各种规格（粗料石、细料石等）、各种材质（砂石、青石、大理石、花岗石等）和各种类型（直形、弧形等）勒脚和墙体。

（4）"石挡土墙"项目适用于各种规格（粗料石、细料石、块石、毛石、卵石等）、各种材质（砂石、青石、石灰石等）和各种类型（直形、弧形、台阶形等）的挡土墙。

（5）"石柱"项目适用于各种规格、各种石质、各种类型的石柱。

（6）"石栏杆"项目适用于无雕饰的一般石栏杆。

（7）"石护坡"项目适用于各种石质和各种石料（粗料石、细料石、片石、块石、毛石、卵石等）。

（8）"石台阶"项目包括石梯带（垂带），不包括石梯膀，石梯膀应按国家房建计量规范附录 C 石挡土墙项目编码列项。

（9）如施工图设计标注做法见标准图集时，应在项目特征描述中注明标注图集的编码、页号及节点大样。

7.4.5　垫层

1. 垫层（项目编码：010401001）

（1）单位：m^3。

（2）项目特征：垫层材料种类、配合比、厚度。

（3）工程量计算规则：按设计图示尺寸以立方米计算。

（4）工作内容：垫层材料的拌制；垫层铺设；材料运输。

2. 相关说明

除混凝土垫层应按国家房建计量规范附录 E 中相关项目编码列项外，没有包括垫层要求的清单项目应按本垫层项目编码列项。

7.4.6　计算实例

【例 7-4】

已知：某工程基础平面图及带形基础大样如图 7-4 所示，轴线居中标注。采用 M10 水泥砂浆砌筑 MU7.5 页岩砖基础，混凝土垫层每侧宽出 100mm；室外地坪标高为 －0.4m。标高－0.06m 处设置防潮层，做法为 20mm 厚 1∶2 水泥砂浆加 5％防水粉。

要求：编制砖基础项目的工程量清单。

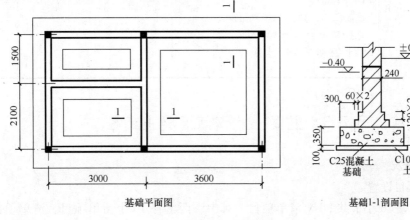

图 7-4　基础图

【解】

（1）项目编码：010401001001

（2）项目名称：砖基础

（3）项目特征：

①砖品种、规格、强度等级：MU7.5 页岩砖；

②砂浆强度等级：M10 水泥砂浆；

③防潮层材料种类：20mm 厚 1：2 水泥砂浆加 5％防水粉。

（4）单位：m^3

（5）工程量计算规则：按设计图示尺寸以体积计算。

（6）工程量计算：

①计算砖基础长度

$L_外＝(3.0＋3.6＋3.6)×2＝20.4m$

$L_内＝3.0＋3.6－0.24×2＝6.12m$

②砖基础高度　$h＝1.7－0.35＝1.35m$

③砖基础工程量

$V＝[0.24×1.35＋(0.06×0.12＋0.06×0.24)×2]×(20.4＋6.12)＝45.84m^3$

（7）表格填写（见表 7-16）。

分部分项工程和单价措施项目清单与计价表　　　　　　表 7-16

工程名称：××　　　　　　　　　　　　　　　　　　　　　　　第　页　共　页

序号	项目编码	项目名称及项目特征描述	计量单位	工程量	金额（元）		
					综合单价	合价	其中：暂估价
	0104	砌筑工程					
1	010401001001	砖基础 ①砖品种、规格、强度等级：MU7.5 标准砖 ②砂浆强度等级：M10 水泥砂浆 ③防潮层材料种类：20mm 厚1：2水泥砂浆加 5％防水粉	m^3	45.84			

7.5　混凝土及钢筋混凝土工程

7.5.1　概况

1. 清单项目设置

本分部设置 16 小节共 86 个清单项目，其中广西增补 10 个清单项目。清单项目设置情况如表 7-17。

混凝土及钢筋混凝土工程清单项目数量表　　　　　　　　　表 7-17

小节编号	名称	国家清单项目数	广西增补项目数	小计
E.1	现浇混凝土基础	6		6
E.2	现浇混凝土柱	3	1	4
E.3	现浇混凝土梁	6		6
E.4	现浇混凝土墙	4		4
E.5	现浇混凝土板	10		10
E.6	现浇混凝土楼梯	2		2
E.7	现浇混凝土其他构件	7		7
E.8	后浇带	1		1
E.9	预制混凝土柱	2		2
E.10	预制混凝土梁	6		6
E.11	预制混凝土屋架	5	1	6
E.12	预制混凝土板	8	1	9
E.13	预制混凝土楼梯	1		1
E.14	其他预制构件	2	3	5
E.15	钢筋工程	10	3	13
E.16	螺栓、铁件	3	1	4
合计		76	10	86

2. 相关问题及说明

（1）计量规范广西实施细则规定，混凝土及钢筋混凝土工程（包括现浇混凝土和预制混凝土构件）分混凝土、钢筋和模板三部分分别列项。

（2）预制混凝土构件或预制钢筋混凝土构件，如施工图设计标注做法见标准图集时，项目特征注明标准图集的编码、页号及节点大样即可。

（3）现浇或预制混凝土和钢筋混凝土构件，不扣除构件内钢筋、螺栓、预埋铁件、张拉孔道所占体积，但应扣除劲性骨架型钢所占体积。

（4）在同一工程中，混凝土的供应方式一旦选择用商品混凝土或自拌混凝土，整个工程将会统一混凝土的供应方式，所以对混凝土的清单项目进行描述时，如工程项目采用商品混凝土，不用每一个清单项目均描述"商品混凝土"，而是在编制总说明中统一说明即可。

7.5.2　现浇混凝土基础

1. 垫层（项目编码：010501001）

（1）单位：m³。

（2）项目特征：混凝土种类；混凝土强度等级。

（3）工程量计算规则：按设计图示尺寸以体积计算。不扣除伸入承台基础的桩头所占体积。

（4）工作内容：模板及支撑制作、安装、拆除、堆放、运输及清理模板内杂物、刷隔离剂等；混凝土制作、运输、浇筑、振捣、养护。

（5）应用说明：

1）实际工程中，如为非混凝土垫层，应按国家房建计量规范附录D列项。

2）广西2013建筑定额规定，基础与垫层的划分，一般以设计确定为准，如设计不明确时，以厚度划分：200mm以内为垫层，200mm以上为基础。垫层清单列项时应结合广西2013建筑定额规定列项。

2. 带形基础（项目编码：010501002）

（1）单位：m^3。

（2）项目特征：混凝土种类；混凝土强度等级。

（3）工程量计算规则：按设计图示尺寸以体积计算。不扣除伸入承台基础的桩头所占体积。

（4）工作内容：模板及支撑制作、安装、拆除、堆放、运输及清理模板内杂物、刷隔离剂等；混凝土制作、运输、浇筑、振捣、养护。

3. 独立基础（项目编码：010501003）

（1）单位：m^3。

（2）项目特征：混凝土种类；混凝土强度等级。

（3）工程量计算规则：按设计图示尺寸以体积计算。不扣除伸入承台基础的桩头所占体积。

（4）工作内容：模板及支撑制作、安装、拆除、堆放、运输及清理模板内杂物、刷隔离剂等；混凝土制作、运输、浇筑、振捣、养护。

4. 满堂基础（项目编码：010501004）

（1）单位：m^3。

（2）项目特征：混凝土种类；混凝土强度等级。

（3）工程量计算规则：按设计图示尺寸以体积计算。不扣除伸入承台基础的桩头所占体积。

（4）工作内容：模板及支撑制作、安装、拆除、堆放、运输及清理模板内杂物、刷隔离剂等；混凝土制作、运输、浇筑、振捣、养护。

5. 桩承台基础（项目编码：010501005）

（1）单位：m^3。

（2）项目特征：混凝土种类；混凝土强度等级。

（3）工程量计算规则：按设计图示尺寸以体积计算。不扣除伸入承台基础的桩头所占体积。

（4）工作内容：模板及支撑制作、安装、拆除、堆放、运输及清理模板内杂物、刷隔离剂等；混凝土制作、运输、浇筑、振捣、养护。

6. 设备基础（项目编码：010501006）

（1）单位：m^3。

（2）项目特征：混凝土种类；混凝土强度等级；灌浆材料及其强度等级。

（3）工程量计算规则：按设计图示尺寸以体积计算。不扣除伸入承台基础的桩头所占体积。

（4）工作内容：模板及支撑制作、安装、拆除、堆放、运输及清理模板内杂物、刷隔离剂等；混凝土制作、运输、浇筑、振捣、养护。

7. 相关说明

（1）有肋带形基础、无肋带形基础应按本小节中相关项目列项，并注明肋高。

（2）箱式满堂基础中柱、梁、墙、板按国家房建计量规范附录表 E.2～表 E.5 相关项目分别编码列项；箱式满堂基础底板按本小节的满堂基础项目列项。

（3）框架式设备基础中柱、梁、墙、板分别按国家房建计量规范附录表 E.2～表 E.5 相关项目分别编码列项；基础部分按本小节相关项目编码列项。

（4）如为毛石混凝土基础，项目特征应描述毛石所占比例。

7.5.3　现浇混凝土柱

1. 矩形柱（项目编码：010502001）

（1）单位：m^3。

（2）项目特征：混凝土种类；混凝土强度等级。

（3）工程量计算规则：按设计图示尺寸以体积计算。柱高的计算如下：

1）有梁板的柱高，应自柱基上表面（或楼板上表面）至上一层楼板上表面之间的高度计算。

2）无梁板的柱高，应自柱基上表面（或楼板上表面）至柱帽下表面之间的高度计算。

3）框架柱的柱高：应自柱基上表面至柱顶高度计算。

4）构造柱按全高计算，嵌接墙体部分（马牙槎）并入柱身体积。

5）依附柱上的牛腿和升板的柱帽，并入柱身体积计算。

（4）工作内容：模板及支架（撑）制作、安装、拆除、堆放、运输及清理模内杂物、刷隔离剂等；混凝土制作、运输、浇筑、振捣、养护。

2. 构造柱（项目编码：010502002）

（1）单位：m^3。

（2）项目特征：混凝土种类；混凝土强度等级。

（3）工程量计算规则：按设计图示尺寸以体积计算。柱高的计算如下：

1）有梁板的柱高，应自柱基上表面（或楼板上表面）至上一层楼板上表面之间的高度计算。

2）无梁板的柱高，应自柱基上表面（或楼板上表面）至柱帽下表面之间的高度计算。

3）框架柱的柱高：应自柱基上表面至柱顶高度计算。

4）构造柱按全高计算，嵌接墙体部分（马牙槎）并入柱身体积。

5）依附柱上的牛腿和升板的柱帽，并入柱身体积计算。

（4）工作内容：模板及支架（撑）制作、安装、拆除、堆放、运输及清理模内杂物、刷隔离剂等；混凝土制作、运输、浇筑、振捣、养护。

3. 异形柱（项目编码：010502003）

（1）单位：m^3。

（2）项目特征：柱形状、混凝土种类；混凝土强度等级。

（3）工程量计算规则：按设计图示尺寸以体积计算。柱高的计算如下：

1) 有梁板的柱高，应自柱基上表面（或楼板上表面）至上一层楼板上表面之间的高度计算。

2) 无梁板的柱高，应自柱基上表面（或楼板上表面）至柱帽下表面之间的高度计算。

3) 框架柱的柱高：应自柱基上表面至柱顶高度计算。

4) 构造柱按全高计算，嵌接墙体部分（马牙槎）并入柱身体积。

5) 依附柱上的牛腿和升板的柱帽，并入柱身体积计算。

（4）工作内容：模板及支架（撑）制作、安装、拆除、堆放、运输及清理模内杂物、刷隔离剂等；混凝土制作、运输、浇筑、振捣、养护。

4. 钢管顶升混凝土（项目编码：桂 010502004）

（1）单位：m^3。

（2）项目特征：位置；钢管类型；混凝土种类；混凝土强度等级。

（3）工程量计算规则：按设计图示实体体积以立方米计算。

（4）工作内容：钢管柱的开孔、焊接恢复、打磨、防腐除锈等；进料管与钢管柱的链接、逆止阀安拆等；泄压孔与排气孔的设置；混凝土浇捣、养护、清理等。

5. 相关说明

混凝土种类：指清水墙混凝土、彩色混凝土等，如在同一地区既使用预拌（商品）混凝土，又允许现场搅拌混凝土时，也应注明（下同）。

7.5.4　现浇混凝土梁

1. 基础梁（项目编码：010503001）

2. 矩形梁（项目编码：010503002）

3. 异型梁（项目编码：010503003）

4. 圈梁（项目编码：010503004）

5. 过梁（项目编码：010503005）

6. 弧形、拱形梁（项目编码：010503006）

7. 清单要件共性说明

本小节 6 个清单项目的单位、项目特征、工程量计算规则、工作内容均一致。

（1）单位：m^3。

（2）项目特征：混凝土种类；混凝土强度等级。

（3）工程量计算规则：按设计图示尺寸以体积计算。伸入墙内的梁头、梁垫并入梁体积内。

梁长的计算：梁与柱连接时，梁长算至柱侧面；主梁与次梁连接时，次梁长算至主梁侧面。

（4）工作内容：模板及支架（撑）制作、安装、拆除、堆放、运输及清理模内杂物、刷隔离剂等；混凝土制作、运输、浇筑、振捣、养护。

7.5.5　现浇混凝土墙

1. 直形墙（项目编码：010504001）

2. 弧形墙（项目编码：010504002）

3. 短肢剪力墙（项目编码：010504003）

4. 挡土墙（项目编码：010504004）

5. 清单要件共性说明

本小节 4 个清单项目的单位、项目特征、工程量计算规则、工作内容均一致。

（1）单位：m³。

（2）项目特征：混凝土种类；混凝土强度等级。

（3）工程量计算规则：按设计图示尺寸以体积计算。扣除门窗洞口及单个面积 >0.3m² 的孔洞所占的体积，墙垛及突出墙面部分并入墙体体积计算。

（4）工作内容：模板及支架（撑）制作、安装、拆除、堆放、运输及清理模内杂物、刷隔离剂等；混凝土制作、运输、浇筑、振捣、养护。

6. 相关说明

短肢剪力墙是指截面厚度不大于 300mm、各肢截面高度与厚度之比的最大值大于 4 但不大于 8 的剪力墙；各肢截面高度与厚度之比的最大值不大于 4 的剪力墙按柱项目编码列项。

7.5.6　现浇混凝土板

1. 有梁板（项目编码：010505001）

（1）单位：m³。

（2）项目特征：混凝土种类；混凝土强度等级。

（3）工程量计算规则：按设计图示尺寸以体积计算，不扣除单个面积 ≤0.3m² 的柱、垛以及孔洞所占体积。

1）压形钢板混凝土楼板扣除构件内压形钢板所占体积。

2）有梁板（包括主、次梁与板）按梁、板体积之和计算。

3）无梁板按板和柱帽体积之和计算，各类板伸入墙内的板头并入板体积内，薄壳板的肋、基梁并入薄壳体积内计算。

（4）工作内容：模板及支架（撑）制作、安装、拆除、堆放、运输及清理模内杂物、刷隔离剂等；混凝土制作、运输、浇筑、振捣、养护。

2. 无梁板（项目编码：010505002）

（1）单位：m³。

（2）项目特征：混凝土种类；混凝土强度等级。

（3）工程量计算规则：按设计图示尺寸以体积计算，不扣除单个面积 ≤0.3m² 的柱、垛以及孔洞所占体积。

1）压形钢板混凝土楼板扣除构件内压形钢板所占体积。

2）有梁板（包括主、次梁与板）按梁、板体积之和计算。

3）无梁板按板和柱帽体积之和计算，各类板伸入墙内的板头并入板体积内，薄壳板的肋、基梁并入薄壳体积内计算。

（4）工作内容：模板及支架（撑）制作、安装、拆除、堆放、运输及清理模内杂物、刷隔离剂等；混凝土制作、运输、浇筑、振捣、养护。

3. 平板（项目编码：010505003）

（1）单位：m³。

（2）项目特征：混凝土种类；混凝土强度等级。

（3）工程量计算规则：按设计图示尺寸以体积计算，不扣除单个面积≤0.3m² 的柱、垛以及孔洞所占体积。

1）压形钢板混凝土楼板扣除构件内压形钢板所占体积。

2）有梁板（包括主、次梁与板）按梁、板体积之和计算。

3）无梁板按板和柱帽体积之和计算，各类板伸入墙内的板头并入板体积内，薄壳板的肋、基梁并入薄壳体积内计算。

（4）工作内容：模板及支架（撑）制作、安装、拆除、堆放、运输及清理模内杂物、刷隔离剂等；混凝土制作、运输、浇筑、振捣、养护。

4. 拱板（项目编码：010505004）

（1）单位：m³。

（2）项目特征：混凝土种类；混凝土强度等级。

（3）工程量计算规则：按设计图示尺寸以体积计算，不扣除单个面积≤0.3m² 的柱、垛以及孔洞所占体积。

1）压形钢板混凝土楼板扣除构件内压形钢板所占体积。

2）有梁板（包括主、次梁与板）按梁、板体积之和计算。

3）无梁板按板和柱帽体积之和计算，各类板伸入墙内的板头并入板体积内，薄壳板的肋、基梁并入薄壳体积内计算。

（4）工作内容：模板及支架（撑）制作、安装、拆除、堆放、运输及清理模内杂物、刷隔离剂等；混凝土制作、运输、浇筑、振捣、养护。

5. 薄壳板（项目编码：010505005）

（1）单位：m³。

（2）项目特征：混凝土种类；混凝土强度等级。

（3）工程量计算规则：按设计图示尺寸以体积计算，不扣除单个面积≤0.3m² 的柱、垛以及孔洞所占体积。

1）压形钢板混凝土楼板扣除构件内压形钢板所占体积。

2）有梁板（包括主、次梁与板）按梁、板体积之和计算。

3）无梁板按板和柱帽体积之和计算，各类板伸入墙内的板头并入板体积内，薄壳板的肋、基梁并入薄壳体积内计算。

（4）工作内容：模板及支架（撑）制作、安装、拆除、堆放、运输及清理模内杂物、刷隔离剂等；混凝土制作、运输、浇筑、振捣、养护。

6. 栏板（项目编码：010505006）

（1）单位：m³。

（2）项目特征：混凝土种类；混凝土强度等级。

（3）工程量计算规则：按设计图示尺寸以体积计算，不扣除单个面积≤0.3m² 的柱、垛以及孔洞所占体积。

1）压形钢板混凝土楼板扣除构件内压形钢板所占体积。

2）有梁板（包括主、次梁与板）按梁、板体积之和计算。

3）无梁板按板和柱帽体积之和计算，各类板伸入墙内的板头并入板体积内，薄壳板的肋、基梁并入薄壳体积内计算。

（4）工作内容：模板及支架（撑）制作、安装、拆除、堆放、运输及清理模内杂物、刷隔离剂等；混凝土制作、运输、浇筑、振捣、养护。

7. 天沟（檐沟）、挑檐板（项目编码：010505007）

（1）单位：m³。

（2）项目特征：混凝土种类；混凝土强度等级。

（3）工程量计算规则：按设计图示尺寸以体积计算。

（4）工作内容：模板及支架（撑）制作、安装、拆除、堆放、运输及清理模内杂物、刷隔离剂等；混凝土制作、运输、浇筑、振捣、养护。

8. 雨篷、悬挑板、阳台板（项目编码：010505008）

（1）单位：m³。

（2）项目特征：混凝土种类；混凝土强度等级。

（3）工程量计算规则：按设计图示尺寸以墙外部分体积计算。包括伸出墙外的牛腿和雨篷反挑檐的体积。

（4）工作内容：模板及支架（撑）制作、安装、拆除、堆放、运输及清理模内杂物、刷隔离剂等；混凝土制作、运输、浇筑、振捣、养护。

9. 空心板（项目编码：010505009）

（1）单位：m³。

（2）项目特征：混凝土种类；混凝土强度等级。

（3）工程量计算规则：按设计图示尺寸以体积计算。空心板（GBF 高强薄壁蜂巢芯板等）应扣除空心部分体积。

（4）工作内容：模板及支架（撑）制作、安装、拆除、堆放、运输及清理模内杂物、刷隔离剂等；混凝土制作、运输、浇筑、振捣、养护。

10. 其他板（项目编码：010505010）

（1）单位：m³。

（2）项目特征：混凝土种类；混凝土强度等级。

（3）工程量计算规则：按设计图示尺寸以体积计算。

（4）工作内容：模板及支架（撑）制作、安装、拆除、堆放、运输及清理模内杂物、刷隔离剂等；混凝土制作、运输、浇筑、振捣、养护。

11. 相关说明

现浇挑檐、天沟板、雨篷、阳台与板（包括屋面板、楼板）连接时，以外墙外边线为分界线；与圈梁（包括其他梁）连接时，以梁外边线为分界线。外边线以外为挑檐、天沟、雨篷或阳台。

7.5.7　现浇混凝土楼梯

1. 直行楼梯（项目编码：010506001）

2. 弧形楼梯（项目编码：010506002）

3. 清单要件共性说明

本小节 2 个清单项目的单位、项目特征、工程量计算规则、工作内容均一致。

（1）清单规范单位：m²；m³。计量规范广西实施细则取定单位：m²。

（2）项目特征：混凝土种类；混凝土强度等级。

（3）工程量计算规则：以 m^2 计量，按设计图示尺寸以水平投影面积计算；不扣除宽度≤500mm 的楼梯井，伸入墙内部分不计算。以 m^3 计量，按设计图示尺寸以体积计算。

（4）工作内容：模板及支架（撑）制作、安装、拆除、堆放、运输及清理模内杂物、刷隔离剂等；混凝土制作、运输、浇筑、振捣、养护。

4. 相关说明

整体楼梯（包括直形楼梯、弧形楼梯）水平投影面积包括平台、平台梁、斜梁和楼梯的连接梁。当整体楼梯与现浇楼板无梯梁连接时，以楼梯的最后一个踏步边沿加 300mm 为界。

7.5.8　现浇混凝土其他构件

1. 散水、坡道（项目编码：010507001）

（1）单位：m^2。

（2）项目特征：垫层材料种类、厚度；面层厚度；混凝土种类；混凝土强度等级；变形缝填塞材料种类。

（3）工程量计算规则：按设计图示尺寸以水平投影面积计算。不扣除单个≤ $0.3m^2$ 的孔洞所占的面积。

（4）工作内容：地基夯实；铺设垫层；模板及支撑制作、安装、拆除、堆放、运输及清理模内杂物、刷隔离剂等；混凝土制作、运输、浇筑、振捣、养护；变形缝填塞。

2. 室外地坪（项目编码：010507002）

（1）单位：m^2。

（2）项目特征：地坪厚度；混凝土强度等级。

（3）工程量计算规则：按设计图示尺寸以水平投影面积计算。不扣除单个≤ $0.3m^2$ 的孔洞所占的面积。

（4）工作内容：地基夯实；铺设垫层；模板及支撑制作、安装、拆除、堆放、运输及清理模内杂物、刷隔离剂等；混凝土制作、运输、浇筑、振捣、养护；变形缝填塞。

3. 电缆沟、地沟（项目编码：010507003）

（1）单位：m。

（2）项目特征：土壤类别；沟截面净空尺寸；垫层材料种类、厚度；混凝土种类；混凝土强度等级；防护材料种类。

（3）工程量计算规则：按设计图示以中心线长度计算。

（4）工作内容：挖填、运土石方；铺设垫层；模板及支撑制作、安装、拆除、堆放、运输及清理模内杂物、刷隔离剂等；混凝土制作、运输、浇筑、振捣、养护；刷防护材料。

4. 台阶（项目编码：010507004）

（1）单位：m^2；m^3。计量规范广西实施细则取定单位"m^3"。

（2）项目特征：踏步高、宽；混凝土种类；混凝土强度等级。

（3）工程量计算规则：

1）以平方米计量，按设计图示尺寸水平投影面积计算。

2）以立方米计量，按设计图示尺寸以体积计算。

（4）工作内容：模板及支撑制作、安装、拆除、堆放、运输及清理模内杂物、刷隔离剂等；混凝土制作、运输、浇筑、振捣、养护。

5. 扶手、压顶（项目编码：010507005）

（1）单位：m；m^3。

（2）项目特征：断面尺寸；混凝土种类；混凝土强度等级。

（3）工程量计算规则：

1）以米计量，按设计图示的中心线延长米计算。

2）以立方米计量，按设计图示尺寸以体积计算。

（4）工作内容：模板及支架（撑）制作、安装、拆除、堆放、运输及清理模内杂物、刷隔离剂等；混凝土制作、运输、浇筑、振捣、养护。

6. 化粪池、检查井（项目编码：010507006）

（1）单位：m^3；座。

（2）项目特征：部位；混凝土强度等级；防水、抗渗要求。

（3）工程量计算规则：

1）按设计图示尺寸以体积计算。

2）以座计量，按设计图示数量计算。

（4）工作内容：模板及支架（撑）制作、安装、拆除、堆放、运输及清理模内杂物、刷隔离剂等；混凝土制作、运输、浇筑、振捣、养护。

7. 其他构件（项目编码：010507007）

（1）单位：m^3。

（2）项目特征：构件的类型；构件规格；部位；混凝土种类；混凝土强度等级。

（3）工程量计算规则：

1）按设计图示尺寸以体积计算。

2）以座计量，按设计图示数量计算。

（4）工作内容：模板及支架（撑）制作、安装、拆除、堆放、运输及清理模内杂物、刷隔离剂等；混凝土制作、运输、浇筑、振捣、养护。

8. 相关说明

（1）现浇混凝土小型池槽、垫块、门框等，应按本小节其他构件项目编码列项。

（2）架空式混凝土台阶，按现浇楼梯计算。

7.5.9 后浇带

后浇带（项目编码：010508001）

（1）单位：m^3。

（2）项目特征：混凝土种类；混凝土强度等级。

（3）工程量计算规则：按设计图示尺寸以体积计算。

（4）工作内容：模板及支架（撑）制作、安装、拆除、堆放、运输及清理模内杂物、刷隔离剂等；混凝土制作、运输、浇筑、振捣、养护及混凝土交接面、钢筋等的清理。

7.5.10 预制混凝土柱

1. 矩形柱（项目编码：010509001）

2. 异形柱（项目编码：010509002）

1～2项的单位、项目特征、工程量计算规则、工作内容均一致如下：

（1）单位：m³；根。计量规范广西实施细则取定单位"m³"。

（2）项目特征：图代号；单件体积；安装高度；混凝土强度等级；砂浆（细石混凝土）强度等级、配合比。

（3）工程量计算规则：以 m³ 计量，按设计图示尺寸以体积计算。以根计量，按设计图示尺寸以数量计算。

（4）工作内容：模板制作、安装、拆除、堆放、运输及清理模内杂物、刷隔离剂等；混凝土制作、运输、浇筑、振捣、养护；构件运输、安装；砂浆制作、运输；接头灌缝、养护。

3. 相关说明

以根计量，必须描述单件体积。

7.5.11　预制混凝土梁

1. 矩形梁（项目编码：010510001）

2. 异形梁（项目编码：010510002）

3. 过梁（项目编码：010510003）

4. 拱形梁（项目编码：010510004）

5. 鱼腹式吊车梁（项目编码：010510005）

6. 其他梁（项目编码：010510006）

1～6 项的单位、项目特征、工程量计算规则、工作内容均一致如下：

（1）单位：m³；根。计量规范广西实施细则取定单位"m³"。

（2）项目特征：图代号；单件体积；安装高度；混凝土强度等级；砂浆（细石混凝土）强度等级、配合比。

（3）工程量计算规则：以立方米计量，按设计图示尺寸以体积计算。以根计量，按设计图示尺寸以数量计算。

（4）工作内容：模板制作、安装、拆除、堆放、运输及清理模内杂物、刷隔离剂等；混凝土制作、运输、浇筑、振捣、养护；构件运输、安装；砂浆制作、运输；接头灌缝、养护。

7. 相关说明

以根计量，必须描述单件体积。

7.5.12　预制混凝土屋架

1. 折线型（项目编码：010511001）

2. 组合（项目编码：010511002）

3. 薄腹（项目编码：010511003）

4. 门式刚架（项目编码：010511004）

5. 天窗架（项目编码：010511005）

6. 拱、梯形预制混凝土屋架（项目编码：桂 010511006）

1～6 项的单位、项目特征、工程量计算规则、工作内容均一致如下：

（1）单位：m³；榀。计量规范广西实施细则取定单位"m³"。

（2）项目特征：图代号；单件体积；安装高度；混凝土强度等级；砂浆（细石混凝土）强度等级、配合比。

（3）工程量计算规则：以立方米计量，按设计图示尺寸以体积计算。以榀计量，按设计图示尺寸以数量计算。

（4）工作内容：模板制作、安装、拆除、堆放、运输及清理模内杂物、刷隔离剂等；混凝土制作、运输、浇筑、振捣、养护；构件运输、安装；砂浆制作、运输；接头灌缝、养护。

7. 相关说明

（1）以榀计量，必须描述单件体积。

（2）三角形屋架按本表中折线型屋架项目编码列项。

7.5.13　预制混凝土板

1. 平板（项目编码：010512001）

（1）单位：m^3；块。计量规范广西实施细则取定单位"m^3"。

（2）项目特征：图代号、单件体积、安装高度、混凝土强度等级；砂浆（细石混凝土）强度等级、配合比。

（3）工程量计算规则：

1）以立方米计算，按设计图示尺寸以体积计算；不扣除单个面积≤300mm×300mm的孔洞所占体积，扣除空心板空洞体积。

2）以块计量，按设计图示尺寸以数量计算。

（4）工作内容：模板制作、安装、拆除、堆放、运输及清理模内杂物、刷隔离剂等；混凝土制作、运输、浇筑、振捣、养护；构件运输、安装；砂浆制作、运输；接头灌缝、养护。

2. 空心板（项目编码：010512002）

（1）单位：m^3；块。计量规范广西实施细则取定单位"m^3"。

（2）项目特征：图代号、单件体积、安装高度、混凝土强度等级；砂浆（细石混凝土）强度等级、配合比。

（3）工程量计算规则：

1）以立方米计算，按设计图示尺寸以体积计算；不扣除单个面积≤300mm×300mm的孔洞所占体积，扣除空心板空洞体积。

2）以块计量，按设计图示尺寸以数量计算。

（4）工作内容：模板制作、安装、拆除、堆放、运输及清理模内杂物、刷隔离剂等；混凝土制作、运输、浇筑、振捣、养护；构件运输、安装；砂浆制作、运输；接头灌缝、养护。

3. 槽形板（项目编码：010512003）

（1）单位：m^3；块。计量规范广西实施细则取定单位"m^3"。

（2）项目特征：图代号、单件体积、安装高度、混凝土强度等级；砂浆（细石混凝土）强度等级、配合比。

（3）工程量计算规则：

1）以立方米计算，按设计图示尺寸以体积计算；不扣除单个面积≤300mm×300mm的孔洞所占体积，扣除空心板空洞体积。

2）以块计量，按设计图示尺寸以数量计算。

（4）工作内容：模板制作、安装、拆除、堆放、运输及清理模内杂物、刷隔离剂等；混凝土制作、运输、浇筑、振捣、养护；构件运输、安装；砂浆制作、运输；接头灌缝、养护。

4. 网架板（项目编码：010512004）

（1）单位：m³；块。计量规范广西实施细则取定单位"m³"。

（2）项目特征：图代号、单件体积、安装高度、混凝土强度等级；砂浆（细石混凝土）强度等级、配合比。

（3）工程量计算规则：

1）以立方米计算，按设计图示尺寸以体积计算；不扣除单个面积≤300mm×300mm的孔洞所占体积，扣除空心板空洞体积。

2）以块计量，按设计图示尺寸以数量计算。

（4）工作内容：模板制作、安装、拆除、堆放、运输及清理模内杂物、刷隔离剂等；混凝土制作、运输、浇筑、振捣、养护；构件运输、安装；砂浆制作、运输；接头灌缝、养护。

5. 折线板（项目编码：010512005）

（1）单位：m³；块。计量规范广西实施细则取定单位"m³"。

（2）项目特征：图代号、单件体积、安装高度、混凝土强度等级；砂浆（细石混凝土）强度等级、配合比。

（3）工程量计算规则：

1）以立方米计算，按设计图示尺寸以体积计算；不扣除单个面积≤300mm×300mm的孔洞所占体积，扣除空心板空洞体积。

2）以块计量，按设计图示尺寸以数量计算。

（4）工作内容：模板制作、安装、拆除、堆放、运输及清理模内杂物、刷隔离剂等；混凝土制作、运输、浇筑、振捣、养护；构件运输、安装；砂浆制作、运输；接头灌缝、养护。

6. 带肋板（项目编码：010512006）

（1）单位：m³；块。计量规范广西实施细则取定单位"m³"。

（2）项目特征：图代号、单件体积、安装高度、混凝土强度等级；砂浆（细石混凝土）强度等级、配合比。

（3）工程量计算规则：

1）以立方米计算，按设计图示尺寸以体积计算；不扣除单个面积≤300mm×300mm的孔洞所占体积，扣除空心板空洞体积。

2）以块计量，按设计图示尺寸以数量计算。

（4）工作内容：模板制作、安装、拆除、堆放、运输及清理模内杂物、刷隔离剂等；混凝土制作、运输、浇筑、振捣、养护；构件运输、安装；砂浆制作、运输；接头灌缝、养护。

7. 大型板（项目编码：010512007）

（1）单位：m³；块。计量规范广西实施细则取定单位"m³"。

（2）项目特征：图代号、单件体积、安装高度、混凝土强度等级；砂浆（细石混凝土）强度等级、配合比。

（3）工程量计算规则：

1）以立方米计算，按设计图示尺寸以体积计算；不扣除单个面积≤300mm×300mm 的孔洞所占体积，扣除空心板空洞体积。

2）以块计量，按设计图示尺寸以数量计算。

（4）工作内容：模板制作、安装、拆除、堆放、运输及清理模内杂物、刷隔离剂等；混凝土制作、运输、浇筑、振捣、养护；构件运输、安装；砂浆制作、运输；接头灌缝、养护。

8. 沟盖板、井盖板、井圈（项目编码：010512008）

（1）单位：m³；块（套）。计量规范广西实施细则取定单位"m³"。

（2）项目特征：单件体积、安装高度、混凝土强度等级；砂浆强度等级、配合比。

（3）工程量计算规则：以立方米计量，按设计图示尺寸以体积计算。以块计算，按设计图示尺寸以数计量算。

（4）工作内容：模板制作、安装、拆除、堆放、运输及清理模内杂物、刷隔离剂等；混凝土制作、运输、浇筑、振捣、养护；构件运输、安装；砂浆制作、运输；接头灌缝、养护。

9. 其他板（项目编码：桂010512009）

（1）单位：m³。

（2）项目特征：图代号、单件体积、安装高度、混凝土强度等级；砂浆（细石混凝土）强度等级、配合比。

（3）工程量计算规则：按设计图示尺寸以立方米计算。

（4）工作内容：模板制作、安装、拆除、堆放、运输及清理模内杂物、刷隔离剂等；混凝土制作、运输、浇筑、振捣、养护；构件运输、安装；砂浆制作、运输；接头灌缝、养护。

10. 相关说明

（1）以块、套计量，必须描述单位体积。

（2）不带肋的预制遮阳板、雨篷板、挑檐板、拦板等，应按本节平板项目编码列项。

（3）预制F形板、双T形板、单肋板和带反挑檐的雨篷板、挑檐板、遮阳板等，应按本节带肋板项目编码列项。

（4）预制大型墙板、大型楼板、大型屋面板等，按本节中大型板项目编码列项。

（5）天沟板、天窗侧板、架空隔热板、天窗端壁板等，按其他板项目编码列项。

7.5.14　预制混凝土楼梯

1. 楼梯（项目编码：010513001）

（1）单位：m³；段。计量规范广西实施细则取定单位"m³"。

（2）项目特征：楼梯类型；单件体积；混凝土强度等级；砂浆（细石混凝土）强度等级。

（3）工程量计算规则：

1）以立方米计量，按设计图示尺寸以体积计算。扣除空心踏步板空洞体积。

2）以段计量，按设计图示数量计算。

（4）工作内容：模板制作、安装、拆除、堆放、运输及清理模内杂物、刷隔离剂等；混凝土制作、运输、浇筑、振捣、养护；构件运输、安装；砂浆制作、运输；接头灌缝、养护。

2. 相关说明

以块计算，必须描述单件体积。

7.5.15　其他预制构件

1. 垃圾道、通风道、烟道（项目编码：010514001）

（1）单位：m^3；m^2；根（块、套）。计量规范广西实施细则取定单位"m^3"。

（2）项目特征：单件体积；混凝土强度等级；砂浆强度等级。

（3）工程量计算规则：

1）以立方米计量，按设计图示尺寸以体积计算。不扣除单个面积≤300mm×300mm的孔洞所占体积，扣除烟道、垃圾道、通风道的孔洞所占体积。

2）以平方米计量，按设计图示尺寸以面积计算。不扣除单个面积≤300mm×300mm的孔洞所占面积。

3）以根计量，按设计图示尺寸以数量计算。

（4）工作内容：模板制作、安装、拆除、堆放、运输及清理模内杂物、刷隔离剂等；混凝土制作、运输、浇筑、振捣、养护；构件运输、安装；砂浆制作、运输；接头灌缝、养护。

2. 其他构件（项目编码：010514002）

（1）单位：m^3；m^2；根（块、套）。计量规范广西实施细则取定单位"m^3"。

（2）项目特征：单件体积；构件的类型；混凝土强度等级；砂浆强度等级。

（3）工程量计算规则：

1）以立方米计量，按设计图示尺寸以体积计算。不扣除单个面积≤300mm×300mm的孔洞所占体积，扣除烟道、垃圾道、通风道的孔洞所占体积。

2）以平方米计量，按设计图示尺寸以面积计算。不扣除单个面积≤300mm×300mm的孔洞所占面积。

3）以根计量，按设计图示尺寸以数量计算。

（4）工作内容：模板制作、安装、拆除、堆放、运输及清理模内杂物、刷隔离剂等；混凝土制作、运输、浇筑、振捣、养护；构件运输、安装；砂浆制作、运输；接头灌缝、养护。

3. 预制桩制作（项目编码：桂 010514003）

（1）单位：m^3。

（2）项目特征：桩类型；材料种类、配比；其他。

（3）工程量计算规则：按桩全长（包括桩尖、不扣除桩尖虚体积）乘以桩断面（空心桩应扣除孔洞体积）以立方米计算。

（4）工作内容：混凝土水平运输；清理、润湿模板、浇捣、养护；构件场内运输、堆放。

4. 桩尖（项目编码：桂 010514004）

（1）单位：个；kg。

（2）项目特征：桩尖类型；材料种类、配比；其他。

（3）工程量计算规则：混凝土桩尖按虚体积（不扣除桩尖虚体积部分）计算。钢桩尖按重量计算。

（4）工作内容：材料制作、安装、水平运输；清理、润湿模板、浇捣、养护；构件场内运输、堆放。

5. 防火组合变压型排气道安装（项目编码：桂 010514005）

（1）单位：m。

（2）项目特征：成品排气道规格；混凝土强度等级。

（3）工程量计算规则：分不同截面按设计图示尺寸以延长米计算。

（4）工作内容：构件运输；构件吊装、校正、固定、改锯；排气道与楼板预留孔洞之间的缝隙用细石混凝土填实、顶部用密封油膏嵌实等；包含防火止回阀、不锈钢无动力风帽等构件。

6. 相关说明

（1）以块、根计量，必须描述单件体积。

（2）预制钢筋混凝土小型池槽、压顶、扶手、垫块、隔热板、花格等，按本节中其他构件项目编码列项。

7.5.16 钢筋工程

1. 现浇构件钢筋（项目编码：010515001）

（1）单位：t。

（2）项目特征：钢筋种类、规格。

（3）工程量计算规则：按设计图示钢筋（网）长度（面积）乘单位理论质量计算。

（4）工作内容：钢筋制作、运输；钢筋安装；焊接（绑扎）。

2. 预制构件钢筋（项目编码：010515002）

（1）单位：t。

（2）项目特征：钢筋种类、规格。

（3）工程量计算规则：按设计图示钢筋（网）长度（面积）乘单位理论质量计算。

（4）工作内容：钢筋制作、运输；钢筋安装；焊接（绑扎）。

3. 钢筋网片（项目编码：010515003）

（1）单位：t。

（2）项目特征：钢筋种类、规格。

（3）工程量计算规则：按设计图示钢筋（网）长度（面积）乘单位理论质量计算。

（4）工作内容：钢筋网制作、运输；钢筋网安装；焊接（绑扎）。

4. 钢筋笼（项目编码：010515004）

（1）单位：t。

（2）项目特征：钢筋种类、规格。

（3）工程量计算规则：按设计图示钢筋（网）长度（面积）乘单位理论质量计算。

（4）工作内容：钢筋笼制作、运输；钢筋笼安装；焊接（绑扎）。

5. 先张法预应力钢筋（项目编码：010515005）

（1）单位：t。

(2) 项目特征：钢筋种类、规格；锚具种类。

(3) 工程量计算规则：按设计图示钢筋长度乘单位理论质量计算。

(4) 工作内容：钢筋制作、运输；钢筋张拉。

6. 后张法预应力钢筋（项目编码：010515006）

(1) 单位：t。

(2) 项目特征：钢筋种类、规格；钢丝种类、规格；钢绞线种类、规格；锚具种类；砂浆强度等级。

(3) 工程量计算规则：按设计图示钢筋（丝束、绞线）长度乘单位理论质量计算。

1) 低合金钢筋两端均采用螺杆锚具时，钢筋长度按孔道长度减 0.35m 计算，螺杆另行计算。

2) 低合金钢筋一端采用镦头插片，另一端采用螺杆锚具时，钢筋长度按孔道长度计算，螺杆另行计算。

3) 低合金钢筋一端采用镦头插片，另一端采用帮条锚具时，钢筋增加 0.15m 计算；两端均采用帮条锚具时，钢筋长度按孔道长度增加 0.3m 计算。

4) 低合金钢筋采用后张混凝土自锚时，钢筋长度按孔道长度增加 0.35m 计算。

5) 低合金钢筋（钢绞线）采用 JM、XM、QM 型锚具，孔道长度≤20m 时，钢筋长度增加 1m 计算，孔道长度＞20m 时，钢筋长度增加 1.8m 计算。

6) 碳素钢丝采用锥形锚具，孔道长度≤20m 时，钢丝束长度按孔道长度增加 1m 计算，孔道长度＞20m 时，钢丝束长度按孔道长度增加 1.8m 计算。

7) 碳素钢丝采用镦头锚具时，钢丝束长度按孔道长度增加 0.35m 计算。

(4) 工作内容：钢筋、钢丝、钢绞线制作、运输；钢筋、钢丝、钢绞线安装；预埋管孔道铺设；锚具安装；砂浆制作、运输；孔道压浆、养护。

7. 预应力钢丝（项目编码：010515007）

(1) 单位：t。

(2) 项目特征：钢筋种类、规格；钢丝种类、规格；钢绞线种类、规格；锚具种类；砂浆强度等级。

(3) 工程量计算规则：按设计图示钢筋（丝束、绞线）长度乘单位理论质量计算。

1) 低合金钢筋两端均采用螺杆锚具时，钢筋长度按孔道长度减 0.35m 计算，螺杆另行计算。

2) 低合金钢筋一端采用镦头插片，另一端采用螺杆锚具时，钢筋长度按孔道长度计算，螺杆另行计算。

3) 低合金钢筋一端采用镦头插片，另一端采用帮条锚具时，钢筋增加 0.15m 计算；两端均采用帮条锚具时，钢筋长度按孔道长度增加 0.3m 计算。

4) 低合金钢筋采用后张混凝土自锚时，钢筋长度按孔道长度增加 0.35m 计算。

5) 低合金钢筋（钢绞线）采用 JM、XM、QM 型锚具，孔道长度≤20m 时，钢筋长度增加 1m 计算，孔道长度＞20m 时，钢筋长度增加 1.8 计算。

6) 碳素钢丝采用锥形锚具，孔道长度≤20m 时，钢丝束长度按孔道长度增加 1m 计算，孔道长度＞20m 时，钢丝束长度按孔道长度增加 1.8m 计算。

7) 碳素钢丝采用镦头锚具时，钢丝束长度按孔道长度增加 0.35m 计算。

（4）工作内容：钢筋、钢丝、钢绞线制作、运输；钢筋、钢丝、钢绞线安装；预埋管孔道铺设；锚具安装；砂浆制作、运输；孔道压浆、养护。

8. 预应力钢绞线（项目编码：010515008）

（1）单位：t。

（2）项目特征：钢筋种类、规格；钢丝种类、规格；钢绞线种类、规格；锚具种类；砂浆强度等级。

（3）工程量计算规则：按设计图示钢筋（丝束、绞线）长度乘单位理论质量计算。

1）低合金钢筋两端均采用螺杆锚具时，钢筋长度按孔道长度减 0.35m 计算，螺杆另行计算。

2）低合金钢筋一端采用镦头插片，另一端采用螺杆锚具时，钢筋长度按孔道长度计算，螺杆另行计算。

3）低合金钢筋一端采用镦头插片，另一端采用帮条锚具时，钢筋增加 0.15m 计算；两端均采用帮条锚具时，钢筋长度按孔道长度增加 0.3m 计算。

4）低合金钢筋采用后张混凝土自锚时，钢筋长度按孔道长度增加 0.35m 计算。

5）低合金钢筋（钢绞线）采用 JM、XM、QM 型锚具，孔道长度≤20m 时，钢筋长度增加 1m 计算，孔道长度＞20m 时，钢筋长度增加 1.8m 计算。

6）碳素钢丝采用锥形锚具，孔道长度≤20m 时，钢丝束长度按孔道长度增加 1m 计算，孔道长度＞20m 时，钢丝束长度按孔道长度增加 1.8m 计算。

7）碳素钢丝采用镦头锚具时，钢丝束长度按孔道长度增加 0.35m 计算。

（4）工作内容：钢筋、钢丝、钢绞线制作、运输；钢筋、钢丝、钢绞线安装；预埋管孔道铺设；锚具安装；砂浆制作、运输；孔道压浆、养护。

9. 支撑钢筋（铁马）（项目编码：010515009）

（1）单位：t。

（2）项目特征：钢筋种类、规格。

（3）工程量计算规则：按钢筋长度乘单位理论质量计算。

（4）工作内容：钢筋制作、焊接、安装。

10. 声测管（项目编码：010515010）

（1）单位：t。

（2）项目特征：材质；规格型号。

（3）工程量计算规则：按设计图示尺寸以质量计算。

（4）工作内容：检测管截断、封头；套管制作、焊接；定位、固定。

11. 砌体加固筋（项目编码：桂 010515011）

（1）单位：t。

（2）项目特征：钢筋种类、规格。

（3）工程量计算规则：按设计图示钢筋长度乘以单位理论质量计算。

（4）工作内容：钢筋制作、运输；钢筋安装。

12. 植筋（项目编码：桂 010515012）

（1）单位：根。

（2）项目特征：钢筋种类、规格。

（3）工程量计算规则：分不同的直径按种植钢筋以根计算。

（4）工作内容：机具准备、定位放线；钻孔、清孔、填结构胶、植入钢筋；养护。

13. 楼地面、屋面、墙面、护坡钢筋网片（项目编码：桂010515013）

（1）单位：m²。

（2）项目特征：钢筋种类、规格；钢筋网片间距。

（3）工程量计算规则：按钢筋设计图示尺寸以平方米计算。

（4）工作内容：钢筋网片制作、安装。

14. 相关说明

（1）现浇构件中伸出构件的锚固钢筋应并入钢筋工程量内。除设计（包括规范规定）标明的搭接外，其他施工搭接不计算工程量，在综合单价中综合考虑。

（2）现浇构件中固定位置的支撑钢筋、双层钢筋用的"铁马"在编制工程量清单时，如果设计未明确，其工程数量可为暂估量，结算时按现场签证数量计算。

7.5.17　螺栓、铁件

1. 螺栓（项目编码：010516001）

（1）单位：t。

（2）项目特征：螺栓种类；规格。

（3）工程量计算规则：按设计图示尺寸以质量计算。

（4）工作内容：螺栓、铁件制作、运输；螺栓、铁件安装。

2. 预埋铁件（项目编码：010516002）

（1）单位：t。

（2）项目特征：钢材种类；规格；铁件尺寸。

（3）工程量计算规则：按设计图示尺寸以质量计算。

（4）工作内容：螺栓、铁件制作、运输；螺栓、铁件安装。

3. 机械连接（项目编码：010516003）

（1）单位：个。

（2）项目特征：连接方式；螺纹套筒种类；规格。

（3）工程量计算规则：按数量计算。

（4）工作内容：钢筋套丝；套筒连接。

4. 钢筋电渣压力焊接（项目编码：桂010516004）

（1）单位：个。

（2）项目特征：连接方式；规格。

（3）工程量计算规则：按设计（或经审定的施工组织设计）以个数计算。

（4）工作内容：焊接固定；安拆脚手架及支撑。

5. 相关说明

编制工程量清单时，如果设计未明确，其工程数量可为暂估量，实际工程量按现场签证数量计算。

7.5.18　计算实例

【例7-5】

已知：某现浇钢筋混凝土板式楼梯如图7-5所示，楼面标高为＋3.0m。墙厚

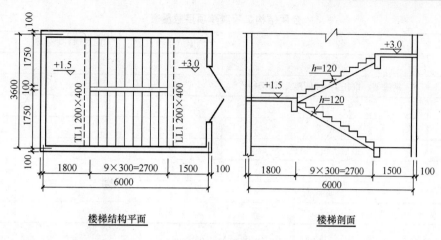

楼梯结构平面　　　　　　楼梯剖面

图 7-5　楼梯图

190mm，混凝土强度等级均为 C20，混凝土粗骨料为碎石，采用泵送商品混凝土。

要求：编制直形楼梯项目的工程量清单。

【解】

(1) 项目编码：010506001001

(2) 项目名称：直形楼梯

(3) 项目特征：

1) 混凝土种类：商品混凝土；

2) 混凝土强度等级：C20；

3) 梯板厚度：120mm。

(4) 单位：m²。

(5) 工程量计算规则：以平方米计量，按设计图示尺寸以水平投影面积计算，不扣除宽度≤500mm 的楼梯井，伸入墙内部分不计算。

(6) 工程量计算：$S = (6 - 1.5 - 0.09 + 0.2) \times (3.6 - 0.09 \times 2) = 15.77 \text{m}^2$

(7) 表格填写（见表 7-18）。

分部分项工程和单价措施项目清单与计价表　　　　　　表 7-18

工程名称：××　　　　　　　　　　　　　　　　　　　　　第　页　共　页

序号	项目编码	项目名称及项目特征描述	计量单位	工程量	金额（元）		
					综合单价	合价	其中：暂估价
	0105	混凝土及钢筋混凝土工程					
1	010506001001	C20 混凝土 直形楼梯 ①梯板厚度：120mm	m²	15.77			

7.6　金属结构工程

7.6.1　概况

1. 清单项目设置

本分部设置 7 小节共 31 个清单项目。清单项目设置情况如表 7-19 所示。

金属结构工程清单项目数量表　　　　　　　　　　　表 7-19

小节编号	名　称	国家清单项目数	广西增补项目数	小计
F.1	钢网架	1		1
F.2	钢屋架、钢托架、钢桁架、钢架桥	4		4
F.3	钢柱	3		3
F.4	钢梁	2		2
F.5	钢板楼板、墙板	2		2
F.6	钢构件	13		13
F.7	金属制品	6		6
	合计	31		31

2. 相关问题及说明

(1) 金属构件的切边,不规则及多边形钢板发生的损耗在综合单价中考虑。

(2) 防火要求指耐火极限。

7.6.2　钢网架

钢网架(项目编码:010601001)

(1) 单位:t。

(2) 项目特征:钢材品种、规格;网架节点形式、连接方式;网架跨度、安装高度;探伤要求;防火要求。

(3) 工程量计算规则:按设计图示尺寸以质量计算。不扣除孔眼的质量,焊条、铆钉等不另增加质量。

(4) 工作内容:拼装;安装;探伤;补刷油漆。

7.6.3　钢屋架、钢托架、钢桁架、钢架桥

1. 钢屋架(项目编码:010602001)

(1) 单位:t;榀。广西计量细则取定单位为"t"。

(2) 项目特征:钢材品种、规格;单榀质量;屋架跨度、安装高度;螺栓种类;探伤要求;防火要求。

(3) 工程量计算规则:

1) 以榀计量,按设计图示数量计算。

2) 以吨计量,按设计图示尺寸以质量计算。不扣除孔眼的质量,焊条、铆钉、螺栓等不另增加质量。

(4) 工作内容:拼装;安装;探伤;补刷油漆。

2. 钢托架(项目编码:010602002)

3. 钢桁架(项目编码:010602003)

4. 钢架桥(项目编码:010602004)

2~4 项的单位、项目特征、工程量计算规则、工作内容均一致如下:

(1) 单位:t。

(2) 项目特征:钢材品种、规格;单榀质量;安装高度;螺栓种类;探伤要求;防火要求。

（3）工程量计算规则：按设计图示尺寸以质量计算。不扣除孔眼的质量，焊接、铆钉、螺栓等不另增加质量。

（4）工作内容：拼装；安装；探伤；补刷油漆。

5. 相关说明

以榀计量，按标准图设计的应注明标准图代号，按非标准图设计的项目特征必须描述单榀屋架的质量。

7.6.4　钢柱

1. 实腹钢柱（项目编码：010603001）

2. 空腹钢柱（项目编码：010603002）

1～2 项的单位、项目特征、工程量计算规则、工作内容均一致如下：

（1）单位：t。

（2）项目特征：柱类型；钢材品种，规格；单根柱质量；螺栓种类；探伤要求；防火要求。

（3）工程量计算规则：按设计图示尺寸以质量计算。不扣除孔眼的质量，焊条、铆钉、螺栓等不另增加质量，依附在钢柱上的牛腿及悬臂梁等并入钢柱工程量内。

（4）工作内容：拼装；安装；探伤；补刷油漆。

3. 钢管柱（项目编码：010603003）

（1）单位：t。

（2）项目特征：钢材品种，规格；单根柱质量；螺栓种类；探伤要求；防火要求。

（3）工程量计算规则：按设计图示尺寸以质量计算。不扣除孔眼的质量，焊条、铆钉、螺栓等不另增加质量，钢管柱上的节点板、加强环、内衬管、牛腿等并入钢管柱工程量内。

（4）工作内容：拼装；安装；探伤；补刷油漆。

4. 相关说明

（1）实腹钢柱类型指十字、T、L、H 形等。

（2）空腹钢柱类型指箱型、格构等。

（3）型钢混凝土柱浇筑钢筋混凝土，其混凝土和钢筋应按国家房建计量规范附录 E 混凝土及钢筋混凝土工程中相关项目编码列项。

7.6.5　钢梁

1. 钢梁（项目编码：010604001）

（1）单位：t。

（2）项目特征：梁类型；钢材品种、规格；单根质量；螺栓种类；安装高度；探伤要求；防火要求。

（3）工程量计算规则：按设计图示尺寸以质量计算。不扣除孔眼的质量，焊条、铆钉、螺栓等不另增加质量，制动梁、制动板、制动架、车挡并入钢吊车梁工程量内。

（4）工作内容：拼装；安装；探伤；补刷油漆。

2. 钢吊车梁（项目编码：010604002）

（1）单位：t。

（2）项目特征：钢材品种、规格；单根质量；螺栓高度；安装高度；探伤要求；防火要求。

（3）工程量计算规则：按设计图示尺寸以质量计算。不扣除孔眼的质量，焊条、铆钉、螺栓等不另增加质量，制动梁、制动板、制动架、车挡并入钢吊车梁工程量内。

（4）工作内容：拼装；安装；探伤；补刷油漆。

3. 相关说明

（1）梁类型指 H、L、T 形、箱型、格构式等。

（2）型钢混凝土梁浇筑钢筋混凝土，其混凝土和钢筋应按国家房建计量规范附录 E 混凝土及钢筋混凝土工程量相关项目编码列项。

7.6.6　钢板楼板、墙板

1. 钢板楼板（项目编码：010605001）

（1）单位：t。

（2）项目特征：钢材种类、规格；钢板厚度；螺栓种类；防火要求。

（3）工程量计算规则：按设计图示尺寸以铺设水平投影面积计算。不扣除单个面积≤0.3m² 柱、垛及孔洞所占面积。

（4）工作内容：拼装；安装；探伤；补刷油漆。

2. 钢板墙板（项目编码：010605002）

（1）单位：t。

（2）项目特征：钢材品种、规格；钢板厚度、复合板厚度；螺栓种类；复合板夹芯材料种类、层数、型号、规格；防火要求。

（3）工程量计算规则：按设计图示尺寸以铺挂展开面积计算。不扣除单个面积≤0.3m² 的梁、孔洞所占面积，包角、包边、窗台泛水等不另加面积。

（4）工作内容：拼装；安装；探伤；补刷油漆。

3. 相关说明

（1）钢板楼板上浇筑钢筋混凝土，其混凝土和钢筋应按国家房建计量规范附录 E 混凝土及钢筋混凝土钢材中相关项目编码列项。

（2）压型钢楼板按本小节中钢板楼板项目编码列项。

7.6.7　钢构件

1. 钢支撑、钢拉条（项目编码：010606001）

（1）单位：t。

（2）项目特征：钢材品种、规格；构件类型；安装高度；螺栓种类；探伤要求；防火要求。

（3）计算规则：按设计图示尺寸以质量计算，不扣除孔的质量，焊条、铆钉、螺栓等不另增加质量。

（4）工作内容：拼装；安装；探伤；补刷油漆。

2. 钢檩条（项目编码：010606002）

（1）单位：t。

（2）项目特征：钢材品种、规格；构件类型；单根质量；安装高度；螺栓种类；探伤要求；防火要求。

（3）计算规则：按设计图示尺寸以质量计算，不扣除孔眼的质量，焊条、铆钉、螺栓等不另增加质量。

（4）工作内容：拼装；安装；探伤；补刷油漆。

3. 钢天窗架（项目编码：010606003）

（1）单位：t。

（2）项目特征：钢材品种、规格；单榀质量；安装高度；螺栓种类；探伤要求；防火要求。

（3）计算规则：按设计图示尺寸以质量计算，不扣除孔眼的质量，焊条、铆钉、螺栓等不另增加质量。

（4）工作内容：拼装；安装；探伤；补刷油漆。

4. 钢挡风架（项目编码：010606004）

（1）单位：t。

（2）项目特征：钢材品种、规格；单榀质量；构件类型；螺栓种类；探伤要求；防火要求。

（3）计算规则：按设计图示尺寸以质量计算，不扣除孔眼的质量，焊条、铆钉、螺栓等不另增加质量。

（4）工作内容：拼装；安装；探伤；补刷油漆。

5. 钢墙架（项目编码：010606005）

（1）单位：t。

（2）项目特征：钢材品种、规格；单榀质量；构件类型；螺栓种类；探伤要求；防火要求。

（3）计算规则：按设计图示尺寸以质量计算，不扣除孔眼的质量，焊条、铆钉、螺栓等不另增加质量。

（4）工作内容：拼装；安装；探伤；补刷油漆。

6. 钢平台（项目编码：010606006）

（1）单位：t。

（2）项目特征：钢材品种、规格；螺栓种类；防火要求。

（3）计算规则：按设计图示尺寸以质量计算，不扣除孔眼的质量，焊条、铆钉、螺栓等不另增加质量。

（4）工作内容：拼装；安装；探伤；补刷油漆。

7. 钢走道（项目编码：010606007）

（1）单位：t。

（2）项目特征：钢材品种、规格；螺栓种类；防火要求。

（3）计算规则：按设计图示尺寸以质量计算，不扣除孔眼的质量，焊条、铆钉、螺栓等不另增加质量。

（4）工作内容：拼装；安装；探伤；补刷油漆。

8. 钢梯（项目编码：010606008）

（1）单位：t。

（2）项目特征：钢材品种、规格；钢梯形式；螺栓种类；防火要求。

（3）计算规则：按设计图示尺寸以质量计算，不扣除孔眼的质量，焊条、铆钉、螺栓等不另增加质量。

（4）工作内容：拼装；安装；探伤；补刷油漆。

9.钢护栏（项目编码：010606009）

（1）单位：t。

（2）项目特征：钢材品种、规格；防火要求。

（3）计算规则：按设计图示尺寸以质量计算，不扣除孔眼的质量，焊条、铆钉、螺栓等不另增加质量。

（4）工作内容：拼装；安装；探伤；补刷油漆。

10.钢漏斗（项目编码：010606010）

（1）单位：t。

（2）项目特征：钢材品种、规格；漏斗、天沟形式；安装高度；探伤要求。

（3）计算规则：按设计图示尺寸以质量计算，不扣除孔眼的质量，焊条、铆钉、螺栓等不另增加质量，依附漏斗或天沟的型钢并入漏斗或天沟工程量内。

（4）工作内容：拼装；安装；探伤；补刷油漆。

11.钢板天沟（项目编码：010606011）

（1）单位：t。

（2）项目特征：钢材品种、规格；漏斗、天沟形式；安装高度；探伤要求。

（3）计算规则：按设计图示尺寸以质量计算，不扣除孔眼的质量，焊条、铆钉、螺栓等不另增加质量，依附漏斗或天沟的型钢并入漏斗或天沟工程量内。

（4）工作内容：拼装；安装；探伤；补刷油漆。

12.钢支架（项目编码：010606012）

（1）单位：t。

（2）项目特征：钢材品种、规格；安装高度；探伤要求。

（3）计算规则：按设计图示尺寸以质量计算，不扣除孔眼的质量，焊条、铆钉、螺栓等不另增加质量。

（4）工作内容：拼装；安装；探伤；补刷油漆。

13.零星构件（项目编码：010606013）

（1）单位：t。

（2）项目特征：构件名称；钢材品种、规格。

（3）计算规则：按设计图示尺寸以质量计算，不扣除孔眼的质量，焊条、铆钉、螺栓等不另增加质量。

（4）工作内容：拼装；安装；探伤；补刷油漆。

14.相关说明

（1）钢墙架项目包括墙架柱、墙架梁和连接杆件。

（2）钢支撑、钢拉条类型指单式、复式；钢檩条类型指型钢式、格构式；钢漏斗形式指方形、圆形；天沟形式指矩形沟或半圆形沟。

（3）加工铁件等小型构件，按本小节中零星钢构件项目编码列项。

7.6.8　金属制品

1.成品空调金属百叶护栏（项目编码：010607001）

（1）单位：m²。

（2）项目特征：材料品种、规格；边框材质。

（3）计算规则：按设计图示尺寸以框外围展开面积计算。

（4）工作内容：安装；校正；预埋铁件及安螺栓。

2. 成品栅栏（项目编码：010607002）

（1）单位：m^2。

（2）项目特征：材料品种、规格；边框及立柱型钢品种、规格。

（3）计算规则：按设计图示尺寸以框外围展开面积计算。

（4）工作内容：安装；校正；预埋铁件；安螺栓及金属立柱。

3. 成品雨篷（项目编码：010607003）

（1）单位：m；m^2。

（2）项目特征：材料品种、规格；雨篷宽度；晾衣杆品种、规格。

（3）计算规则：

1）以米计量，按设计图示接触边以米计量。

2）以平方米计量，按设计图示尺寸以展开面积计算。

（4）工作内容：安装；校正；预埋铁件及安螺栓。

4. 金属网栏（项目编码：010607004）

（1）单位：m^2。

（2）项目特征：材料品种、规格；边框及立柱型钢品种、规格。

（3）计算规则：按设计图示尺寸以框外围展开面积计算。

（4）工作内容：安装；校正；安螺栓及金属立柱。

5. 砌块墙钢丝网加固（项目编码：010607005）

6. 后浇带金属网（项目编码：010607006）

5～6项的单位、项目特征、工程量计算规则、工作内容均一致如下：

（1）单位：m^2。

（2）项目特征：材料品种、规格；加固方式。

（3）计算规则：按设计图示尺寸以面积计算。

（4）工作内容：铺贴铆固。

7. 相关说明

抹灰钢丝网加固按本小节中砌块墙钢丝网加固项目编码列项。

7.6.9　计算实例

【例7-6】

已知：某工程钢屋架如图7-6示，已知安装高度为8m，运输距离1km，钢材采用Q235-B。各种钢材理论重量为：L70×5等边角钢为5.397kg/m，L75×5等边角钢为5.818kg/m，L50×5等边角钢为3.77kg/m，8厚钢板为62.8 kg/m^2。

要求：编制钢屋架项目的工程量清单。

【解】

（1）项目编码：010602001001

（2）项目名称：钢屋架

（3）项目特征：

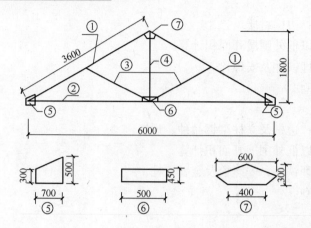

序号	材料规格	长度(mm)	数量
①	2L70×5	3600	2
②	2L75×5	6000	1
③	2L50×5	1800	2
④	2L50×5	1800	1
⑤	δ=8	见详图	2
⑥	δ=8	见详图	1
⑦	δ=8	见详图	1

图 7-6　钢屋架图

1）钢材品种、规格：Q235-B；

2）单榀质量：1t 以下；

3）运输距离：1km。

（4）单位：t。

（5）工程量计算规则：以吨计量，按设计图示尺寸以质量计算。不扣除孔眼的质量，焊条、铆钉、螺栓等不另增加质量。

（6）工程量计算

上弦①重量＝3.6×2×2×5.397＝77.71kg

下弦②重量＝6.0×2×5.818＝69.82kg

斜撑③重量＝1.8×2×2×3.77＝27.14kg

立杆④重量＝1.8×2×3.77＝13.57kg

连接板⑤重量＝(0.3＋0.5)×0.7÷2×2×62.8＝35.17kg

连接板⑥重量＝0.5×0.45×62.8＝14.13kg

连接板⑦重量＝[(0.4＋0.6)×0.15÷2＋0.6×0.15÷2]×62.8＝7.54kg

合计重量＝77.71＋69.82＋27.14＋13.57＋35.17＋14.13＋7.54＝245.08kg＝0.245t

（7）表格填写（见表 7-20）。

分部分项工程和单价措施项目清单与计价表　　　　　　表 7-20

工程名称：××　　　　　　　　　　　　　　　　　　　　第　页　共　页

序号	项目编码	项目名称及项目特征描述	计量单位	工程量	金　额（元）		
					综合单价	合价	其中：暂估价
	0106	金属结构工程					
1	010602001001	钢屋架 ①钢材品种、规格：Q235-B ②单榀质量：1t 以下 ③运输距离：1km	t	0.245			

7.7 木结构工程

7.7.1 概况

本分部设置 4 小节共 9 个清单项目，其中广西增补 1 小节、1 个清单项目。清单项目设置情况见表 7-21。

木结构工程清单项目数量表

表 7-21

小节编号	名称	国家清单项目数	广西增补项目数	小计
G.1	木屋架	2		2
G.2	木构件	5		5
G.3	屋面木基层	1		1
G.4	其他		1	1
合计		8	1	9

7.7.2 木屋架

1. 木屋架（项目编码：010701001）

（1）单位：榀、m³。计量规范广西实施细则取定单位为"m³"。

（2）项目特征：跨度；材料品种、规格；刨光要求；拉杆及夹板种类；防护材料种类。

（3）工程量计算规则：以榀计量，按设计图示数量计算；以立方米计量，按设计图示的规格尺寸以体积计算。

（4）工作内容：制作；运输；安装；刷防护材料。

2. 钢木屋架（项目编码：010701002）

（1）单位：榀。

（2）项目特征：跨度；木材品种、规格；刨光要求；钢材品种、规格；防护材料种类。

（3）工程量计算规则：以榀计量，按设计图示数量计算。

（4）工作内容：制作；运输；安装；刷防护材料。

3. 相关说明

（1）屋架的跨度应以上、下弦中心线两交点之间的距离计算。

（2）带气楼的屋架和马尾、折角以及正交部分的半屋架，按相关屋架项目编码列项。

（3）以榀计量，按标准图设计的应注明标准图代号，按非标准图设计的项目特征必须按本小节要求予以描述。

7.7.3 木构件

1. 木柱（项目编码：010702001）

2. 木梁（项目编码：010702002）

1~2 项的单位、项目特征、工程量计算规则、工作内容均一致如下：

（1）单位：m³。

（2）项目特征：构件规格尺寸；木材种类；刨光要求；防护材料种类。

123

（3）工程量计算规则：按设计图示尺寸以体积计算。

（4）工作内容：制作；运输；安装；刷防护材料。

3. 木檩（项目编码：010702003）

（1）单位：m^3；m。计量规范广西实施细则取定单位为"m^3"。

（2）项目特征：构件规格尺寸；木材种类；刨光要求；防护材料种类。

（3）工程量计算规则：以立方米计量，按设计图示尺寸以体积计算；以米计量，按设计图示尺寸以长度计算。

（4）工作内容：制作；运输；安装；刷防护材料。

4. 木楼梯（项目编码：010702004）

（1）单位：m^3。

（2）项目特征：楼梯形式；木材种类；刨光要求；防护材料种类。

（3）工程量计算规则：按设计图示尺寸以水平投影面积计算。不扣除宽度≤300mm的楼梯井，伸入墙内部分不计算。

（4）工作内容：制作；运输；安装；刷防护层材料。

5. 其他木构件（项目编码：010702005）

（1）单位：m^3；m。

（2）项目特征：构件名称；构件规格尺寸；木材种类；刨光要求；防护材料种类。

（3）工程量计算规则：以立方米计量，按设计图示尺寸以体积计算。以米计量，按设计图示尺寸以长度计算。

（4）工作内容：制作；运输；安装；刷防护层材料。

6. 相关说明

（1）木楼梯的栏杆（栏板）、扶手，应按国家房建计量规范附录 Q 中的相关项目编码列项。

（2）以米计算，项目特征必须描述构件规格尺寸。

7.7.4　屋面木基层

木基层（项目编码：010703001）

（1）单位：m^3。

（2）项目特征：椽子断面尺寸及椽距；望板材料种类、厚度；防护材料种类。

（3）工程量计算规则：按设计图示尺寸以斜面积计算。不扣除房上烟囱、风帽底座、风道、小气窗、斜沟等所占面积。小气窗的出檐部不增加面积。

（4）工作内容：椽子制作、安装；望板制作、安装；顺水条和挂瓦制作、安装；刷防护材料。

7.7.5　其他

玻璃黑板制安（项目编码：桂 010704001）

（1）单位：m^2。

（2）项目特征：类型；外围尺寸；材质。

（3）工程量计算规则：按框外围面积计算。

（4）工作内容：制作、安装黑板边框、安装玻璃、铺油纸、钉胶合板、安装滑轮。

7.8 门 窗 工 程

7.8.1 概况

1. 清单项目设置

本分部设置 10 小节共 57 个清单项目，其中广西增补 2 个清单项目。清单项目设置情况见表 7-22。

门窗工程清单项目数量表　　　　　　　　表 7-22

小节编号	名称	国家清单项目数	广西增补项目数	小计
H.1	木门	6		6
H.2	金属门	4	1	5
H.3	金属卷帘（闸）门	2		2
H.4	厂库房大门、特种门	7		7
H.5	其他门	7		7
H.6	木窗	4		4
H.7	金属窗	9	1	10
H.8	门窗套	7		7
H.9	窗台板	4		4
H.10	窗帘、窗帘盒、轨	5		5
合计		55	2	57

2. 相关问题及说明

（1）国家房建计量规范中门窗工程计量单位为"樘；m^2"的清单项目，计量规范广西实施细则取定单位为"m^2"。

（2）国家房建计量规范中门窗套工程计量单位为"樘；m^2；m"的清单项目，计量规范广西实施细则取定单位为"m^2"。

7.8.2 木门

1. 木质门（项目编码：010801001）

2. 木质门带套（项目编码：010801002）

3. 木质连窗门（项目编码：010801003）

4. 木质防火门（项目编码：010801004）

1~4 项的单位、项目特征、工程量计算规则、工作内容均一致如下：

（1）单位：樘；m^2。

（2）项目特征：门代号及洞口尺寸；镶嵌玻璃品种、厚度；工程量计算规则；工作内容。

（3）工程量计算规则：以樘计量，按设计图示数量计算；以平方米计量，按设计图示洞口尺寸以面积计算。

（4）工作内容：门安装；玻璃安装；五金安装。

5. 木门框（项目编码：010801005）

（1）单位：樘；m。广西计量细则取定单位为"m"。

（2）项目特征：门代号及洞口尺寸；框截面尺寸；防护材料种类。

（3）工程量计算规则：以樘计量，按设计图示数量计算；以米计量，按设计图示框的中心线以延长米计算。

（4）工作内容：木门框制作、安装；运输；刷防护材料。

6. 门锁安装（项目编码：010801006）

（1）单位：个；套。

（2）项目特征：锁品种；锁规格。

（3）工程量计算规则：按设计图示数量计算。

（4）工作内容：安装。

7. 相关说明

（1）木质门应区分镶板木门、企口木板门、实木装饰门、胶合板门、夹板装饰门、木纱门、全玻门（带木质扇框）、木质半玻门（带木质扇框）等项目，分别编码列项。

（2）木门五金应包括：折页、插销、门碰珠、弓背拉手、搭机、木螺丝、弹簧折页（自动门）、管子拉手（自由门、地弹门）、地弹簧（地弹门）、角铁、门轧头（地弹门、自由门）等。

（3）木质门带套计量按洞口尺寸以面积计算，不包括门套的面积，但门套应计算在综合单价中。

（4）以樘计量，项目特征必须描述洞口尺寸；以平方米计量，项目特征可不描述洞口尺寸。

（5）单独制作安装木门框按木门框项目编码列项。

7.8.3　金属门

1. 金属（塑钢）门（项目编码：010802001）

（1）单位：樘；m^2。

（2）项目特征：门代号及洞口尺寸；门框或扇外围尺寸；门框、扇材质玻璃品种、厚度。

（3）工程量计算规则：以樘计量，按设计图示数量计算；以平方米计量，按设计图示洞口尺寸以面积计算。

（4）工作内容：门安装；五金安装；玻璃安装。

2. 彩板门（项目编码：010802002）

（1）单位：樘；m^2。

（2）项目特征：门代号及洞口尺寸；门框或扇外围尺寸。

（3）工程量计算规则：以樘计量，按设计图示数量计算；以平方米计量，按设计图示洞口尺寸以面积计算。

（4）工作内容：门安装；五金安装；玻璃安装。

3. 钢质防火门（项目编码：010802003）

（1）单位：樘；m^2。

（2）项目特征：门代号及洞口尺寸；门框或扇外围尺寸；门框、扇材质。

（3）工程量计算规则：以樘计量，按设计图示数量计算；以平方米计量，按设计图示洞口尺寸以面积计算。

（4）工作内容：门安装；五金安装；玻璃安装。

4. 防盗门（项目编码：010802004）

（1）单位：樘；m^2。

（2）项目特征：门代号及洞口尺寸；门框或扇外围尺寸；门框、扇材质。

（3）工程量计算规则：以樘计量，按设计图示数量计算；以平方米计量，按设计图示洞口尺寸以面积计算。

（4）工作内容：门安装；五金安装。

5. 铁栅门（项目编码：桂010802005）

（1）单位：t。

（2）项目特征描述：窗代号及洞口尺寸；框或扇外围尺寸；门框、扇材质。

（3）工程量计算规则：按设计尺寸以吨计算。

（4）工作内容：窗制作、运输、安装；刷防锈漆；五金安装。

6. 相关说明

（1）金属门应区分金属平开门、金属推拉门、金属地弹门、全玻门（带金属扇框）、金属半玻门（带扇框）等项目，分别编码列项。

（2）铝合金门五金包括：地弹簧、门锁、拉手、门插、门铰、螺丝等。

（3）金属门五金包括 L 型执手插锁（双舌）、执手锁（单舌）、门轨头、地锁、防盗门机、门眼（猫眼）、门碰珠、电子锁（磁卡锁）、闭门器、装饰拉手等。

（4）以樘计量，项目特征必须描述洞口尺寸，没有洞口尺寸必须描述门框或扇外围尺寸。以平方米计量，项目特征可不描述洞口尺寸及框、扇的外围尺寸。

（5）以平方米计量，无设计图示洞口尺寸，按门框、扇外围以面积计算。

7.8.4　金属卷帘（闸）门

1. 金属卷帘（闸）门（项目编码：010803001）

2. 防火卷帘（闸）门（项目编码：010803002）

1～2 项的单位、项目特征、工程量计算规则、工作内容均一致如下：

（1）单位：m^3。

（2）项目特征：门代号及洞口尺寸；门材质；启动装置品种、规格。

（3）工程量计算规则：以樘计量，按设计图示数量；以平方米计量，按设计图示洞口尺寸以面积计算。

（4）工作内容：门运输、安装；启动装置、活动小门、五金安装。

3. 相关说明

以樘计量，项目特征必须描述洞口尺寸；以平方米计量，项目特征可不描述洞口尺寸。

7.8.5　板厂库房大门、特种门

1. 木板大门（项目编码：010804001）

2. 钢木大门（项目编码：010804002）

3. 全钢板大门（项目编码：010804003）

1～3 项的单位、项目特征、工程量计算规则、工作内容均一致如下：

（1）单位：m^2，樘。

（2）项目特征：门代号及洞口尺寸；门框或扇外围尺寸；门框、扇材质；五金种类、规格；防护材料种类。

（3）工程量计算规则：以樘计量，按设计图示数量计算；以平方米计量，按设计图示洞口尺寸以面积计算。

（4）工作内容：门（骨架）制作、运输；门、五金配件安装；刷防护材料。

4. 防护铁丝门（项目编码：010804004）

（1）单位：m^2，樘。

（2）项目特征：门代号及洞口尺寸；门框或扇外围尺寸；门框、扇材质；五金种类、规格；防护材料种类。

（3）工程量计算规则：以樘计量，按设计图示数量计算；以平方米计量，按设计图示门框或扇以面积计算。

（4）工作内容：门（骨架）制作、运输；门、五金配件安装；刷防护材料。

5. 金属格栅门（项目编码：010804005）

（1）单位：m^2，樘。

（2）项目特征：门代号及洞口尺寸；门框或扇外围尺寸；门框、扇材质；启动装置的品种、规格。

（3）工程量计算规则：以樘计量，按设计图示数量计算；以平方米计量，按设计图示洞口尺寸以面积计算。

（4）工作内容：门安装；启动装置、五金配件安装。

6. 钢质花饰大门（项目编码：010804006）

（1）单位：m^2，樘。

（2）项目特征：门代号及洞口尺寸；门框或扇外围尺寸；门框、扇材质。

（3）工程量计算规则：以樘计量，按设计图示数量计算；以平方米计量，按设计图示门框或扇以面积计算。

（4）工作内容：门安装；五金配件安装。

7. 特种门（项目编码：010804007）

（1）单位：m^2，樘。

（2）项目特征：门代号及洞口尺寸；门框或扇外围尺寸；门框、扇材质。

（3）工程量计算规则：以樘计量，按设计图示数量计算；以平方米计量，按设计图示洞口尺寸以面积计算。

（4）工作内容：门安装；五金配件安装。

8. 相关说明

（1）特种门应区分冷藏门、冷冻间门、保温门、变电室门、隔音门、防射线门、人防

门、金库门等项目，分别编码列项。

（2）以樘计量，项目特征必须描述洞口尺寸，没有洞口尺寸必须描述门框或扇外围尺寸；以平方米计量，项目特征可不描述洞口尺寸及框、扇的外围尺寸。

（3）以平方米计量，无设计图示洞口尺寸，按门框、扇外围以面积计算。

7.8.6　其他门

1. 电子感应门（项目编码：010805001）

2. 旋转门（项目编码：010805002）

1～2 项的单位、项目特征、工程量计算规则、工作内容均一致如下：

（1）单位：樘；m^2。

（2）项目特征：门代号及洞口尺寸；门框或扇外围尺寸；门框、扇材质；玻璃品种、规格；启动装置的品种、规格；电子配件品种、规格。

（3）工程量计算规则：以樘计量，按设计图示数量计算；以平方米计量，按设计图示洞口尺寸以面积计算。

（4）工作内容：门安装；启动装置、五金、电子配件安装。

3. 电子对讲门（项目编码：010805003）

4. 电动伸缩门（项目编码：010805004）

3～4 项的单位、项目特征、工程量计算规则、工作内容均一致如下：

（1）单位：樘；m^2。

（2）项目特征：门代号及洞口尺寸；门框或扇外围尺寸；门材质；玻璃品种、厚度；启动装置的品种、规格；电子配件品种、规格。

（3）工程量计算规则：以樘计量，按设计图示数量计算；以平方米计量，按设计图示洞口尺寸以面积计算。

（4）工作内容：门安装；启动装置、五金、电子配件安装。

5. 全玻自由门（项目编码：010805005）

（1）单位：樘；m^2。

（2）项目特征：门代号及洞口尺寸；门框或扇外围尺寸；框材质；玻璃品种、厚度。

（3）工程量计算规则：以樘计量，按设计图示数量计算；以平方米计量，按设计图示洞口尺寸以面积计算。

（4）工作内容：门安装；五金安装。

6. 镜面不锈钢饰面门（项目编码：010805006）

7. 复合材料门（项目编码：010805007）

6～7 项的单位、项目特征、工程量计算规则、工作内容均一致如下：

（1）单位：樘；m^2。

（2）项目特征：门代号及洞口尺寸；门框或扇外围尺寸；框、扇材质；玻璃品种、厚度。

（3）工程量计算规则：以樘计量，按设计图示数量计算；以平方米计量，按设计图示洞口尺寸以面积计算。

（4）工作内容：门安装；五金安装。

8. 相关说明

(1) 以樘计量，项目特征必须描述洞口尺寸，没有洞口尺寸必须描述门框或扇外围尺寸；以平方米计量，项目特征可不描述洞口尺寸及框、扇的外围尺寸。

(2) 以平方米计量，无设计图示洞口尺寸，按门框、扇外围以面积计算。

7.8.7　木窗

1. 木质窗（项目编码：010806001）

(1) 单位：樘；m^2。

(2) 项目特征：窗代号及洞口尺寸；玻璃品种、厚度。

(3) 工程量计算规则：以樘计算，按设计图示数量计算；以平方米计算，按设计图示洞口尺寸以面积计算。

(4) 工作内容：窗安装；五金、玻璃安装。

2. 木飘（凸）窗（项目编码：010806002）

(1) 单位：樘；m^2。

(2) 项目特征：窗代号及洞口尺寸；玻璃品种、厚度。

(3) 工程量计算规则：以樘计量，按设计图示数量计算；以平方米计量，按设计图示尺寸以框外围展开面积计算。

(4) 工作内容：窗制作、运输、安装；五金、玻璃安装；刷防护材料。

3. 木橱窗（项目编码：010806003）

(1) 单位：樘；m^2。

(2) 项目特征：窗代号；框截面及外围展开面积；玻璃品种、厚度；防护材料种类。

(3) 工程量计算规则：以樘计量，按设计图示数量计算；以平方米计量，按设计图示尺寸以框外围展开面积计算。

(4) 工作内容：窗制作、运输、安装；五金、玻璃安装；刷防护材料。

4. 木纱窗（项目编码：010806004）

(1) 单位：樘；m^2。

(2) 项目特征：窗代号及框的外围尺寸；窗纱材料品种、规格。

(3) 工程量计算规则：以樘计量，按设计图示数量计算；以平方米计量，按框的外围尺寸以面积计算。

(4) 工作内容：窗安装；五金安装。

5. 相关说明

(1) 木质窗应区分木百叶窗、木组合窗、木天窗、木固定窗、木装饰空花窗等项目，分别编码列项。

(2) 以樘计量，项目特征必须描述洞口尺寸，没有洞口尺寸必须描述窗框外围尺寸；以平方米计量，项目特征可不描述洞口尺寸及框的外围尺寸。

(3) 以平方米计量，无设计图示洞口尺寸，按窗框外围以面积计算。

(4) 木橱窗、木飘（凸）窗以樘计量，项目特征必须描述框截面及外围展开面积。

(5) 木窗五金包括：折页、插销、风钩、木螺丝、滑轮滑轨（推拉窗）等。

7.8.8　金属窗

1. 金属（塑钢、断桥）窗（项目编码：010807001）

(1) 单位：樘；m^2。

(2) 项目特征：窗代号及洞口尺寸；框、扇材质；玻璃品种、厚度。

(3) 工程量计算规则：以樘计量，按设计图示数量计算；以平方米计算，按设计图示洞口尺寸以面积计算。

(4) 工作内容：窗安装；五金、玻璃安装。

2. 金属防火窗（项目编码：010807002）

(1) 单位：樘；m^2。

(2) 项目特征：窗代号及洞口尺寸；框、扇材质；玻璃品种、厚度。

(3) 工程量计算规则：以樘计量，按设计图示数量计算；以平方米计算，按设计图示洞口尺寸以面积计算。

(4) 工作内容：窗安装；五金、玻璃安装。

3. 金属百叶窗（项目编码：010807003）

(1) 单位：樘；m^2。

(2) 项目特征：窗代号及洞口尺寸；框、扇材质；玻璃品种、厚度。

(3) 工程量计算规则：以樘计量，按设计图示数量计算；以平方米计量，按设计图示洞口尺寸以面积计算。

(4) 工作内容：窗安装；五金安装。

4. 金属纱窗（项目编码：010807004）

(1) 单位：樘；m^2。

(2) 项目特征：窗代号及框的外围尺寸；框材质；窗纱材料品种、规格。

(3) 工程量计算规则：以樘计量，按设计图示数量计算；以平方米计量，按框的外围尺寸以面积计算。

(4) 工作内容：窗安装；五金安装。

5. 金属格栅窗（项目编码：010807005）

(1) 单位：樘；m^2。

(2) 项目特征：窗代号及洞口尺寸；框外围尺寸；框、扇材质。

(3) 工程量计算规则：以樘计量，按设计图示数量计算；以平方米计量，按设计图示洞口尺寸以面积计算。

(4) 工作内容：窗安装；五金安装。

6. 金属（塑钢、断桥）橱窗（项目编码：010807006）

(1) 单位：樘；m^2。

(2) 项目特征：窗代号；框外围展开面积；框、扇材质；玻璃品种、厚度；防护材料种类。

(3) 工程量计算规则：以樘计量，按设计图示数量计算；以平方米计量，按设计图示尺寸以框外围展开面积计算。

(4) 工作内容：窗制作、运输、安装；五金、玻璃安装；刷防护材料。

7. 金属（塑钢、断桥）飘（凸）窗（项目编码：010807007）

(1) 单位：樘；m²。

(2) 项目特征：窗代号；框外围展开面积；框、扇材质；玻璃品种、厚度。

(3) 工程量计算规则：以樘计量，按设计图示数量计算；以平方米计量，按设计图示尺寸以框外围展开面积计算。

(4) 工作内容：窗安装；五金、玻璃安装。

8. 彩板窗（项目编码：010807008）

9. 复合材料窗（项目编码：010807009）

8～9项的单位、项目特征、工程量计算规则、工作内容均一致如下：

(1) 单位：樘；m²。

(2) 项目特征：窗代号；框外围尺寸；框、扇材质；玻璃品种、厚度。

(3) 工程量计算规则：以樘计量，按设计图示数量计算；以平方米计量，按设计图示洞口尺寸或框外围以面积计算。

(4) 工作内容：窗安装；五金、玻璃安装。

10. 带纱金属窗（项目编码：桂010807010）

(1) 单位：m²。

(2) 项目特征：窗代号及洞口尺寸；框、扇材质；玻璃品种、厚度；窗纱材料品种、规格。

(3) 工程量计算规则：按设计洞口面积以平方米计算。

(4) 工作内容：窗制作、运输、安装；五金、玻璃安装。

11. 相关说明

(1) 金属窗应区分金属组合窗、防盗窗等项目，分别编码列项。

(2) 以樘计量，项目特征必须描述洞口尺寸，没有洞口尺寸必须描述窗框外围尺寸；以平方米计量，项目特征可不描述洞口尺寸及框的外围尺寸。

(3) 以平方米计量，无设计图示洞口尺寸，按窗框外围以面积计算。

(4) 金属橱窗、飘（凸）窗以樘计量，项目特征必须描述框外围展开面积。

(5) 金属窗五金包括：折页、螺丝、执手、卡锁、铰拉、风撑、滑轮、滑轨、拉把、拉手、角码、牛角制等。

7.8.9 门窗套

1. 木门窗套（项目编码：010808001）

(1) 单位：樘；m²；m。

(2) 项目特征：窗代号及洞口尺寸；门窗套展开宽度；基层材料种类；面层材料品种、规格；线条品种、规格；防护材料种类。

(3) 工程量计算规则：以樘计量，按设计图示数量计算；以平方米计量，按设计图示尺寸以展开面积计算；以米计量，按设计图示中心以延长米计算。

(4) 工作内容：清理基层；立筋制作、安装；基层板安装；面层铺贴；线条安装；刷防护材料。

2. 木筒子板（项目编码：010808002）

3. 饰面夹板筒子板（项目编码：010808003）

2～3 项的单位、项目特征、工程量计算规则、工作内容均一致如下：

（1）单位：樘；m^2；m。

（2）项目特征：筒子板宽度；基层材料种类；面层材料品种、规格；线条品种、规格；防护材料种类。

（3）工程量计算规则：以樘计量，按设计图示数量计算；以平方米计量，按设计图示尺寸以展开面积计算；以米计量，按设计图示中心以延长米计算。

（4）工作内容：清理基层；立筋制作、安装；基层板安装；面层铺贴；线条安装；刷防护材料。

4. 金属门窗套（项目编码：010808004）

（1）单位：樘；m^2；m。

（2）项目特征：窗代号及洞口尺寸；门窗套展开宽度；基层材料种类；面层材料品种、规格；防护材料种类。

（3）工程量计算规则：以樘计量，按设计图示数量计算；以平方米计量，按设计图示尺寸以展开面积计算；以米计量，按设计图示中心以延长米计算。

（4）工作内容：清理基层；立筋制作、安装；基层板安装；面层铺贴；线条安装；刷防护材料。

5. 石材门窗套（项目编码：010808005）

（1）单位：樘；m^2；m。

（2）项目特征：窗代号及洞口尺寸；门窗套展开宽度；基层材料种类；面层材料品种、规格；防护材料种类。

（3）工程量计算规则：以樘计量，按设计图示数量计算；以平方米计量，按设计图示尺寸以展开面积计算；以米计量，按设计图示中心以延长米计算。

（4）工作内容：清理基层；立筋制作、安装；基层板安装；面层铺贴；线条安装。

6. 门窗木贴脸（项目编码：010808006）

（1）单位：樘；m。

（2）项目特征：窗代号及洞口尺寸；贴脸板宽度；防护材料种类。

（3）工程量计算规则：以樘计量，按设计图示数量计算；以米计量，按设计图示中心以延长米计算。

（4）工作内容：安装。

7. 成品木门窗套（项目编码：010808007）

（1）单位：樘；m^2；m。

（2）项目特征：窗代号及洞口尺寸；门窗套展开宽度；门窗套材料品种、规格。

（3）工程量计算规则：以樘计量，按设计图示数量计算；以平方米计量，按设计图示尺寸以展开面积计算；以米计量，按设计图示中心以延长米计算。

（4）工作内容：清理基层；立筋制作、安装；板安装。

8. 相关说明

（1）以樘计量，项目特征必须描述洞口尺寸、门窗套展开宽度。

（2）以平方米计量，项目特征可不描述洞口尺寸、门窗套展开宽度。

(3) 以米计量，项目特征必须描述门窗展开宽度、筒子板及贴脸宽度。

(4) 本门窗套适用于单独门窗套的制作、安装。

7.8.10 窗台板

1. 木窗台板（项目编码：010809001）

2. 铝塑窗台板（项目编码：010809002）

3. 金属窗台板（项目编码：010809003）

1~3项的单位、项目特征、工程量计算规则、工作内容均一致如下：

(1) 单位：m^2。

(2) 项目特征：基层材料种类；窗台面板材质、规格、颜色；防护材料种类。

(3) 工程量计算规则：按设计图示尺寸以展开面积计算。

(4) 工作内容：基层清理；基层制作、安装；窗台板制作、安装；刷防护材料。

4. 石材窗台板（项目编码：010809004）

(1) 单位：m^2。

(2) 项目特征：粘结层厚度、砂浆配台比；窗台板材质、颜色、规格。

(3) 工程量计算规则：按设计图示尺寸以展开面积计算。

(4) 工作内容：基层清理；抹找平层；窗台板制作、安装。

7.8.11 窗帘、窗帘盒、轨

1. 窗帘（项目编码：010810001）

(1) 单位：m^2；m。

(2) 项目特征：窗帘材质；窗帘高度、宽度；窗帘层数；带幔要求。

(3) 工程量计算规则：以米计量，按设计图示尺寸以成活后长度计算。以平方米计量，按图示尺寸以成活后展面积计算。

(4) 工作内容：制作；运输；安装。

2. 木窗帘盒（项目编码：010810002）

3. 饰面夹板、塑料窗帘盒（项目编码：010810003）

4. 铝合金窗帘盒（项目编码：010810004）

2~4项的单位、项目特征、工程量计算规则、工作内容均一致如下：

(1) 单位：m。

(2) 项目特征：窗帘盒材质、规格；防护材料种类。

(3) 工程量计算规则：按设计图示尺寸以长度计算。

(4) 工作内容：制作；运输；安装；刷防护材料。

5. 窗帘轨（项目编码：010810005）

(1) 单位：m。

(2) 项目特征：窗帘轨材质、规格；轨的数量；防护材料种类。

(3) 工程量计算规则：按设计图示尺寸以长度计算。

(4) 工作内容：制作；运输；安装；刷防护材料。

6. 相关说明

(1) 窗帘若是双层，项目特征必须描述每层材质。

(2) 窗帘以米计量，项目特征必须描述窗帘高度和宽。

7.8.12 计算实例

【例 7-7】

已知：某砖混结构工程中，设计木门不带纱，其中普通胶合板门 M1 尺寸 900×2100mm，共 4 樘，L 型执手锁；普通平开木窗一玻一纱 C1 尺寸为 2950×1750mm，共10 樘，单层玻璃双扇有亮子。

要求：编制木门窗项目的工程量清单。

【解】

1. 木门

(1) 项目编码：010801001001

(2) 项目名称：木质门

(3) 项目特征：

门类型：普通胶合板门单扇无亮，不带纱，4 樘。

(4) 单位：m^2。

(5) 工程量计算规则：以平方米计量，按设计图示洞口尺寸以面积计算。

(6) 工程量计算 $S=0.9×2.1×4=7.56m^2$

(7) 表格填写（见表 7-23）。

2. 门锁安装

(1) 项目编码：010801006001

(2) 项目名称：门锁安装

(3) 项目特征：

锁品种：L 型执手锁。

(4) 单位：个。

(5) 工程量计算规则：按设计图示数量计算。

(6) 工程量计算=4 个。

(7) 表格填写（见表 7-23）。

3. 木窗

(1) 项目编码：010806001001

(2) 项目名称：木质窗

(3) 项目特征：

窗类型：普通平开窗；单层玻璃双扇有亮子，10 樘。

(4) 单位：m^2。

(5) 工程量计算规则：以平方米计量，按设计图示洞口尺寸以面积计算。

(6) 工程量计算 $S=2.95×1.75×10=51.63\ m^2$

(7) 表格填写（见表 7-23）。

4. 木纱窗

(1) 项目编码：010806004001

(2) 项目名称：木纱窗

(3) 项目特征：

窗纱材料品种、规格：铁纱。

135

（4）单位：m^2。

（5）工程量计算规则：以平方米计量，按框的外围尺寸以面积计算。

（6）工程量计算 $S=2.95\times1.75\times10=51.63$ m^2

（7）表格填写（见表7-23）。

分部分项工程和单价措施项目清单与计价表　　　　　　表7-23

工程名称：××　　　　　　　　　　　　　　　　　　　　　第　页　共　页

序号	项目编码	项目名称及项目特征描述	计量单位	工程量	金额（元）		
					综合单价	合价	其中：暂估价
	0108	门窗工程					
1	010801001001	木质门 普通胶合板门 ①单扇无亮，不带纱，4樘	m^2	7.56			
2	010801006001	门锁安装 ①锁品种：L型执手锁	个	4			
3	010806001001	木质窗 普通平开窗 ①单层玻璃双扇有亮子，10樘	m^2	51.63			
4	010806004001	木纱窗 ①窗纱材料品种、规格：铁纱	m^2	51.63			

7.9　屋面及防水工程

7.9.1　概况

本分部设置4小节共27个清单项目，其中广西增补6个清单项目。清单项目设置情况见表7-24。

屋面及防水工程清单项目数量表　　　　　　表7-24

小节编号	名称	国家清单项目数	广西增补项目数	小计
J.1	瓦、型材屋面及其他屋面	5	3	8
J.2	屋面防水及其他	8	3	11
J.3	墙面防水、防潮	4		4
J.4	楼（地）面防水、防潮	4		4
	合计	21		27

7.9.2　瓦、型材屋面及其他屋面

1. 瓦屋面（项目编码：010901001）

（1）单位：m^2。

（2）项目特征：瓦品种、规格；粘结层砂浆的配合比。

（3）工程量计算规则：按设计图示尺寸以斜面积计算，不扣除房上烟囱、风帽底座、风道、小气窗、斜沟等所占面积。小气窗的出檐部分不增加面积。

（4）工作内容：砂浆制作、运输、摊铺、养护；安瓦、作瓦脊。

2．型材屋面（项目编码：010901002）

（1）单位：m^2。

（2）项目特征：型材品种、规格；金属檩条材料品种、规格；接缝、嵌缝材料种类。

（3）工程量计算规则：按设计图示尺寸以斜面积计算，不扣除房上烟囱、风帽底座、风道、小气窗、斜沟等所占面积。小气窗的出檐部分不增加面积。

（4）工作内容：檩条制作、运输、安装；屋面型材安装；接缝、嵌缝。

3．阳光板屋面（项目编码：010901003）

（1）单位：m^2。

（2）项目特征：阳光板品种、规格；骨架材料品种、规格；接缝、嵌缝材料种类；油漆品种、刷漆遍数。

（3）工程量计算规则：按设计图示尺寸以斜面积计算，不扣除屋面面积≤$0.3m^2$孔洞所占面积。

（4）工作内容：骨架制作、运输、安装、刷防护材料、油漆；阳光板安装漆；接缝、嵌缝。

4．玻璃钢屋面（项目编码：010901004）

（1）单位：m^2。

（2）项目特征：玻璃钢品种、规格；骨架材料品种、规格；玻璃钢固定方式；接缝、嵌缝材料种类；油漆品种、刷漆遍数。

（3）工程量计算规则：按设计图示尺寸以斜面积计算，不扣除屋面面积≤$0.3m^2$孔洞所占面积。

（4）工作内容：骨架制作、运输、安装、刷防护材料、油漆；玻璃钢制作、安装；接缝、嵌缝。

5．膜结构屋面（项目编码：010901005）

（1）单位：m^2。

（2）项目特征：膜布品种、规格；支柱（网架）钢材品种、规格；钢丝绳品种、规格；锚固基座做法；油漆品种、刷漆遍数。

（3）工程量计算规则：按设计图示尺寸以需要覆盖的水平投影面积计算。

（4）工作内容：膜布热压胶接；支柱（网架）制作、安装；膜布安装；穿钢丝绳、锚头锚；锚固基座、挖土、回填；刷防护材料，油漆。

6．种植屋面（项目编码：桂010901006）

（1）单位：m^3。

（2）项目特征：土质种类、要求；其他。

（3）工程量计算规则：按设计图示尺寸以立方米计算。

（4）工作内容：清理基层、覆土。

7．塑料排（蓄）水板（项目编码：桂010901007）

（1）单位：m^2。

（2）项目特征：材料种类、要求；其他。

（3）工程量计算规则：按设计图示尺寸以平方米计算。

（4）工作内容：清理基层、铺塑料排（蓄）水板。

8. 干铺土工布（项目编码：桂 010901008）

（1）单位：m²。

（2）项目特征：材料种类、要求；其他。

（3）工程量计算规则：按设计图示尺寸以平方米计算。

（4）工作内容：清理基层、敷设土工布、收头、清理。

9. 相关说明

（1）瓦屋面若是在木基层上铺瓦，项目特征不必描述粘结层砂浆的配合比，瓦屋面铺防水层，按本小节屋面防水及其他相关项目编码列项。

（2）型材屋面、阳光板屋面、玻璃钢屋面的柱、梁、屋架，按国家房建计量规范附录 F 金属结构工程、附录 G 木结构工程中相关项目编码列项。

7.9.3　屋面防水及其他

1. 屋面防水卷材（项目编码：010902001）

（1）单位：m²。

（2）项目特征：卷材品种、规格、厚度；防水层数；防水层做法。

（3）工程量计算规则：按设计图示尺寸以面积计算。斜屋顶（不包括平屋顶找坡）按斜面积计算，平屋顶按水平投影面积计算；不扣除房上烟囱、风帽底座、风道、屋面小气窗和斜沟所占面积；屋面的女儿墙、伸缩缝和天窗等处的弯起部分，并入屋面工程量内。

（4）工作内容：排水管及配件安装、固定；雨水斗、山墙出水口、雨水算子安装；接缝、嵌缝；刷漆。

2. 屋面涂膜防水（项目编码：010902002）

（1）单位：m²。

（2）项目特征：防水膜品种；涂膜厚度、遍数；增强材料种类。

（3）工程量计算规则：按设计图示尺寸以面积计算。斜屋顶（不包括平屋顶找坡）按斜面积计算，平屋顶按水平投影面积计算；不扣除房上烟囱、风帽底座、风道、屋面小气窗和斜沟所占面积；屋面的女儿墙、伸缩缝和天窗等处的弯起部分，并入屋面工程量内。

（4）工作内容：基层处理；刷基层处理剂；铺布、喷涂防水层。

3. 屋面刚性层（项目编码：010902003）

（1）单位：m²。

（2）项目特征：刚性层厚度；混凝土种类；混凝土强度等级；嵌缝材料种类；钢筋规格号。

（3）工程量计算规则：按设计图示尺寸以面积计算。不扣除房上烟囱、风帽底座、风道等所占面积。

（4）工作内容：基层处理；混凝土制作、运输、铺筑、养护；钢筋制安。

4. 屋面排水管（项目编码：010902004）

（1）单位：m。

（2）项目特征：排水管品种、规格；雨水斗、山墙出水口品种、规格；接缝、嵌缝材料种类；油漆品种、刷漆遍数。

（3）工程量计算规则：按设计图示尺寸以长度计算。如设计未标注尺寸，以檐口至设计室外散水上表面垂直距离计算。

（4）工作内容：排水管及配件安装、固定；雨水斗、山墙出水口、雨水箅子安装；接缝、嵌缝；刷漆。

5. 屋面排（透）气管（项目编码：010902005）

（1）单位：m。

（2）项目特征：排（透）气管品种、规格；接缝、嵌缝材料种类；油漆品种、刷漆遍数。

（3）工程量计算规则：按设计图示尺寸以长度计算。

（4）工作内容：排（透）气管及配件安装、固定；铁件制作、安装；接缝、嵌缝；刷漆。

6. 屋面（廊、阳台）泄（吐）水管（项目编码：010902006）

（1）单位：根（个）。

（2）项目特征：吐水管品种、规格；接缝、嵌缝材料种类；吐水管长度；油漆品种、刷漆遍数。

（3）工程量计算规则：按设计图示数量计算。

（4）工作内容：水管及配件安装、固定；接缝、嵌缝；刷漆。

7. 屋面天沟、檐沟（项目编码：010902007）

（1）单位：m^2。

（2）项目特征：材料品种、规格；接缝、嵌缝材料种类。

（3）工程量计算规则：按设计图示尺寸以展开面积计算。

（4）工作内容：天沟材料铺设；天沟配件安装；接缝、嵌缝；刷防护材料。

8. 屋面变形缝（项目编码：010902008）

（1）单位：m。

（2）项目特征：嵌缝材料种类；止水带材料种类；盖缝材料；防护材料种类。

（3）工程量计算规则：按设计图示以长度计算。

（4）工作内容：清缝；填塞防水材料；止水带安装；盖缝制作、安装；刷防护材料。

9. 相关说明

（1）屋面刚性层无钢筋，其钢筋项目特征不必描述。

（2）屋面找平层按国家房建计量规范附录 L 楼地面装饰工程"平面砂浆找平层"项目编码列项。

（3）屋面防水搭接及附加层用量不另行计算，在综合单价中考虑。

（4）屋面保温找坡层按国家房建计量规范附录 K 保温、隔热、防腐工程"保温隔热屋面"项目编码列项。

7.9.4　墙面防水、防潮

1. 墙面卷材防水（项目编码：010903001）

（1）单位：m^2。

（2）项目特征：卷材品种、规格、厚度；防水层数；防水层做法。

（3）工程量计算规则：按设计图示尺寸以面积计算。

（4）工作内容：基层处理；刷粘结剂；铺防水卷材；接缝、嵌缝。

2. 墙面涂膜防水（项目编码：010903002）

（1）单位：m²。

（2）项目特征：防水膜品种；涂膜厚度、遍数；增强材料种类。

（3）工程量计算规则：按设计图示尺寸以面积计算。

（4）工作内容：基层处理；刷基层处理剂；铺布、喷涂防水层。

3. 墙面砂浆防水（防潮）（项目编码：010903003）

（1）单位：m²。

（2）项目特征：防水层做法；砂浆厚度、配合比；钢丝网规格。

（3）工程量计算规则：按设计图示尺寸以面积计算。

（4）工作内容：基层处理；挂钢丝网片；设置分格缝；砂浆制作、运输、摊铺、养护。

4. 墙面变形缝（项目编码：010903004）

（1）单位：m。

（2）项目特征：嵌缝材料种类；止水带材料种类；盖缝材料；防护材料种类。

（3）工程量计算规则：按设计图示以长度计算。

（4）工作内容：清缝；填塞防水材料；止水带安装；盖缝制作、安装；刷防护材料。

5. 相关说明

（1）墙面防水搭接及附加层用量不另行计算，在综合单价中考虑。

（2）墙面变形缝，若做双面，工程量乘系数 2。

（3）墙面找平层按国家房建计量规范附录 M 墙、柱面装饰与隔断、幕墙工程"立面砂浆找平层"项目编码列项。

7.9.5 楼（地）面防水、防潮

1. 楼（地）面卷材防水（项目编码：010904001）

（1）单位：m²。

（2）项目特征：卷材品种、规格、厚度；防水层数；防水层做法；反边高度。

（3）工程量计算规则：按设计图示尺寸以面积计算。

1）楼（地）面防水：按主墙间净空面积计算，扣除凸出地面的构筑物、设备基础等所占面积，不扣除间壁墙及单个面积≤0.3m² 柱、垛、烟囱和孔洞所占面积。

2）楼（地）面防水反边高度≤300mm 算作地面防水，反边高度＞300mm 按墙面防水计算。

（4）工作内容：基层处理；刷粘结剂；铺防水卷材；接缝、嵌缝。

2. 楼（地）面涂膜防水（项目编码：010904002）

（1）单位：m²。

（2）项目特征：防水膜品种；涂膜厚度、遍数；增强材料种类；反边高度。

（3）工程量计算规则：按设计图示尺寸以面积计算。

1）楼（地）面防水：按主墙间净空面积计算，扣除凸出地面的构筑物、设备基础等所占面积，不扣除间壁墙及单个面积≤0.3m² 柱、垛、烟囱和孔洞所占面积。

2）楼（地）面防水反边高度≤300mm 算作地面防水，反边高度＞300mm 按墙面防水计算。

（4）工作内容：基层处理；刷基层处理剂；铺布、喷涂防水层。

3．楼（地）面砂浆防水（防潮）（项目编码：010904003）

（1）单位：m²。

（2）项目特征：防水层做法；砂浆厚度、配合比；反边高度。

（3）工程量计算规则：按设计图示尺寸以面积计算。

1）楼（地）面防水：按主墙间净空面积计算，扣除凸出地面的构筑物、设备基础等所占面积，不扣除间壁墙及单个面积≤0.3m² 柱、垛、烟囱和孔洞所占面积。

2）楼（地）面防水反边高度≤300mm 算作地面防水，反边高度＞300mm 按墙面防水计算。

（4）工作内容：基层处理；砂浆制作、运输、摊铺、养护。

4．楼（地）面变形缝（项目编码：010904004）

（1）单位：m。

（2）项目特征：嵌缝材料种类；止水带材料种类；盖缝材料；防护材料种类。

（3）工程量计算规则：按设计图示以长度计算。

（4）工作内容：清缝；填塞防水材料；止水带安装；盖缝制作、安装；刷防护材料。

5．相关说明

（1）楼（地）面防水找平层按国家房建计量规范附录 L 楼地面装饰工程"平面砂浆找平层"项目编码列项。

（2）楼（地）面防水搭接及附加层用量不另行计算，在综合单价中考虑。

7.9.6　计算实例

【例 7-8】

已知：某单层工具房工程，设计不上人屋面如图 7-7 所示，轴线居中，女儿墙高 300mm，墙厚 240mm。屋面做法（自上向下）为：

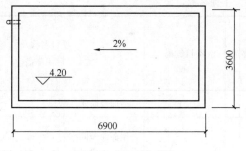

图 7-7　屋面平面图

（1）2mm 厚聚氨酯防水涂料，沿女儿墙上卷高度为 250mm；

（2）刷基层处理剂一道；

（3）20mm 厚 1：2.5 水泥砂浆找平层；

（4）钢筋混凝土屋面板，表面清扫干净。

要求：编制该屋面做法的工程量清单。

【解】

1．屋面涂膜防水

（1）项目编码：010902002001

（2）项目名称：屋面涂膜防水

（3）项目特征：

1）防水膜品种：2mm 厚聚氨酯防水涂料；

2）底油：刷基层处理剂一道。

（4）单位：m^2。

（5）工程量计算规则：按设计图示尺寸以面积计算。

（6）工程量计算

$S=$ 屋面水平面积＋上卷面积

$=(6.9-0.12\times2)\times(3.6-0.12\times2)+0.25\times(6.9-0.12\times2+3.6-0.12\times2)\times2$

$=27.39\ m^2$

（7）表格填写（见表 7-25）。

2. 屋面砂浆找平层

（1）项目编码：011101006001

（2）项目名称：屋面砂浆找平层

（3）项目特征：

找平层厚度、配合比：20mm 厚 1：2.5 水泥砂浆找平层。

（4）单位：m^2。

（5）工程量计算规则：按设计图示尺寸以面积计算。

（6）工程量计算

$S=(6.9-0.12\times2)\times(3.6-0.12\times2)=22.38m^2$

（7）表格填写（见表 7-25）。

分部分项工程和单价措施项目清单与计价表　　　　　表 7-25

工程名称：××　　　　　　　　　　　　　　　　　　　　　第　页　共　页

序号	项目编码	项目名称及项目特征描述	计量单位	工程量	金额（元）		
					综合单价	合价	其中：暂估价
	0109	屋面及防水工程					
1	010902002001	屋面涂膜防水 ①防水膜品种：2mm 厚聚氨酯防水涂料 ②底油：刷基层处理剂一道	m^2	27.39			
	0111	楼地面装饰工程					
2	011101006001	屋面砂浆找平层 ①找平层厚度、配合比：1：2.5 水泥砂浆找平层 20mm 厚	m^2	22.38			

7.10　保温隔热防腐工程

7.10.1　概况

本分部设置 3 小节共 16 个清单项目。清单项目设置情况见表 7-26。

保温隔热防腐工程清单项目数量表　　　　　表 7-26

小节编号	名称	国家清单项目数	广西增补项目数	小计
K.1	保温、隔热	6		6
K.2	防腐面层	7		7
K.3	其他防腐	3		3
合计		16		16

7.10.2　保温、隔热

1. 保温隔热屋面（项目编码：011001001）

（1）单位：m^2。

（2）项目特征：保温隔热材料品种、规格、厚度；隔气层材料品种、厚度；粘结材料品种、做法；防护材料品种、做法。

（3）工程量计算规则：按设计图示尺寸以面积计算。扣除面积＞$0.3m^2$ 孔洞及占位面积。

（4）工作内容：基层清理；刷粘结材料；铺粘保温层；铺、刷（喷）防护材料。

2. 保温隔热天棚（项目编码：011001002）

（1）单位：m^2。

（2）项目特征：保温隔热面层材料品种、规格、性能；保温隔热材料品种、规格及厚度；粘结材料种类、做法；防护材料种类及做法。

（3）工程量计算规则：按设计图示尺寸以面积计算。扣除面积＞$0.3m^2$ 以上柱、垛、孔洞所占面积，与天棚相连的梁按展开面积，计算并入天棚工程量内。

（4）工作内容：基层清理；刷粘结材料；铺粘保温层；铺、刷（喷）防护材料。

3. 保温隔热墙面（项目编码：011001003）

（1）单位：m^2。

（2）项目特征：保温隔热部位；保温隔热方式；踢脚线、勒脚线保温做法；龙骨材料品种、规格；保温隔热面层材料品种；保温隔热材料品种、规格及厚度；增强网及抗裂防水砂浆种类；粘结材料种类及做法；防护材料种类及做法。

（3）工程量计算规则：按设计图示尺寸及面积计算。扣除门窗洞口以及面积＞$0.3m^2$ 梁、孔洞所占面积；门窗洞口侧壁以及与墙相连的柱，并入保温墙体工程量内。

（4）工作内容：保温隔热部位；保温隔热方式；踢脚线、勒脚线保温做法；龙骨材料品种、规格；保温隔热面层材料品种；保温隔热材料品种、规格及厚度；增强网及抗裂防水砂浆种类；粘结材料种类及做法；防护材料种类及做法。

4. 保温柱、梁（项目编码：011001004）

（1）单位：m^2。

（2）项目特征：保温隔热部位；保温隔热方式；踢脚线、勒脚线保温做法；龙骨材料品种、规格；保温隔热面层材料品种；保温隔热材料品种、规格及厚度；增强网及抗裂防水砂浆种类；粘结材料种类及做法；防护材料种类及做法。

（3）工程量计算规则：按设计图示尺寸以面积计算。

1）柱按设计图示柱断面保温层中心线展开长度乘保温层高度以面积计算，扣除面积

＞0.3m² 梁所占面积。

2）梁按设计图示梁断面保温层中心线展开长度乘保温层长度以面积计算。

（4）工作内容：保温隔热部位；保温隔热方式；踢脚线、勒脚线保温做法；龙骨材料品种、规格；保温隔热面层材料品种；保温隔热材料品种、规格及厚度；增强网及抗裂防水砂浆种类；粘结材料种类及做法；防护材料种类及做法。

5. 保温隔热楼地面 （项目编码：011001005）

（1）单位：m²。

（2）项目特征：保温隔热部位；保温隔热材料品种、规格、厚度；隔气材料品种、厚度；粘结材料种类、做法；防护材料种类、做法。

（3）工程量计算规则：按设计图示尺寸以面积计算。扣除面积＞0.3m² 柱、垛、孔洞等所占面积。门洞、空圈、暖气包槽、壁龛的开口部分不增加面积。

（4）工作内容：基层清理；刷粘结材料；铺粘保温层；铺、刷（喷）防护。

6. 其他保温隔热 （项目编码：011001006）

（1）单位：m²。

（2）项目特征：保温隔热部位；保温隔热方式；隔气材料品种、厚度；保温隔热面材料品种、规格、性能；保温隔热材料品种、规格及厚度；粘结材料种类及做法；增强网及抗裂防水砂浆种类；防护材料种类及做法。

（3）工程量计算规则：按设计图示尺寸以展开面积计算。扣除面积＞0.3 m² 孔洞及占位面积。

（4）工作内容：基层清理；刷界面剂；安装龙骨；填贴保温材料；保温板安装；粘贴面层；铺设增强格网、抹抗裂、防水砂浆面层；嵌缝；铺、刷（喷）防护材料；铺、刷（喷）防护。

7. 相关说明

（1）保温隔热装饰面层，按国家房建计量规范附录L、M、N、P、Q中相关项目编码列项；仅做找平层按国家房建计量规范附录L楼地面装饰工程"平面砂浆找平层"或附录M墙、柱面装饰与隔断、幕墙工程"立面砂浆找平层"项目编码列项。

（2）柱帽保温隔热应并入天棚保温隔热工程量内。

（3）池槽保温隔热应按其他保温隔热项目编码列项。

（4）保温隔热方式指内保温、外保温、夹心保温。

（5）保温柱、梁适用于不与墙、天棚相连的独立柱、梁。

7.10.3 防腐面层

1. 防腐混凝土面层 （项目编码：011002001）

（1）单位：m²。

（2）项目特征：防腐部位；面层厚度；混凝土种类、胶泥种类、配合比。

（3）工程量计算规则：按设计图示尺寸以面积计算。

1）平面防腐：扣除凸出地面的构筑物、设备基础等以及面积＞0.3m² 孔洞、柱、垛等所占面积，门洞、空圈、暖气包槽、壁龛的开口部分不增加面积。

2）立面防腐：扣除门、窗、洞口以及面积＞0.3m² 孔洞、梁所占面积，门、窗、洞口侧壁、垛突出部分按展开面积并入墙面积内。

（4）工作内容：基层清理；基层刷稀胶泥；混凝土制作、运输、摊铺、养护。

2. 防腐砂浆面层（项目编码：010102002）

（1）单位：m²。

（2）项目特征：防腐部位；面层厚度；砂浆、胶泥种类、配合比。

（3）工程量计算规则：按设计图示尺寸以面积计算。

1）平面防腐：扣除凸出地面的构筑物、设备基础等以及面积＞0.3m² 孔洞、柱、垛等所占面积，门洞、空圈、暖气包槽、壁龛的开口部分不增加面积。

2）立面防腐：扣除门、窗、洞口以及面积＞0.3m² 孔洞、梁所占面积，门、窗、洞口侧壁、垛突出部分按展开面积并入墙面积内。

（4）工作内容：基层清理；基层刷稀胶泥；砂浆制作、运输、摊铺、养护。

3. 防腐砂浆面层（项目编码：010102003）

（1）单位：m²。

（2）项目特征：防腐部位；面层厚度；胶泥种类、配合比。

（3）工程量计算规则：按设计图示尺寸以面积计算。

1）平面防腐：扣除凸出地面的构筑物、设备基础等以及面积＞0.3m² 孔洞、柱、垛等所占面积，门洞、空圈、暖气包槽、壁龛的开口部分不增加面积。

2）立面防腐：扣除门、窗、洞口以及面积＞0.3m² 孔洞、梁所占面积，门、窗、洞口侧壁、垛突出部分按展开面积并入墙面积内。

（4）工作内容：基层清理；胶泥调制、摊铺。

4. 玻璃钢防腐面层（项目编码 011002004）

（1）单位：m²。

（2）项目特征：防腐部位；玻璃钢种类；贴布材料的种类、层数；面层材料品种。

（3）工程量计算规则：按设计图示尺寸以面积计算。

1）平面防腐：扣除凸出地面的构筑物、设备基础等以及面积＞0.3m² 孔洞、柱、垛等所占面积，门洞、空圈、暖气包槽、壁龛的开口部分不增加面积。

2）立面防腐：扣除门、窗、洞口以及面积＞0.3m² 孔洞、梁所占面积，门、窗、洞口侧壁、垛突出部分按展开面积并入墙面积内。

（4）工作内容：基层清理；刷底漆、刮腻子；胶浆配制、涂刷；粘布、涂刷面层。

5. 聚氯乙烯板面层（项目编码：011002005）

（1）单位：m²。

（2）项目特征：防腐部位；面层材料品种、厚度；粘结材料种类。

（3）工程量计算规则：按设计图示尺寸以面积计算。

1）平面防腐：扣除凸出地面的构筑物、设备基础等以及面积＞0.3m² 孔洞、柱、垛等所占面积，门洞、空圈、暖气包槽、壁龛的开口部分不增加面积。

2）立面防腐：扣除门、窗、洞口以及面积＞0.3m² 孔洞、梁所占面积，门、窗、洞口侧壁、垛突出部分按展开面积并入墙面积内。

（4）工作内容：基层清理；配料、涂胶；聚氯乙烯板铺设。

6. 块料防腐面层（项目编码：011002006）

（1）单位：m²。

（2）项目特征：防腐部位；块料品种、规格；粘结材料种类；勾缝材料种类。

（3）工程量计算规则：按设计图示尺寸以面积计算。

1）平面防腐：扣除凸出地面的构筑物、设备基础等以及面积＞0.3m² 孔洞、柱、垛等所占面积，门洞、空圈、暖气包槽、壁龛的开口部分不增加面积。

2）立面防腐：扣除门、窗、洞口以及面积＞0.3m² 孔洞、梁所占面积，门、窗、洞口侧壁、垛突出部分按展开面积并入墙面积内。

（4）工作内容：基层清理；铺贴块料；胶泥调制、勾缝。

7. 池、槽块料防腐面层（项目编码：011002007）

（1）单位：m²。

（2）项目特征：防腐池、槽名称、代号；块料品种、规格；粘结材料种类；勾缝材料种类。

（3）工程量计算规则：按设计图示尺寸以展开面积计算。

（4）工作内容：基层清理；铺贴块料胶泥调制、勾缝。

8. 相关说明

防腐踢脚线，应按国家房建计量规范附录 L 楼地面装饰工程"踢脚线"项目编码列项。

7.10.4　其他防腐

1. 隔离层（项目编码：011003001）

（1）单位：m²。

（2）项目特征：隔离层部位；隔离层材料品种；隔离层做法；粘贴材料种类。

（3）工程量计算规则：按设计图示尺寸以面积计算。

1）平面防腐：扣除凸出地面的构筑物、设备基础等以及面积＞0.3m² 孔洞、柱、垛等所占面积，门洞、空圈、暖气包槽、壁龛的开口部分不增加面积。

2）立面防腐：扣除门、窗、洞口以及面积＞0.3m² 孔洞、梁所占面积，门、窗、洞口侧壁、垛突出部分按展开面积并入墙面积内。

（4）工作内容：基层清理；煮沥青；胶泥调制；隔离层铺设。

2. 砌筑沥青浸渍砖（项目编码：011003002）

（1）单位：m³。

（2）项目特征：砌筑部位；浸渍砖规格；胶泥种类浸渍砖砌法。

（3）工程量计算规则：按设计图示尺寸以体积计算。

（4）工作内容：基层清理；胶泥调制；浸渍砖铺砌。

（5）其他说明：浸渍砖砌法指平砌、立砌。

3. 防腐涂料（项目编码：011003003）

（1）单位：m²。

（2）项目特征：涂刷部位；基层材料类型；刮腻子的种类、遍数；涂料品种、涂刷遍数。

（3）工程量计算规则：按设计图示尺寸以面积计算。

1）平面防腐：扣除凸出地面的构筑物、设备基础等以及面积＞0.3m² 孔洞、柱、垛等所占面积，门洞、空圈、暖气包槽、壁龛的开口部分不增加面积。

2) 立面防腐：扣除门、窗、洞口以及面积＞0.3m² 孔洞、梁所占面积，门、窗、洞口侧壁、垛突出部分按展开面积并入墙面积内。

（4）工作内容：基层处理；刮腻子；刷涂料。

7.10.5　计算实例

【例 7-9】

已知：某工程屋面如图 7-8 所示，女儿墙厚 190mm，屋面做法（自上向下）为：

（1）侧砌多孔砖巷，30 厚 C20 细石混凝土隔热板 500×500mm，1∶1 水泥砂浆填缝，内配钢筋Φ 4@150；

（2）满铺 4mm 厚 SBS 改性沥青卷材一层防水层，沿女儿墙上卷高度为 250mm；

（3）刷冷底子油一道；

（4）1∶3 水泥砂浆找平层 20mm 厚；

（5）1∶10 水泥珍珠岩保温层，最薄处 20mm，铺至女儿墙内侧面；

（6）钢筋混凝土屋面板，表面清扫干净。

要求：编制该屋面做法的工程量清单。

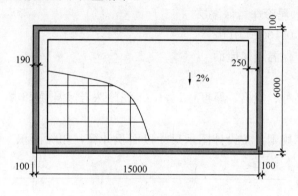

图 7-8　屋面平面图

【解】

1. 屋面卷材防水

（1）项目编码：010902001001

（2）项目名称：屋面卷材防水

（3）项目特征：

1) 卷材品种、规格、厚度：满铺 4mm 厚 SBS 改性沥青卷材一层；

2) 底油：刷冷底子油一道。

（4）单位：m²。

（5）工程量计算规则：按设计图示尺寸以面积计算。

（6）工程量计算

S＝屋面水平面积＋上卷

$$＝(15-0.09×2)×(6-0.09×2)+0.25×(15-0.09×2+6-0.09×2)×2$$

$$＝96.57 \text{ m}^2$$

（7）表格填写（见表 7-27）。

2. 屋面细石混凝土隔热板

(1) 项目编码：011001001001

(2) 项目名称：保温隔热屋面

(3) 项目特征：

保温隔热材料品种、规格、厚度：侧砌多孔砖巷，30 厚 C20 细石砼隔热板 500×500mm，1∶1 水泥砂浆填缝，内配钢筋Φ 4@150。

(4) 单位：m²。

(5) 工程量计算规则：按设计图示尺寸以面积计算，扣除面积＞0.3 m² 孔洞及占位面积。

(6) 工程量计算

S＝屋面水平面积（不包括天沟范围）

$\quad$＝（15－0.09×2－0.25×2）×（6－0.09×2－0.25×2）

$\quad$＝76.18 m²

(7) 表格填写（见表 7-27）。

3. 屋面 1∶10 水泥珍珠岩保温层

(1) 项目编码：011001001002

(2) 项目名称：保温隔热屋面

(3) 项目特征：

保温隔热材料品种、规格、厚度：1∶10 水泥珍珠岩保温层 78.2mm 厚。

(4) 单位：m²。

(5) 工程量计算规则：按设计图示尺寸以面积计算，扣除面积＞0.3 m² 孔洞及占位面积。

(6) 工程量计算

S＝屋面水平面积

$\quad$＝（15－0.09×2）×（6－0.09×2）

$\quad$＝86.25 m²

(7) 厚度计算

（6－0.09×2）×2‰÷2＋0.02＝0.0782m(78.2mm)

(8) 表格填写（见表 7-27）。

4. 屋面砂浆找平层

(1) 项目编码：011101006001

(2) 项目名称：屋面砂浆找平层

(3) 项目特征：

找平层厚度、配合比：1∶3 水泥砂浆找平层 20mm 厚。

(4) 单位：m²。

(5) 工程量计算规则：按设计图示尺寸以面积计算。

(6) 工程量计算

S＝屋面水平面积＝86.25m²

(7) 表格填写（见表 7-27）。

分部分项工程和单价措施项目清单与计价表　　　　　　　　　表 7-27

工程名称：××　　　　　　　　　　　　　　　　　　　　　　　第　页　共　页

序号	项目编码	项目名称及项目特征描述	计量单位	工程量	综合单价	合价	其中：暂估价
					金　额（元）		
	0109	屋面及防水工程					
1	010902001001	屋面卷材防水 ①卷材品种、规格、厚度：满铺 4mm 厚 SBS 改性沥青卷材一层 ②底油：刷冷底子油一道	m²	96.57			
	0110	保温隔热防腐工程					
2	011001001001	保温隔热屋面 ①保温隔热材料品种、规格、厚度：侧砌多孔砖巷，30 厚 C20 细石混凝土隔热板 500×500mm，1：1 水泥砂浆填缝，内配钢筋Φ 4@150	m²	76.18			
3	011001001002	保温隔热屋面 1：10 水泥珍珠岩 ①保温层厚度：78.2mm 厚	m²	86.25			
	0111	楼地面装饰工程					
4	011101006001	屋面砂浆找平层 ①找平层厚度、配合比：1：3 水泥砂浆找平层 20mm 厚	m²	86.25			

思 考 题 与 习 题

1. 简述挖一般土方、挖沟槽土方、挖基坑土方的区别。

2. 简述平整场地工程量计算规则。

3. 简述应按零星砌砖项目编码列项的工程内容。

4. 简述现浇混凝土柱工程量计算规则。

5. 简述现浇混凝土梁工程量计算规则。

6. 请列举三个计量单位不是"m³"的混凝土清单项目。

7. 简述楼（地）面卷材防水的工程量计算规则。

8. 已知：某工程设计门的作法、尺寸见表 7-28。

要求：对该工程的门进行工程量清单列项。

门　窗　表　　　　　　　　　　　　　　　　　　　　　　表 7-28

序号	设计编号	洞口尺寸（mm）	数量	材料及类型	备注
1	FM甲 1	1000×2100	1	甲级钢质防火门	L 型防火执手锁
2	FM甲 2	900×2100	2	甲级钢质防火门	L 型防火执手锁
3	M1	2700×3000	2	铝合金卷帘门	电动

序号	设计编号	洞口尺寸（mm）	数量	材料及类型	备注
4	M2	1000×2100	6	胶合板门	L型执手锁
5	M3	900×2100	12	胶合板门	L型执手锁
6	M4	1200×2100	2	装饰成品门	L型执手锁
7	M5	900×2100	2	装饰成品门	L型执手锁

9. 已知：某工程砖砌体设计采用 M5.0 混合砂浆砌页岩砖，墙厚 240mm，工程量为 333.62m³。砌体拉结算采用Φ6.5 钢筋，经计算得 0.75t。

要求：对该工程砌体、砌体拉结筋进行工程量清单列项。

10. 已知：某工程设计墙基防潮层为 20mm 厚 1：2 防水砂浆，工程量为 26.55 m²；屋面找平层为 15mm 厚 1：2.5 水泥砂浆，工程量为 282.16 m²。

要求：对该工程墙基防潮层、屋面找平层进行工程量清单列项。

教学单元 8　装饰工程工程量清单编制

8.1　楼地面装饰工程

8.1.1　概况

本分部设置 8 小节共 46 个清单项目，其中广西增补 3 个清单项目。清单项目设置情况见表 8-1。

楼地面装饰工程清单项目数量表　　　　　　　　　　　　　　表 8-1

小节编号	名　称	国家清单项目数	广西增补项目数	小计
L.1	整体面层及找平层	6	1	7
L.2	块料面层	3		3
L.3	橡塑面层	4		4
L.4	其他材料面层	4	2	6
L.5	踢脚线	7		7
L.6	楼梯面层	9		9
L.7	台阶装饰	6		6
L.8	零星装饰项目	4		4
合计		43	3	46

8.1.2　整体面层及找平层

1. 水泥砂浆楼地面（项目编码：011101001）

（1）单位：m^2。

（2）项目特征：找平层厚度、砂浆配合比；素水泥浆遍数；面层厚度、砂浆配合比；面层做法要求。

（3）工程量计算规则：按设计图示尺寸以面积计算。扣除凸出地面构筑物、设备基础、室内铁道、地沟等所占面积，不扣除间壁墙及≤$0.3m^2$ 柱、垛、附墙烟囱及孔洞所占面积。门洞、空圈、暖气包槽、壁龛的开口部分不增加面积。

（4）工作内容：基层处理；抹找平层；抹面层；材料运输。

2. 现浇水磨石楼地面（项目编码：011101002）

（1）单位：m^2。

（2）项目特征：找平层厚度、砂浆配合比；面层厚度、水泥石子浆配合比；嵌条材料种类、规格；石子种类、规格、颜色；颜料种类、颜色；图案要求；磨光、酸洗、打蜡要求。

（3）工程量计算规则：按设计图示尺寸以面积计算。扣除凸出地面构筑物、设备基础、室内铁道、地沟等所占面积，不扣除间壁墙及≤0.3m² 柱、垛、附墙烟囱及孔洞所占面积。门洞、空圈、暖气包槽、壁龛的开口部分不增加面积。

（4）工作内容：基层清理；抹找平层；面层铺设；嵌缝条安装；磨光、酸洗打蜡；材料运输。

3. 细石混凝土楼地面（项目编码：011101003）

（1）单位：m²。

（2）项目特征：找平层厚度、砂浆配合比；面层厚度、混凝土强度等级。

（3）工程量计算规则：按设计图示尺寸以面积计算。扣除凸出地面构筑物、设备基础、室内铁道、地沟等所占面积，不扣除间壁墙及≤0.3m² 柱、垛、附墙烟囱及孔洞所占面积。门洞、空圈、暖气包槽、壁龛的开口部分不增加面积。

（4）工作内容：基层清理；抹找平层；面层铺设；材料运输。

4. 菱苦土楼地面（项目编码：011101004）

（1）单位：m²。

（2）项目特征：找平层厚度、砂浆配合比；面层厚度；打蜡要求。

（3）工程量计算规则：按设计图示尺寸以面积计算。扣除凸出地面构筑物、设备基础、室内铁道、地沟等所占面积，不扣除间壁墙及≤0.3m² 柱、垛、附墙烟囱及孔洞所占面积。门洞、空圈、暖气包槽、壁龛的开口部分不增加面积。

（4）工作内容：基层清理；抹找平层；面层铺设；打蜡；材料运输。

5. 自流坪楼地面（项目编码：011101005）

（1）单位：m²。

（2）项目特征：找平层砂浆配合比、厚度；界面剂材料种类；中层漆材料种类、厚度；面漆材料种类、厚度；面层材料种类。

（3）工程量计算规则：按设计图示尺寸以面积计算。扣除凸出地面构筑物、设备基础、室内铁道、地沟等所占面积，不扣除间壁墙及≤0.3m² 柱、垛、附墙烟囱及孔洞所占面积。门洞、空圈、暖气包槽、壁龛的开口部分不增加面积。

（4）工作内容：基层处理剂；抹找平层；涂界面剂；涂刷中层漆；打磨、吸尘；抹自流平面漆（浆）；拌合自流平浆料；铺面层。

6. 平面砂浆找平层（项目编码：011101006）

（1）单位：m²。

（2）项目特征：找平层厚度、砂浆配合比。

（3）工程量计算规则：按设计图示尺寸以面积计算。

（4）工作内容：基层处理；抹找平层；材料运输。

7. 楼地面铺砌卵石（项目编码：桂 011101007）

（1）单位：m²。

（2）项目特征：找平层厚度、砂浆配合比；粘结层厚度、砂浆配合比；卵石种类、规格、颜色。

（3）工程量计算规则：按设计图示尺寸以平方米计算，扣除凸出地面的构筑物、设备基础、室内管道、地沟等所占面积，不扣除间壁墙、单个 0.3m² 以内的住、垛、附墙烟囱及孔洞所占面积。门洞、暖气包槽、壁龛的开口部分不增加面积。

（4）工作内容：基层处理；抹找平层；选石、表面洗刷干净；砂浆找平；铺卵石。

8．相关说明

（1）水泥砂浆面层处理是拉毛还是提浆压光应在面层做法要求中描述。

（2）平面砂浆找平层只适用于仅做找平层的平面抹灰。

（3）间壁墙指墙厚≤120mm 的墙。

（4）楼地面混凝土垫层另按国家房建计量规范附录 E.1 垫层项目编码列项，除混凝土外的其他材料垫层按清单规范表 D.4 垫层项目编码列项。

8.1.3　块料面层

1．石材楼地面（项目编码：011102001）

2．碎石楼地面（项目编码：011102002）

3．块料楼地面（项目编码：011102003）

1～3 项的单位、项目特征、工程量计算规则、工作内容均一致如下：

（1）单位：m²。

（2）项目特征：找平层厚度、砂浆配合比；结合层厚度、砂浆配合比；面层材料品种、规格、颜色；嵌缝材料种类；防护层材料种类；酸洗、打蜡要求。

（3）工程量计算规则：按设计图示尺寸以面积计算。门洞、空圈、暖气包槽、壁龛的开口部分并入相应的工程量内。

（4）工作内容：基层处理；抹找平层；面层铺贴、磨边；嵌缝；刷防护材料；酸洗、打蜡；材料运输。

4．相关说明

（1）在描述碎石材项目的面层材料特征时可不用描述规格、颜色。

（2）石材、块料与粘结材料的结合面刷防渗材料的种类在防护层材料种类中描述。

（3）本小节工作内容中的磨边指施工现场磨边，后面章节工作内容中涉及的磨边含义同。

8.1.4　橡塑面层

1．橡胶板楼地面（项目编码：011103001）

2．橡胶板卷材楼地面（项目编码：011103002）

3．塑料板楼地面（项目编码：011103003）

4．塑料卷材楼地面（项目编码：011103004）

1～4 项的单位、项目特征、工程量计算规则、工作内容均一致如下：

（1）单位：m²。

（2）项目特征：粘结层厚度、材料种类；面层材料品种、规格、颜色；压线条种类。

（3）工程量计算规则：按设计图示尺寸以面积计算。门洞、空圈、暖气包槽、壁龛的开口部分并入相应的工程量内。

（4）工作内容：基层清理；面层铺贴；压缝条装钉；材料运输。

5. 相关说明

本小节项目中如涉及找平层，另按国家房建计量规范附录表 L.1 找平层项目编码列项。

8.1.5　其他材料面层

1. 地毯楼地面（项目编码：011104001）

（1）单位：m²。

（2）项目特征：面层材料品种、规格、颜色；防护材料种类；粘结材料种类；压线条种类。

（3）工程量计算规则：按设计图示尺寸以面积计算。门洞、空圈、暖气包槽、壁龛的开口部分并入相应的工程量内。

（4）工作内容：基层清理；铺贴面层；刷防护材料；装钉压条；材料运输。

2. 竹、木（复合）地板（项目编码：011104002）

3. 金属复合地板（项目编码：011104003）

2～3 项的单位、项目特征、工程量计算规则、工作内容均一致如下：

（1）单位：m²。

（2）项目特征：龙骨材料种类、规格、铺设间距；基层材料种类、规格；面层材料品种、规格、颜色；防护材料种类。

（3）工程量计算规则：按设计图示尺寸以面积计算。门洞、空圈、暖气包槽、壁龛的开口部分并入相应的工程量内。

（4）工作内容：基层清理；龙骨铺设；基层铺设；面层铺贴；刷防护材料；材料运输。

4. 防静电活动地板（项目编码：011104004）

（1）单位：m²。

（2）项目特征：支架高度、材料种类；面层材料品种、规格、颜色；防护材料种类。

（3）工程量计算规则：按设计图示尺寸以面积计算。门洞、空圈、暖气包槽、壁龛的开口部分并入相应的工程量内。

（4）工作内容：基层清理；固定支架安装；活动面层安装；刷防护材料；材料运输。

5. 玻璃地面（项目编码：桂 011104005）

（1）单位：m²。

（2）项目特征：找平层厚度、砂浆配合比；玻璃种类、厚度；玻璃规格；其他。

（3）工程量计算规则：按设计图示尺寸以平方米计算。门洞、空圈、暖气包槽、壁龛的开口部分不增加面积。

（4）工作内容：清理基层、抹找平层；试排弹线；铺贴饰面；清理净面。

6. 球场面层（项目编码：桂 011104006）

（1）单位：m。

（2）项目特征：找平层厚度、砂浆配合比；结合层厚度、砂浆配合比；面层材料种类、厚度；其他。

（3）工程量计算规则：按设计图示尺寸以平方米计算。

（4）工作内容：清理基层、抹找平层；清理基层、铺底层弹性颗粒；铺面层材料；喷面漆、画线。

8.1.6 踢脚线

1. 水泥砂浆踢脚线（项目编码：011105001）

（1）单位：m²；m。

（2）项目特征：踢脚线高度；底层厚度、砂浆配合比；面层厚度、砂浆配合比。

（3）工程量计算规则：

1）以平方米计量，按设计图示长度乘高度以面积计算。

2）以米计量，按延长米计算。

（4）工作内容：基层清理；底层和面层抹灰；材料运输。

2. 石材踢脚线（项目编码：011105002）

3. 块料踢脚线（项目编码：011105003）

2~3项的单位、项目特征、工程量计算规则、工作内容均一致如下：

（1）单位：m²；m。

（2）项目特征：踢脚线高度；粘贴层厚度、材料种类；面层材料品种；防护材料。

（3）工程量计算规则：

1）以平方米计量，按设计图示长度乘高度以面积计算。

2）以米计量，按延长米计算。

（4）工作内容：基层清理；底层抹灰；面层铺贴、磨边；擦缝；磨光、酸洗、打蜡；刷防护材料；材料运输。

4. 塑料板踢脚线（项目编码：011105004）

（1）单位：m²；m。

（2）项目特征：踢脚线高度；粘贴层厚度、材料种类；面层材料种类、规格、颜色。

（3）工程量计算规则：

1）以平方米计量，按设计图示长度乘高度以面积计算。

2）以米计量，按延长米计算。

（4）工作内容：基层清理；基层铺贴；面层铺贴；材料运输。

5. 木质踢脚线（项目编码：011105005）

6. 金属踢脚线（项目编码：011105006）

7. 防踢脚线静电（项目编码：011105007）

（1）单位：m²；m。

（2）项目特征：踢脚线高度；基层材料种类、规格；面层材料品种、规格、颜色。

（3）工程量计算规则：

1）以平方米计量，按设计图示长度乘高度以面积计算。

2）以米计量，按延长米计算。

（4）工作内容：基层清理；基层铺贴；面层铺贴；材料运输。

8. 相关说明

石材、块料与粘结材料的结合面刷防渗材料的种类在防护材料种类中描述。

8.1.7　楼梯面层

1. 石材楼梯面（项目编码：011106001）

2. 块料楼梯面（项目编码：011106002）

3. 拼碎块料面层（项目编码：011106003）

1～3 项的单位、项目特征、工程量计算规则、工作内容均一致如下：

（1）单位：m²。

（2）项目特征：找平层厚度、砂浆配合比；粘结层厚度、材料种类；面层材料品种、规格、颜色；防滑条材料种类、规格；勾缝材料种类；防护材料种类；酸洗、打蜡要求。

（3）工程量计算规则：按设计图示尺寸以楼梯（包括踏步、休息平台及≤500mm 的楼梯井）水平投影面积计算。楼梯与楼地面相连接时，算至梯口梁内侧边沿；无梯口梁者，算至最上一层踏步边沿加 300mm。

（4）工作内容：基层处理；抹找平层；面层铺贴、磨边；贴嵌防滑条；勾缝；刷防护材料；酸洗、打蜡；材料运输。

4. 水泥砂浆楼梯面层（项目编码：011106004）

（1）单位：m²。

（2）项目特征：找平层厚度、砂浆配合比；面层厚度、砂浆配合比；防滑条材料种类、规格。

（3）工程量计算规则：按设计图示尺寸以楼梯（包括踏步、休息平台及≤500mm 的楼梯井）水平投影面积计算。楼梯与楼地面相连接时，算至梯口梁内侧边沿；无梯口梁者，算至最上一层踏步边沿加 300mm。

（4）工作内容：基层处理；抹找平层；抹面层；抹防滑条；材料运输。

5. 现浇水磨石楼梯面层（项目编码：011106005）

（1）单位：m²。

（2）项目特征：找平层厚度、砂浆配合比；面层厚度、砂浆配合比；防滑条材料种类、规格；石子种类、规格、颜色；颜料种类、颜色；磨光、酸洗打蜡要求。

（3）工程量计算规则：按设计图示尺寸以楼梯（包括踏步、休息平台及≤500mm 的楼梯井）水平投影面积计算。楼梯与楼地面相连接时，算至梯口梁内侧边沿；无梯口梁者，算至最上一层踏步边沿加 300mm。

（4）工作内容：基层处理；抹找平层；抹面层；贴嵌防滑条；磨光、酸洗、打蜡；材料运输。

6. 地毯楼梯面层（项目编码：011106006）

（1）单位：m²。

（2）项目特征：基层种类；面层材料品种、规格、颜色；防护材料种类；粘结材料种类；固定配件材料种类、规格。

（3）工程量计算规则：按设计图示尺寸以楼梯（包括踏步、休息平台及≤500mm 的楼梯井）水平投影面积计算。楼梯与楼地面相连接时，算至梯口梁内侧边沿；无梯口梁者，算至最上一层踏步边沿加 300mm。

（4）工作内容：基层清理；铺贴面层；固定配件安装；刷防护材料；材料运输。

7. 木板楼梯面层（项目编码：011106007）

（1）单位：m²。

（2）项目特征：基层材料种类、规格；面层材料品种、规格、颜色；粘结材料种类；防护材料种类。

（3）工程量计算规则：按设计图示尺寸以楼梯（包括踏步、休息平台及≤500mm 的楼梯井）水平投影面积计算。楼梯与楼地面相连接时，算至梯口梁内侧边沿；无梯口梁者，算至最上一层踏步边沿加 300mm。

（4）工作内容：基层清理；基层铺贴；面层铺贴；刷防护材料；材料运输。

8. 橡胶板楼梯面层（项目编码：011106008）

9. 塑料板楼梯面层（项目编码：011106009）

8～9 项的单位、项目特征、工程量计算规则、工作内容均一致如下：

（1）单位：m²。

（2）项目特征：粘结层厚度、材料、种类；面层材料品种、规格、颜色；压线条种类。

（3）工程量计算规则：按设计图示尺寸以楼梯（包括踏步、休息平台及≤500mm 的楼梯井）水平投影面积计算。楼梯与楼地面相连接时，算至梯口梁内侧边沿；无梯口梁者，算至最上一层踏步边沿加 300mm。

（4）工作内容：基层清理；面层铺贴；压缝条装钉；材料运输。

10. 相关说明

（1）在描述碎石材项目的面层材料特征时可不用描述规格、颜色。

（2）石材、块料与粘结材料的结合面刷防渗材料的种类在防护材料种类中描述。

8.1.8　台阶装饰

1. 石材台阶面（项目编码：011107001）

2. 块料台阶面（项目编码：011107002）

3. 拼碎块料台阶面（项目编码：011107003）

1～3 项的单位、项目特征、工程量计算规则、工作内容均一致如下：

（1）单位：m²。

（2）项目特征：找平层厚度、砂浆配合比；粘结材料种类；面层材料品种、规格、颜色；勾缝材料种类；防滑条材料种类、规格；防护材料种类。

（3）工程量计算规则：按设计图示尺寸以台阶（包括最上层踏步边沿加 300mm）水平投影面积计算。

（4）工作内容：基层清理；抹找平层；面层铺贴；贴嵌防滑条；勾缝；刷防护材料；材料运输。

4. 水泥砂浆台阶面（项目编码：011107004）

（1）单位：m²。

（2）项目特征：找平层厚度、砂浆配合比；面层厚度、砂浆配合比；勾缝材料种类；防滑条材料种类。

（3）工程量计算规则：按设计图示尺寸以台阶（包括最上层踏步边沿加 300mm）水平投影面积计算。

（4）工作内容：基层清理；抹找平层；抹面层；抹防滑条；材料运输。

5. 现浇水磨石台阶面（项目编码：011107005）

（1）单位：m²。

（2）项目特征：找平层厚度、砂浆配合比；面层厚度、水泥石子浆配合比；防滑条材料种类、规格；石子种类、规格、颜色；颜料种类、颜色；磨光、酸洗、打蜡要求。

（3）工程量计算规则：按设计图示尺寸以台阶（包括最上层踏步边沿加300mm）水平投影面积计算。

（4）工作内容：基层清理；抹找平层；抹面层；贴嵌防滑条；打磨、酸洗、打蜡；材料运输。

6. 剁假石台阶面（项目编码：011107006）

（1）单位：m²。

（2）项目特征：找平层厚度、砂浆配合比；面层厚度、砂浆配合比；剁假石要求。

（3）工程量计算规则：按设计图示尺寸以台阶（包括最上层踏步边沿加300mm）水平投影面积计算。

（4）工作内容：基层清理；抹找平层；抹面层；剁假石；材料运输。

7. 相关说明

（1）在描述碎石材项目的面层材料特征时可不用描述规格、颜色。

（2）石材、块料与粘结材料的结合面刷防渗材料的种类在防护材料种类中描述。

8.1.9　零星装饰项目

1. 石材零星项目（项目编码：011108001）

2. 拼碎石材零星项目（项目编码：011108002）

3. 块料零星项目（项目编码：011108003）

1～3项的单位、项目特征、工程量计算规则、工作内容均一致如下：

（1）单位：m²。

（2）项目特征：工程部位；找平层厚度、砂浆配合比；贴结合层厚度、材料种类；面层材料品种、颜色；勾缝材料种类；防护材料种类；酸洗、打蜡要求。

（3）工程量计算规则：按设计图示尺寸以面积计算。

（4）工作内容：基层清理；抹找平层；面层铺贴、磨边；勾缝；刷防护材料；酸洗、打蜡；材料运输。

4. 水泥砂浆零星项目（项目编码：011108004）

（1）单位：m²。

（2）项目特征：工程部位；找平层厚度、砂浆配合比；面层厚度、砂浆配合比。

（3）工程量计算规则：按设计图示尺寸以面积计算。

（4）工作内容：基层清理；抹找平层；抹面层；材料运输。

5. 相关说明

（1）楼梯、台阶牵边和侧面镶贴块料面层，不大于0.5m²的少量分散的楼地面镶贴块料面层，应按本小节执行。

（2）石材、块料与粘结材料的结合面刷防渗材料的种类在防护材料种类中描述。

8.1.10　计算实例

【例 8-1】

已知：某工程平面图及地面做法如图 8-1 所示，轴线居中布置，墙体厚度除注明外均为 240mm。室内标高为±0.00m，室外标高为−0.50m。

要求：编制该地面做法的工程量清单。

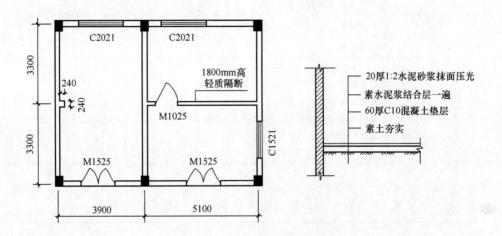

图 8-1　建筑平面图及地面做法大样图

【解】

1. 水泥砂浆地面

（1）项目编码：011101001001

（2）项目名称：水泥砂浆地面

（3）项目特征：

1）素水泥浆遍数：一遍；

2）面层厚度、砂浆配合比：20 厚 1：2 水泥砂浆。

（4）单位：m^2。

（5）工程量计算规则：按设计图示尺寸以面积计算。

（6）工程量计算 $S=(3.9+5.1-0.24\times2)\times(6.6-0.24)=54.19m^2$

（7）表格填写（见表 8-2）。

2. 地面混凝土垫层

（1）项目编码：010501001001

（2）项目名称：混凝土垫层

（3）项目特征：

1）混凝土种类：商品混凝土；

2）混凝土强度等级：C15 混凝土。

（4）单位：m^3。

（5）工程量计算规则：按设计图示尺寸以体积计算。

（6）工程量计算 $V=0.06\times54.19=3.25m^2$

（7）表格填写（见表 8-2）。

分部分项工程和单价措施项目清单与计价表　　　　　**表 8-2**

工程名称：××　　　　　　　　　　　　　　　　　　　第　页　共　页

序号	项目编码	项目名称及项目特征描述	计量单位	工程量	综合单价	合价	其中：暂估价
	0105	混凝土及钢筋混凝土工程					
1	010501001001	C15 混凝土垫层	m³	3.25			
	0111	楼地面工程					
2	011101001001	水泥砂浆地面 ①素水泥浆遍数：一遍 ②面层厚度、砂浆配合比：20 厚 1：2 水泥砂浆	m²	54.19			

金额（元）栏下分为：综合单价、合价、其中：暂估价

8.2　墙、柱面装饰与隔断、幕墙工程

8.2.1　概况

1. 清单项目设置

本分部设置 11 小节共 48 个清单项目，其中广西增补 1 个小节、13 个清单项目，取消国家计量规范 11 个清单项目。清单项目设置情况见表 8-3。

墙、柱面装饰与隔断、幕墙工程清单项目数量表　　　**表 8-3**

小节编号	名称	国家清单项目数	广西调整项目数		小计
			增补	取消	
M.1	墙面抹灰	4			4
M.2	柱（梁）面抹灰	4			4
M.3	零星抹灰	3	1		4
M.4	墙面块料面层	4	3	−3	4
M.5	柱（梁）面镶贴块料	5	5	−5	5
M.6	镶贴零星块料	3	3	−3	3
M.7	墙饰面	2			2
M.8	柱（梁）饰面	2			2
M.9	幕墙工程	2			2
M.10	隔断	6			6
M.11	其他柱		1		1
合计		35	13	−11	37

2. 相关问题及说明

计量规范广西实施细则对本分部的清单项目进行了调整，部分小节增补了清单项目取

代国家规范的清单项目。具体项目统计详见表 8-3。

8.2.2　墙面抹灰

1. 墙面一般抹灰（项目编码：011201001）

2. 墙面一般抹灰（项目编码：011201002）

1～2 项的单位、项目特征、工程量计算规则、工作内容均一致如下：

（1）单位：m^2。

（2）项目特征：墙体类型；底层厚度、砂浆配合比；面层厚度、砂浆配合比；装饰面材料种类；分格缝宽度、材料种类。

（3）工程量计算规则：按设计图示尺寸以面积计算。扣除墙裙、门窗洞口及单个 $>0.3m^2$ 的孔洞面积，不扣除踢脚线、挂镜线和墙与构件交接处的面积，门窗洞口和孔洞的侧壁及顶面不增加面积。附墙柱、梁、垛、烟囱侧壁并入相应的墙面面积内。

1）外墙抹灰面积按外墙垂直投影面积计算。

2）外墙裙抹灰面积按其长度乘以高度计算。

3）内墙抹灰面积按主墙间的净长乘以高度计算。

A. 无墙裙的，高度按室内楼地面至天棚底面计算。

B. 有墙裙的，高度按墙裙顶至天棚底面计算。

C. 有吊顶天棚抹灰，高度算至天棚底。

4）内墙裙抹灰面积按内墙净长乘以高度计算。

（4）工作内容：基层清理；砂浆制作、运输；底层抹灰；抹面层；抹装饰面；勾分格缝。

3. 墙面勾缝（项目编码：011201003）

（1）单位：m^2。

（2）项目特征：勾缝类型；勾缝材料种类。

（3）工程量计算规则：按设计图示尺寸以面积计算。扣除墙裙、门窗洞口及单个 $>0.3m^2$ 的孔洞面积，不扣除踢脚线、挂镜线和墙与构件交接处的面积，门窗洞口和孔洞的侧壁及顶面不增加面积。附墙柱、梁、垛、烟囱侧壁并入相应的墙面面积内。

1）外墙抹灰面积按外墙垂直投影面积计算。

2）外墙裙抹灰面积按其长度乘以高度计算。

3）内墙抹灰面积按主墙间的净长乘以高度计算。

A. 无墙裙的，高度按室内楼地面至天棚底面计算。

B. 有墙裙的，高度按墙裙顶至天棚底面计算。

C. 有吊顶天棚抹灰，高度算至天棚底。

4）内墙裙抹灰面积按内墙净长乘以高度计算。

（4）工作内容：基层清理；砂浆制作、运输；勾缝。

4. 立面砂浆找平层（项目编码：011201004）

（1）单位：m^2。

（2）项目特征：基层类型；找平层砂浆；厚度、配合比。

（3）工程量计算规则：按设计图示尺寸以面积计算。扣除墙裙、门窗洞口及单个 $>0.3m^2$ 的孔洞面积，不扣除踢脚线、挂镜线和墙与构件交接处的面积，门窗洞口和孔洞的侧壁及顶面不增加面积。附墙柱、梁、垛、烟囱侧壁并入相应的墙面面积内。

1）外墙抹灰面积按外墙垂直投影面积计算。

2）外墙裙抹灰面积按其长度乘以高度计算。

3）内墙抹灰面积按主墙间的净长乘以高度计算。

A. 无墙裙的，高度按室内楼地面至天棚底面计算。

B. 有墙裙的，高度按墙裙顶至天棚底面计算。

C. 有吊顶天棚抹灰，高度算至天棚底。

4）内墙裙抹灰面积按内墙净长乘以高度计算。

（4）工作内容：基层清理；砂浆制作、运输；抹灰找平。

5. 相关说明

（1）立面砂浆找平项目适用于仅做找平层的立面抹灰。

（2）墙面抹石灰砂浆、水泥砂浆、混合砂浆、聚合物水泥砂浆、麻刀石灰浆、石膏灰浆等按清单表中墙面一般抹灰列项；墙面水刷石、斩假石、干粘石、假面砖等按本小节中墙面装饰抹灰列项。

（3）飘窗凸出外墙面增加的抹灰并入外墙工程量内。

（4）有吊顶天棚的内墙面抹灰，抹至吊顶以上部分在综合单价中考虑。

8.2.3 柱（梁）面抹灰

1. 柱、梁面一般抹灰（项目编码：011202001）

2. 柱、梁面装饰抹灰（项目编码：011202002）

1～2 项的单位、项目特征、工程量计算规则、工作内容均一致如下：

（1）单位：m²。

（2）项目特征：柱（梁）面一般抹灰；底层厚度、砂浆配合比；面层厚度、砂浆配合；装饰面材料种类；分格缝宽度、材料种类。

（3）工程量计算规则：

1）柱面抹灰：按设计图示柱断面周长乘高度以面积计算。

2）梁断面抹灰：按设计图示梁断面周长乘高度以面积计算。

（4）工作内容：基层清理；砂浆制作、运输；底层抹灰；抹面层；勾分格缝。

3. 柱、梁面砂浆找平（项目编码：011202003）

（1）单位：m²。

（2）项目特征：柱（梁）体类型；找平的砂浆厚度、配合比。

（3）工程量计算规则：

1）柱面抹灰：按设计图示柱断面周长乘高度以面积计算。

2）梁断面抹灰：按设计图示梁断面周长乘高度以面积计算。

（4）工作内容：基层清理；砂浆制作、运输；抹灰找平。

4. 柱面勾缝（项目编码：011202004）

（1）单位：m²。

（2）项目特征：勾缝类型；勾缝材料种类。

（3）工程量计算规则：按设计图示尺寸柱断面周长乘高度以面积计算。

（4）工作内容：基层清理；砂浆制作、运输；勾缝。

5. 相关说明

（1）砂浆找平项目适用于仅做找平层的柱（梁）面抹灰。

（2）柱（梁）面抹石灰砂浆、水泥砂浆、混合砂浆、聚合物水泥砂浆、麻刀石灰浆、石膏、灰浆等按本小节中柱（梁）面一般抹灰编码列项；柱（梁）面水刷石、斩假石、干粘石、假面砖等按本小节中柱（梁）面装饰抹灰项目编码列项。

8.2.4　零星抹灰

1. 零星项目抹灰（项目编码：011203001）

2. 零星项目装饰抹灰（项目编码：011203002）

1～2 项的单位、项目特征、工程量计算规则、工作内容均一致如下：

（1）单位：m^2。

（2）项目特征：基层类型、部位；底层厚度、砂浆配合比；面层厚度、砂浆配合比；装饰面层材料种类；分格缝宽度、材料种类。

（3）工程量计算规则：按设计图示尺寸以面积计算。

（4）工作内容：基层清理；砂浆制作、运输；底层抹灰；抹面层；装饰面层；勾分格缝。

3. 零星项目砂浆找平（项目编码：011203003）

（1）单位：m^2。

（2）项目特征：基层类型、部位；找平的砂浆厚度、配合比。

（3）工程量计算规则：按设计图示尺寸以面积计算。

（4）工作内容：基层清理；砂浆制作、运输；抹灰找平。

4. 砂浆装饰线条（项目编码：桂 011203004）

（1）单位：m。

（2）项目特征：底层砂浆厚度、砂浆配合比；面层砂浆厚度、砂浆配合比；装饰面材料种类。

（3）工程量计算规则：按设计图示尺寸以延长米计算。

（4）工作内容：基层清理；砂浆制作、运输；底层抹灰；抹面层；抹装饰面。

5. 相关说明

（1）零星项目抹石灰砂浆、水泥砂浆、混合砂浆、聚合物水泥砂浆、麻刀石灰浆、石膏灰浆等按本小节中零星项目一般抹灰编码列项；水刷石、斩假石、干粘石、假面砖等按本小节中零星项目装饰抹灰编码列项。

（2）墙、柱（梁）面≤0.5m^2 的少量分散的抹灰按本小节中零星抹灰项目编码列项。

8.2.5　墙面块料面层

1. 石材墙面（项目编码：011204001）

2. 拼碎石材墙面（项目编码：011204002）

3. 块料墙面（项目编码：011204003）

应用说明：计量规范广西实施细则规定，取消国家房建计量规范本小节 1～3 项，由本小节 5～7 项代替。

4. 干挂石材钢骨架（项目编码：011204004）

（1）单位：t。

（2）项目特征：骨架种类、规格；防锈漆品种、遍数。

（3）工程量计算规则：按设计图示以质量计算。

（4）工作内容：骨架制作、运输、安装；刷漆。

5. 镶贴石材墙面（项目编码：桂 011204005）

6. 镶拼碎石材墙面（项目编码：桂 011204006）

7. 镶贴块料墙面（项目编码：桂 011204007）

5～7 项的单位、项目特征、工程量计算规则、工作内容均一致如下：

（1）单位：m^2。

（2）项目特征：墙面类型；安装方式；面层材料品种、规格、颜色；缝宽、嵌缝材料品种；防护材料种类；磨光、酸洗、打蜡要求。

（3）工程量计算规则：按设计图示尺寸以平方米计算。

（4）工作内容：基层清理；砂浆制作、运输；粘结层铺贴；面层安装；嵌缝；刷防护材料；磨光、酸洗、打蜡。

8. 相关说明

（1）在描述碎块项目的面层材料特征时可不用描述规格、颜色。

（2）石材、块料与粘结材料的结合面刷防渗材料的种类在防护层材料种类中描述。

（3）安装方式可描述为砂浆或粘结剂粘贴、挂贴、干挂等，不论哪种安装方式，都要详细描述与组价相关的内容。

8.2.6　柱（梁）面镶贴块料

1. 石材柱面（项目编码：011205001）

2. 块料柱面（项目编码：011205002）

3. 拼碎块柱面（项目编码：011205003）

4. 石材梁面（项目编码：011205004）

5. 块料梁面（项目编码：011205005）

应用说明：计量规范广西实施细则规定，取消国家房建计量规范本小节 1～5 项，由本小节 6～10 项代替。

6. 镶贴石材柱面（项目编码：桂 011205006）

7. 镶贴块料柱面（项目编码：桂 011205007）

8. 镶拼碎块柱面（项目编码：桂 011205008）

6～8 项的单位、项目特征、工程量计算规则、工作内容均一致如下：

（1）单位：m^2。

（2）项目特征：柱截面类型、尺寸；安装方式；面层材料品种、规格、颜色；缝宽、嵌缝材料品种；防护材料种类；磨光、酸洗、打蜡要求。

（3）工程量计算规则：按设计图示尺寸以平方米计算。

（4）工作内容：基层清理；砂浆制作、运输；粘结层铺贴；面层安装；嵌缝；刷防护材料；磨光、酸洗、打蜡。

9. 镶贴石材梁面（项目编码：桂 011205009）

10. 镶贴块料梁面（项目编码：桂 011205010）

9～10 项的单位、项目特征、工程量计算规则、工作内容均一致如下：

（1）单位：m²。

（2）项目特征：安装方式；面层材料品种、规格、颜色；缝宽、嵌缝材料品种；防护材料种类；磨光、酸洗、打蜡要求。

（3）工程量计算规则：按设计图示尺寸以平方米计算。

（4）工作内容：基层清理；砂浆制作、运输；粘结层铺贴；面层安装；嵌缝；刷防护材料；磨光、酸洗、打蜡。

11. 相关说明

（1）在描述碎块项目的面层材料特征时可不用描述规格、颜色。

（2）石材、块料与粘接材料的结合面刷防渗材料的种类在防护层材料种类中描述。

（3）柱（梁）面干挂石材的钢骨架按"墙面块料面层"相应项目编码列项。

8.2.7　镶贴零星块料

1. 石材零星项目（项目编码：011206001）

2. 块料零星项目（项目编码：011206002）

3. 拼碎零星项目（项目编码：011206003）

应用说明：计量规范广西实施细则规定，取消国家房建计量规范本小节 1～3 项，由本小节 4～6 项代替。

4. 镶贴石材零星项目（项目编码：桂 011206004）

5. 镶贴块料零星项目（项目编码：桂 011206005）

6. 镶拼碎块零星项目（项目编码：桂 011206006）

4～6 项的单位、项目特征、工程量计算规则、工作内容均一致如下：

（1）单位：m²。

（2）项目特征：基层类型、部位；安装方式；面层材料品种、规格、颜色；缝宽、嵌缝材料种类；防护材料种类；磨光、酸洗、打蜡要求。

（3）工程量计算规则：按设计图示结构尺寸以平方米计算。

（4）工作内容：基层清理；砂浆制作、运输；粘结层铺贴；面层安装；嵌缝；刷防护材料；磨光、酸洗、打蜡。

7. 相关说明

（1）在描述碎块项目的面层材料特征时可不用描述规格、颜色。

（2）石材、块料与粘接材料的结合面刷防渗材料的种类在防护层材料种类中描述。

（3）零星项目干挂石材的钢骨架按"墙面块料面层"相应项目编码列项。

（4）墙柱面≤0.5m² 的少量分散镶贴块料面层按本小节中零星项目执行。

8.2.8　墙饰面

1. 墙面装饰板（项目编码：0111207001）

（1）单位：m²。

（2）项目特征：龙骨材料种类、规格、中距；隔离层材料种类、规格；基层材料种类、规格；面层材料种类、规格、颜色；压条材料种类、规格。

（3）工程量计算规则：按设计图示墙净长乘净高以面积计算。扣除门窗洞口及单个 >0.3m² 的孔洞所占面积。

（4）工作内容：基层处理；龙骨制作、运输、安装；钉隔离层；基层铺钉；面层铺贴。

2. 墙面装饰板浮雕（项目编码：011207002）

（1）单位：m²。

（2）项目特征：基层类；浮雕材料种类；浮雕样式。

（3）工程量计算规则：按设计图示尺寸以面积计算。

（4）工作内容：基层处理；材料制作、运输；安装成型。

8.2.9　柱（梁）饰面

1. 柱（梁）面装饰（项目编码：011208001）

（1）单位：m²。

（2）项目特征：龙骨材料种类、规格、中距；隔离层材料种类；基层材料种类、规格；面层材料种类、规格、颜色；压条材料种类、规格。

（3）工程量计算规则：按设计图示饰面外围尺寸面积计算。柱帽、柱墩并入相应柱饰面工程量内。

（4）工作内容：清理基层；龙骨制作、运输、安装；钉隔离层；基层铺钉；面层铺贴。

2. 成品装饰柱（项目编码：011208002）

（1）单位：根、m。

（2）项目特征：柱截面、高度尺寸；柱材质。

（3）工程量计算规则：以根计量，按设计数量计算。以米计量，按设计长度计算。

（4）工作内容：柱运输、固定、安装。

8.2.10　幕墙工程

1. 带骨架幕墙（项目编码：011209001）

（1）单位：m²。

（2）项目特征：骨架材料种类、规格、中距；面层材料品种、规格、颜色；面层固定方式；隔离带、框边封闭材料品种、规格；嵌缝、塞口材料种类。

（3）工程量计算规则：按设计图示框外围尺寸以面积计算。与幕墙同种材质的窗所占面积不扣除。

（4）工作内容：骨架制作、运输、安装；面层安装；隔离带、框边封闭；嵌缝、塞口；清洗。

2. 全玻（无框玻璃）幕墙（项目编码：011209002）

（1）单位：m²。

（2）项目特征：玻璃品种、规格、颜色；粘结塞口材料种类；固定方式。

（3）工程量计算规则：按设计图示尺寸以面积计算。带肋全玻幕墙按展开面积计算。

（4）工作内容：幕墙安装；嵌缝、塞口；清洗。

3. 相关说明

幕墙钢骨架按"墙面块料面层"干挂石材钢骨架编码列项。

8.2.11　隔断

1. 木隔断（项目编码：011210001）

（1）单位：m²。

（2）项目特征：骨架、边框材料种类、规格；隔板材料品种、规格、颜色；嵌缝、塞口材料品种；压条材料种类。

（3）工程量计算规则：按设计图示框外围尺寸以面积计算。不扣除单个≤0.3m² 的孔洞所占面积；浴厕门的材质与隔断相同时，门的面积并入隔断面积内。

（4）工作内容：骨架及边框制作、运输、安装；隔板制作、运输、安装；嵌缝、塞口；装钉压条。

2. 金属隔断（项目编码：011210002）

（1）单位：m²。

（2）项目特征：骨架、边框材料种类、规格；隔板材料品种、规格、颜色；嵌缝、塞口材料品种。

（3）工程量计算规则：按设计图示框架外围尺寸以面积计算。不扣除单个≤0.3m² 的孔洞所占面积；浴厕门的材质与隔断相同时，门的面积并入隔断面积内。

（4）工作内容：骨架及边框制作、运输、安装；隔板制作、运输、安装；嵌缝、塞口。

3. 玻璃隔断（项目编码：011210003）

（1）单位：m²。

（2）项目特征：边框材料种类、规格；玻璃品种、规格、颜色；嵌缝、塞口材料品种。

（3）工程量计算规则：按设计图示框架外围尺寸以面积计算。不扣除单个≤0.3m² 的孔洞所占面积。

（4）工作内容：边框制作、运输、安装；玻璃制作、运输、安装；嵌缝、塞口。

4. 塑料隔断（项目编码：011210004）

（1）单位：m²。

（2）项目特征：边框材料种类、规格；玻璃品种、规格、颜色；嵌缝、塞口材料品种。

（3）工程量计算规则：按设计图示框架外围尺寸以面积计算。不扣除单个≤0.3m² 的孔洞所占面积。

（4）工作内容：骨架及边框制作、运输、安装；隔板制作、运输、安装；嵌缝、塞口。

5. 成品隔断（项目编码：011210005）

（1）单位：m²；间。

（2）项目特征：隔断材料品种、规格、颜色；配件品种、规格。

（3）工程量计算规则：以平方米计量，按设计图示框外围尺寸以面积计算。以间计量，按设计间的数量计算。

（4）工作内容：隔断运输、安装；嵌缝、塞口。

6. 其他隔断（项目编码：011210006）

（1）单位：m²。

（2）项目特征：骨架、边框材料种类、规格；隔板材料品种、规格、颜色；嵌缝、塞口材料品种。

（3）工程量计算规则：按设计图示框架外围尺寸以面积计算。不扣除单个≤0.3m² 的孔洞所占面积。

（4）工作内容：隔断骨架及边框安装；隔板安装；嵌缝、塞口。

8.2.12　其他柱

罗马柱（项目编码：桂 011211001）

（1）单位：m。

（2）项目特征：柱材料种类、规格；柱尺寸、规格；柱帽、柱墩；其他。

（3）工程量计算规则：按设计图示尺寸以米计算。

（4）工作内容：基层清理；定位、下料、安装；清理。

8.2.13　计算实例

【例 8-2】

已知：某单层砖混结构门卫室工程设计平面布置图、剖面图见图 8-2，无女儿墙，板厚 100mm。内外墙厚均为 240mm，踢脚线高 150mm；设计 C1 尺寸为 1500×1800mm，M1 尺寸为 900×2100mm。内墙采用 1∶1∶6 混合砂浆打底 15mm 厚，1∶0.5∶3 混合砂浆抹面 5mm。

要求：编制内墙面一般抹灰项目的工程量清单。

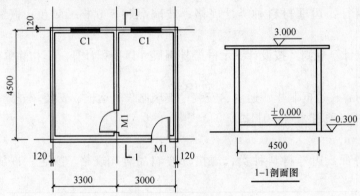

图 8-2　平面图及剖面图

【解】

（1）项目编码：011201001001

（2）项目名称：内墙面一般抹灰

（3）项目特征：

1）墙体类型：砖墙；

2）底层厚度、砂浆配合比：15mm 厚 1∶1∶6 混合砂浆；

3）面层厚度、砂浆配合比：5mm 厚 1∶0.5∶3 混合砂浆。

（4）单位：m²。

（5）工程量计算规则：按设计图示尺寸以面积计算。

（6）工程量计算

①抹灰高度 $H=3-0.1=2.9$m

②计算长度 $L=[(4.5-0.24)+(3.3-0.24)+(4.5-0.24)+(3-0.24)]×2$

＝28.68m

③应扣门窗洞口面积 $M=1.5\times1.8\times2+0.9\times2.1\times3=11.07m^2$

内墙抹灰工程量 $S=①\times②-③=2.9\times28.68-11.07=72.10m^2$

（7）表格填写（见表 8-4）。

分部分项工程和单价措施项目清单与计价表　　　　　　表 8-4

工程名称：××　　　　　　　　　　　　　　　　　第　页　共　页

序号	项目编码	项目名称及项目特征描述	计量单位	工程量	金　额（元）		
					综合单价	合价	其中：暂估价
	0112	墙、柱面工程					
1	011201001001	内墙面一般抹灰 ①墙体类型：砖墙 ②底层厚度、砂浆配合：15mm 厚 1：1：6 混合砂浆 ③面层厚度、砂浆配合比：5mm 厚 1：0.5：3 混合砂浆	m^2	72.10			

8.3　天　棚　工　程

8.3.1　概况

本分部设置 4 小节共 11 个清单项目，其中广西增补 1 个清单项目。清单项目设置情况见表 8-5。

天棚工程清单项目数量表　　　　　　　　表 8-5

小节编号	名称	国家清单项目数	广西增补项目数	小计
N.1	天棚抹灰	1	1	2
N.2	天棚吊顶	6		6
N.3	采光天棚	1		1
N.4	天棚其他装饰	2		2
合计		10	1	11

8.3.2　天棚抹灰

1. 天棚抹灰（项目编码：011301001）

（1）单位：m^2。

（2）项目特征：基层类型；抹灰厚度、材料种类；砂浆配合比。

（3）工程量计算规则：按设计图示尺寸水平投影面积计算。不扣除间壁墙、垛、柱、附墙烟囱、检查口和管道所占的面积，带梁天棚的两侧抹灰面积并入天棚面积内，板式楼梯底面抹灰按斜面积计算，锯齿形楼梯地板抹灰按展开面积计算。

（4）工作内容：基层清理；底层抹灰；抹面层。

2. 天棚抹灰装饰线（项目编码：桂 011303004）

（1）单位：m。

（2）项目特征：装饰位置；基层类型；抹灰厚度、材料种类；砂浆配合比；其他。

（3）工程量计算规则：按设计图示尺寸以延长米计算。

（4）工作内容：基层清理；底层抹灰；抹面层。

8.3.3　天棚吊顶

1. 吊顶天棚（项目编码：011302001）

（1）单位：m²。

（2）项目特征：吊顶形式、吊杆规格、高度；龙骨材料种类、规格、中距；基层材料种类、规格；面层材料种类、规格；压条材料种类、规格；嵌缝材料种类；防护材料种类。

（3）工程量计算规则：按设计图示尺寸水平投影面积计算。天棚面中的灯槽及跌级、锯齿形、吊挂式、藻井式天棚面积不展开计算。不扣除间壁墙、检查口、附墙烟囱、柱垛和管道所占面积，扣除单个＞0.3m² 的孔洞、独立柱及与天棚相连的窗帘盒所占的面积。

（4）工作内容：基层清理、吊杆安装；龙骨安装；基层板铺贴；面层铺贴；嵌缝；刷防护材料。

2. 格栅吊顶（项目编码：011302002）

（1）单位：m²。

（2）项目特征：龙骨材料种类、规格中距；基层材料种类、规格；面层材料种类、规格；防护材料种类。

（3）工程量计算规则：按设计图示尺寸水平投影面积计算。

（4）工作内容：基层清理；安装龙骨；基层板铺贴；面层铺贴；刷防护材料。

3. 吊筒吊顶（项目编码：011302003）

（1）单位：m²。

（2）项目特征：吊筒形状、规格；吊筒材料种类；防护材料种类。

（3）工程量计算规则：按设计图示尺寸水平投影面积计算。

（4）工作内容：基层清理；吊筒制作安装；刷防护材料。

4. 藤条造型、悬挂吊顶（项目编码：011302004）

5. 织物软雕、吊顶（项目编码：011302005）

4～5 项的单位、项目特征、工程量计算规则、工作内容均一致如下：

（1）单位：m²。

（2）项目特征：骨架材料种类、规格；面层材料种类、规格。

（3）工程量计算规则：按设计图示尺寸水平投影面积计算。

（4）工作内容：基层清理；龙骨安装；铺贴面层。

6. 装饰网架吊顶（项目编码：011302006）

（1）单位：m²。

（2）项目特征：网架材料品种、规格。

（3）工程量计算规则：按设计图示尺寸水平投影面积计算。

（4）工作内容：基层清理；网架制作安装。

8.3.4　采光天棚

1. 采光天棚（项目编码：011303001）

（1）单位：m²。

（2）项目特征：骨架类型；固定类型、固定材料品种、规格；面层材料品种、规格；嵌缝；塞口材料种类。

（3）工程量计算规则：按框外围展开面积计算。

（4）工作内容：清理基层；面层制安；嵌缝、塞口；清洗采光天棚。

2. 相关说明

采光天棚骨架不包括在本节中，应单独按国家房建计量规范附录 F 相关项目编码列项。

8.3.5　天棚其他装饰

1. 灯带（槽）（项目编码：011304001）

（1）单位：m²。

（2）项目特征：灯带形式、尺寸；格栅片材料品种、规格；安装固定方式。

（3）工程量计算规则：按设计图示尺寸以框外围面积计算。

（4）工作内容：安装、固定。

2. 送风口、回风口（项目编码：011304002）

（1）单位：个。

（2）项目特征：风口材料品种、规格；安装固定方式；防护材料种类。

（3）工程量计算规则：按设计图示数量计算。

（4）工作内容：安装、固定；刷防护材料。

8.3.6　计算实例

【例 8-3】

已知：某工程建筑平面图、梁结构图如图 8-3 所示，墙体厚度均为 240mm，板厚100mm，现浇混凝土天棚面做法为 5mm 厚 1∶1∶4 混合砂浆底、5mm 厚 1∶0.5∶3 混合砂浆面。

要求：编制天棚抹灰项目的工程量清单。

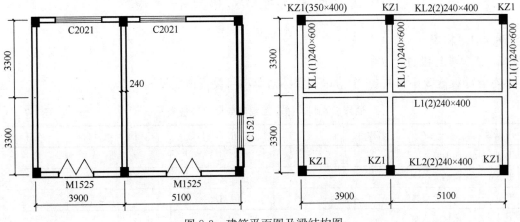

图 8-3　建筑平面图及梁结构图

【解】

(1) 项目编码：011301001001

(2) 项目名称：天棚抹灰

(3) 项目特征：

1) 基层类型：现浇混凝土天棚面；

2) 底层厚度、砂浆配合比：5mm 厚 1：1：4 混合砂浆；

3) 面层厚度、砂浆配合比：5mm 厚 1：0.5：3 混合砂浆。

(4) 单位：m^2。

(5) 工程量计算规则：按设计图示尺寸以水平投影面积计算。

(6) 工程量计算

①主墙间净面积 $=(3.9+5.1-0.24\times2)\times(6.6-0.24)=54.19m^2$

②L1 梁侧面抹灰面积 $=(0.4-0.1)\times2\times(3.9+5.1-0.24\times2)=5.11m^2$

天棚抹灰工程量 $S=①+②=54.19+5.11=59.30m^2$

(7) 表格填写（见表 8-6）。

分部分项工程和单价措施项目清单与计价表　　表 8-6

工程名称：××　　　　　　　　　　　　　　　　　　　　　　第　页　共　页

序号	项目编码	项目名称及项目特征描述	计量单位	工程量	金　额（元）		
					综合单价	合价	其中：暂估价
	0113	天棚面工程					
1	011301001001	天棚抹灰 ①基层类型：现浇混凝土天棚面 ② 底层厚度、砂浆配合比：5mm 厚 1：1：4 混合砂浆 ③面层厚度、砂浆配合比：5mm 厚 1：0.5：3 混合砂浆	m^2	59.30			

8.4　油漆、涂料、裱糊工程

8.4.1　概况

1. 清单项目设置

本分部设置 8 小节共 36 个清单项目。清单项目设置情况见表 8-7。

油漆、涂料、裱糊工程清单项目数量表　　表 8-7

小节编号	名称	国家清单项目数	广西增补项目数	小计
P.1	门油漆	2		2
P.2	窗油漆	2		2
P.3	木扶手及其他板条、线条油漆	5		5
P.4	木材面油漆	15		15

小节编号	名称	国家清单项目数	广西增补项目数	小计
P.5	金属面油漆	1		1
P.6	抹灰面油漆	3		3
P.7	喷刷涂料	6		6
P.8	裱糊	2		2
合计		36		36

2. 相关问题及说明

国家房建计量规范中门窗油漆工程计量单位为"樘；m^2"的清单项目，计量规范广西实施细则取定单位为"m^2"。

8.4.2 门油漆

1. 木门油漆（项目编码：011401001）

（1）单位：樘、m^2。

（2）项目特征：门类型；门代号及洞口尺寸；腻子种类；刮腻子遍数；防护材料种类；油漆品种、刷漆遍数。

（3）工程量计算规则：以樘计量，按设计图示数量计量。以平方米计量，按设计图示洞口尺寸以面积计算。

（4）工作内容：基层清理；刮腻子；刷防护材料、油漆。

2. 金属门油漆（项目编码：011401002）

（1）单位：樘、m^2。

（2）项目特征：门类型；门代号及洞口尺寸；腻子种类；刮腻子遍数；防护材料种类；油漆品种、刷漆遍数。

（3）工程量计算规则：以樘计量，按设计图示数量计量。以平方米计量，按设计图示洞口尺寸以面积计算。

（4）工作内容：除锈、基层清理；刮腻子；刷防护材料、油漆。

3. 相关说明

（1）木门油漆应区分木大门、单层木门、双层（一玻一纱）木门、双层（单裁口）木门、全玻自由门、半玻璃自由门、装饰门及有框门或无框门等项目，分别编码列项。

（2）金属门油漆应区分平开门、推拉门、钢制防火门等项目，分别编码列项。

（3）以平方米计量，项目特征可不必描述洞口尺寸。

8.4.3 窗油漆

1. 木窗油漆（项目编码：011402001）

（1）单位：樘；m^2。

（2）项目特征：窗类型；窗代号及洞口尺寸；腻子种类；刮腻子遍数；防护材料种类；油漆品种、刷漆遍数。

（3）工程量计算规则：以樘计量，按设计图示数量计量。以平方米计量，按设计图示洞口尺寸以面积计算。

（4）工作内容：基层清理；刮腻子；刷防护材料、油漆。

2.金属窗油漆（项目编码：011402002）

（1）单位：樘；m²。

（2）项目特征：窗类型；窗代号及洞口尺寸；腻子种类；刮腻子遍数；防护材料种类；油漆品种、刷漆遍数。

（3）工程量计算规则：以樘计量，按设计图示数量计量。以平方米计量，按设计图示洞口尺寸以面积计算。

（4）工作内容：除锈、基层清理；刮腻子；刷防护材料、油漆。

3.相关说明

（1）木窗油漆应区分单层木窗、双层（一玻一纱）木窗、双层框扇（单裁口）木窗、双层框三层（二玻一纱）木窗、单层组合窗、双层组合窗、木百叶窗、木推拉窗等项目，分别编码列项。

（2）金属窗油漆应区分平开窗、推拉窗、固定窗、组合窗、金属隔栅窗等项目，分别编码列项。

（3）以平方米计量，项目特征可不必描述洞口尺寸。

8.4.4　木扶手及其他板条、线条油漆

1.木扶手油漆（项目编码：011403001）

2.窗帘盒油漆（项目编码：011403002）

3.封檐板、顺水板油漆（项目编码：011403003）

4.挂衣板、黑板框油漆（项目编码：011403004）

5.挂镜线、窗帘棍、单独木线油漆（项目编码：011403005）

1～5项的单位、项目特征、工程量计算规则、工作内容均一致如下：

（1）单位：m。

（2）项目特征：断面尺寸；腻子种类；刮腻子遍数；防护材料种类；油漆品种、刷漆遍数。

（3）工程量计算规则：按设计图示尺寸以长度计算。

（4）工作内容：基层清理；刮腻子；刷防护材料、油漆。

6.相关说明

木扶手应区分带托板与不带托板，分别编码列项。若是木栏杆带扶手，木扶手不应单独列项，应包含在木栏杆油漆中。

8.4.5　木材面油漆

1.木护墙、木墙裙油漆（项目编码：011404001）

2.窗台板、筒子板、盖板、门窗套、踢脚线油漆（项目编码：011404002）

3.清水板条天棚、檐口油漆（项目编码：011404003）

4.木方格吊顶天棚油漆（项目编码：011404004）

5.吸音板墙面、天棚面油漆（项目编码：011404005）

6.暖气罩油漆（项目编码：011404006）

7.其他木材面（项目编码：011404007）

1～7项的单位、项目特征、工程量计算规则、工作内容均一致如下：

（1）单位：m²。

（2）项目特征：腻子种类；刮腻子遍数；防护材料种类；油漆品种、刷漆遍数。

（3）工程量计算规则：按设计图示尺寸以面积计算。

（4）工作内容：基层清理；刮腻子；刷防护材料、油漆。

8. 木间壁、木隔断油漆（项目编码：011404008）

9. 玻璃间壁露明墙筋油漆（项目编码：011404009）

10. 木栅栏、木栏杆（带扶手）油漆（项目编码：011404010）

8～10 项的单位、项目特征、工程量计算规则、工作内容均一致如下：

（1）单位：m²。

（2）项目特征：腻子种类；刮腻子遍数；防护材料种类；油漆品种、刷漆遍数。

（3）工程量计算规则：按设计图示尺寸以单面外围面积计算。

（4）工作内容：基层清理；刮腻子；刷防护材料、油漆。

11. 衣柜、壁柜油漆（项目编码：011404011）

12. 梁柱饰面油漆（项目编码：011404012）

13. 零星木装修油漆（项目编码：011404013）

11～13 项的单位、项目特征、工程量计算规则、工作内容均一致如下：

（1）单位：m²。

（2）项目特征：腻子种类；刮腻子遍数；防护材料种类；油漆品种、刷漆遍数。

（3）工程量计算规则：按设计图示尺寸以油漆部分展开面积计算。

（4）工作内容：基层清理；刮腻子；刷防护材料、油漆。

14. 木地板油漆（项目编码：011404014）

（1）单位：m²。

（2）项目特征：腻子种类；刮腻子遍数；防护材料种类；油漆品种、刷漆遍数。

（3）工程量计算规则：按设计图示尺寸以面积计算。空洞、空圈、暖气包槽、壁龛的开口部分并入相应的工程量内。

（4）工作内容：基层清理；刮腻子；刷防护材料、油漆。

15. 木地板烫硬蜡面（项目编码：011404015）

（1）单位：m²。

（2）项目特征：硬蜡品种；面层处理要求。

（3）工程量计算规则：按设计图示尺寸以面积计算。空洞、空圈、暖气包槽、壁龛的开口部分并入相应的工程量内。

（4）工作内容：基层清理；烫蜡。

8.4.6 金属面油漆

金属面油漆（项目编码：011405001）

（1）单位：t；m²。

（2）项目特征：构件名称；腻子种类；刮腻子要求；防护材料种类；油漆品种、刷漆遍数。

（3）工程量计算规则：以吨计量，按设计图示尺寸以质量计算。以平方米计量，按设计展开面积计算。

（4）工作内容：基层清理；刮腻子；刷防护材料、油漆。

8.4.7　抹灰面油漆

1. 抹灰面油漆（项目编码：011406001）

（1）单位：m²。

（2）项目特征：基层类型；腻子种类；刮腻子遍数；防护材料种类；油漆品种、刷漆遍数；部位。

（3）工程量计算规则：按设计图示尺寸以面积计算。

（4）工作内容：基层清理；刮腻子；刷防护材料、油漆。

2. 抹灰线条油漆（项目编码：011406002）

（1）单位：m。

（2）项目特征：线条宽度、道数；腻子种类；刮腻子遍数；防护材料种类；油漆品种、刷漆遍数。

（3）工程量计算规则：按设计图示尺寸以长度计算。

（4）工作内容：基层清理；刮腻子；刷防护材料、油漆。

3. 满刮腻子（项目编码：011406003）

（1）单位：m²。

（2）项目特征：基层类型；腻子种类；刮腻子遍数。

（3）工程量计算规则：按设计图示尺寸以面积计算。

（4）工作内容：基层清理；刮腻子。

8.4.8　喷刷涂料

1. 墙面喷刷涂料（项目编码：011407001）

2. 天棚喷刷涂料（项目编码：011407002）

1～2 项的单位、项目特征、工程量计算规则、工作内容均一致如下：

（1）单位：m²。

（2）项目特征：基层类型；喷刷涂料部位；腻子种类；刮腻子要求；涂料品种、喷刷遍数。

（3）工程量计算规则：按设计图示尺寸以面积计算。

（4）工作内容：基层清理；刮腻子；喷、刷涂料。

3. 空花格、栏杆刷涂料（项目编码：011407003）

（1）单位：m²。

（2）项目特征：腻子种类；刮腻子遍数；涂料品种、刷喷遍数。

（3）工程量计算规则：按设计图示尺寸以单面外围面积计算。

（4）工作内容：基层清理；刮腻子；喷、刷涂料。

4. 线条刷涂料（项目编码：011407004）

（1）单位：m²。

（2）项目特征：基层清理；线条宽度；刮腻子遍数；刷防护材料、油漆。

（3）工程量计算规则：按设计图示尺寸以长度计算。

（4）工作内容：基层清理；刮腻子；喷、刷涂料。

5. 金属构件刷防火涂料（项目编码：011407005）

（1）单位：m²；t。

（2）项目特征：喷刷防火涂料构件名称；防火等级要求；涂料品种、喷刷遍数。

（3）工程量计算规则：以吨计量，按设计图示尺寸以质量计算。以平方米计量，按设计展开面积计算。

（4）工作内容：基层清理；刷防护材料、油漆。

6. 木材构件喷刷防火涂料（项目编码：011407006）

（1）单位：m^2。

（2）项目特征：喷刷防火涂料构件名称；防火等级要求；涂料品种、喷刷遍数。

（3）工程量计算规则：以平方米计量，按设计图示尺寸以面积计算。

（4）工作内容：基层清理；刷防火材料。

7. 相关说明

喷刷墙面涂料部位要注明内墙或外墙。

8.4.9　裱糊

1. 墙纸裱糊（项目编码：011408001）

2. 织锦缎裱糊（项目编码：011408002）

1～2项的单位、项目特征、工程量计算规则、工作内容均一致如下：

（1）单位：m^2。

（2）项目特征：基层类型；裱糊部位；腻子种类；刮腻子遍数；粘结材料种类；防护材料种类；面层材料品种、规格、颜色。

（3）工程量计算规则：按设计图示尺寸以面积计算。

（4）工作内容：基层清理；刮腻子；面层铺粘；刷防护材料。

8.4.10　计算实例

【例8-4】

已知：如图8-4所示为双层（一玻一纱）木窗C1，洞口尺寸为2950×1750mm，共10樘；窗顶设硬木窗帘盒，窗帘盒比窗洞口每侧长300mm；木窗、窗帘盒油漆做法均为刷底油一遍，刷调和漆二遍。

要求：编制木窗、窗帘盒油漆项目的工程量清单。

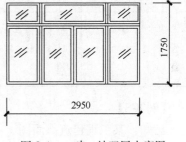

图8-4　一玻一纱双层木窗图

【解】

1. 木窗油漆

（1）项目编码：011402001001

（2）项目名称：木窗油漆

（3）项目特征：

1）窗类型：双层（一玻一纱）木窗；

2）油漆品种、刷漆遍数：刷底油一遍，刷调和漆二遍。

（4）单位：m^2。

（5）工程量计算规则：以平方米计量，按设计图示洞口尺寸以面积计算。

（6）工程量计算 $S = 2.95 \times 1.75 \times 10 = 51.63 m^2$

（7）表格填写（见表8-8）。

2. 窗帘盒油漆

(1) 项目编码：011403002001

(2) 项目名称：硬木窗帘盒油漆

(3) 项目特征：

油漆品种、刷漆遍数：刷底油一遍，刷调和漆二遍。

(4) 单位：m。

(5) 工程量计算规则：按设计图示洞口尺寸以长度计算。

(6) 工程量计算 $L = (2.95 + 0.3 \times 2) \times 10 = 35.50\text{m}$

(7) 表格填写（见表8-8）。

分部分项工程和单价措施项目清单与计价表　　　表 8-8

工程名称：×× 　　　　　　　　　　　　　　　　　　　　第　页　共　页

序号	项目编码	项目名称及项目特征描述	计量单位	工程量	综合单价	合价	其中：暂估价
	0114	油漆、涂料、裱糊工程					
1	011402001001	木窗油漆 ①窗类型：双层（一玻一纱）木窗 ②油漆品种、刷漆遍数：底油一遍，调和漆二遍	m²	51.63			
2	011403002001	硬木窗帘盒油漆 油漆品种、刷漆遍数：底油一遍，调和漆二遍	m	35.50			

【例 8-5】

已知：某工程建筑平面图、梁结构图如图 8-3 所示，屋面板顶标高 4.2m，墙体厚度均为 240mm，板厚 100mm，门窗框宽均为 100mm，靠外设置；内墙面、天棚面刮熟胶粉腻子两遍。

要求：编制内墙面、天棚面刮腻子项目的工程量清单。

【解】

1. 内墙面刮腻子

(1) 项目编码：011406003001

(2) 项目名称：满刮腻子

(3) 项目特征：

1) 基层类型：内墙面；

2) 腻子种类：刮熟胶粉腻子；

3) 刮腻子遍数：二遍。

(4) 单位：m²。

（5）工程量计算规则：按设计图示尺寸以面积计算。

（6）工程量计算：

①计算高度 $H=4.2-0.1=4.1\text{m}$

②计算长度 $L=(3.9+5.1-0.24\times2)\times2+(6.6-0.24)\times4=42.48\text{m}$

③应扣门窗洞口面积 $S=1.5\times2.5\times2+2.0\times2.1\times2+1.5\times2.1=19.05\text{m}^2$

门窗洞口侧壁面积

$S=(0.24-0.1)\times[(1.5+2.5\times2)\times2+(2.0+2.1)\times4+(1.5+2.1)\times2]=5.12\text{m}^2$

内墙刮腻子工程量 $S=①\times②-③+④=4.1\times42.48-19.05+5.12=160.24\text{m}^2$

（7）表格填写（见表 8-9）。

2. 天棚面刮腻子

（1）项目编码：011406003002

（2）项目名称：满刮腻子

（3）项目特征：

1）基层类型：天棚面；

2）腻子种类：刮熟胶粉腻子；

3）刮腻子遍数：二遍。

（4）单位：m^2。

（5）工程量计算规则：按设计图示尺寸以面积计算。

（6）工程量计算：

①主墙间净面积 $=(3.9+5.1-0.24\times2)\times(6.6-0.24)=54.19\text{m}^2$

②$L1$ 梁侧面抹灰面积 $=(0.4-0.1)\times2\times(3.9+5.1-0.24\times2)=5.11\text{m}^2$

天棚刮腻子工程量 $S=①+②=54.19+5.11=59.30\text{m}^2$

（7）表格填写（见表 8-9）。

分部分项工程和单价措施项目清单与计价表　　　　表 8-9

工程名称：××　　　　　　　　　　　　　　　　　　第　页　共　页

序号	项目编码	项目名称及项目特征描述	计量单位	工程量	金　额（元）		
					综合单价	合价	其中：暂估价
	0114	油漆、涂料、裱糊工程					
1	011406003001	满刮腻子 内墙面 ①腻子种类：刮熟胶粉腻子 ②刮腻子遍数：二遍	m^2	160.24			
2	011406003002	满刮腻子 天棚面 ①腻子种类：刮熟胶粉腻子 ②刮腻子遍数：二遍	m^2	59.30			

8.5　其他装饰工程

8.5.1　概况

本分部设置 9 小节共 66 个清单项目，其中广西增补 1 个小节、4 个清单项目。清单项目设置情况见表 8-10。

其他装饰工程清单项目数量表　　　　　　　表 8-10

小节编号	名　称	国家清单项目数	广西增补项目数	小计
Q.1	柜类、货架	20		20
Q.2	压条、装饰线	8		8
Q.3	扶手、栏杆、栏板装饰	8		8
Q.4	暖气罩	3		3
Q.5	浴厕配件	11		11
Q.6	雨篷、旗杆	3		3
Q.7	招牌、灯箱	4		4
Q.8	美术字	5		5
Q.9	车库配件		4	4
合计		62	4	66

8.5.2　柜类、货架

1. 柜台（项目编码：011501001）

2. 酒柜（项目编码：011501002）

3. 衣柜（项目编码：011501003）

4. 存包柜（项目编码：011501004）

5. 鞋柜（项目编码：011501005）

6. 书柜（项目编码：011501006）

7. 厨房壁柜（项目编码：011501007）

8. 木壁柜（项目编码：011501008）

9. 厨房低柜（项目编码：011501009）

10. 厨房吊柜（项目编码：011501010）

11. 矮柜（项目编码：011501011）

12. 吧台背柜（项目编码：011501012）

13. 吧台吊柜（项目编码：011501013）

14. 酒吧台（项目编码：011501014）

15. 展台（项目编码：011501015）

16. 收银台（项目编码：011501016）

17. 试衣间（项目编码：011501017）

18. 货架（项目编码：011501018）

19. 书架（项目编码：011501019）

20. 服务台（项目编码：011501020）

1～20 项的单位、项目特征、工程量计算规则、工作内容均一致如下：

（1）单位：个；m；m^3。

（2）项目特征：台柜规格；材料种类、规格；五金种类、规格；防护材料种类；油漆品种、刷漆遍数。

（3）工程量计算规则：以个计量，按设计图示数量计量。以米计量，按设计图示尺寸以延长米计算。以立方米计量，按设计图示尺寸以体积计算。

（4）工作内容：台柜制作、运输、安装（安放）；刷防护材料、油漆；五金件安装。

8.5.3　压条、装饰线

1. 金属装饰线（项目编码：011502001）

2. 木质装饰线（项目编码：011502002）

3. 石材装饰线（项目编码：011502003）

4. 石膏装饰线（项目编码：011502004）

1～4 项的单位、项目特征、工程量计算规则、工作内容均一致如下：

（1）单位：m。

（2）项目特征：基层类型；线条材料品种、规格、颜色；防护材料种类。

（3）工程量计算规则：按设计图示尺寸以长度计算。

（4）工作内容：线条制作、安装；刷防护材料。

5. 镜面玻璃线（项目编码：011502005）

6. 铝塑装饰线（项目编码：011502006）

7. 塑料装饰线（项目编码：011502007）

5～7 项的单位、项目特征、工程量计算规则、工作内容均一致如下：

（1）单位：m。

（2）项目特征：基层类型；线条材料品种、规格、颜色；防护材料种类。

（3）工程量计算规则：按设计图示尺寸以长度计算。

（4）工作内容：线条制作、安装；刷防护材料。

8. GRC 装饰线条（项目编码：011502008）

（1）单位：m。

（2）项目特征：基层类型；线条规格；线条安装部位；填充材料种类。

（3）工程量计算规则：按设计图示尺寸以长度计算。

（4）工作内容：线条制作安装。

8.5.4　扶手、栏杆、栏板装饰

1. 金属扶手、栏杆、栏板（项目编码：011503001）

2. 硬木扶手、栏杆、栏板（项目编码：011503002）

3. 塑料扶手、栏杆、栏板（项目编码：011503003）

1～3 项的单位、项目特征、工程量计算规则、工作内容均一致如下：

（1）单位：m。

（2）项目特征：扶手材料种类、规格；栏杆材料种类、规格；栏板材料种类、规格、颜色；固定配件种类；防护材料种类。

（3）工程量计算规则：按设计图示以扶手中心线长度（包括弯头长度）计算。

（4）工作内容：制作；运输；安装；刷防护材料。

4. GRC栏杆、扶手（项目编码：011503004）

（1）单位：m。

（2）项目特征：栏杆的规格；安装间距；扶手类型、规格；填充材料种类。

（3）工程量计算规则：按设计图示以扶手中心线长度（包括弯头长度）计算。

（4）工作内容：制作；运输；安装；刷防护材料。

5. 金属靠墙扶手（项目编码：011503005）

6. 硬木靠墙扶手（项目编码：011503006）

7. 塑料靠墙扶手（项目编码：011503007）

5～7项的单位、项目特征、工程量计算规则、工作内容均一致如下：

（1）单位：m。

（2）项目特征：扶手材料种类、规格；固定配件种类；防护材料种类。

（3）工程量计算规则：按设计图示以扶手中心线长度（包括弯头长度）计算。

（4）工作内容：制作；运输；安装；刷防护材料。

8. 玻璃栏板（项目编码：011503008）

（1）单位：m。

（2）项目特征：栏杆玻璃的种类、规格、颜色；固定方式；固定配件种类。

（3）工程量计算规则：按设计图示以扶手中心线长度（包括弯头长度）计算。

（4）工作内容：制作；运输；安装；刷防护材料。

8.5.5　暖气罩

1. 饰面板暖气罩（项目编码：011504001）

2. 塑料板暖气罩（项目编码：011504002）

3. 金属暖气罩（项目编码：011504003）

1～3项的单位、项目特征、工程量计算规则、工作内容均一致如下：

（1）单位：m²。

（2）项目特征：防护材料种类；工程量计算规则。

（3）工程量计算规则：按设计图示尺寸以垂直投影面积（不展开）计算。

（4）工作内容：暖气罩制作、运输、安装；刷防护材料。

8.5.6　浴厕配件

1. 洗漱台（项目编码：011505001）

（1）单位：m²；个。

（2）项目特征：材料品种、规格、颜色；支架、配件品种、规格。

（3）工程量计算规则：按设计图示尺寸以台面外接矩形面积计算。不扣除孔洞、挖弯、削角所占面积，挡板、吊沿板面积并入台面面积内；按设计图示数量计算。

（4）工作内容：台面及支架运输、安装；杆、环、盒、配件安装；刷油漆。

2. 晒衣架（项目编码：011505002）

3. 帘子杆（项目编码：011505003）

4. 浴缸拉手（项目编码：011505004）

5. 卫生间扶手（项目编码：011505005）

2～5 项的单位、项目特征、工程量计算规则、工作内容均一致如下：

（1）单位：个。

（2）项目特征：材料品种、规格、颜色；支架、配件品种、规格。

（3）工程量计算规则：按设计图示数量计算。

（4）工作内容：台面及支架运输、安装；杆、环、盒、配件安装；刷油漆。

6. 毛巾杆（架）（项目编码：011505006）

（1）单位：套。

（2）项目特征：材料品种、规格、颜色；支架、配件品种、规格。

（3）工程量计算规则：按设计图示数量计算。

（4）工作内容：台面及支架制作、运输、安装；杆、环、盒、配件安装；刷油漆。

7. 毛巾环（项目编码：011505007）

（1）单位：副。

（2）项目特征：材料品种、规格、颜色；支架、配件品种、规格。

（3）工程量计算规则：按设计图示数量计算。

（4）工作内容：台面及支架制作、运输、安装；杆、环、盒、配件安装；刷油漆。

8. 卫生纸盒（项目编码：011505008）

9. 肥皂盒（项目编码：011505009）

8～9 项的单位、项目特征、工程量计算规则、工作内容均一致如下：

（1）单位：个。

（2）项目特征：材料品种、规格、颜色；支架、配件品种、规格。

（3）工程量计算规则：按设计图示数量计算。

（4）工作内容：台面及支架制作、运输、安装；杆、环、盒、配件安装；刷油漆。

10. 镜面玻璃（项目编码：011505010）

（1）单位：m^2。

（2）项目特征：镜面玻璃品种、规格；框材质、断面尺寸；基层材料种类；防护材料种类。

（3）工程量计算规则：按设计图示尺寸以边框外围面积计算。

（4）工作内容：台面及基层安装、玻璃及框架制作；运输、安装。

11. 镜箱（项目编码：011505011）

（1）单位：个。

（2）项目特征：箱体材质、规格；玻璃品种、规格；基层材料种类；防护材料种类；油漆品种、刷漆遍数。

（3）工程量计算规则：按设计图示数量计算。

（4）工作内容：基层安装；箱体制作、运输、安装；玻璃安装；刷防护材料、油漆。

8.5.7　雨篷、旗杆

1. 雨棚吊挂饰面（项目编码：011506001）

（1）单位：m^2。

（2）项目特征：基层类型；龙骨材料种类、规格、中距；面层材料品种、规格；吊顶

（天棚）材料品种、规格；嵌缝材料种类；防护材料种类。

（3）工程量计算规则：按设计图示尺寸以水平投影面积计算。

（4）工作内容：底层抹灰；龙骨基层安装；面层安装；刷防护材料、油漆。

2. 金属旗杆（项目编码：011506002）

（1）单位：根。

（2）项目特征：旗杆材料、种类、规格；旗杆高度；基础材料种类；基座材料种类；基座面层材料、种类、规格。

（3）工程量计算规则：按设计图示数量计算。

（4）工作内容：土石挖、填、运；基础混凝土浇筑；旗杆制作、安装；旗杆台座制作、饰面。

3. 玻璃雨篷（项目编码：011506003）

（1）单位：m^2。

（2）项目特征：玻璃雨篷固定方式；龙骨材料种类、规格、中距；玻璃材料品种、规格；嵌缝材料；防护材料种类。

（3）工程量计算规则：按设计图示尺寸以水平投影面积计算。

（4）工作内容：龙骨基层安装；面层安装；刷防护材料、油漆。

8.5.8 招牌、灯箱

1. 平面、箱式招牌（项目编码：011507001）

（1）单位：m^2。

（2）项目特征：箱体规格；基层材料种类；面层材料种类；防护材料种类。

（3）工程量计算规则：按设计图示尺寸以正立面边框外围面积计算。复杂形的凹凸造型部分不增加面积。

（4）工作内容：基层安装；箱体及支架制作、运输、安装；面层制作、安装；刷防护材料、油漆。

2. 竖式标箱（项目编码：011507002）

3. 灯箱（项目编码：011507003）

2～3项的单位、项目特征、工程量计算规则、工作内容均一致如下：

（1）单位：个。

（2）项目特征：箱体规格；基层材料种类；面层材料种类；防护材料种类。

（3）工程量计算规则：按设计图示以数量计算。

（4）工作内容：基层安装；箱体及支架制作、运输、安装；面层制作、安装；刷防护材料、油漆。

4. 信报箱（项目编码：011507004）

（1）单位：个。

（2）项目特征：箱体规格；基层材料种类；面层材料种类；防护材料种类；户数。

（3）工程量计算规则：按设计图示以数量计算。

（4）工作内容：基层安装；箱体及支架制作、运输、安装；面层制作、安装；刷防护材料、油漆。

8.5.9 美术字

1. 泡沫塑料字（项目编码：011508001）

2. 有机玻璃字（项目编码：011508002）

3. 木质字（项目编码：011508003）

4. 金属字（项目编码：011508004）

5. 吸塑字（项目编码：011508005）

1～5 项的单位、项目特征、工程量计算规则、工作内容均一致如下：

（1）单位：个。

（2）项目特征：基层类型；镂字材料品种、颜色；字体规格；固定方式；油漆品种、刷漆遍数。

（3）工程量计算规则：按设计图示数量计算。

（4）工作内容：字制作、运输、安装；刷油漆。

8.5.10　车库配件

1. 橡胶减速带（项目编码：桂 011509001）

（1）单位：m。

（2）项目特征描述：位置；其他。

（3）工程量计算规则：按设计长度以延长米计算。

（4）工作内容：材料搬运、安装、校正、清理。

2. 橡胶车轮挡（项目编码：桂 011509002）

3. 橡胶防撞护角（项目编码：桂 011509003）

4. 车位锁（项目编码：桂 011509004）。

2～4 项的单位、项目特征、工程量计算规则、工作内容均一致如下：

（1）单位：个。

（2）项目特征描述：位置；其他。

（3）工程量计算规则：按设计个数以个计算。

（4）工作内容：材料搬运、安装、校正、清理。

8.5.11　计算实例

【例 8-6】

已知：某工程楼梯剖面图如图 8-5 所示。楼梯间宽度轴线尺寸为 3.6m，墙厚 240mm，楼梯井宽 100mm，梯级踏步宽 270mm；楼梯栏杆为 201 材质不锈钢，栏杆高度为 1000mm，做法选用如下：

（1）栏杆做法选用 05ZJ401 W/11。

（2）扶手做法选用 05ZJ401 14/28。

（3）扶手起步做法选用 05ZJ401 7/29。

（4）扶手与侧墙连接做法选用 05ZJ401 18/30。

要求：编制楼梯栏杆的工程量清单。

【解】

1. 不锈钢栏杆

（1）项目编码：011503001001

（2）项目名称：不锈钢栏杆

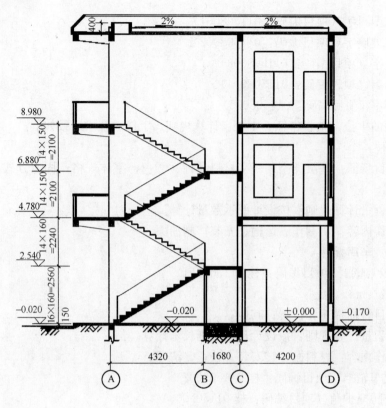

图 8-5　楼梯剖面图

（3）项目特征：

1）采用图集：05ZJ401 W/11；

2）扶手选用：05ZJ401 14/28。

（4）单位：m。

（5）工程量计算规则：按设计图示尺寸以扶手中心线长度（包括弯头长度）计算。

（6）工程量计算见表 8-11。

楼梯栏杆长度计算表（单位：m）　　　　　　表 8-11

名称	水平长	高度	计算得斜长	数量	小计
梯段 1	16×0.27＝4.32	2.56	5.02	1	5.02
梯段 2	14×0.27＝3.78	2.24	4.39	1	4.39
梯段 3	14×0.27＝3.78	2.1	4.32	2	8.65
顶层水平段	(3.6−0.1)÷2+0.1＝1.85	—	—	1	1.85
弯头	0.1	—	—	4	0.40
合计					20.31

（7）表格填写（见表 8-12）。

2. 预埋铁件

（1）项目编码：010516002001

（2）项目名称：预埋铁件

（3）项目特征：

采用图集：05ZJ401 12/30。

（4）单位：t。

（5）工程量计算规则：按设计图示尺寸以质量计算。

（6）工程量计算：

1）埋件布置范围包括楼梯斜段、顶层水平段。

埋件个数＝16＋14×3＋6＝64 个

2）6mm 钢板：0.06×0.06×47.1×64＝10.852kg

3）Φ8 圆钢：（0.08×2＋0.06＋0.025×2）×0.395×64＝6.826kg

Σ重量＝10.852＋6.826＝17.678kg（0.018t）

（7）表格填写（见表 8-12）。

分部分项工程和单价措施项目清单与计价表 表 8-12

工程名称：××　　　　　　　　　　　　　　　　　第 页 共 页

序号	项目编码	项目名称及项目特征描述	计量单位	工程量	金 额（元）		
					综合单价	合价	其中：暂估价
	0115	其他装饰工程					
1	011503001001	不锈钢栏杆 201 材质 ①采用图集：05ZJ401 W/11 ②扶手选用：05ZJ401 14/28	m	20.31			
2	010516002001	预埋铁件	t	0.018			

8.6 拆 除 工 程

8.6.1 概况

本分部设置 15 小节共 37 个清单项目。清单项目设置情况见表 8-13。

拆除工程清单项目数量表 表 8-13

小节编号	名 称	国家清单项目数	广西增补项目数	小计
R.1	砖砌体拆除	1		1
R.2	混凝土及钢筋混凝土构件拆除	2		2
R.3	木构件拆除	1		1
R.4	抹灰层拆除	3		3
R.5	块料面层拆除	2		2
R.6	龙骨及饰面拆除	3		3
R.7	屋面拆除	2		2

小节编号	名　称	国家清单项目数	广西增补项目数	小计
R.8	铲除油漆涂料裱糊面	3		3
R.9	栏杆栏板、轻质隔断墙面拆除	2		2
R.10	门窗拆除	2		2
R.11	金属构件拆除	5		5
R.12	管道及卫生洁具拆除	2		2
R.13	灯具、玻璃拆除	2		2
R.14	其他构件拆除	6		6
R.15	开孔（打洞）	1		1
合计		37		37

8.6.2　砖砌体拆除

1. 砖砌体拆除（项目编码：011601001）

（1）单位：m；m³。计量规范广西实施细则取定单位为"m³"。

（2）项目特征：砌体名称；砌体材质；拆除高度；拆除砌体的截面尺寸；砌体表面的附着物种类。

（3）工程量计算规则：以立方米计量，按拆除的体积计算；以米计量，按拆除的延长米计算。

（4）工作内容：拆除；控制扬尘；清理；废渣场内、外运输。

2. 相关说明

（1）砌体名称指墙、柱、水池等。

（2）砌体表面的附着物种类指抹灰层、块料层、龙骨及装饰面层等。

（3）以米计量，如砖地沟、砖明沟等必须描述拆除部位的截面尺寸；以立方米计量，截面尺寸则不必描述。

8.6.3　混凝土及钢筋混凝土构件拆除

1. 混凝土构件拆除（项目编码：011602001）

2. 钢筋混凝土构件拆除（项目编码：011602002）

1～2项的单位、项目特征、工程量计算规则、工作内容均一致如下：

（1）单位：m；m²；m³。计量规范广西实施细则取定单位为"m³"。

（2）项目特征：构件名称；拆除构件的厚度或规则尺寸；构件表面的附着物种类。

（3）工程量计算规则：以立方米计量，按拆除构件的混凝土体积计算；以平方米计量，按拆除部位的面积计算；以米计量，按拆除部位的延长米计算。

（4）工作内容：拆除；控制扬尘；清理；废渣场内、外运输。

3. 相关说明

（1）以立方米作为计量单位时，可不描述构件的规格尺寸；以平方米作为计量单位时，则应描述构件的厚度；以米作为计量单位时，则必须描述构件的规格尺寸。

（2）构件表面的附着物种类指抹灰层、块料层、龙骨及装饰面层等。

8.6.4　木构件拆除

1. 木构件拆除（项目编码：011603001）

(1) 单位：m；m^2；m^3。

(2) 项目特征：构件名称；拆除构件的厚度或规格尺寸；构件表面的附着物种类。

(3) 工程量计算规则：以立方米来计量，按拆除的体积计算；以平方米计量，按拆除面积计算；以米计量，按拆除的延长米计算。

(4) 工作内容：拆除；控制扬尘；清理；废渣场内、外运输。

2. 相关说明

(1) 拆除木构件应按木梁、木柱、木楼梯、木屋架、承重木楼板等分别在构件名称中描述。

(2) 以立方米作为计量单位时，可不描述构件的规格尺寸，以平方米作为计量单位时，则应描述件的厚度，以米作为计量单位时，则必须描述构件的规格尺寸。

(3) 构件表面的附着物种类指抹灰层、块料层、龙骨及装饰面层等。

8.6.5　抹灰层拆除

1. 平面抹灰层拆除（项目编码：011604001）

2. 立面抹灰层拆除（项目编码：011604002）

3. 天棚抹灰层拆除（项目编码：011604003）

1～3 项的单位、项目特征、工程量计算规则、工作内容均一致如下：

(1) 单位：m^2。

(2) 项目特征：拆除部位；抹灰层种类。

(3) 工程量计算规则：按拆除部位的面积计算。

(4) 工作内容：拆除；控制扬尘；清理；废渣场内、外运输。

4. 相关说明

(1) 单独拆除抹灰层应按清单表中的项目编码列项。

(2) 抹灰层种类可描述为一般抹灰或装饰抹灰。

8.6.6　块料面层拆除

1. 平面块料拆除（项目编码：0110605001）

2. 立面块料拆除（项目编码：0110605002）

1～2 项的单位、项目特征、工程量计算规则、工作内容均一致如下：

(1) 单位：m^2。

(2) 项目特征：拆除的基层类型；饰面材料种类。

(3) 工程量计算规则：按拆除面积计算。

(4) 工作内容：拆除；控制扬尘；清理；废渣场内、外运输。

3. 相关说明

(1) 如仅拆除块料层，拆除的基层类型不用描述。

(2) 拆除的基层类型的描述指砂浆层、防水层、干挂或挂贴所采用的钢骨架层等。

8.6.7　龙骨及饰面拆除

1. 楼地面龙骨及饰面拆除（项目编码：011606001）

2. 墙柱面龙骨及饰面拆除（项目编码：011606002）

3. 天棚面龙骨及饰面拆除（项目编码：011606003）

1～3项的单位、项目特征、工程量计算规则、工作内容均一致如下：

（1）单位：m²。

（2）项目特征：拆除的基层类型；龙骨及饰面种类。

（3）工程量计算规则：按拆除面积计算。

（4）工作内容：拆除；控制扬尘；清理；废渣场内、外运输。

4. 相关说明

（1）基层类型的描述指砂浆层、防水层等。

（2）如仅拆除龙骨及饰面，拆除的基层类型不用描述。

（3）如只拆除饰面，不用描述龙骨材料种类。

8.6.8　屋面拆除

1. 刚性层拆除（项目编码：011607001）

（1）单位：m²。

（2）项目特征：刚性层厚度。

（3）工程量计算规则：按铲除部位的面积计算。

（4）工作内容：拆除；控制扬尘；清理；废渣场内、外运输。

2. 防水层拆除（项目编码：011607002）

（1）单位：m²。

（2）项目特征：防水层种类。

（3）工程量计算规则：按铲除部位的面积计算。

（4）工作内容：拆除；控制扬尘；清理；废渣场内、外运输。

8.6.9　铲除油漆涂料裱糊面

1. 铲除油漆面（项目编码：011608001）

2. 铲除涂料面（项目编码：011608002）

3. 铲除裱糊面（项目编码：011608003）

1～3项的单位、项目特征、工程量计算规则、工作内容均一致如下：

（1）单位：m²；m。计量规范广西实施细则取定单位为"m²"。

（2）项目特征：铲除部位名称；铲除部位的截面尺寸。

（3）工程量计算规则：以平方米计量，按铲除部位的面积计算；以米计量，按铲除部位的延长米计算。

（4）工作内容：铲除；控制扬尘；清理；废渣场内、外运输。

4. 相关说明

（1）单独铲除油漆涂料裱糊面的工程按清单表中的项目编码列项。

（2）铲除部位名称的描述指墙面、柱面、天棚、门窗等。

（3）按米计量，必须描述铲除部位的截面尺寸；以平方米计量时，则不用描述铲除部位的截面尺寸。

8.6.10　栏杆栏板、轻质隔断墙面拆除

1. 栏杆、栏板拆除（项目编码：011609001）

（1）单位：m²；m。

（2）项目特征：栏杆（板）的高度；杆、栏板种类。

（3）工程量计算规则：以平方米计量，按拆除部位的面积计算；以米计量，按拆除的延长米计算。

（4）工作内容：拆除；控制扬尘；清理；废渣场内、外运输。

2. 隔断隔墙拆除（项目编码：011609002）

（1）单位：m²。

（2）项目特征：拆除隔墙的骨架种类；拆除隔墙的饰面种类。

（3）工程量计算规则：按拆除部位的面积计算。

（4）工作内容：拆除；控制扬尘；清理；废渣场内、外运输。

3. 相关说明

以平方米计量，不用描述栏杆（板）的高度。

8.6.11　门窗拆除

1. 木门窗拆除（项目编码：011610001）

2. 金属门窗拆除（项目编码：011610002）

1～2项的单位、项目特征、工程量计算规则、工作内容均一致如下：

（1）单位：m²，樘。

（2）项目特征：室内高度；门窗洞口尺寸。

（3）工程量计算规则：以平方米计量，按拆除面积计算；以樘计量，按拆除樘数计算。

（4）工作内容：拆除；控制扬尘；清理；废渣场内、外运输。

3. 相关说明

门窗拆除以平方米计量，不用描述门窗的洞口尺寸。室内高度指室内楼地面至门窗的上边框。

8.6.12　金属构件拆除

1. 钢梁拆除（项目编码：011611001）

2. 钢柱拆除（项目编码：011611002）

1～2项的单位、项目特征、工程量计算规则、工作内容均一致如下：

（1）单位：t；m。计量规范广西实施细则取定单位为"t"。

（2）项目特征：构件名称；拆除构件的规格尺寸。

（3）工程量计算规则：以吨计量，按拆除构件的质量计算；以米计量，按拆除的延长米计算。

（4）工作内容：拆除；控制扬尘；清理；废渣场内、外运输。

3. 钢网架拆除（项目编码：011611003）

（1）单位：t。

（2）项目特征：构件名称；拆除构件的规格尺寸。

（3）工程量计算规则：按拆除构件的质量计算。

（4）工作内容：拆除；控制扬尘；清理；废渣场内、外运输。

4. 钢支撑、墙架拆除（项目编码：011611004）

5. 其他金属构件拆除（项目编码：011611005）

4～5 项的单位、项目特征、工程量计算规则、工作内容均一致如下：

（1）单位：t；m。计量规范广西实施细则取定单位为"t"。

（2）项目特征：构件名称；拆除构件的规格尺寸。

（3）工程量计算规则：以吨计量，按拆除构件的质量计算；以米计量，按拆除的延长米计算。

（4）工作内容：拆除；控制扬尘；清理；废渣场内、外运输。

8.6.13　管道及卫生洁具拆除

1. 管道拆除（项目编码：011612001）

（1）单位：m。

（2）项目特征：管道种类、材质；管道上的附着物种类。

（3）工程量计算规则：按拆除管道的延长米计算。

（4）工作内容：拆除；控制扬尘；清理；废渣场内、外运输。

2. 卫生洁具拆除（项目编码：011612002）

（1）单位：套；个。

（2）项目特征：卫生洁具种类。

（3）工程量计算规则：按拆除的数量计算。

（4）工作内容：拆除；控制扬尘；清理；废渣场内、外运输。

8.6.14　灯具、玻璃拆除

1. 灯具拆除（项目编码：011613001）

（1）单位：套。

（2）项目特征：拆除灯具高度；灯具种类。

（3）工程量计算规则：按拆除的数量计算。

（4）工作内容：拆除；控制扬尘；清理；废渣场内、外运输。

2. 玻璃拆除（项目编码：011613002）

（1）单位：m^2。

（2）项目特征：玻璃厚度；拆除部位。

（3）工程量计算规则：按拆除的面积计算。

（4）工作内容：拆除；控制扬尘；清理；废渣场内、外运输。

3. 相关说明

拆除部位的描述指门窗玻璃、隔断玻璃、墙玻璃、家具玻璃等。

8.6.15　其他构件拆除

1. 暖气罩拆除（项目编码：011614001）

（1）单位：个；m。

（2）项目特征：暖气罩材质。

（3）工程量计算规则：以个为单位计量，按拆除个数计算；以米为单位计量，按拆除延长米计算。

（4）工作内容：拆除；控制扬尘；清理；废渣场内、外运输。

2. 柜体拆除（项目编码：011614002）

（1）单位：个；m。

（2）项目特征：柜体材质；柜体尺寸（长、宽、高）。

（3）工程量计算规则：以个为单位计量，按拆除个数计算；以米为单位计量，按拆除延长米计算。

（4）工作内容：拆除；控制扬尘；清理；废渣场内、外运输。

3. 窗台板拆除（项目编码：011614003）

（1）单位：块；m。

（2）项目特征：窗台板平面尺寸。

（3）工程量计算规则：以块计量，按拆除数量；以米计量，按拆除的延长米计算。

（4）工作内容：拆除；控制扬尘；清理；废渣场内、外运输。

4. 筒子板拆除（项目编码：011614004）

（1）单位：块；m。

（2）项目特征：筒子板的平面尺寸。

（3）工程量计算规则：以块计量，按拆除数量；以米计量，按拆除的延长米计算。

（4）工作内容：拆除；控制扬尘；清理；废渣场内、外运输。

5. 窗帘盒拆除（项目编码：011614005）

（1）单位：m。

（2）项目特征：窗帘盒的平面尺寸。

（3）工程量计算规则：按拆除的延长米计算。

（4）工作内容：拆除；控制扬尘；清理；废渣场内、外运输。

6. 窗帘轨拆除（项目编码：011614006）

（1）单位：m。

（2）项目特征：窗帘轨的材质。

（3）工程量计算规则：按拆除的延长米计算。

（4）工作内容：拆除；控制扬尘；清理；废渣场内、外运输。

7. 相关说明

双轨窗帘轨拆除按双轨长度分别计算工程量。

8.6.16 开孔（打洞）

1. 开孔（打洞）（项目编码：011615007）

（1）单位：个。

（2）项目特征：部位；打洞部位材质；洞尺寸。

（3）工程量计算规则：按数量计算。

（4）工作内容：拆除；控制扬尘；清理；废渣场内、外运输。

2. 相关说明

（1）部位可描述为墙面或楼板。

（2）打洞部位材质可描述为页岩砖、空心砖或钢筋混凝土等。

思 考 题 与 习 题

1. 简述块料楼地面工程量计算规则。

2. 间壁墙是指墙厚为多少的墙？

3. 简述内墙面抹灰高度的计算规定。

4. 简述天棚抹灰工程量计算规则。

5. 请列举五个按"墙面一般抹灰"列项的工程项目内容。

6. 已知：某工程设计木栏杆带 $\phi60$ 木扶手，油漆做法为聚氨酯漆二遍，该木栏杆高 1.2m，经计算得该木栏杆长度为 76.50m，弯头 22 个。

要求：编制该工程木栏杆油漆工程量清单。

教学单元 9　措施项目工程量清单编制

9.1　单价措施项目

9.1.1　概况

本分部设置 11 小节共 105 个清单项目，其中广西增补 4 小节、57 个清单项目。清单项目设置情况见表 9-1。

单价措施项目工程清单项目数量表　　　　　　　　　　　　表 9-1

小节编号	名称	国家清单项目数	广西调整项目数		小　计
			增补	取消	
S.1	脚手架工程	8	8	−1	15
S.2	混凝土模板及支架（撑）	32	35		67
S.3	垂直运输	1			1
S.4	超高施工增加	1	1	−1	1
S.5	大型机械设备进出场及安拆	1			1
S.6	施工排水、降水	2	2	−2	2
S.7	总价措施项目				
S.8	混凝土运输及泵送工程		2		2
S.9	二次搬运费		1		1
S.10	已完工程保护费		7		7
S.11	夜间施工增加费		1		1
	合计	45	57	−4	98

9.1.2　脚手架工程

1. 综合脚手架（项目编码：011701001）

应用说明：计量规范广西实施细则规定，取消国家房建计量规范本小节 1 项。

2. 外脚手架（项目编码：011701002）

3. 里脚手架（项目编码：011701003）

2～3 项的单位、项目特征、工程量计算规则、工作内容均一致如下：

（1）单位：m²。

（2）项目特征：搭设方式；搭设高度；脚手架材质。

（3）工程量计算规则：按所服务对象的垂直投影面积计算。

（4）工作内容：场内、场外材料搬运；选择附墙点与主体连接；搭、拆脚手架、斜道、上料平台；安全网的铺设；测试电动装置、安全锁等；拆除脚手架后材料的堆放。

4. 悬空脚手架（项目编码：011701004）

（1）单位：m²。

（2）项目特征：搭设方式；悬挑高度；脚手架材质。

（3）工程量计算规则：按搭设的水平投影面积计算。

（4）工作内容：场内、场外材料搬运；选择附墙点与主体连接；搭、拆脚手架、斜道、上料平台；安全网的铺设；测试电动装置、安全锁等；拆除脚手架后材料的堆放。

5. 挑脚手架（项目编码：011701005）

（1）单位：m。

（2）项目特征：搭设方式；悬挑高度；脚手架材质。

（3）工程量计算规则：按搭设长度乘以搭设层数以延长米计算。

（4）工作内容：场内、场外材料搬运；选择附墙点与主体连接；搭、拆脚手架、斜道、上料平台；安全网的铺设；测试电动装置、安全锁等；拆除脚手架后材料的堆放。

6. 满堂脚手架（项目编码：011701006）

（1）单位：m²。

（2）项目特征：搭设方式；搭设高度；脚手架材质。

（3）工程量计算规则：按搭设的水平投影面积计算。

（4）工作内容：场内、场外材料搬运；选择附墙点与主体连接；搭、拆脚手架、斜道、上料平台；安全网的铺设；测试电动装置、安全锁等；拆除脚手架后材料的堆放。

7. 整体提升架（项目编码：011701007）

（1）单位：m²。

（2）项目特征：搭设方式及启动装置；搭设高度。

（3）工程量计算规则：按所服务对象的垂直投影面积计算。

（4）工作内容：场内、场外材料搬运；选择附墙点与主体连接；搭、拆脚手架、斜道、上料平台；安全网的铺设；测试电动装置、安全锁等；拆除脚手架后材料的堆放。

8. 外装饰吊篮（项目编码：011701008）

（1）单位：m²。

（2）项目特征：升降方式及启动装置；搭设高度及吊篮型号。

（3）工程量计算规则：按所服务对象的垂直投影面积计算。

（4）工作内容：场内、场外材料搬运；吊篮的安装；测试电动装置、安全锁、平衡控制器等；吊篮的拆卸。

9. 基础现浇混凝土运输道（项目编码：桂011701009）

（1）单位：m²。

（2）项目特征：运输道材质；基础类型；基础深度；其他。

（3）工程量计算规则：

1）深度大于3m（3m以内不得计算）的带形基础按基槽底设计图示尺寸以面积计算。

2）满堂式基础、箱型基础、基础底宽度大于3m的柱基础及宽度大于3m的设备基础按基础底设计图示尺寸以面积计算。

（4）工作内容：场内外材料搬运；运输道搭设；施工使用期间的维修、加固、管件维护；运输道拆除、拆除后的材料整理堆放。

10. 框架现浇混凝土运输道（项目编码：桂 011701010）

(1) 单位：m²。

(2) 项目特征：运输道材质、运输道高度、泵送、非泵送、其他。

(3) 工程量计算规则：按框架部分的建筑面积计算。

(4) 工作内容：场内外材料搬运；运输道搭设；施工使用期间的维修、加固、管件维护；运输道拆除、拆除后的材料整理堆放。

11. 楼板现浇混凝土运输道（项目编码：桂 011701011）

(1) 单位：m²。

(2) 项目特征：运输道材质、结构类型、泵送、非泵送、其他。

(3) 工程量计算规则：按楼板浇捣部分的建筑面积计算。

(4) 工作内容：场内外材料搬运；运输道搭设；施工使用期间的维修、加固、管件维护；运输道拆除、拆除后的材料整理堆放。

12. 电梯井脚手架（项目编码：桂 011701012）

(1) 单位：m²。

(2) 项目特征：脚手架材质；脚手架高度；其他。

(3) 工程量计算规则：按设计图示的电梯井以数量计算。

(4) 工作内容：场内外材料运输；脚手架搭设；施工使用期间的维修、加固、管件维护；脚手架拆除、拆除后的材料整理堆放。

13. 独立斜道（项目编码：桂 011701013）

(1) 单位：座。

(2) 项目特征：斜道材质；斜道高度；斜道适用工程（建筑和装饰装修一体承包的、仅完成装饰装修的）；其他。

(3) 工程量计算规则：按经审定的施工组织设计或施工技术措施方案以数量计算。

(4) 工作内容：场内外材料搬运；斜道搭设；施工使用期间的维修、加固、管件维护；斜道拆除、拆除后的材料整理堆放。

14. 烟囱/水塔/独立体脚手架（项目编码：桂 011701014）

(1) 单位：座。

(2) 项目特征：脚手架适用项目；脚手架材质；脚手架高度；脚手架直径；其他。

(3) 工程量计算规则：按设计图示的烟囱/水塔/独立筒体以数量计算。

(4) 工作内容：场内外材料运输；脚手架搭设；打缆风桩、拉缆风绳；施工使用期间的维修、加固、管件维护；脚手架拆除、拆除后的材料整理堆放。

15. 外脚手架安全挡板（项目编码：桂 011701015）

(1) 单位：m²。

(2) 项目特征：外脚手架安全挡板材质；高度；其他。

(3) 工程量计算规则：按实搭挑出外架的水平投影面积以平方米计算。

(4) 工作内容：场内外材料搬运；安全挡板搭设；施工使用期间的维修、加固、管件维护；安全挡板拆除、拆除后的材料整理堆放。

16. 安全通道（项目编码：桂 011701016）

（1）单位：m。

（2）项目特征：安全通道材质；与安全通道配合的脚手架高度；安全通道的宽度尺寸（宽度超过 3m 者）；安全通道使用工程（建筑和装饰装修一体承包的或仅完成建筑主体的）。

（3）工程量计算规则：按经审定的施工组织设计或施工技术措施方案以中心线长度计算。

（4）工作内容：场内外材料搬运；安全通道搭设；施工使用期间的维修、加固、管件维护；安全通道拆除、拆除后的材料整理堆放。

17. 相关说明

（1）使用综合脚手架时，不再使用外脚手架、里脚手架等单项脚手架；综合脚手架适用于能够按"建筑面积计算规则"计算建筑面积的建筑工程脚手架，不适用于房屋加层、构筑物及附属工程脚手架。

（2）同一建筑物有不同檐高时，按建筑物竖向切面分别按不同檐高编列清单项目。

（3）整体提升架已包括 2m 高的防护架体设施。

（4）脚手架材质可以不描述，但应注明由投标人根据工程实际情况按照国家现行标准《建筑施工扣件式钢管脚手架安全技术规范》JGJ 130、《建筑施工附着升降脚手架管理暂行规定》（建建［2000］230 号）等规范自行确定。

9.1.3 混凝土模板及支架（撑）

1. 基础（项目编码：011702001）

（1）单位：m²。

（2）项目特征：基础类型。

（3）工程量计算规则：按模板与现浇混凝土构件的接触面积计算。

1）现浇钢筋混凝土墙、板单孔面积≤0.3m² 的孔洞不予扣除，洞侧壁模板亦不增加；单孔面积＞0.3m² 时应予扣除，洞侧壁模板面积并入墙、板工程量内计算。

2）现浇框架分别按梁、板、柱有关规定计算；附墙柱、暗梁、暗柱并入墙内工程量计算。

3）柱、梁、墙、板相互连接的重叠部分，均不计算模板面积。

4）构造柱按图示外露部分计算模板面积。

（4）工作内容：模板制作；模板安装、拆除、整理堆放及场内外运输；清理模板粘结物及模内杂物、刷隔离剂等。

2. 矩形柱（项目编码：011702002）

3. 构造柱（项目编码：011702003）

2～3 项的单位、项目特征、工程量计算规则、工作内容均一致如下：

（1）单位：m²。

（2）项目特征。

（3）工程量计算规则：按模板与现浇混凝土构件的接触面积计算。

1）现浇钢筋混凝土墙、板单孔面积≤0.3m² 的孔洞不予扣除，洞侧壁模板亦不增加；单孔面积＞0.3m² 时应予扣除，洞侧壁模板面积并入墙、板工程量内计算。

2）现浇框架分别按梁、板、柱有关规定计算；附墙柱、暗梁、暗柱并入墙内工程量计算。

3）柱、梁、墙、板相互连接的重叠部分，均不计算模板面积。

4）构造柱按图示外露部分计算模板面积。

（4）工作内容：模板制作；模板安装、拆除、整理堆放及场内外运输；清理模板粘结物及模内杂物、刷隔离剂等。

4．异形柱（异形柱项目编码：011702004）

（1）单位：m²。

（2）项目特征：柱截面形状。

（3）工程量计算规则：按模板与现浇混凝土构件的接触面积计算。

1）现浇钢筋混凝土墙、板单孔面积≤0.3m²的孔洞不予扣除，洞侧壁模板亦不增加；单孔面积>0.3m²时应予扣除，洞侧壁模板面积并入墙、板工程量内计算。

2）现浇框架分别按梁、板、柱有关规定计算；附墙柱、暗梁、暗柱并入墙内工程量计算。

3）柱、梁、墙、板相互连接的重叠部分，均不计算模板面积。

4）构造柱按图示外露部分计算模板面积。

（4）工作内容：模板制作；模板安装、拆除、整理堆放及场内外运输；清理模板粘结物及模内杂物、刷隔离剂等。

5．基础梁（项目编码：011702005）

（1）单位：m²。

（2）项目特征：梁截面形状。

（3）工程量计算规则：按模板与现浇混凝土构件的接触面积计算。

1）现浇钢筋混凝土墙、板单孔面积≤0.3m²的孔洞不予扣除，洞侧壁模板亦不增加；单孔面积>0.3m²时应予扣除，洞侧壁模板面积并入墙、板工程量内计算。

2）现浇框架分别按梁、板、柱有关规定计算；附墙柱、暗梁、暗柱并入墙内工程量计算。

3）柱、梁、墙、板相互连接的重叠部分，均不计算模板面积。

4）构造柱按图示外露部分计算模板面积。

（4）工作内容：模板制作；模板安装、拆除、整理堆放及场内外运输；清理模板粘结物及模内杂物、刷隔离剂等。

6．矩形梁（项目编码：011702006）

（1）单位：m²。

（2）项目特征：支撑高度。

（3）工程量计算规则：按模板与现浇混凝土构件的接触面积计算。

1）现浇钢筋混凝土墙、板单孔面积≤0.3m²的孔洞不予扣除，洞侧壁模板亦不增加；单孔面积>0.3m²时应予扣除，洞侧壁模板面积并入墙、板工程量内计算。

2）现浇框架分别按梁、板、柱有关规定计算；附墙柱、暗梁、暗柱并入墙内工程量计算。

3）柱、梁、墙、板相互连接的重叠部分，均不计算模板面积。

4）构造柱按图示外露部分计算模板面积。

（4）工作内容：模板制作；模板安装、拆除、整理堆放及场内外运输；清理模板粘结物及模内杂物、刷隔离剂等。

7. 异形梁（项目编码：011702007）

（1）单位：m²。

（2）项目特征：梁截面形状；支撑高度。

（3）工程量计算规则：按模板与现浇混凝土构件的接触面积计算。

1）现浇钢筋混凝土墙、板单孔面积≤0.3m²的孔洞不予扣除，洞侧壁模板亦不增加；单孔面积>0.3m²时应予扣除，洞侧壁模板面积并入墙、板工程量内计算。

2）现浇框架分别按梁、板、柱有关规定计算；附墙柱、暗梁、暗柱并入墙内工程量计算。

3）柱、梁、墙、板相互连接的重叠部分，均不计算模板面积。

4）构造柱按图示外露部分计算模板面积。

（4）工作内容：模板制作；模板安装、拆除、整理堆放及场内外运输；清理模板粘结物及模内杂物、刷隔离剂等。

8. 圈梁（项目编码：011702008）

9. 过梁（项目编码：011702009）

8～9项的单位、项目特征、工程量计算规则、工作内容均一致如下：

（1）单位：m²。

（2）项目特征。

（3）工程量计算规则：按模板与现浇混凝土构件的接触面积计算。

1）现浇钢筋混凝土墙、板单孔面积≤0.3m²的孔洞不予扣除，洞侧壁模板亦不增加；单孔面积>0.3m²时应予扣除，洞侧壁模板面积并入墙、板工程量内计算。

2）现浇框架分别按梁、板、柱有关规定计算；附墙柱、暗梁、暗柱并入墙内工程量计算。

3）柱、梁、墙、板相互连接的重叠部分，均不计算模板面积。

4）构造柱按图示外露部分计算模板面积。

（4）工作内容：模板制作；模板安装、拆除、整理堆放及场内外运输；清理模板粘结物及模内杂物、刷隔离剂等。

10. 弧形、拱形梁（项目编码：011702010）

（1）单位：m²。

（2）项目特征：梁截面形状；支撑高度。

（3）工程量计算规则：按模板与现浇混凝土构件的接触面积计算。

1）现浇钢筋混凝土墙、板单孔面积≤0.3m²的孔洞不予扣除，洞侧壁模板亦不增加；单孔面积>0.3m²时应予扣除，洞侧壁模板面积并入墙、板工程量内计算。

2）现浇框架分别按梁、板、柱有关规定计算；附墙柱、暗梁、暗柱并入墙内工程量计算。

3）柱、梁、墙、板相互连接的重叠部分，均不计算模板面积。

4）构造柱按图示外露部分计算模板面积。

（4）工作内容：模板制作；模板安装、拆除、整理堆放及场内外运输；清理模板粘结物及模内杂物、刷隔离剂等。

11. 直行墙（项目编码：011702011）

12. 弧形墙（项目编码：011702012）

13. 短肢剪力墙、电梯井壁（项目编码：011702013）

11～13 项的单位、项目特征、工程量计算规则、工作内容均一致如下：

（1）单位：m^2。

（2）项目特征。

（3）工程量计算规则：按模板与现浇混凝土构件的接触面积计算。

1）现浇钢筋混凝土墙、板单孔面积≤$0.3m^2$ 的孔洞不予扣除，洞侧壁模板亦不增加；单孔面积＞$0.3m^2$ 时应予扣除，洞侧壁模板面积并入墙、板工程量内计算。

2）现浇框架分别按梁、板、柱有关规定计算；附墙柱、暗梁、暗柱并入墙内工程量计算。

3）柱、梁、墙、板相互连接的重叠部分，均不计算模板面积。

4）构造柱按图示外露部分计算模板面积。

（4）工作内容：模板制作；模板安装、拆除、整理堆放及场内外运输；清理模板粘结物及模内杂物、刷隔离剂等。

14. 有梁板（项目编码：011702014）

15. 无梁板（项目编码：011702015）

16. 平板（项目编码：011702016）

17. 拱板（项目编码：011702017）

18. 薄壳板（项目编码：011702018）

19. 空心板（项目编码：011702019）

20. 其他板（项目编码：011702020）

14～20 项的单位、项目特征、工程量计算规则、工作内容均一致如下：

（1）单位：m^2。

（2）项目特征：支撑高度。

（3）工程量计算规则：按模板与现浇混凝土构件的接触面积计算。

1）现浇钢筋混凝土墙、板单孔面积≤$0.3m^2$ 的孔洞不予扣除，洞侧壁模板亦不增加；单孔面积＞$0.3m^2$ 时应予扣除，洞侧壁模板面积并入墙、板工程量内计算。

2）现浇框架分别按梁、板、柱有关规定计算；附墙柱、暗梁、暗柱并入墙内工程量计算。

3）柱、梁、墙、板相互连接的重叠部分，均不计算模板面积。

4）构造柱按图示外露部分计算模板面积。

（4）工作内容：模板制作；模板安装、拆除、整理堆放及场内外运输；清理模板粘结物及模内杂物、刷隔离剂等。

21. 栏板（项目编码：011702021）

（1）单位：m^2。

（2）项目特征。

（3）工程量计算规则：按模板与现浇混凝土构件的接触面积计算。

1）现浇钢筋混凝土墙、板单孔面积≤0.3m² 的孔洞不予扣除，洞侧壁模板亦不增加；单孔面积＞0.3m² 时应予扣除，洞侧壁模板面积并入墙、板工程量内计算。

2）现浇框架分别按梁、板、柱有关规定计算；附墙柱、暗梁、暗柱并入墙内工程量计算。

3）柱、梁、墙、板相互连接的重叠部分，均不计算模板面积。

4）构造柱按图示外露部分计算模板面积。

（4）工作内容：模板制作；模板安装、拆除、整理堆放及场内外运输；清理模板粘结物及模内杂物、刷隔离剂等。

22. 天沟、檐沟（项目编码：011702022）

（1）单位：m²。

（2）项目特征：构件类型。

（3）工程量计算规则：按模板与现浇混凝土构件的接触面积计算。

（4）工作内容：模板制作；模板安装、拆除、整理堆放及场内外运输；清理模板粘结物及模内杂物、刷隔离剂等。

23. 雨篷、悬挑板、阳台板（项目编码：011702023）

（1）单位：m²。

（2）项目特征：构件类型；板厚度。

（3）工程量计算规则：按图示外挑部分尺寸的水平投影面积计算，挑出墙外的悬臂梁与板边不另计算。

（4）工作内容：模板制作；模板安装、拆除、整理堆放及场内外运输；清理模板粘结物及模内杂物、刷隔离剂等。

24. 楼梯（项目编码：011702024）

（1）单位：m²。

（2）项目特征：类型。

（3）工程量计算规则：按楼梯（包括休息平台、平台梁、斜梁和楼层板的连接梁）的水平投影面积计算，不扣除宽度≤500mm 的楼梯井所占面积，楼梯踏步、踏步板、平台梁等侧面模板不另计算，伸入墙内部分亦不增加。

（4）工作内容：模板制作；模板安装、拆除、整理堆放及场内外运输；清理模板粘结物及模内杂物、刷隔离剂等。

25. 其他现浇构件（项目编码：011702025）

（1）单位：m²。

（2）项目特征：构件类型。

（3）工程量计算规则：按模板与现浇混凝土构件的接触面积计算。

（4）工作内容：模板制作；模板安装、拆除、整理堆放及场内外运输；清理模板粘结物及模内杂物、刷隔离剂等。

26. 电缆沟、地沟（项目编码：011702026）

（1）单位：m²。

（2）项目特征：沟类型；沟截面。

（3）工程量计算规则：按模板与电缆沟、地沟接触的面积计算。

（4）工作内容：模板制作；模板安装、拆除、整理堆放及场内外运输；清理模板粘结物及模内杂物、刷隔离剂等。

27. 台阶（项目编码：011702027）

（1）单位：m²。

（2）项目特征：台阶踏步宽。

（3）工程量计算规则：按图示台阶水平投影面积计算，台阶端头两侧不另计算模板面积。架空式混凝土台阶，按现浇楼梯计算。

（4）工作内容：模板制作；模板安装、拆除、整理堆放及场内外运输；清理模板粘结物及模内杂物、刷隔离剂等。

28. 扶手（项目编码：011702028）

（1）单位：m²。

（2）项目特征：扶手断面尺寸。

（3）工程量计算规则：按模板与扶手接触的面积计算。

（4）工作内容：模板制作；模板安装、拆除、整理堆放及场内外运输；清理模板粘结物及模内杂物、刷隔离剂等。

（5）应用说明

该清单项目在计量规范广西实施细则增补列有"压顶、扶手模板制作安装（项目编码：桂011702038）"，扶手应按广西实施细则编码列项。

29. 散水（项目编码：011702029）

（1）单位：m²。

（2）项目特征。

（3）工程量计算规则：按模板与散水的接触面积计算。

（4）工作内容：模板制作；模板安装、拆除、整理堆放及场内外运输；清理模板粘结物及模内杂物、刷隔离剂等。

（5）应用说明

该清单项目在计量规范广西实施细则增补列有"混凝土散水模板制作安装（项目编码：桂011702039）"，散水应按广西实施细则编码列项。

30. 后浇带（项目编码：011702030）

（1）单位：m²。

（2）项目特征：后浇带部位。

（3）工程量计算规则：按模板与后浇带的接触面积计算。

（4）工作内容：模板制作；模板安装、拆除、整理堆放及场内外运输；清理模板粘结物及模内杂物、刷隔离剂等。

31. 化粪池（项目编码：011702031）

（1）单位：m²。

（2）项目特征：化粪池部位；化粪池规格。

（3）工程量计算规则：按模板与混凝土接触面积计算。

（4）工作内容：模板制作；模板安装、拆除、整理堆放及场内外运输；清理模板粘结物及模内杂物、刷隔离剂等。

32. 检查井（项目编码：011702032）

（1）单位：m²。

（2）项目特征：检查井部位；检查井规格。

（3）工程量计算规则：按模板与混凝土接触面积计算。

（4）工作内容：模板制作；模板安装、拆除、整理堆放及场内外运输；清理模板粘结物及模内杂物、刷隔离剂等。

33. 建筑物滑升模板制作安装（项目编码：桂 011702033）

（1）单位：m²。

（2）项目特征：模板材质；模板支撑材质；支模高度；混凝土与模板接触面施工要求（清水面、普通面）；其他。

（3）工程量计算规则：

1）按混凝土与模板接触面积计算，墙高应自墙基或楼板的上表面至上层楼板底面计算。不扣除梁与墙交接处的模板面积。

2）墙板上单孔面积在 0.3m² 以内的孔洞不扣除，洞侧模板也不增加，单孔面积在 0.3m² 以上应扣除，洞侧模板并入墙板模板工程量计算。不扣除后浇带所占的面积。

（4）工作内容：模板的制作；模板安装、拆除、整理堆放及场内外运输；清理模板粘结物及模内杂物、刷隔离剂。

34. 高大有梁板胶合板模板（项目编码：桂 011702034）

（1）单位：m²。

（2）项目特征：模板材质；位置；支模高度、混凝土与模板接触面施工要求（清水面、普通面）；其他。

（3）工程量计算规则：按混凝土与模板接触面积计算，不扣除柱、墙所占的面积，不扣除后浇带所占面积。

（4）工作内容：模板的制作；模板安装、拆除、整理堆放及场内外运输；清理模板粘结物及模内杂物、刷隔离剂。

35. 高大有梁板模板钢支撑（项目编码：桂 011702035）

（1）单位：m²。

（2）项目特征：支撑类型；支撑高度；其他。

（3）工程量计算规则：按经评审的施工专项方案搭设面积乘以支模高度（楼地面至板底高度）以立方米计算，如无经评审的施工专项方案，搭设面积则按梁宽加 600mm 乘以梁长计算。

（4）工作内容：支撑的安装、拆除、整理堆放及场内外运输。

36. 高大梁胶合板模板（项目编码：桂 011702036）

（1）单位：m²。

（2）项目特征：模板材质；位置；混凝土与模板接触面施工要求（清水面、普通面）；其他。

（3）工程量计算规则：

1）按混凝土与模板接触面积计算。

2）梁长按下列规定确定：梁与柱连接时，梁长算至柱侧面；主梁与次梁连接时，次梁长算至主梁侧面。计算梁模板时，不扣除梁与梁交接处的模板面积，不扣除后浇带所占面积。

（4）工作内容：模板的制作；模板安装、拆除、整理堆放及场内外运输；清理模板粘结物及模内杂物、刷隔离剂。

37．高大梁模板钢支撑（项目编码：桂 011702037）

（1）单位：m³。

（2）项目特征：支撑类型；支撑高度；其他。

（3）工程量计算规则：按搭设面积乘以支模高度（楼地面至板底高度）以立方米计算，不扣除梁柱所占的体积。

（4）工作内容：支撑的安装、拆除、整理堆放及场内外运输。

38．压顶、扶手模板制作安装（项目编码：桂 011702038）

（1）单位：m。

（2）项目特征：构件的类型；构件的规格；模板材质；模板支撑材质；混凝土与模板接触面施工要求（清水面、普通面）；其他。

（3）工程量计算规则：按设计图示尺寸以延长米计算。

（4）工作内容：模板的制作；模板安装、拆除、整理堆放及场内外运输；清理模板粘结物及模内杂物、刷隔离剂。

39．混凝土散水模板制作安装（项目编码：桂 011702039）

（1）单位：m²。

（2）项目特征：散水厚度；模板材质；模板支撑材质；其他。

（3）工程量计算规则：按水平投影面积以平方米计算。

（4）工作内容：模板的制作；模板安装、拆除、整理堆放及场内外运输；清理模板粘结物及模内杂物、刷隔离剂。

40．混凝土明沟模板制作安装（项目编码：桂 011702040）

（1）单位：m。

（2）项目特征：明沟断面尺寸；模板材质；模板支撑材质；其他。

（3）工程量计算规则：按设计图示尺寸以延长米计算。

（4）工作内容：模板的制作；模板安装、拆除、整理堆放及场内外运输；清理模板粘结物及模内杂物、刷隔离剂。

41．小型池槽模板制作安装（项目编码：桂 011702041）

（1）单位：m³。

（2）项目特征：构件的规格；模板材质；模板支撑材质；混凝土与模板接触面施工要求（清水面、普通面）；其他。

（3）工程量计算规则：按构件外围体积计算。

（4）工作内容：模板的制作；模板安装、拆除、整理堆放及场内外运输；清理模板粘结物及模内杂物、刷隔离剂。

42．梁、板沉降后浇带胶合板钢支撑增加费（项目编码：桂 011702042）

43．墙沉降后浇带胶合板钢支撑增加费（项目编码：桂 011702043）

44. 梁、板温度后浇带胶合板钢支撑增加费（项目编码：桂 011702044）

45. 地下室底板后浇带木模板增加费（项目编码：桂 011702045）

42～45 项的单位、项目特征、工程量计算规则、工作内容均一致如下：

(1) 单位：m³。

(2) 项目特征：部位；混凝土与模板接触面施工要求（清水面、普通面）；其他。

(3) 工程量计算规则：按后浇部分混凝土体积以立方米计算。

(4) 工作内容：模板的制作；模板安装、拆除、整理堆放及场内外运输；清理模板粘结物及模内杂物、刷隔离剂。

46. 预制桩模板制作安装（项目编码：桂 011702046）

(1) 单位：m³。

(2) 项目特征：桩类型；桩规格；模板材质；其他。

(3) 工程量计算规则：桩按设计图示混凝土实体体积以立方米计算。

(4) 工作内容：模板制作；安装、清理模板、刷隔离剂；拆除模板、整理堆放、装箱运输。

47. 桩尖模板制作安装（项目编码：桂 011702047）

(1) 单位：m³。

(2) 项目特征：桩尖规格；模板材质；其他。

(3) 工程量计算规则：按桩尖最大截面积乘以高度以立方米计算。

(4) 工作内容：模板制作、安装；清理模板、刷隔离剂；拆除模板、整理堆放、装箱运输。

48. 预制柱模板制作安装（项目编码：桂 011702048）

(1) 单位：m³。

(2) 项目特征：柱类型；柱规格；模板材质；其他。

(3) 工程量计算规则：按设计图示混凝土实体体积计算。

(4) 工作内容：模板制作、安装；清理模板、刷隔离剂；拆除模板、整理堆放、装箱运输。

49. 预制模板制作安装（项目编码：桂 011702049）

50. 预制异形梁模板制作安装（项目编码：桂 011702050）

51. 预制过梁模板制作安装（项目编码：桂 011702051）

52. 预制托架梁模板制作安装（项目编码：桂 011702052）

53. 鱼腹式吊车梁模板制作安装（项目编码：桂 011702053）

49～53 项的单位、项目特征、工程量计算规则、工作内容均一致如下：

(1) 单位：m³。

(2) 项目特征：梁类型；梁规格；板材质；其他。

(3) 工程量计算规则：按设计图示混凝土实体体积以立方米计算。

(4) 工作内容：模板制作、安装；清理模板、刷隔离剂；拆除模板、整理堆放、装箱运输。

54. 预制屋架模板制作安装（项目编码：桂 011702054）

(1) 单位：m³。

（2）项目特征：屋架类型；屋架规格；模板材质；其他。

（3）工程量计算规则：按设计图示混凝土实体体积以立方米计算。

（4）工作内容：模板制作、安装；清理模板、刷隔离剂；拆除模板、整理堆放及场内外运输。

55．预制门式刚架模板制作安装（项目编码：桂 011702055）

56．预制天窗架模板制作安装（项目编码：桂 011702056）

55～56 项的单位、项目特征、工程量计算规则、工作内容均一致如下：

（1）单位：m³。

（2）项目特征：构件种类；构件规格；模板材质；其他。

（3）工程量计算规则：按设计图示混凝土实体体积以立方米计算。

（4）工作内容：模板制作、安装；清理模板、刷隔离剂；拆除模板、整理堆放及场内外运输。

57．预制天窗端壁板模板制作安装（项目编码：桂 011702057）

（1）单位：m³。

（2）项目特征：板类型；板规格；模板材质；其他。

（3）工程量计算规则：按设计图示混凝土实体体积以立方米计算。

（4）工作内容：模板制作、安装；清理模板、刷隔离剂；拆除模板、整理堆放及场内外运输。

58．预制空心板模板制作安装（项目编码：桂 011702058）

（1）单位：m³。

（2）项目特征：板类型；板厚度；板规格；模板材质；其他。

（3）工程量计算规则：按设计图示混凝土实体体积以立方米计算。

（4）工作内容：模板制作、安装；清理模板、刷隔离剂；拆除模板，整理堆放及场内外运输。

59．预制平板模板制作安装（项目编码：桂 011702059）

60．预制槽形板模板制作安装（项目编码：桂 011702060）

61．大型屋面板模板制作安装（项目编码：桂 011702061）

62．带肋板模板制作安装（项目编码：桂 011702062）

63．折线板模板制作安装（项目编码：桂 011702063）

64．沟盖板、井盖板、井圈模板制作安装（项目编码：桂 011702064）

65．其他板模板制作安装（项目编码：桂 011702065）

59～65 项的单位、项目特征、工程量计算规则、工作内容均一致如下：

（1）单位：m³。

（2）项目特征：构件种类；构件规格；模板材质；其他。

（3）工程量计算规则：按设计图示混凝土实体体积以立方米计算。

（4）工作内容：模板制作、安装；清理模板、刷隔离剂；拆除模板、整理堆放及场内外运输。

66．预制混凝土楼梯模板制作安装（项目编码：桂 011702066）

（1）单位：m³。

（2）项目特征：部位；梯段类型；构件规格；模板材质；其他。

（3）工程量计算规则：按设计图示混凝土体积以立方米计算。

（4）工作内容：模板制作、安装；清理模板、刷隔离剂；拆除模板，整理堆放、装箱运输。

67. 其他预制构件模板制作安装（项目编码：桂 011702067）

（1）单位：m^3。

（2）项目特征：构件类型；构件规格；模板材质；其他。

（3）工程量计算规则：按设计图示混凝土体积以立方米计算。

（4）工作内容：模板制作、安装；清理模板、刷隔离剂；拆除模板，整理堆放、装箱运输。

68. 相关说明

（1）原槽浇灌的混凝土基础，不计算模板。

（2）混凝土模板及支撑（架）项目，只适用于以平方米计量，按楼板与混凝土构件的接触面积计算。以立方米计量的模板及支撑（支架），按混凝土及钢筋混凝土实体项目执行，其综合单价中应包含模板及支撑（支架）。

（3）采用清水模板时，应在特征中注明。

（4）若现浇混凝土梁、板支撑高度超过 3.6m 时，项目特征应描述支撑高度。

（5）不带肋的预制遮阳板、雨棚板、挑檐版、栏板等的模板，应按本小节平板项目编码列项。

（6）预制 F 形板、双 T 形板、单肋板和带反挑檐的雨棚板、挑檐版、遮阳板等的模板，应按本小节带肋板模板项目编码列项。

（7）窗台板、隔板、架空隔热板、天窗侧板、天窗上下挡板等的模板，按其他板模板项目编码列项。

9.1.4　垂直运输

1. 垂直运输（项目编码：011703001）

（1）单位：m^2；天。计量规范广西实施细则取定单位为"m^2"。

（2）项目特征：建筑物建筑类型及结构形式；地下室建筑面积；建筑物檐口高度、层数。

（3）工程量计算规则：按建筑面积计算；按施工工期日历天数计算。

（4）工作内容：垂直运输机械的固定装置、基础制作、安装；行走式垂直运输机械轨道的铺设、拆除、摊销。

2. 相关说明

（1）建筑物的檐口高度是指设计室外地坪至檐口滴水的高度（平屋顶系指屋面板底高度），突出主体建筑物屋顶的电梯机房、楼梯出口间、水箱间、瞭望塔、排烟机房等不计入檐口高度。

（2）垂直运输指施工工程在合理工期内所需垂直运输机械。

（3）同一建筑物有不同檐高时，按建筑物的不同檐高做纵向分割，分别计算建筑面积，以不同檐高分别编码列项。

9.1.5　超高施工增加

1. 超高施工增加（项目编码：011704001）

应用说明：

（1）广西实施细则取消该清单项目。

（2）广西实施细则规定，建筑物超高人工和机械降效计入相应综合单价中计算，不单独列措施清单项目。

2. 建筑物超高加压水泵（项目编码：桂011704002）

（1）单位：m^2。

（2）项目特征：建筑物建筑类型及结构形式；建筑物檐口高度、层数。

（3）工程量计算规则：按±0.00以上建筑面积计算。

（4）工作内容：高层施工用水加压水泵的安装、拆除及工作台班。

3. 相关说明

（1）单层建筑物檐口高度超过20m，多层建筑物超过6层时，可按超高部分的建筑面积计算超高施工增加。计算层数时，地下室不计入层数。

（2）同一建筑物有不同檐高时，可按不同高度的建筑面积分别计算建筑面积，以不同檐高分别编码列项。

9.1.6　大型机械设备进出场及安拆

大型机械设备进出场及安拆（项目编码：011705001）

（1）单位：台次。

（2）项目特征：机械设备名称；机械设备规格型号。

（3）工程量计算规则：按使用机械设备的数量计算。

（4）工作内容：安拆费包括施工机械、设备在现场进行安装拆卸所需人工、材料、机械和试运转费用以及机械辅助设施的折旧、搭设、拆除等费用；进出场费包括施工机械、设备整体或分体自停放地点运至施工现场或由一施工地点运至另一施工地点所发生的运输、装卸、辅助材料等费用。

9.1.7　施工排水、降水

1. 成井（项目编码：011706001）

2. 排水、降水（项目编码：011706002）

应用说明：计量规范广西实施细则规定，取消国家房建计量规范本小节1～2项，由本小节3～4项代替。

3. 成井（项目编码：桂011706003）

（1）单位：根。

（2）项目特征：成井方式；成井孔径；成井深度；井管深度。

（3）工程量计算规则：按设计图示数量计算。

（4）工作内容：准备钻孔机械、埋设护筒、钻机就位；泥浆制作、固壁；成孔、出渣、清孔等；对接上、下井管（滤管）；焊接、安放，下滤料、洗井、连接试抽等；管道安装、拆除，场内搬运等。

4. 排水、降水（项目编码：桂011706004）

（1）单位：昼夜。

(2) 项目特征：井点类型；井管深度。

(3) 工程量计算规则：按排、降水日历天数计算。

(4) 工作内容：抽水、值班、降水设备维修等。

5. 相关说明

相应专项设计不具备时，可按暂估量计算。

9.1.8　混凝土运输及泵送工程

1. 搅拌站混凝土运输（项目编码：桂 011708001）

(1) 单位：m³。

(2) 项目特征：运距；其他。

(3) 工程量计算规则：按混凝土浇捣相应子目的混凝土定额分析量（如需泵送，加上泵送损耗）计算。

(4) 工作内容：将搅拌好的混凝土在运输中进行搅拌；运送到施工现场；卸车。

2. 混凝土泵送（项目编码：桂 011708002）

(1) 单位：m³。

(2) 项目特征：泵送装置；檐高；其他。

(3) 工程量计算规则：按混凝土浇捣相应子目的混凝土定额分析量计算。

(4) 工作内容：混凝土输送；铺设、移动及拆除导管的管道支架；清洗设备。

9.1.9　二次搬运费

二次搬运费（项目编码：桂 011709001）

(1) 单位：块；张；m²；m³；t。

(2) 项目特征：材料种类、规格、型号；材料运距；其他。

(3) 工程量计算规则：按材料的计量单位计算。

(4) 工作内容：装卸；运输；堆放整齐。

9.1.10　已完工程保护费

1. 楼地面成品保护（项目编码：桂 011710001）

(1) 单位：m²。

(2) 项目特征：成品保护材料种类、规格；其他。

(3) 工程量计算规则：按被保护面层以面积计算。

(4) 工作内容：清扫表面；铺设、拆除成品保护；材料清理归堆；清洁表面。

2. 楼梯成品保护（项目编码：桂 011710002）

(1) 单位：m²。

(2) 项目特征：成品保护材料种类、规格；其他。

(3) 工程量计算规则：按设计图示尺寸以水平投影面积计算。

(4) 工作内容：清扫表面、铺设、拆除成品保护；材料清理归堆；清洁表面。

3. 栏杆、扶手成品保护（项目编码：桂 011710003）

(1) 单位：m。

(2) 项目特征：成品保护材料种类、规格；其他。

(3) 工程量计算规则：按设计图示尺寸以中心线长度计算。

(4) 工作内容：清扫表面；铺设、拆除成品保护；材料清理归堆；清洁表面。

4. 台阶成品保护（项目编码：桂 011710004）

（1）单位：m²。

（2）项目特征：成品保护材料种类、规格；其他。

（3）工程量计算规则：按设计图示尺寸以水平投影面积计算。

（4）工作内容：清扫表面；铺设、拆除成品保护；材料清理归堆；清洁表面。

5. 柱面装饰面保护（项目编码：桂 011710005）

6. 墙面装饰面保护（项目编码：桂 011710006）

7. 电梯内装饰保护（项目编码：桂 011710007）

5～7 项的单位、项目特征、工程量计算规则、工作内容均一致如下：

（1）单位：m²。

（2）项目特征：装饰面保护材料种类、规格、其他。

（3）工程量计算规则：按被保护面层以面积计算。

（4）工作内容：清扫表面、铺设、拆除成品保护、材料清理归堆、清洁表面。

9.1.11　夜间施工增加费

夜间施工增加费（项目编码：桂 011711001）

（1）单位：工日。

（2）项目特征：夜间施工时间。

（3）工程量计算规则：按夜间施工工日数计算。

（4）工作内容：因夜间施工所发生的夜班补助费、夜间施工降效、夜间施工照明设备摊销及照明用电等费用。

9.1.12　计算实例

【例 9-1】

已知：某工程如图 9-1 所示，其中平面图中尺寸标注为外墙外边线。根据广西常规施工方案，脚手架材质采用钢管架，外墙为双排。

要求：编制外脚手架项目的工程量清单。

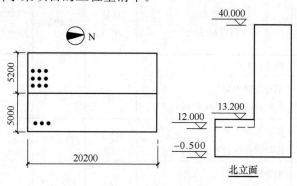

图 9-1　某工程示意图

【解】

根据题意，本工程外架有三个区间高度：

（1）从 -0.5～13.2m，搭设高度为 13.7m。

（2）从 -0.5～40，搭设高度为 40.5m。

（3）从 12～40m 的，搭设高度为 28m。

结合计价特点，本工程外脚手架清单应区分不同高度区间分别列项。

1. 外脚手架 13.7m

（1）项目编码：011701002001

（2）项目名称：外脚手架

（3）项目特征：

1）搭设高度：20m 以内；

2）脚手架材质：钢管。

（4）单位：m^2。

（5）工程量计算规则：按所服务对象的垂直投影面积计算。

（6）工程量计算：$S=(20.2+5.0\times2)\times(0.5+13.2)=139.74m^2$

（7）填写表格（见表 9-2）。

2. 外脚手架 28m

（1）项目编码：011701002003

（2）项目名称：外脚手架

（3）项目特征：

1）搭设高度：30m 以内；

2）脚手架材质：钢管。

（4）单位：m^2。

（5）工程量计算规则：按所服务对象的垂直投影面积计算。

（6）工程量计算：$S=20.2\times(40-12)=565.60m^2$

（7）填写表格（见表 9-2）。

分部分项工程和单价措施项目清单与计价表　　　　　　　　表 9-2

工程名称：××　　　　　　　　　　　　　　　　　　　　　　第　页　共　页

序号	项目编码	项目名称及项目特征描述	计量单位	工程量	金额（元）		
					综合单价	合价	其中：暂估价
	011701	脚手架工程					
1	011701002001	钢管外脚手架 ①搭设高度：20m 以内	m^2	139.74			
2	011701002002	钢管外脚手架 ①搭设高度：30m 以内	m^2	565.60			
3	011701002003	钢管外脚手架 ①搭设高度：50m 以内	m^2	1239.30			

3. 外脚手架 40.5m

（1）项目编码：011701002002

（2）项目名称：外脚手架

（3）项目特征：

1）搭设高度：50m 以内；

2）脚手架材质：钢管。

（4）单位：m^2

（5）工程量计算规则：按所服务对象的垂直投影面积计算。

（6）工程量计算：$S = (5.2 \times 2 + 20.2) \times (0.5 + 40) = 1239.30 m^2$

（7）填写表格（见表 9-2）。

【例 9-2】

已知：某试验室工程为框架二层，建筑面积 236.27m^2。设计现浇钢筋混凝土板式楼梯如图 7-5 所示，墙厚 190mm；施工方案明确本工程采用胶合板模板木支撑施工。

要求：编制楼梯模板项目的工程量清单。

【解】

（1）项目编码：011702024001

（2）项目名称：直形楼梯

（3）项目特征：

模板及支撑种类：胶合板木支撑。

（4）单位：m^2。

（5）工程量计算规则：按楼梯的水平投影面积计算，不扣除宽度≤500mm 的楼梯井，楼梯踏步、踏步板、平台梁等侧面模板不另计算，伸入墙内部分不计算。

（6）工程量计算：$S = (6 - 1.5 - 0.09 + 0.2) \times (3.6 - 0.09 \times 2) = 15.77 m^2$

（7）表格填写（见表 9-3）。

分部分项工程和单价措施项目清单与计价表　　　　　表 9-3

工程名称：××　　　　　　　　　　　　　　　　　　　第　页　共　页

序号	项目编码	项目名称及项目特征描述	计量单位	工程量	金额（元）		
					综合单价	合价	其中：暂估价
	011702	模板工程					
1	011702024001	直形楼梯 模板及支撑种类：胶合板木支撑	m^2	15.77			

【例 9-3】

已知：某市区内的桩基础工程，案例背景同【例 7-3】。

要求：编制该桩基础工程大型机械设备进出场及安拆费项目的工程量清单。

【解】

1. 液压静力压桩机进出场（压力 4000kN）

（1）项目编码：011705001001

（2）项目名称：大型机械设备安拆

（3）项目特征：

1）机械设备名称：液压静力压桩机；

2）机械设备规格型号：压力 4000kN。

（4）单位：台次。

（5）工程量计算规则：按使用机械设备的数量计算。

（6）工程量计算：1 台次。

（7）表格填写（见表 9-4）。

2. 液压静力压桩机安拆（压力 4000kN）

（1）项目编码：011705001001

（2）项目名称：大型机械设备进出场

（3）项目特征：

1）机械设备名称：液压静力压桩机；

2）机械设备规格型号：压力 4000kN。

（4）单位：台次。

（5）工程量计算规则：按使用机械设备的数量计算。

（6）工程量计算：1 台次

（7）表格填写（见表 9-4）。

分部分项工程和单价措施项目清单与计价表　　　　　　表 9-4

工程名称：××　　　　　　　　　　　　　　　　　　　　　　　　第　页　共　页

序号	项目编码	项目名称及项目特征描述	计量单位	工程量	金额（元）		
					综合单价	合价	其中：暂估价
	011705	大型机械设备进出场及安拆					
1	011705001001	液压静力压桩机安拆 机械设备规格型号：压力 4000kN	台次	1			
2	011705001002	液压静力压桩机进出场 机械设备规格型号：压力 4000kN	台次	1			

【注释】

1. 机械设备进出场及安拆的选型，根据【例 7-3】给出的背景，对该桩基础工程套定额子目计价时，相应的定额子目消耗量体现该子目用到的桩机设备为"液压静力压桩机（压力 4000kN）"，所以对该桩基础工程的桩机设备进出场及安拆费应按"液压静力压桩机（压力 4000kN）"进行清单列项。

2. 工程量按常规施工方案确定。

9.2　总价措施项目

9.2.1　概况

1. 清单项目设置

国家计量规范本分部设置 1 小节共 7 个清单项目。广西实施细则设置 10 个清单项目，并取消国家计量规范的项目内容。清单项目设置情况见表 9-5。

总价措施项目工程清单项目数量表　　　　　　表 9-5

小节编号	名称	国家清单项目数	广西调整项目数		小　计
			增补	取消	
S. 7	总价措施项目	7	10	−7	10
合　　计		7	10	−7	10

2. 清单项目设置内容

清单项目设置内容见表 9-6。

总价措施项目工程清单项目内容表　　　　　　表 9-6

序号	清单项目内容		备注
	国家房建计量规范	计量规范广西实施细则	
1	安全文明施工	安全文明施工费	
2	夜间施工	检验试验配合费	
3	非夜间施工照明	雨季施工增加费	
4	二次搬运	工程定位复测费	
5	冬雨季施工	暗室施工增加费	
6	地上、地下设施、建筑物的临时保护设施	交叉施工增加费	
7	已完工程及设备保护	特殊保健费	
8		在有害身体健康环境中施工增加费	
9		优良工程增加费	
10		提前竣工增加费	

3. 应用说明

（1）计量规范广西实施细则规定，取消国家房建计量规范总价措施项目 7 项，按计量规范广西实施细则增补的 10 项执行。

（2）本书总价措施项目按计量规范广西实施细则增补的清单项目进行说明。

（3）规范所列总价措施项目应根据工程实际情况计算措施项目费用，需分摊的应合理计算摊销费用。

（4）安全文明施工费为不可竞争费，为必须列出的工程量清单项目。

9.2.2　安全文明施工费（项目编码：桂 011801001）

1. 单位：项。

2. 工作内容及包含范围：

（1）环境保护费：是指施工现场为达到环保部门要求所需要的各项费用。

（2）文明施工费：是指施工现场文明施工所需要的各项费用。

（3）安全施工费：是指施工现场安全施工所需要的各项费用。

（4）临时设施费：是指施工企业为进行建设工程施工所必须搭设的生活和生产用的临

时建筑物、构筑物和其他临时设施费用。包括临时设施的搭设、维修、拆除、清理费或摊销费等。

临时设施包括：临时宿舍、文化福利及共用事业房屋与构筑物，仓库、办公室、加工厂（场）以及在规定范围内的道路、水、电、管线等临时设施和小型临时设施。

9.2.3　检验试验配合费（项目编码：桂 011801002）

1. 单位：项。

2. 工作内容及包含范围：是指施工单位按规定进行建筑材料、构配件等试样的制作、封样、送检和其他保证工程质量进行的检验试验所发生的费用。

9.2.4　雨季施工增加费（项目编码：桂 011801003）

1. 单位：项。

2. 工作内容及包含范围：在雨季施工期间所增加的费用。包括防雨和排水措施、工效降低等费用。

9.2.5　工程定位复测费（项目编码：桂 011801004）

1. 单位：项。

2. 工作内容及包含范围：是指工程施工过程中进行全部施工测量放线和复测工作的费用。

9.2.6　暗室施工增加费（项目编码：桂 011801005）

1. 单位：项。

2. 工作内容及包含范围：在地下室（或暗室）内进行施工时所发生的照明费、照明设备摊销费及人工降效费。

9.2.7　交叉施工增加费（项目编码：桂 011801006）

1. 单位：项。

2. 工作内容及包含范围：建筑装饰装修工程与设备安装工程进行交叉作业而相互影响的费用。

9.2.8　特殊保健费（项目编码：桂 011801007）

1. 单位：项。

2. 工作内容及包含范围：在有毒有害气体和有放射性物质区域范围内的施工人员的保障费，与建设单位职工享受同等特殊保障津贴。

9.2.9　在有害身体健康环境中施工增加费（项目编码：桂 011801008）

1. 单位：项。

2. 工作内容及包含范围：在有害身体健康环境中施工需要增加的措施费和施工降效费。

9.2.10　优良工程增加费（项目编码：桂 011801009）

1. 单位：项。

2. 工作内容及包含范围：招标人要求承包人完成的单位工程质量达到合同约定为优良工程所必须增加的施工成本费。

9.2.11　提前竣工增加费（项目编码：桂 011801010）

1. 单位：项。

2. 工作内容及包含范围：承包人应发包人的要求而采取加快工程进度措施，使合同工程工期缩短，由此产生的应由发包人支付的费用。

9.2.12 编制实例

【例 9-4】

已知：某综合楼工程位于广西南宁市市区内，框架结构，地下 1 层，地上 31 层，建筑面积 9853m²，合同工期 360 天。

要求：编制该工程总价措施项目的工程量清单。

【解】

根据计量规范广西实施细则规定，编制总价措施项目清单与计价表见表 9-7。

总价措施项目清单与计价表 表 9-7

工程名称： 第 1 页 共 1 页

序号	编码	项目名称	计算基数	费率（%）或标准	金额（元）	备注
1	桂 011801001	安全文明施工费				
2	桂 011801002	检验试验配合费				
3	桂 011801003	雨季施工增加费				
4	桂 011801004	工程定位复测费				
5	桂 011801005	暗室施工增加费				

【注释】

（1）根据《广西壮族自治区工程量清单及招标控制价编制示范文本》规定，措施项目要结合工程实际情况按常规列项目，不要将与本工程无关的项目全部罗列。

（2）安全文明施工费：安全文明施工费为不可竞争费用，为必须列出的清单项目。

（3）暗室施工增加费：背景材料说明，本工程楼层情况为地下 1 层、地上 31 层，必然有在地下室内进行施工时所发生的照明费、照明设备摊销费及人工降效等费用产生。

【例 9-5】

已知：某化工厂位于广西某市郊外，该办公楼工程项目位于厂区内，框架结构，地上 5 层，建筑面积 3955m²，合同工期 180 天。

要求：编制该工程总价措施项目的工程量清单。

【解】

根据计量规范广西实施细则规定，编制总价措施项目清单与计价表见表 9-8。

总价措施项目清单与计价表　　　　　　　**表 9-8**

工程名称：　　　　　　　　　　　　　　　　　　　　　第 1 页　共 1 页

序号	编码	项目名称	计算基数	费率（%）或标准	金额（元）	备注
1	桂 011801001	安全文明施工费				
2	桂 011801002	检验试验配合费				
3	桂 011801003	雨季施工增加费				
4	桂 011801004	工程定位复测费				
5	桂 011801007	特殊保健费				

【注释】

（1）根据《广西壮族自治区工程量清单及招标控制价编制示范文本》规定，措施项目要结合工程实际情况按常规列项目，不要将与本工程无关的项目全部罗列。

（2）安全文明施工费：安全文明施工费为不可竞争费用，为必须列出的清单项目。

（3）特殊保健费：背景材料说明，该工程项目建于化工厂厂区内，应属于在有毒有害气体和有放射性物质区域范围内施工的情况，施工人员应计取相应的保障费用。

思 考 题 与 习 题

1. 简述外脚手架工程量计算规则。

2. 简述安全文明施工费的工作内容及包含范围。

3. 什么情况下可以计算超高施工增加费？

4. 同一建筑物有不同檐高时，如何对垂直运输项目列项？

5. 请列举五种需要计算大型机械设备进出场及安拆费的机械设备名称。

6. 请列举三种仅计算大型机械设备进出场，而不需计算安拆费的机械设备名称。

7. 已知：某工程项目首层设计有 GZ1 共 15 根，均设置于砖砌体转角处。GZ1 截面为 240×240，首层层高 3.3m，层顶圈梁 240×300。施工方案采用胶合板模板木支撑。

要求：对该工程首层 GZ1 的模板工程进行工程量清单列项。

教学单元 10 税前项目工程量清单编制

10.1 常见税前项目

10.1.1 常见税前项目

工程量清单计价过程中，常见税前项目主要有：

（1）铝合金门窗。

（2）塑钢门窗。

（3）幕墙。

（4）内墙外墙油漆、涂料。

（5）防水涂料。

（6）其他。

作税前项目处理的分项工程项目按工程造价管理机构发布的《建设工程造价信息》规定列项计算。

10.1.2 常见税前项目工程量清单列项

常见税前项目工程量清单列项见表 10-1。

常见税前项目工程量清单列项表 表 10-1

序号	项目名称	清单编码	清单项目名称
1	铝合金门	010802001	金属（塑钢）门
2	铝合金窗．不带纱	010807001	金属（塑钢）窗
3	铝合金窗．带纱	桂 010807010	带纱金属窗
4	铝合金防盗窗	010807005	金属格栅窗
5	塑钢门	010802001	金属（塑钢）门
6	塑钢窗	010807001	金属（塑钢）窗
7	幕墙	011209001	幕墙工程
8	外墙涂料	011407001	墙面喷刷涂料
9	外墙漆、外墙真石漆	011406001	抹灰面油漆
10	内墙乳胶漆	011406001	抹灰面油漆
11	防水涂料	根据平面、立面防水部位选取合适清单项目	

10.2 铝合金门窗、幕墙、塑钢门窗装饰制品

10.2.1 铝合金门窗、幕墙、塑钢门窗装饰制品的计算规定

工程造价管理机构发布《建设工程造价信息》时，对铝合金门窗、幕墙、塑钢门窗装饰制品均作出相应的工程量计算规定，下面以广西南宁市某期《建设工程造价信息》为例。

铝合金门窗、幕墙、塑钢门窗装饰制品的计算规定如下：

1. 与玻璃幕墙连为整体的无框门按门玻璃面积计算工程量。套用无框门市场预算价另加上门扇配件费用。门扇配件以每扇为计量单位套用市场预算价。幕墙设开启窗，面积不另计算。

2. 推拉窗、平开窗、平开门、铝合金地弹门亮子高度超过 650mm 和挑窗中挑出部分宽度超过 600mm 的固定窗，套用固定窗信息价。亮子高度在 650mm 以内和挑窗中挑出部分宽度小于 600mm 的，按相应的门窗型号套用信息价。

3. 门连窗的连体装置，其门与窗分开计算工程量。

4. 异型窗、圆弧窗按其外接矩形尺寸计算工程量。

5. 有上下帮指门扇玻上下装不锈钢通长门夹，无上下帮指门扇玻地弹簧处装上下项轴夹。配件（有上下帮、无上下帮）套价以扇为单位计算。

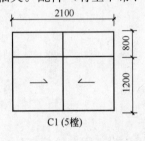

图 10-1　铝合金窗大样图

10.2.2　计算实例

【例 10-1】

已知：某建设工程项目位于广西南宁市市区内，该工程项目的铝合金推拉窗大样及数量如图 10-1 所示，铝合金采用 90 系列 1.4mm 厚白铝，玻璃为 5mm 白玻，推拉窗不带纱；该窗内设铝合金防盗窗，做法为 $\phi19$ 铝合金管套 $\phi14$ 钢筋。

要求：编制该工程铝合金推拉窗项目的工程量清单。

【解】

1. 铝合金推拉窗

$S=2.1×1.2×5=12.60\text{m}^2$

2. 铝合金固定窗

$S=2.1×0.8×5=8.40\text{m}^2$

3. 铝合金防盗窗

$S=2.1×2.0×5=21.00\text{m}^2$

表格填写（见表 10-2）。

税前项目清单与计价表　　　　　　　　　　　　　　表 10-2

工程名称：××　　　　　　　　　　　　　　　　第　页　共　页

序号	项目编码	项目名称及项目特征描述	计量单位	工程量	综合单价	合价	其中：暂估价
					金额（元）		
		税前项目工程					
1	010807001001	金属推拉窗 ①窗代号及洞口尺寸：>2m² ②框材质：采用 90 系列，1.4mm 厚白铝合金 ③玻璃品种、厚度：5mm 白玻	m²	12.60			

续表

序号	项目编码	项目名称及 项目特征描述	计量 单位	工程量	金 额（元）		
					综合单价	合价	其中： 暂估价
2	010807001002	金属固定窗 ①窗代号及洞口尺寸：≤2m² ②框材质：采用 90 系列，1.4mm 厚白铝合金 ③玻璃品种、厚度：5mm 白玻	m²	8.40			
3	010807001003	金属防盗窗 ①框材质：φ19 铝合金管套 φ14 钢筋	m²	21.00			

【注释】

（1）计量单位根据广西实施细则取定：m²。

（2）工程量计算规则：以平方米计量，按设计图示洞口尺寸以面积计算。

（3）根据广西南宁市《建设工程造价信息》对铝合金门窗、幕墙、塑钢门窗装饰制品的计算规定，铝合金推拉窗亮子高度超过 650mm，套用固定窗信息价。该工程 C1 亮子高度为 800mm＞650mm，所以该工程项目的铝合金窗 C1 应分成"推拉窗、固定窗"两个清单项目。

（4）根据广西南宁市《建设工程造价信息》对铝合金门窗、幕墙、塑钢门窗装饰制品的计算规定，同一类型的铝合金推拉窗分"洞口面积≤2m²"、"洞口面积＞2m²"两个独立费单价，所以进行项目特征描述时只需将洞口尺寸描述成大于或小于等于 2m² 即可。如按窗代号、洞口具体尺寸数据描述，则一个建设工程项目大于 2m² 的窗也有可能存在有不同窗代号、不同洞口尺寸的现象，势必造成不必要的列项累赘。

（5）根据广西南宁市《建设工程造价信息》对铝合金门窗、幕墙、塑钢门窗装饰制品的计算规定，铝合金防盗窗不分洞口面积进行计价，所以铝合金防盗窗不需描述窗代号及洞口面积。

思 考 题 与 习 题

1. 工程计价实务工作中，现行的常见税前项目有哪些？

2. 简述广西南宁市对推拉窗、平开窗、平开门、铝合金地弹门的亮子工程量计算规定。

3. 简述广西南宁市对门连窗工程量计算规定。

4. 简述广西南宁市对异型窗、圆弧窗工程量计算规定。

5. 已知：某建设工程项目位于广西南宁市市区内，该工程项目的飘窗设计采用铝合金推拉窗，窗大样及数量如图 10-2 所示，铝合金采用 70 系列 1.4mm 厚白铝，玻璃为 5mm 白玻，推拉窗不带纱；该窗内设铝合金防盗窗，做法为 φ19 铝合金管套 φ14 钢筋。

要求：编制该工程铝合金推拉窗项目的工程量清单。

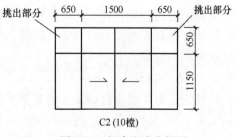

图 10-2 铝合金窗大样图

教学单元 11　其他项目、规费、税金工程量清单编制

11.1　其他项目工程量清单编制

11.1.1　项目内容

工程建设标准的高低、工程的复杂程度、施工工期的长短等都直接影响其他项目清单的具体内容，规范仅提供 4 项内容作为列项参考，其不足部分，编制人可根据工程的具体情况进行补充。

1. 暂列金额

暂列金额在规范中明确其定义是招标人暂定并包括在合同中的一笔款项。不管采用何种合同形式，其理想的标准是，一份建设工程施工合同的价格就是其最终的竣工结算价格，或者至少两者应尽可能接近。而工程建设自身的规律决定，设计需要根据工程进展不断地进行优化和调整，发包人的需求可能会随工程建设进展出现变化，工程建设过程还存在其他诸多不确定性因素，消化这些因素必然会影响合同价格的调整，暂列金额正是因应这类不可避免的价格调整而设立，以便合理确定工程造价的控制目标。

暂列金额列入合同价格并不等于该款项属于承包人（中标人）所有。暂列金额在实际履约过程中可能发生，也可能不发生，只有按照合同约定程序实际发生后，才能成为中标人的应得金额，纳入合同结算价款中。扣除实际发生金额后的暂列金额余额仍属于招标人所有。

设立暂列金额并不能保证合同结算价格不会再出现超过已签约合同价的情况，是否超出已签约合同价完全取决于对暂列金额预测的准确性，以及工程建设过程是否出现了其他事先未预测到的事件。

根据工程的复杂程度、设计深度、工程环境条件（包括地质、水文、气候条件等）等进行估算暂列金额，可按分部分项工程费和措施项目费合计的 5%～10% 作为参考计算。

2. 暂估价

暂估价是指招标阶段直至签订合同协议时，招标人在招标文件中提供的用于支付必然要发生但暂时不能确定价格的材料以及需另行发包的专业工程金额。

为方便合同管理和计价，需要纳入工程量清单项目综合单价中的暂估价最好只是材料费，以方便投标人组价。对专业工程暂估价一般应是综合暂估价，包括除规费、税金以外的管理费、利润等。

3. 计日工

计日工是为了解决现场发生的零星工作的计价而设立的。计日工以完成零星工作所消耗的人工工时、材料数量、机械台班进行计量，并按照计日工表中填报的适用项目的单价进行计价支付。计日工适用的零星工作一般是指合同约定之外的或者因变更而产生的、工

程量清单中没有相应项目的额外工作，尤其是那些不允许事先商定价格的额外工作。

4. 总承包服务费

总承包服务费是为了解决招标人在法律、法规允许的条件下进行专业工程发包以及自行采购供应材料、设备时，要求总承包人对发包的专业工程提供协调和配合服务（如分包人使用总包人的脚手架、水电接驳等）；对供应的材料、设备提供收、发和保管服务以及对施工现场进行统一管理；对竣工资料进行统一汇总整理等发生并向总承包人支付的费用。招标人应当预计该项费用并按投标人的投标报价向投标人支付该项费用。

11.1.2 其他项目清单编制实例

【例 11-1】

已知： 某建设工程项目为综合试验楼，框架结构，地下 1 层，地上 12 层，建筑面积 8361.50m²。设计图纸明确，地质情况良好。

经计算，该工程分部分项工程和单价措施项目费用为 7523615.30 元，总价措施项目费为 482614.95 元。建设单位拟对某专业工程进行分包，该专业工程暂估价为 97000 元。

要求： 编制该工程其他项目工程量清单。

【解】

（1）计算暂列金额，由于设计图纸明确，地质情况良好，按 5% 计算

$(7523615.30＋482614.95)×5\%＝400311.51$ 元

则取 400000 元

（2）表格填写见表 11-1。

其他项目清单与计价汇总表   表 11-1

工程名称：   第 1 页　共 1 页

序号	项目名称	金额（元）	备注
1	暂列金额	400000	明细详见表 11-2
2	材料暂估价	—	
3	专业工程暂估价	97000	明细详见表 11-3
4	计日工		明细详见表 11-4
5	总承包服务费		明细详见表 11-5
	合　计		

注：材料暂估价进入清单项目综合单价，此处不汇总。

暂列金额明细表   表 11-2

工程名称：   第 1 页　共 1 页

编号	项目名称	计量单位	暂定金额（元）	备注
1	工程量偏差	项	30000	
2	设计变更	项	70000	
3	政策性调整	项	50000	
4	材料价格波动	项	150000	
5	其他	项	100000	
	合计		400000	

注：此表由招标人填写，投标人应将上述暂列金额计入投标总价中。

专业工程暂估价及结算价表　　　　　　　表 11-3

工程名称：　　　　　　　　　　　　　　　　　　　　　　　第 1 页　共 1 页

编号	项目名称	工程内容	暂估金额（元）	结算金额（元）	备注
1	消防工程	合同图纸中标明的以及消防工程规范和技术说明中规定的各系统中的设备、管道、阀门、线缆等的供应安装和调试工作	97000		
	合　计				

注：1. 此表"暂估金额"由招标人填写，投标人应将"暂估金额"计入投标总价中。
　　2. 结算时按合同约定结算金额填写。

计 日 工 表　　　　　　　　　　　　　表 11-4

工程名称：　　　　　　　　　　　　　　　　　　　　　　　第 1 页　共 1 页

编号	项目名称	单位	暂定数量	综合单价（元）	合价（元）
一	人工				
1	建筑、装饰普工	工日	50		
2	镶贴工	工日	20		
二	材料				
1	钢筋 ϕ10 以内	t	1		
2	中砂	m³	10		
3	多孔页岩砖 240×115×90	块	1500		
三	施工机械				
1	履带式液压单斗挖掘机 斗容量 1.0m³	台班	3		
2	灰浆搅拌机（拌筒容量 200L）	台班	5		
	合　计				

注：1. 此表项目名称、暂定数量由招标人填写，编制招标控制价时，单价由招标人按有关规定确定。
　　2. 投标时，单价由投标人自主报价，按暂定数量计算合价计入投标总价中。
　　3. 计日工单价包括除税金以外的所有费用。

总承包服务费计价表　　　　　　　　　　表 11-5

工程名称：　　　　　　　　　　　　　　　　　　　　　　　第 1 页　共 1 页

序号	项目名称	计算基数	服务内容	费率（%）	金额（元）
1	发包人发包专业工程	97000	1. 按专业工程承包人的要求提供施工工作面并对施工现场进行统一管理，对竣工资料进行统一整理汇总。 2. 为专业工程承包人提供垂直运输机械和焊接电源接入点，并承担垂直运输费和电费		
	合　计				

注：1. 此表项目名称、服务内容由招标人填写。
　　2. 编制招标控制价时，费率及金额由招标人按有关规定确定。
　　3. 投标时，费率及金额由投标人自主报价，计入投标总价中。
　　4. 此表项目价值在结算时，计算基数按实计取。

11.2　规费、税金项目工程量清单编制

11.2.1　规费项目内容

规费属于不可竞争费用。根据计价规范广西实施细则，规费包括建筑安装劳动保险费、生育保险费、工伤保险费、住房公积金、工程排污费。

规费作为政府和有关权力部门规定必须缴纳的费用，政府和有关权力部门可根据形势发展的要求，对规费项目进行调整。因此，对规范未包括的规费项目，在计算规费时应根据省级政府和省级有关权力部门的规定进行补充。

11.2.2　税金项目内容

税金属于不可竞争费用。根据计价规范广西实施细则，税金包括营业税、城市建设维护税、教育费附加、地方教育附加、水利建设基金。

当国家税法发生变化或地方政府及税务部门依据职权对税种进行调整时，应对税金项目清单进行相应调整。

11.2.3　规费、税金编制实例

根据计价规范广西实施细则完成规费、税金项目清单与计价表，表格填写见表 11-6。

规费、税金项目清单与计价表　　　　　　　　　　　　表 11-6

工程名称：　　　　　　　　　　　　　　　　　　　第 1 页　共 1 页

序号	项目名称	计算基数	费率（%）	金额（元）
1	规费			
1.1	建安劳保费			
1.2	生育保险费			
1.3	工伤保险费			
1.4	住房公积金			
1.5	工程排污费			
2	税金			
	合　计			

思 考 题 与 习 题

1. 简述暂列金额、暂估价的内容。
2. 简述"专业工程暂估价及结算价表"的填写要求。
3. 简述"计日工表"的填写要求。
4. 简述"总承包服务费计价表"的填写要求。
5. 简述总承包服务费的费用内容。

第3篇　工程量清单计价实务

【学习目标】

熟悉工程量清单计价进度报量、竣工结算的编制方法；掌握分部分项工程和单价措施项目、总价措施项目、其他项目、税前项目、规费和税金的工程量清单计价方法，能根据国家计价计量规范及其广西实施细则、招标文件、招标工程量清单、施工图纸、常规施工方案编制招标控制价和投标报价。

【学习要求】

能力目标	知识要点	相关知识
能熟练计算分部分项工程和单价措施项目工程量清单综合单价	定额套价、换算，管理费和利润的计算，定额工程量的计算	定额套价，换算规定，广西费用定额关于管理费和利润的计算规定，广西消耗量定额的工程量计算规则
能熟练确定税前项目工程量清单综合单价	广西实施细则对税前项目的计价规定	各地《建设工程造价信息》关于税前项目的计算规定
能熟练计算总价措施项目、其他项目、规费、税金项目的费用	总价措施项目、其他项目、规费和税金项目的工程量清单计价规定	广西现行费用定额关于总价措施项目、其他项目、规费和税金项目的取费标准
能熟练编制招标控制价和投标报价	招标控制价和投标报价的报表内容、填写及装订	招标文件要求、招标控制价和投标报价编制规定、编制依据

教学单元 12　某食堂工程招标控制价实例

12.1　招标控制价编制注意事项

12.1.1　封面签字盖章

招标控制价封面必须按要求签字、盖章，不得有任何遗漏。其中，工程造价咨询人需盖单位资质专用章；编制人和复核人需要同时签字和盖专用章，且两者不能为同一人，复核人必须是造价工程师。一套招标控制价涉及多个专业的造价人员编制时，每个专业要有一名编制人在封面相应处签字盖章。

12.1.2　编制说明

编制说明内容应包括：工程概况、招标和分包范围、具体的计价依据（如施工图号、

13清单规范及广西实施细则、具体的计价定额名称及参考的信息价等）及其他有关问题说明，不能过于简化。装饰工程的材料价格品牌差异大，因此总说明中关于材料（项目少的可在清单名称描述中注明）的说明需分别写明各种主要材料相当于什么品牌的哪一个档次，未注明的则按普通档次产品定价。

12.1.3　编制招标控制价执行广西相关定额及人材机计算规定

1. 编制招标控制价时，我区现行定额中已有的项目原则上按照定额的规定套用，无定额套用的项目可暂时根据市场行情自行确定，同时向造价管理机构反映，以便补充完善。

编制控制价时，费用定额中有费率区间的项目（如管理费、利润等），一般情况下用中值计算，特殊工程业主可在区间内自行选择。无费率区间的项目一律按规定费率取值。

2. 编制招标控制价时，人材机价格按以下规定确定：

（1）人工费按照消耗量定额子目中的人工费计算，自治区建设行政主管部门发布最新系数时进行相应调整。

（2）材料单价应按照编制期各地造价管理机构发布的信息价执行。

（3）机械台班单价按照自治区造价管理机构发布的价格计取，其中人工、燃料按上述（1）、（2）小点有关人工费、材料单价的规定，不能按照自行了解的人工市场单价和机械台班市场租赁价执行。

12.1.4　表格数据

招标控制价各项表格中的计算基数及费率一定要列上具体的数额，而且每个数据均具有可追溯性，要有数据来源，以供核对。

12.1.5　主要材料价格表

主要材料价格表一律要按照招标人要求提供的材料进行报价，不必要把所有材料都列上。

12.2　招标控制价实例

12.2.1　封面（封-2）

12.2.2　扉页（扉-2）

12.2.3　总说明（表-01）

12.2.4　单位工程招标控制价汇总表（表-04）

12.2.5　分部分项工程和单价措施项目清单与计价表（表-08）

12.2.6　工程量清单综合单价分析表（表-09）

12.2.7　总价措施项目清单与计价表（表-11）

12.2.8　其他项目清单与计价汇总表（表-12）

12.2.9　暂列金额明细表（表-12-1）

12.2.10　税前项目清单与计价表（表-14）

12.2.11　规费、税金项目清单与计价表（表-15）

12.2.12　主要材料及价格表（表-17）

<u>　　　　××有限公司食堂工程　　　　</u>工程

招 标 控 制 价

招　标　人：<u>　　　　　　　　　　　　</u>
（单位盖章）

造价咨询人：<u>　　　　　　　　　　　　</u>
（单位盖章）

封-2

_____××有限公司食堂工程_____ 工程

招标控制价

招标控制价（小写）：913652.20_____

（大写）：玖拾壹万叁仟陆佰伍拾贰元贰角_____

招　标　人：_____
（单位盖章）

造价咨询人：_____
（单位资质专用章）

法定代表人
或其授权人：_____
（签字或盖章）

法定代表人
或其授权人：_____
（签字或盖章）

编　制　人：_____
（造价人员签字盖专用章）

复　核　人：_____
（造价工程师签字盖专用章）

编制时间：

复核时间：

扉-2

总　说　明

工程名称：××有限公司食堂工程　　　　　　　　　　　　　　第1页　共1页

1. 工程概况：本工程为新建地上二层建筑，建筑面积为598.79m²，框架结构。

2. 本招标控制价包括范围：本次招标的××有限公司食堂工程施工图（建筑、结施图）范围内的建筑、装饰装修工程。

3. 本招标的招标控制价编制依据：

(1)《建设工程工程量清单计价规范》GB 50500—2013及广西壮族自治区实施细则。

(2)《房屋建筑与装饰工程工程量计算规范》GB 50854—2013及广西壮族自治区实施细则。

(3) 广西壮族自治区建设行政主管部门颁发的2013年《广西壮族自治区建筑装饰装修工程消耗量定额》、《广西壮族自治区建筑装饰装修工程人工材料配合比机械台班基期价》、《广西壮族自治区建筑装饰装修工程消用定额》及其计价相关规定。

(4) 广西壮族自治区建设行政主管部门颁发的2011年《广西壮族自治区工程量清单编制及招标控制价编制示范文本》。

(5) 本工程建施图、结施图及相关标准、规范、技术资料。

(6) 招标工程量清单

4. 材料价格采用工程所在地工程造价管理机构2014年第1期《建设工程造价信息》发布的有关价格信息，对工程信息没有发布价格信息的材料，其价格参照市场价。

5. 本招标控制价按常规施工方案考虑施工措施。

(1) 主体部分采用泵送商品混凝土，其余部分采用商品混凝土。

(2) 脚手架采用钢管脚手架。

(3) 模板采用胶合板模板、木支撑。

6. 其他需要说明的问题

(1) 本工程暂列金额5万元。

(2) 本招标控制价凡涉及运输距离的项目均按10km考虑。

表-01

单位工程招标控制价汇总表

工程名称：××有限公司食堂工程　　　　　　　　　　　　　第1页　共1页

序号	汇总内容	金额（元）	备注
一	建筑装饰装修工程		
1	分部分项工程和单价措施项目清单计价合计	692542.82	
1.1	其中：暂估价		
2	总价措施项目清单计价合计	47419.82	
2.1	其中：安全文明施工费	43369.50	
3	其他项目清单计价合计	50000.00	
4	税前项目清单计价合计	38682.96	
5	规费、税金项目清单计价合计	85006.60	
5.1	其中：建安劳保费	44153.89	
6	工程总造价＝1+2+3+4+5	913652.20	

表-04

分部分项工程和单价措施项目清单与计价表

工程名称：××有限公司食堂工程　　　　　　　　　　　　　　第1页　共6页

序号	项目编码	项目名称及项目特征描述	计算单位	工程量	综合单价	合价	其中：暂估价
						金额（元）	
	一	建筑装饰装修工程				692542.82	
	0101	土（石）方工程				15043.87	
1	010101001001	平整场地	m²	265.558	4.36	1157.83	
2	010101003001	挖沟槽土方 1. 土壤类别：三类土 2. 挖土深度：2m以内	m³	103.404	23.34	2413.45	
3	010101004001	挖基坑土方 1. 土壤类别：三类土 2. 挖土深度：2m以内	m³	189.151	23.35	4416.68	
4	010103001001	回填方 填方材料品种：原土回填	m³	225.912	17.38	3926.35	
5	010103002001	余方弃置 运距：10km	m³	66.643	46.96	3129.56	
	0104	砌筑工程				72958.90	
6	010401003001	实心砖墙240mm 1. 砖品种、规格、强度等级：烧结页岩砖 2. 墙体类型：直形混水墙 3. 砂浆强度等级、配合比：M5.0混合砂浆	m³	130.959	481.04	62996.52	
7	010401003002	实心砖墙115mm 1. 砖品种、规格、强度等级：烧结页岩砖 2. 墙体类型：直形混水墙 3. 砂浆强度等级、配合比：M5.0混合砂浆	m³	8.283	504.91	4182.17	
8	010401012001	零星砌砖 1. 零星砌砖名称、部位：屋面保温层侧砌砖 2. 砂浆强度等级、配合比：M5.0混合砂浆	m³	0.615	530.85	326.47	
9	010401012002	零星砌砖、屋面台阶 采用图集：05ZJ201 1/12	m³	0.300	116.67	35.00	
10	010401014001	砖地沟、明沟 采用图集：98ZJ901 3/6	m	86.080	62.95	5418.74	
	0105	混凝土及钢筋混凝土工程				225706.72	
11	010501001001	C15混凝土　基础垫层	m³	17.456	354.96	6196.18	
12	010501001002	C15混凝土　地面垫层	m³	25.497	354.93	9049.65	
13	010501002001	C25混凝土　带形基础	m³	27.369	371.53	10168.40	
14	010501003001	C25混凝土　独立基础	m³	37.210	389.82	14505.20	
15	010502001001	C25混凝土　矩形柱	m³	25.479	398.39	10150.58	
16	010502002001	C25混凝土　构造柱	m³	5.833	403.88	2355.83	
17	010503001001	C25混凝土　基础梁	m³	10.865	361.90	3932.04	
18	010503002001	C25混凝土　矩形梁	m³	1.166	373.54	435.55	
19	010503004001	C15混凝土　圈梁（厨卫素混凝土反边）	m³	1.727	389.58	672.80	
20	010503005001	C25混凝土　过梁	m³	2.893	371.88	1075.85	

表-08

分部分项工程和单价措施项目清单与计价表

工程名称：××有限公司食堂工程　　　　　　　　　　　　　　　　　　第 2 页　共 6 页

序号	项目编码	项目名称及项目特征描述	计算单位	工程量	综合单价	合价	其中：暂估价
21	010505001001	C25 混凝土　有梁板	m³	107.465	383.78	41242.92	
22	010505008001	C25 混凝土　雨篷	m³	2.982	485.22	1446.93	
23	010506001001	C25 混凝土　直形楼梯板厚 100mm	m²	23.730	88.83	2107.94	
24	010506001002	C25 混凝土　直形楼梯板厚 160mm	m²	20.445	118.59	2424.57	
25	010507001001	C15 混凝土　散水 1. 采用图集：98ZJ901 3/6	m²	17.232	58.19	1002.73	
26	010507001002	C15 混凝土　坡道 1. 采用图集：98ZJ901 1/18 取消防滑凹槽	m²	86.981	116.68	10148.94	
27	010507005001	C25 混凝土　压顶	m³	2.230	500.50	1116.12	
28	010512008001	C20 混凝土　预制混凝土沟盖板	m³	1.653	656.62	1085.39	
29	010515001001	现浇构件钢筋Φ 10 以内大厂	t	8.274	4899.39	40537.55	
30	010515001002	现浇构件钢筋Φ 10 以外大厂	t	0.462	5010.59	2314.89	
31	010515001003	现浇构件钢筋Φ 10 以外大厂	t	12.727	4737.28	60291.36	
32	010515002001	预制构件钢筋冷拔低碳钢丝Φᵇ5 以下	t	0.020	7907.50	158.15	
33	桂 010515011001	砌体加固筋Φ 10 以内大厂	t	0.510	5448.71	2778.84	
34	010516002001	预埋铁件	t	0.005	8686.00	43.43	
35	桂 010516004001	钢筋电渣压力焊接	个	104.000	4.47	464.88	
	0108	门窗工程				22735.51	
36	010801001001	木质门成品装饰木门 1. 不带纱单扇无亮 2. 运输距离：10km	m²	13.020	560.47	7297.32	
37	010801001002	木质门成品装饰木门 1. 不带纱双扇有亮 2. 运输距离：10km	m²	4.680	422.18	1975.80	
38	010801004001	木质防火门乙级 运输距离：10km	m²	8.400	411.46	3456.26	
39	010801006001	门锁安装 L 型执手锁	个	6.000	94.46	566.76	
40	010801006002	防火门配件闭门器	套	4.000	85.68	342.72	
41	010801006003	防火门配件防火铰链	套	4.000	57.84	231.36	
42	010803001001	镀锌铁皮卷闸门厚 0.8mm 1. 门代号及洞口尺寸：2 樘 JM-1 2. 启动装置品种、规格：电动	m²	30.680	288.96	8865.29	
	0109	屋面防水工程				26952.01	
43	010902001001	屋面卷材防水（上人屋面） 1. 采用图集：05ZJ001 屋 5 第 3.4 点 2. 满铺 0.5 厚聚乙烯薄膜一层 3. 1.2 厚氯化烯橡胶共混防水卷材	m²	308.563	45.59	14067.39	

表-08

分部分项工程和单价措施项目清单与计价表

工程名称：××有限公司食堂工程　　　　　　　　　　　　　第3页　共6页

序号	项目编码	项目名称及项目特征描述	计算单位	工程量	综合单价	合价	其中：暂估价
44	010902001002	屋面卷材防水（不上人屋面） 1. 采用图集：05ZJ001 屋 15 第 1.2 点 2. 二层 3 厚 SBS 改性沥青卷材 3. 刷基层处理剂一遍	m²	28.346	80.15	2271.93	
45	010902002001	屋面涂膜防水（上人屋面） 1. 采用图集：05ZJ001 屋第 5.6 点 2. 1.5 厚聚氨酯防水涂料 3. 刷基层处理剂一遍	m²	308.563	32.78	10114.70	
46	010902003001	屋面刚性层（雨篷面） 1. 采用图集：98ZJ901 1/21	m²	29.820	16.70	497.99	
	0110	保温、隔热、防腐工程				14708.74	
47	011001001001	保温隔热屋面（上人屋面） 1. 采用图集：05ZJ001 屋 5 第 8 点 2. 20 厚（最薄处）1：8 水泥珍珠岩找 2‰坡	m²	238.680	25.29	6036.22	
48	011001001002	保温隔热屋面（不上人屋面） 1. 采用图集：05ZJ001 屋 15 第 4 点 2. 20 厚（最薄处）1：8 水泥珍珠岩找 2‰坡	m²	18.544	28.90	535.92	
49	011001001003	保温隔热屋面（上人屋面） 1. 采用图集：05ZJ001 屋 5 第 9 点 2. 干铺 50 厚挤塑聚苯乙烯泡沫板	m²	238.680	31.20	7446.82	
50	011001001004	保温隔热屋面（不上人屋面） 1. 采用图集：05ZJ001 屋 15 第 5 点 2. 干铺 150mm 厚珍珠岩	m²	18.176	37.95	689.78	
	0111	楼地面装饰工程				116735.24	
51	011102003001	块料楼地面（上人屋面） 1. 采用图集：05ZJ001 屋 5 第 1.2 点 2. 耐磨砖 500×500	m²	245.038	135.18	33124.24	
52	011102003002	块料楼地面 1. 采用图集：05ZJ001 地 20、楼 10 2. 面层材料品种、规格、颜色：600×600 抛光砖	m²	504.156	135.31	68217.35	
53	011102003003	块料楼地面 1. 采用图集：05ZJ001 地 56、楼 33 2. 面层材料品种、规格、颜色：300×300 防滑砖	m²	10.856	179.16	1944.96	
54	011106002001	块料楼梯面层 1. 采用图集：05ZJ001 楼 10 2. 成套梯级砖，自带防滑功能	m²	34.175	166.62	5694.24	
55	011105003001	块料踢脚线房间 1. 采用图集：05ZJ001 踢 18	m²	34.092	76.64	2612.81	
56	011105003002	块料踢脚线楼梯 1. 采用图集：05ZJ001 踢 18	m²	7.546	87.59	660.95	
57	011101006001	屋面平面砂浆找平层 1. 找平层厚度、砂浆配合比：20 厚 1：2.5 水泥砂浆找平层	m²	290.765	15.41	4480.69	
	0112	墙、柱面装饰与隔断、幕墙工程				47683.69	

表-08

分部分项工程和单价措施项目清单与计价表

工程名称：××有限公司食堂工程 　　　　　　　　　　第 4 页　共 6 页

序号	项目编码	项目名称及项目特征描述	计算单位	工程量	金额（元）		
					综合单价	合价	其中：暂估价
58	011201001001	内墙面一般抹灰混合砂浆 1. 墙体类型：砖墙 2. 采用图集：05ZJ001 内 4	m²	911.912	21.65	19742.89	
59	011201001002	外墙面一般抹灰水泥砂浆 1. 墙体类型：砖墙 2. 采用图集：05ZJ001 外 23	m²	569.982	36.51	20810.04	
60	011201001003	墙面一般抹灰 1. 墙体类型：多孔页岩砖女儿墙 2. 砂浆配合比：1：2 水泥砂浆（15＋10）mm	m²	124.972	24.67	3083.06	
61	011202001001	柱面一般抹灰 1. 采用图集：05ZJ001 外 23	m²	41.760	29.87	1247.37	
62	011202001002	柱面一般抹灰 1. 采用图集：05ZJ001 内墙 4	m²	26.240	27.18	713.20	
63	桂 011203004001	砂浆装饰线条 1. 底层厚度、砂浆配合比：水泥砂浆	m	104.200	20.03	2087.13	
	0113	天棚工程				17064.57	
64	011301001001	天棚抹灰混合砂浆 1. 采用图集：05ZJ001 顶 3	m²	858.811	19.87	17064.57	
	0114	油漆、涂料、裱糊工程				3519.04	
65	011401001001	木门油漆 1. 门类型：实木装饰门 2. 油漆品种、刷漆遍数：聚氨酯清漆二遍	m²	17.700	41.35	731.90	
66	011401001002	木门油漆 1. 门类型：木质防火门，乙级 2. 刮腻子遍数：1 遍 3. 油漆品种、刷漆遍数：聚氨酯清漆二遍	m²	8.400	41.35	347.34	
67	011406003001	满刮腻子内墙面 1. 刮腻子遍数：刮成品腻子粉二遍	m²	163.665	9.65	1579.37	
68	011406003002	满刮腻子天棚面 1. 刮腻子遍数：刮成品腻子粉二遍	m²	78.150	11.01	860.43	
	0115	其他装饰工程				2835.13	
69	011503001001	不锈钢栏杆 201 材质 1. 采用图集：05ZJ401 W/11 2. 扶手选用：05ZJ001 14/28	m	15.558	182.23	2835.13	
		单价措施（建筑装饰装修工程）					
	011701	脚手架工程				22798.87	
70	011701002001	外脚手架 1. 搭设高度：10m 以内双排	m²	717.411	19.97	14326.70	
71	011701002002	外脚手架 1. 搭设高度：20m 以内双排	m²	37.701	21.58	813.59	
72	011701003001	里脚手架 1. 搭设高度：3.6m 以内	m²	52.970	4.72	250.02	

表-08

分部分项工程和单价措施项目清单与计价表

工程名称：××有限公司食堂工程　　　　　　　　　第 5 页　共 6 页

序号	项目编码	项目名称及项目特征描述	计算单位	工程量	综合单价	合价	其中：暂估价
73	011701003002	里脚手架 1. 搭设高度：3.6m 以上	m²	201.737	7.29	1470.66	
74	011701006001	满堂脚手架	m²	260.009	11.76	3057.71	
75	桂 011701011001	楼板现浇混凝土运输道	m²	598.793	4.81	2880.19	
	011702	模板工程				86733.34	
76	011702001001	基础模板制作安装 1. 基础类型：混凝土垫层	m²	37.324	21.49	802.09	
77	011702001002	基础模板制作安装 1. 基础类型：有肋式带形基础	m²	41.272	38.11	1572.88	
78	011702001003	基础模板制作安装 1. 基础类型：独立基础	m²	64.400	35.31	2273.96	
79	011702002001	矩形柱模板制作安装 1. 柱高 3.97m	m²	118.436	41.47	4911.54	
80	011702002002	矩形柱模板制作安装 1. 柱高 4.2m	m²	129.360	42.39	5483.57	
81	011702002003	矩形柱模板制作安装 1. 柱高 3.6m 以下	m²	15.120	39.99	604.65	
82	011702003001	构造柱模板制作安装 1. 3.6m 以下	m²	48.023	46.49	2232.59	
83	011702003002	构造柱模板制作安装 1. 柱高 3.8m	m²	13.680	47.37	648.02	
84	011702005001	基础梁模板制作安装	m²	90.902	40.90	3717.89	
85	011702006001	矩形梁模板制作安装	m²	12.846	46.65	599.27	
86	011702008001	圈梁模板制作安装 1. 直形素混凝土反边	m²	15.648	34.73	543.46	
87	011702009001	过梁模板制作安装	m²	36.077	61.26	2210.08	
88	011702014001	有梁板模板制作安装 1. 支撑高度：3.6m 以内	m²	534.531	47.77	25534.55	
89	011702014002	有梁板模板制作安装 1. 支撑高度：4.1m	m²	457.478	52.02	23798.01	
90	011702023001	雨篷模板制作安装	m²	29.820	104.07	3103.37	
91	011702024001	楼梯模板制作安装	m²	44.175	120.73	5333.25	
92	桂 011702038001	压顶模板制作安装	m	98.020	29.48	2889.63	
93	桂 011702039001	混凝土散水模板制作安装 1. 散水厚度：70mm	m²	17.232	14.32	246.76	
94	桂 011702064001	沟盖板模板制作安装	m³	1.653	137.79	227.77	
	011703	垂直运输工程				11778.20	

表-08

分部分项工程和单价措施项目清单与计价表

工程名称：××有限公司食堂工程　　　　　　　　　　　　　　第 6 页　共 6 页

序号	项目编码	项目名称及项目特征描述	计算单位	工程量	金额（元）		
					综合单价	合价	其中：暂估价
95	011703001001	垂直运输 1. 建筑物建筑类型及结构形式：框架结构 2. 建筑物檐口高度、层数：7.35m，地上 2 层	m²	598.790	19.67	11778.20	
	011708	混凝土运输及泵送工程				5288.99	
96	桂 011708002001	混凝土泵送 1. 檐高：40m 内 2. 碎石 GD20 商品普通混凝土 C25	m³	10.200	20.06	204.61	
97	桂 011708002002	混凝土泵送 1. 檐高：40m 内 2. 碎石 GD40 商品普通混凝土 C25	m³	224.400	20.06	4501.46	
98	桂 011708002003	混凝土泵送 1. 檐高：40m 内 2. 碎石 GD40 商品普通混凝土 C15	m³	29.500	19.76	582.92	
		合　计				692542.82	
		Σ人工费				158087.70	
		Σ材料费				441334.65	
		Σ机械费				23702.65	
		Σ管理费				54235.28	
		Σ利润				15182.46	

表-08

237

工程量清单综合单价分析表

工程名称：××有限公司食堂工程　　　　　　　　　　　　　　　　　第 1 页　共 18 页

序号	项目编码	项目名称及项目特征描述	单位	工程量	综合单价(元)	综合单价					其中：暂估价
						人工费	材料费	机械费	管理费	利润	
	一	建筑装饰装修工程									
	0101	土(石)方工程									
1	010101001001	平整场地	m²	265.558	4.36	3.89			0.37	0.10	
	A1-1	人工平整场地	100m²	2.656	435.58	388.80			36.55	10.23	
2	010101003001	挖沟槽土方 1. 土壤类别:三类土 2. 挖土深度:2m以内	m³	103.404	23.34	20.78		0.05	1.96	0.55	
	A1-9	人工挖沟槽(基坑) 三类土深 2m 以内	100m³	1.034	2334.02	2078.40		4.99	195.84	54.79	
3	010101004001	挖基坑土方 1. 土壤类别:三类土 2. 挖土深度:2m以内	m³	189.151	23.35	20.79		0.05	1.96	0.55	
	A1-9	人工挖沟槽(基坑) 三类土深 2m 以内	100m³	1.892	2334.02	2078.40		4.99	195.84	54.79	
4	010103001001	回填方 填方材料品种:原土回填	m³	225.912	17.38	12.53		2.98	1.46	0.41	
	A1-82	人工回填土夯填	100m³	2.259	1737.11	1252.80		297.78	145.75	40.78	
5	010103002001	余方弃置 运距:10km	m³	66.643	46.96	6.02		35.90	3.94	1.10	
	A1-119 换	人工装,自卸汽车运土方 1km 运距以内 5t 自卸汽车(实际运距:10km)	100m³	0.666	4699.33	602.88		3591.83	394.30	110.32	
	0104	砌筑工程									

表-09

工程量清单综合单价分析表

工程名称:××有限公司食堂工程

序号	项目编码	项目名称及项目特征描述	单位	工程量	综合单价(元)	综合单价					其中:暂估价
						人工费	材料费	机械费	管理费	利润	
6	01040100 3001	实心砖墙 240mm 1. 砖品种、规格、强度等级:烧结页岩砖 2. 墙体类型:直形混水墙 3. 砂浆强度等级、配合比:M5.0混合砂浆	m³	130.959	481.04	99.81	331.5	2.81	36.66	10.26	
	A3-11	混水砖墙多孔砖 240×115×90 墙体厚度 24cm(水泥石灰砂浆中砂 M5)	10m³	13.096	4810.33	998.07	3314.98	28.11	366.55	102.62	
7	01040100 3002	实心砖墙 115mm 1. 砖品种、规格、强度等级:烧结页岩砖 2. 墙体类型:直形混水墙 3. 砂浆强度等级、配合比:M5.0混合砂浆	m³	8.283	504.91	115.04	333.83	2.36	41.94	11.74	
	A3-10	混水砖墙多孔砖 240×115×90 墙体厚度 11.5cm(水泥石灰砂浆中砂 M5)	10m³	0.828	5050.82	1150.83	3339.48	23.57	419.50	117.44	
8	01040101 2001	零星砌砖 1. 零星砌砖名称、部位:屋面保温层侧砌砖 2. 砂浆强度等级、配合比:M5.0混合砂浆	m³	0.615	530.85	135.19	330.07	2.60	49.22	13.77	
	A3-38	零星砌体多孔砖 240×115×90(水泥石灰石砂浆中砂 M5)	10m³	0.061	5351.92	1362.87	3327.63	26.29	496.21	138.92	
9	01040101 2002	零星砌砖,屋面台阶 采用图集:052J201 1/12	m³	0.300	116.67	29.70	72.57	0.57	10.80	3.03	
	A3-40	砖砌台阶多孔砖 240×115×90(水泥石灰砂浆中砂 M5)	10m²	0.030	1166.69	296.97	725.75	5.62	108.09	30.26	
10	01040101 4001	砖地沟,明沟 采用图集:98ZJ901 3/6	m	86.080	62.95	19.04	26.26	9.38	6.46	1.81	

表-09

工程量清单综合单价分析表

工程名称：××有限公司食堂工程　　　　　　　　　　　　　　第3页　共18页

序号	项目编码	项目名称及项目特征描述	单位	工程量	综合单价(元)	综合单价					其中：暂估价
						人工费	材料费	机械费	管理费	利润	
	A3-48	砖砌明沟多孔砖 11.5cm 壁厚内空 260×120mm（碎石 GD40 中砂水泥 32.5 C10）	100m	0.861	4722.79	1405.62	2625.63	33.55	514.07	143.92	
	A1-9	人工挖沟槽（基坑）三类土深 2m 以内	100m³	0.160	2334.02	2078.40		4.99	195.84	54.79	
	A1-116 换	人工装、自卸汽车运土方 1km 运输混距以内 2t 自卸汽车（实际运距：10km）	100m³	0.160	6121.20	602.88		4861.01	513.61	143.70	
	0105	混凝土及钢筋混凝土工程									
11	010501001001	C15 混凝土基础垫层	m³	17.456	354.96	23.83	318.91	0.91	8.84	2.47	
	A4-3 换	混凝土垫层（碎石 GD40 商品普通混凝土 C15）	10m³	1.746	3548.88	238.26	3188.4	9.12	88.36	24.74	
12	010501001002	C15 混凝土地面垫层	m³	25.497	354.93	23.83	318.88	0.91	8.84	2.47	
	A4-3 换	混凝土垫层（碎石 GD40 商品普通混凝土 C15）	10m³	2.550	3548.88	238.26	3188.4	9.12	88.36	24.74	
13	010501002001	C25 混凝土带形基础	m³	27.369	371.53	20.35	340.5	0.94	7.61	2.13	
	A4-5 换	带形基础混凝土（碎石 GD40 商品普通混凝土 C25）	10m³	2.737	3715.16	203.49	3404.87	9.45	76.06	21.29	
14	010501003001	C25 混凝土独立基础	m³	37.210	389.82	32.66	340.86	0.94	12.00	3.36	
	A4-7 换	独立基础混凝土（碎石 GD40 商品普通混凝土 C25）	10m³	3.721	3898.32	326.61	3408.61	9.45	120.04	33.61	
15	010502001001	C25 混凝土柱矩形柱	m³	25.479	398.39	38.70	339.78	1.52	14.37	4.02	
	A4-18 换	混凝土柱矩形（碎石 GD40 商品普通混凝土 C25）	10m³	2.548	3983.83	387.03	3397.69	15.21	143.68	40.22	
16	010502002001	C25 混凝土构造柱	m³	5.833	403.88	49.91	329.01	1.47	18.35	5.14	
	A4-20 换	混凝土柱构造柱（碎石 GD40 商品普通混凝土 C25）	10m³	0.565	4169.70	515.28	3396.67	15.21	189.49	53.05	
17	010503001001	C25 混凝土基础梁	m³	10.865	361.90	11.96	342.24	1.53	4.82	1.35	

表-09

240

工程量清单综合单价分析表

工程名称：×××有限公司食堂工程

序号	项目编码	项目名称及项目特征描述	单位	工程量	综合单价(元)	综合单价					其中:暂估价
						人工费	材料费	机械费	管理费	利润	
18	A4-21换	混凝土基础梁(碎石 GD40 商品普通混凝土 C25)	10m³	1.086	3620.72	119.70	3423.94	15.34	48.24	13.50	
	010503002001	C25 混凝土矩形梁	m³	1.166	373.54	19.05	343.54	1.54	7.35	2.06	
	A4-22换	混凝土单梁,连续梁(碎石 GD40 商品普通混凝土 C25)	10m³	0.117	3722.66	189.81	3423.71	15.34	73.28	20.52	
19	010503004001	C15 混凝土圈梁(厨卫素混凝土反边)	m³	1.727	389.58	44.37	323.56	0.94	16.18	4.53	
	A4-24换	混凝土圈梁(碎石 GD40 商品普通混凝土 C15)	10m³	0.173	3889.10	442.89	3229.95	9.45	161.58	45.23	
20	010503005001	C25 混凝土过梁	m³	2.893	371.88	18.96	342.02	1.53	7.32	2.05	
	A4-22换	混凝土单梁,连续梁(碎石 GD40 商品普通混凝土 C25)	10m³	0.289	3722.66	189.81	3423.71	15.34	73.28	20.52	
21	010505001001	C25 混凝土有梁板	m³	107.465	383.78	25.02	345.14	1.50	9.47	2.65	
	A4-31换	混凝土有梁板(碎石 GD40 商品普通混凝土 C25)	10m³	10.747	3837.68	250.23	3451.19	15.00	94.74	26.52	
22	010505008001	C25 混凝土雨篷	m³	2.982	485.22	90.46	351.17	1.53	32.86	9.20	
	A4-38换	混凝土悬挑板(碎石 GD40 商品普通混凝土 C25)	10m³	0.298	4855.42	905.16	3514.07	15.34	328.80	92.05	
23	010506001001	C25 混凝土直形楼梯板厚 100mm	m²	23.730	88.83	14.25	67.37	0.48	5.26	1.47	
	A4-49换	混凝土直形楼梯板厚 100mm(碎石 GD20 商品普通混凝土 C25)	10m²	2.373	888.29	142.50	673.66	4.79	52.61	14.73	
24	010506001002	C25 混凝土直形楼梯板厚 160mm	m²	20.445	118.59	18.70	90.43	0.63	6.90	1.93	
	A4-49换	混凝土直形楼梯板厚 100mm(碎石 GD20 商品普通混凝土 C25)(实际板厚:160mm)	10m²	2.045	1185.68	186.96	904.12	6.26	69.02	19.32	

表-09

工程量清单综合单价分析表

工程名称：×××有限公司食堂工程　　　　　　　　　　　　　　　　　　　　　第5页　共18页

序号	项目编码	项目名称及项目特征描述	单位	工程量	综合单价(元)	综合单价					
						人工费	材料费	机械费	管理费	利润	其中:暂估价
25	010507001001	C15混凝土散水 采用图集:98ZJ901 3/6	m²	17.232	58.19	12.77	39.1	0.33	4.68	1.31	
	A4-59换	散水混凝土60mm厚水泥砂浆面20mm(碎石GD40商品普通混凝土C15)(实际混凝土厚:70mm)	100m²	0.172	5829.12	1279.08	3917.68	32.64	468.55	131.17	
26	010507001002	C15混凝土坡道 采用图集:98ZJ901 1/18 取消防滑凹槽	m²	86.981	116.68	25.30	79.22	1.06	8.67	2.43	
	A9-14	水泥砂浆整体面层防滑坡道(水泥砂浆1:2)	100m²	0.870	2384.43	840.75	1169.46	38.99	261.90	73.33	
	A4-3换	混凝土垫层(碎石GD40商品普通混凝土C15)	10m³	0.870	3548.88	238.26	3188.4	9.12	88.36	24.74	
	A3-89	灰土垫层(灰土3:7)	10m³	2.609	1879.45	462.27	1188.06	12.19	169.48	47.45	
	A1-83	人工原土打夯	100m²	0.870	95.42	63.84		21.33	8.01	2.24	
27	010507005001	C25混凝土压顶	m³	2.230	500.50	96.10	360.46		34.33	9.61	
	A4-53换	混凝土压顶,扶手(碎石GD40商品普通混凝土C25)	10m³	0.223	5004.99	961.02	3604.59		343.28	96.10	
28	010512008001	C20混凝土预制混凝土沟盖板	m³	1.653	656.62	129.34	330.08	94.75	80.04	22.41	
	A4-148	预制混凝土地沟盖板制作(碎石GD20 中砂水泥32.5 C20)	10m³	0.169	4106.68	574.56	3036.73	159.69	262.27	73.43	
	A4-177	小型构件运输1km	10m³	0.168	1438.12	217.17	5.1	766.24	351.27	98.34	
	A4-215	地沟盖板安装(水泥砂浆1:2)	10m³	0.165	907.69	486.21	191.25	5.44	175.62	49.17	
29	010515001001	现浇构件圆钢筋Φ10以内大厂	t	8.274	4899.39	545.49	4031.75	49.93	212.68	59.54	
	A4-236	现浇构件圆钢筋制安Φ10以内	t	8.274	4899.39	545.49	4031.75	49.93	212.68	59.54	
30	010515001002	现浇构件钢筋Φ10以外大厂	t	0.462	5010.59	461.13	4200.0	95.13	198.70	55.63	

表-09

工程量清单综合单价分析表

工程名称：××有限公司食堂工程

序号	项目编码	项目名称及项目特征描述	单位	工程量	综合单价（元）	综合单价					其中：暂估价
						人工费	材料费	机械费	管理费	利润	
	A4-237	现浇构件圆钢筋制安Φ10以上	t	0.462	5010.59	461.13	4199.99	95.14	198.70	55.63	
31	010515001003	现浇构件钢筋Φ10以外大厂	t	12.727	4737.28	363.66	4052.24	106.45	167.92	47.01	
	A4-239	现浇构件螺纹钢制安Φ10以上	t	12.727	4737.28	363.66	4052.24	106.45	167.92	47.01	
32	010515002001	预制构件钢筋冷拔低碳钢丝φb5以下	t	0.020	7907.50	1650.00	5445.0	40.00	603.50	169.00	
	A4-246	预制构件圆钢制安冷拔低碳钢丝 φ5以下绑扎	t	0.020	7907.96	1650.15	5445.24	39.89	603.68	169.00	
33	桂010515011001	砌体加固钢筋Φ10以内大厂	t	0.510	5448.71	955.31	4031.71	17.10	347.35	97.24	
	A4-317	砖砌体加固钢筋绑扎	t	0.510	5448.71	955.32	4031.7	17.10	347.35	97.24	
34	010516002001	预埋铁件	t	0.005	8686.00	1510.00	6484.0		540.00	152.00	
	A4-326	预埋铁件	t	0.005	8685.30	1510.50	6484.2		539.55	151.05	
35	桂010516004001	钢筋电渣压力焊接	个	104.000	4.47	0.57	0.97	1.83	0.86	0.24	
	A4-319	钢筋电渣压力焊接	10个	10.400	44.69	5.70	9.7	18.31	8.58	2.40	
	0108	门窗工程									
36	010801001001	木质门成品装饰木门 1.不带纱单扇无亮 2.运输距离：10km	m²	13.020	560.47	14.53	530.72	7.01	6.41	1.80	
	A12-28	装饰成品门安装	100m²	0.177	39757.67	936.54	38464.26		278.81	78.06	
	A12-172	不带纱木门五金配件无亮单扇	樘	5.000	20.35		20.35				
	A12-168换	门窗运输运距1km以内（实际运距：10km）	100m²	0.177	894.82	132.24		515.69	192.89	54.00	

表-09

243

工程量清单综合单价分析表

工程名称：××有限公司食堂工程

第 7 页 共 18 页

表-09

序号	项目编码	项目名称及项目特征描述	单位	工程量	综合单价（元）	综合单价					其中：暂估价
						人工费	材料费	机械费	管理费	利润	
37	010801001002	木质门成品装饰木门 1. 不带纱双扇有亮 2. 运输距离：10km	m²	4.680	422.18	10.74	400.19	5.18	4.74	1.33	
	A12-28	装饰成品门安装	100m²	0.047	39757.67	936.54	38464.26		278.81	78.06	
	A12-171	不带纱木门五金配件有亮双扇	樘	1.000	65.05		65.05				
	A12-168 换	门窗运输运距 1km 以内（实际运距：10km）	100m²	0.047	894.82	132.24		515.69	192.89	54.00	
38	010801004001	木质防火门乙级 运输距离：10km	m²	8.400	411.46	36.32	354.17	5.16	12.35	3.46	
	A12-81 换	防火门木质	100m²	0.084	40250.84	3499.98	35417.2		1041.94	291.72	
	A12-168 换	门窗运输运距 1km 以内（实际运距：10km）	100m²	0.084	894.82	132.24		515.69	192.89	54.00	
39	010801006001	门锁安装 L 型执手锁	个	6.000	94.46	26.40	58.0		7.86	2.20	
	A12-141	特殊五金 L 型执手插锁	把	6.000	94.46	26.40	58.0		7.86	2.20	
40	010801006002	防火门配件闭门器	套	4.000	85.68	9.90	72.0		2.95	0.83	
	A12-149	特殊五金门闭门器（套）明装	套	4.000	85.68	9.90	72.0		2.95	0.83	
41	010801006003	防火门配件防火铰链	套	4.000	57.84	31.02	15.0		9.23	2.59	
	A12-151	特殊五金防火门防火铰链	副	4.000	57.84	31.02	15.0		9.23	2.59	
42	010803001001	镀锌铁皮卷闸门厚度 0.8mm 1. 门代号及洞口尺寸：2 樘 JM-1 2. 启动装置品种、规格：电动	m²	30.680	288.96	41.27	228.03	2.85	13.13	3.68	
	A12-52	卷闸门铝合金	100m²	0.378	13711.60	3000.36	9248.49	231.32	962.07	269.36	

工程量清单综合单价分析表

工程名称：××有限公司食堂工程　　　　　　　　　　第 8 页　共 18 页

表-09

序号	项目编码	项目名称及项目特征描述	单位	工程量	综合单价（元）	综合单价					其中：暂估价
						人工费	材料费	机械费	管理费	利润	
43	A12-53	卷闸门电动装置	每套	2.000	1841.15	66.00	1750.0		19.65	5.50	
	0109	屋面防水工程									
	010902001001	屋面卷材防水（上人屋面）1.采用图集：05ZJ001屋5第3.4点 2.满铺0.5厚聚乙烯薄膜一层 3.1.2厚氯化聚乙烯橡胶共混防水卷材	m²	308.563	45.59	5.03	38.26		1.80	0.50	
	A7-73	氯化聚乙烯—橡胶共混卷材冷贴屋面满铺（108胶素水泥浆）	100m²	3.086	3876.95	427.50	3254.0		152.70	42.75	
	A7-77	干铺聚乙烯膜	100m²	3.086	680.90	75.24	571.26		26.88	7.52	
44	010902001002	屋面卷材防水（不上人屋面）1.采用图集：05ZJ001屋15第1.2点 2.二层3厚SBS改性沥青卷材 3.刷基层处理剂一遍	m²	28.346	80.15	5.65	71.91		2.02	0.57	
	A7-47换	改性沥青防水卷材热贴屋面一层满铺（冷底子油30：70）（实际层数：2层）	100m²	0.283	8027.96	566.01	7203.17		202.18	56.60	
45	010902002001	屋面涂膜防水（上人屋面）1.采用图集：05ZJ001屋第5.6点 2.1.5厚聚氨酯防水涂料 3.刷基层处理剂一遍	m²	308.563	32.78	3.38	27.85		1.21	0.34	
	A7-80	屋面聚氨酯膜涂膜防水1.5mm厚	100m²	3.086	2742.27	263.34	2358.53		94.07	26.33	
	A7-82	屋面刷冷底子油防水第一遍（冷底子油30：70）	100m²	3.086	535.20	74.67	426.39		26.67	7.47	
46	010902003001	屋面刚性层（雨篷面）1.采用图集：98ZJ901 1/21	m²	29.820	16.70	6.15	7.27	0.32	2.31	0.65	

工程量清单综合单价分析表

工程名称：××有限公司食堂工程　　　　　　　　　　　　　　　　　　　　　第 9 页　共 18 页　　表-09

序号	项目编码	项目名称及项目特征描述	单位	工程量	综合单价(元)	综合单价					其中：暂估价
						人工费	材料费	机械费	管理费	利润	
	A7-98换	防水砂浆 15mm厚 [水泥防水砂浆（加防水粉 5%）1：2.5]	100m²	0.298	1670.41	615.03	727.95	31.73	231.02	64.68	
	0110	保温、隔热、防腐工程									
47	011001001001	保温隔热屋面（上人屋面） 1. 采用图集：05ZJ001屋5 第 8 点 2. 20厚（最薄处）1：8 水泥珍珠岩找 2%坡	m²	238.680	25.29	3.08	20.8		1.10	0.31	
	A8-6 换	屋面保温现浇水泥珍珠岩 1：8 厚度 100mm（水泥珍珠岩 1：8）（实际厚度：66.1mm）	100m²	2.367	2549.67	310.65	2096.99		110.96	31.07	
48	011001001002	保温隔热屋面（不上人屋面） 1. 采用图集：05ZJ001屋15 第 4 点 2. 20厚（最薄处）1：8 水泥珍珠岩找 2%坡	m²	18.544	28.90	3.43	23.91		1.22	0.34	
	A8-6 换	屋面保温现浇水泥珍珠岩 1：8 厚度 100mm（水泥珍珠岩 1：8）（实际厚度：80.6mm）	100m²	0.185	2897.41	343.71	2396.56		122.77	34.37	
49	011001001003	保温隔热屋面（上人屋面） 1. 采用图集：05ZJ001屋5 第 9 点 2. 干铺 50 厚挤塑聚苯乙烯泡沫板	m²	238.680	31.20	6.27	22.02	0.03	2.25	0.63	
	A8-21	屋面保温挤塑聚苯板　厚度 50mm（聚合物粘结砂浆）	100m²	2.387	3119.53	627.00	2201.9	2.72	224.94	62.97	
50	011001001004	保温隔热屋面（不上人屋面） 1. 采用图集：05ZJ001屋15 第 5 点 2. 干铺 150mm厚珍珠岩	m²	18.176	37.95	2.89	33.74		1.03	0.29	
	A8-8 换	屋面保温　干铺珍珠岩厚度 100mm(实际厚度：150mm)	100m²	0.182	3790.72	288.99	3369.6		103.23	28.90	
	0111	楼地面装饰工程									

工程量清单综合单价分析表

工程名称：××有限公司食堂工程　　　　　　　　　　　　　　　　　　　　　　　　　　　　　　　　　　第 10 页　共 18 页

序号	项目编码	项目名称及项目特征描述	单位	工程量	综合单价（元）	人工费	材料费	机械费	管理费	利润	其中：暂估价
								综合单价			
51	011102003001	块料楼地面（上人屋面） 1. 采用图集：05ZJ001屋 5 第 1.2 点 2. 耐磨砖 500×500	m²	245.038	135.18	22.26	101.82	1.90	7.19	2.01	
	A9-90 换	陶瓷地砖楼地面每块周长（2400mm 以内）水泥砂浆离缝 8mm（水泥砂浆 1：4）	100m²	2.450	13519.36	2226.18	10183.12	189.55	719.16	201.35	
52	011102003002	块料楼地面 1. 采用图集：05ZJ001地 20，楼 10 2. 面层材料品种、规格、颜色：600×600 抛光砖	m²	504.156	135.31	20.26	104.7	1.90	6.60	1.85	
	A9-83 换	陶瓷地砖楼地面 每块周长（2400mm 以内）水泥砂浆密缝（水泥砂浆 1：4）	100m²	5.042	13528.67	2026.20	10468.61	189.55	659.63	184.68	
53	011102003003	块料楼地面 1. 采用图集：05ZJ001地 56，楼 33 2. 面层材料品种、规格、颜色：300×300 防滑砖	m²	10.856	179.16	36.30	125.56	2.16	11.83	3.31	
	A9-80 换	陶瓷地砖楼地面每块周长（1200mm 以内）水泥砂浆密缝（水泥砂浆 1：4）	100m²	0.109	9187.71	2074.38	6061.11	189.55	673.97	188.70	
	A7-134 换	聚氨酯防水 1.2mm 厚平面（实际厚度：1.5mm）	100m²	0.144	3320.63	386.46	2757.48		138.04	38.65	
	A7-140	刷冷底子油防水　第一遍（冷底子油 30：70）	100m²	0.144	548.10	89.49	417.69		31.97	8.95	
	A9-1 换	水泥砂浆找平层混凝土或硬基层上 20mm（水泥砂浆 1：2）（实际厚度：15mm）	100m²	0.104	1245.37	409.83	648.06	22.67	128.76	36.05	
	A9-4 换	细石混凝土找平层 40mm（碎石 GD20 商品普通混凝土 C20）（实际厚度：50mm）	100m²	0.104	2471.06	546.63	1709.92	4.50	164.07	45.94	
54	011106002001	块料楼梯面层 1. 采用图集：05ZJ001楼 10 2. 成套梯级砖、自带防滑功能	m²	34.175	166.62	47.95	97.32	2.23	14.94	4.18	

表-09

247

工程量清单综合单价分析表

工程名称：××有限公司食堂工程

序号	项目编码	项目名称及项目特征描述	单位	工程量	综合单价（元）	综合单价					其中：暂估价
						人工费	材料费	机械费	管理费	利润	
55	A9-96	陶瓷地砖楼梯水泥砂浆（水泥砂浆1：4）	100m²	0.342	16650.97	4791.60	9725.39	223.12	1492.88	417.98	
	01110500300 1	块料踢脚线房间　采用图集：05ZJ001踢18	m²	34.092	76.64	31.08	31.45	1.64	9.74	2.73	
56	A9-99	陶瓷地砖踢脚线水泥砂浆（水泥砂浆1：3）	100m²	0.341	7662.06	3107.28	3144.02	164.17	973.91	272.68	
	01110500300 2	块料踢脚线楼梯　采用图集：05ZJ001踢18	m²	7.546	87.59	35.52	35.94	1.88	11.13	3.12	
57	A9-99换	陶瓷地砖踢脚线水泥砂浆（水泥砂浆1：3）	100m²	0.075	8811.37	3573.37	3615.62	188.80	1120.00	313.58	
	01110100600 1	屋面平面砂浆找平层　找平层厚度，砂浆配合比：20厚1：2.5水泥砂浆找平层	m²	290.765	15.41	5.00	8.08	0.31	1.58	0.44	
	A9-1换	水泥砂浆找平层混凝土或硬基层上 20mm（水泥砂浆1：2.5）	100m²	2.908	1540.38	499.89	807.42	30.83	158.00	44.24	
58	0112	墙、柱面装饰与隔断、幕墙工程									
	01120100100 1	内墙面一般抹灰混合砂浆 1.墙体类型：砖墙 2.采用图集：05ZJ001内4	m²	911.912	21.65	10.17	7.12	0.35	3.13	0.88	
	A10-7	内墙混合砂浆砖墙（15＋5）mm（混合砂浆1：1：6）	100m²	9.119	2165.36	1017.06	711.91	35.36	313.31	87.72	
59	01120100100 2	外墙面一般抹灰水泥砂浆 1.墙体类型：砖墙 2.采用图集：05ZJ001外23	m²	569.982	36.51	20.34	7.94	0.35	6.16	1.72	
	A10-24换	外墙水泥砂浆砖墙（12＋8）mm（水泥砂浆1：2.5、水泥砂浆1：3）	100m²	5.700	3651.24	2033.46	794.09	35.36	615.89	172.44	

工程量清单综合单价分析表

工程名称：××有限公司食堂工程

序号	项目编码	项目名称及项目特征描述	单位	工程量	综合单价（元）	综合单价					其中：暂估价
						人工费	材料费	机械费	管理费	利润	
60	011201001003	墙面一般抹灰 1. 墙体类型：多孔页岩砖砖墙 2. 砂浆配合比：1：2水泥砂浆（15+10）mm	m²	124.972	24.67	10.32	9.82	0.43	3.20	0.90	
	A10-27	墙裙水泥砂浆砖墙（15+10）mm（水泥砂浆 1：3）	100m²	1.250	2465.78	1031.58	982.27	42.61	319.79	89.53	
61	011202001001	柱面一般抹灰 采用图集：05ZJ001 外23	m²	41.760	29.87	15.34	8.2	0.35	4.67	1.31	
	A10-32 换	独立混凝土柱、梁水泥砂浆矩形（12+8）mm（水泥砂浆 1：2.5，水泥砂浆 1：3）	100m²	0.418	2984.45	1532.52	819.13	35.36	466.76	130.68	
62	011202001002	柱面一般抹灰 采用图集：05ZJ001 内墙4	m²	26.240	27.18	14.04	7.31	0.35	4.28	1.20	
	A10-17	独立混凝土柱、梁混合砂浆矩形（15+5）mm（混合砂浆 1：1：6）	100m²	0.262	2722.48	1405.80	732.17	35.36	429.03	120.12	
63	桂 011203004001	砂浆装饰线条 底层厚度、砂浆配合比：水泥砂浆	m	104.200	20.03	13.17	1.75	0.07	3.94	1.10	
	A10-36	其他水泥砂浆装饰线条（水泥砂浆 1：2.5）	100m	1.042	2004.33	1317.36	174.97	7.25	394.34	110.41	
	0113	天棚工程									
64	011301001001	天棚抹灰混合砂浆 采用图集：05ZJ001 顶3	m²	858.811	19.87	9.77	6.08	0.22	2.97	0.83	
	A11-5	混凝土面天棚混合砂浆现浇（5+5）mm（混合砂浆 1：1：4）	100m²	8.588	1988.40	977.46	608.43	21.76	297.47	83.28	
	0114	油漆、涂料、裱糊工程									

表-09

工程量清单综合单价分析表

工程名称：×××有限公司食堂工程　　　　　　　第 13 页　共 18 页

序号	项目编码	项目名称及项目特征描述	单位	工程量	综合单价（元）	综合单价					其中：暂估价
						人工费	材料费	机械费	管理费	利润	
65	011401001001	木门油漆 1.门类型：实木装饰门 2.油漆品种、聚氨酯漆遍数：聚氨酯清漆二遍	m²	17.700	41.35	22.39	10.43		6.66	1.87	
	A13-17	润油粉、聚氨酯漆二遍单层木门	100m²	0.177	4134.85	2238.72	1043.06		666.47	186.60	
66	011401001002	木门油漆 1.门类型：木质防火门，乙级 2.刮腻子遍数：1遍 3.油漆品种、聚氨酯漆遍数：聚氨酯清漆二遍	m²	8.400	41.35	22.39	10.43		6.66	1.87	
	A13-17	润油粉、聚氨酯漆二遍单层木门	100m²	0.084	4134.85	2238.72	1043.06		666.47	186.60	
67	011406003001	满刮腻子内墙面 刮腻子遍数：刮成品腻子粉二遍	m²	163.665	9.65	5.50	2.05		1.64	0.46	
	A13-206	刮成品腻子粉内墙面两遍	100m²	1.637	963.85	549.78	204.58		163.67	45.82	
68	011406003002	满刮腻子天棚面 刮腻子遍数：刮成品腻子粉二遍	m²	78.150	11.01	6.49	2.05		1.93	0.54	
	A13-206换	刮成品腻子粉内墙面两遍	100m²	0.782	1100.52	648.74	204.58		193.13	54.07	
0115		其他装饰工程									
69	011503001001	不锈钢栏杆 201 材质 1.采用图集：05ZJ401 W/11 2.扶手选用：05ZJ001 14/28	m	15.558	182.23	43.08	103.94	13.60	16.88	4.73	
	A14-108	不锈钢栏杆直线型竖条式（圆管）	10m	1.556	1258.60	321.42	766.8	34.69	106.01	29.68	
	A14-119	不锈钢管扶手直形φ60	10m	1.556	367.37	68.64	241.51	22.49	27.13	7.60	
	A14-124	不锈钢弯头φ60	10个	0.500	610.33	126.72	96.48	245.35	110.77	31.01	

表-09

工程量清单综合单价分析表

工程名称：××有限公司食堂工程

序号	项目编码	项目名称及项目特征描述	单位	工程量	综合单价（元）	人工费	材料费	机械费	管理费	利润	其中：暂估价
							综 合 单 价				
70	011701002001	外脚手架 搭设高度：10m 以内双排	m²	717.411	19.97	9.68	5.01	0.58	3.67	1.03	
	A15-5	扣件式钢管外脚手架双排 10m 以内	100m²	7.533	1901.13	921.69	477.1	55.55	349.07	97.72	
71	011701002002	外脚手架 搭设高度：20m 以内双排	m²	37.701	21.58	9.94	6.4	0.48	3.72	1.04	
	A15-6	扣件式钢管外脚手架双排 20m 以内	100m²	0.396	2054.38	946.20	609.09	45.63	354.28	99.18	
72	011701003001	里脚手架 搭设高度：3.6m 以内	m²	52.970	4.72	2.48	0.81	0.20	0.96	0.27	
	A15-1	扣件式钢管里脚手架 3.6m 以内	100m²	0.530	470.19	247.38	80.8	19.84	95.45	26.72	
73	011701003002	里脚手架 搭设高度：3.6m 以上	m²	201.737	7.29	3.60	1.66	0.26	1.38	0.39	
	A15-2	扣件式钢管里脚手架 3.6m 以上	100m²	2.017	728.48	360.24	165.96	25.79	137.89	38.60	
74	011701006001	满堂脚手架	m²	260.009	11.76	6.30	1.94	0.44	2.41	0.67	
	A15-84	钢管满堂脚手架基本层高 3.6m	100m²	2.600	1175.83	630.42	193.57	43.65	240.78	67.41	
75	挂 011701011001	楼板现浇混凝土运输道	m²	598.793	4.81	2.07	1.26	0.37	0.87	0.24	
	A15-28 换	钢管现浇混凝土运输道楼板钢管架（采用泵送混凝土，框架结构，框架-剪力墙结构，筒体结构工程）	100m²	5.988	481.12	207.20	125.71	36.70	87.12	24.39	
76	011702001001	基础模板制作安装 基础类型：混凝土垫层	m²	37.324	21.49	6.91	10.94	0.33	2.59	0.72	
	A17-1	混凝土基础垫层木模板支撑	100m²	0.373	2150.32	691.41	1094.36	33.24	258.84	72.47	

工程量清单综合单价分析表

工程名称：××有限公司食堂工程　　　　第15页　共18页

序号	项目编码	项目名称及项目特征描述	单位	工程量	综合单价（元）	综合单价					
						人工费	材料费	机械费	管理费	利润	其中：暂估价
77	011702001002	基础模板制作安装 基础类型：有助式带形基础	m²	41.272	38.11	17.07	12.46	0.53	6.29	1.76	
	A17-8	有助式带形基础钢筋混凝土胶合板模木支撑	100m²	0.413	3808.91	1706.01	1245.36	53.22	628.40	175.92	
78	011702001003	基础模板制作安装 基础类型：独立基础	m²	64.400	35.31	16.50	10.64	0.43	6.05	1.69	
	A17-14	独立基础胶合板模木支撑	100m²	0.644	3529.95	1649.58	1063.51	43.01	604.59	169.26	
79	011702002001	矩形柱模板制作安装 柱高3.97m	m²	118.436	41.47	17.96	14.6	0.48	6.59	1.84	
	A17-51换	矩形柱胶合板模板木支撑（实际高度：3.97m）	100m²	1.184	4148.39	1796.74	1460.6	47.75	658.85	184.45	
80	011702002002	矩形柱模板制作安装 柱高4.2m	m²	129.360	42.39	18.38	14.9	0.48	6.74	1.89	
	A17-51换	矩形柱胶合板模板木支撑（实际高度：4.2m）	100m²	1.294	4238.35	1837.91	1489.9	48.21	673.72	188.61	
81	011702002003	矩形柱模板制作安装 3.6m以下	m²	15.120	39.99	17.28	14.12	0.47	6.34	1.78	
	A17-51	矩形柱胶合板模板木支撑	100m²	0.151	4003.70	1730.52	1413.47	47.02	634.94	177.75	
82	011702003001	构造柱模板制作安装 3.6m以下	m²	48.023	46.49	21.14	15.26	0.29	7.66	2.14	
	A17-58	构造柱胶合板模板木支撑	100m²	0.480	4652.05	2115.27	1527.11	29.21	766.01	214.45	
83	011702003002	构造柱模板制作安装 柱高3.8m	m²	13.680	47.37	21.54	15.55	0.30	7.80	2.18	
	A17-58换	构造柱胶合板模板木支撑（实际高度：3.8m）	100m²	0.137	4730.28	2151.07	1552.59	29.61	778.94	218.07	

表-09

工程量清单综合单价分析表

工程名称：××有限公司食堂工程

序号	项目编码	项目名称及项目特征描述	单位	工程量	综合单价(元)	综　合　单　价					其中:暂估价
						人工费	材料费	机械费	管理费	利润	
84	011702005001	基础梁　模板制作安装	m²	90.902	40.90	16.38	16.27	0.52	6.04	1.69	
	A17-63	基础梁　胶合板模板木支撑	100m²	0.909	4090.15	1638.18	1627.0	52.15	603.79	169.03	
85	011702006001	矩形梁模板制作安装	m²	12.846	46.65	20.96	14.18	1.32	7.96	2.23	
	A17-66	单梁・连续梁・框架梁　胶合板模板　钢支撑	100m²	0.128	4681.48	2103.30	1423.08	132.77	798.72	223.61	
86	011702008001	圈梁　模板制作安装　直形素混凝土反边	m²	15.648	34.73	16.91	9.64	0.31	6.15	1.72	
	A17-72	圈梁　直形　胶合板模板　木支撑	100m²	0.156	3484.34	1696.32	966.64	31.44	617.16	172.78	
87	011702009001	过梁　模板制作安装　木支撑	m²	36.077	61.26	27.39	20.3	0.72	10.04	2.81	
	A17-76	过梁　胶合板模板　木支撑	100m²	0.361	6122.70	2737.14	2028.66	72.39	1003.56	280.95	
88	011702014001	有梁板　模板制作安装　支撑高度：3.6m以内	m²	534.531	47.77	18.99	18.83	0.87	7.09	1.99	
	A17-92	有梁板　胶合板模板　木支撑	100m²	5.345	4776.77	1899.24	1882.67	86.83	709.42	198.61	
89	011702014002	有梁板　模板制作安装（实际高度：4.1m）支撑高度：4.1m	m²	457.478	52.02	20.88	20.25	0.92	7.79	2.18	
	A17-92换	有梁板　胶合板模板　木支撑（实际高度：4.1m）	100m²	4.575	5200.90	2087.63	2025.05	91.79	778.49	217.94	
90	011702023001	雨篷　模板制作安装	m²	29.820	104.07	42.41	39.1	2.18	15.92	4.46	
	A17-109	悬挑板　直形　木模板木支撑	10m²投影面积	2.982	1040.66	424.08	390.99	21.76	159.25	44.58	
91	011702024001	楼梯　模板制作安装	m²	44.175	120.73	56.37	30.99	5.21	22.00	6.16	

工程量清单综合单价分析表

工程名称：××有限公司食堂工程　　　　　　　　　　　　　　　　　　　第 17 页 共 18 页　表-09

序号	项目编码	项目名称及项目特征描述	单位	工程量	综合单价（元）	综合 单 价					其中：暂估价
						人工费	材料费	机械费	管理费	利润	
	A17-115	楼梯直形胶合板板树支撑	10m²投影面积	4.417	1207.35	563.73	309.91	52.13	219.99	61.59	
92	桂 011702038001	压顶模板制作安装	m	98.020	29.48	13.61	8.94	0.48	5.04	1.41	
	A17-118	压顶、扶手模板木支撑	100延长米	0.980	2949.51	1361.73	894.54	48.49	503.73	141.02	
93	桂 011702039001	混凝土散水模板制作安装 散水厚度：70mm	m²	17.232	14.32	6.04	5.52		2.16	0.60	
	A17-123 换	混凝土散水混凝土 60mm 厚木模板木支撑（实际高度：70m)	100m²	0.172	1435.40	605.34	553.3		216.23	60.53	
94	桂 011702064001	沟盖板　模板制作安装	m³	1.653	137.79	59.34	50.39	0.64	21.42	6.00	
	A17-224	地沟盖板 木模板	10m³混凝土体积	0.165	1380.35	594.51	504.77	6.35	214.63	60.09	
95	011703001001	垂直运输 1. 建筑物建筑类型及结构形式：框架结构 2. 建筑物檐口高度：7.35m，层数：地上 2 层	m²	598.790	19.67			17.56	1.65	0.46	
	A16-1	建筑物垂直运输高度 20m 以内混合结构卷扬机	100m²	5.988	1967.48	1.92		1756.21	165.08	46.19	
96	桂 011708002001	混凝土泵送 1. 檐高：40m 内 2. 碎石 GD20 商品普通混凝土 C25	m³	10.200	20.06		13.79	3.67	0.53	0.15	
	A18-4	混凝土泵送输送泵檐高 40m 以内（碎石 GD20 商品普通混凝土 C25)	100m³	0.102	2005.30	192.00	1378.98	367.07	52.55	14.70	

工程量清单综合单价分析表

工程名称：××有限公司食堂工程

序号	项目编码	项目名称及项目特征描述	单位	工程量	综合单价（元）	人工费	材料费	机械费	管理费	利润	其中：暂估价
								综合单价			
97	桂 011708002002	混凝土泵送 1. 檐高：40m 内 2. 碎石 GD40 商品普通混凝土 C25	m³	224.400	20.06	1.92	13.79	3.67	0.53	0.15	
	A18-4	混凝土泵送输送泵檐高 40m 以内（碎石 GD40 商品普通混凝土 C25）	100m³	2.244	2005.30	192.00	1378.98	367.07	52.55	14.70	
98	桂 011708002003	混凝土泵送 1. 檐高：40m 内 2. 碎石 GD40 商品普通混凝土 C15	m³	29.500	19.76	1.92	13.49	3.67	0.53	0.15	
	A18-4	混凝土泵送 输送泵 檐高 40m 以内（碎石 GD40 商品普通混凝土 C15）	100m³	0.295	1975.30	192.00	1348.98	367.07	52.55	14.70	

表-09

总价措施项目清单与计价表

工程名称：××有限公司食堂工程   第1页 共1页

序号	项目编码	项目名称	计算基础	费率（%）或标准	金额（元）	备注
	一	建筑装饰装修工程			47419.82	
1	桂011801001001	安全文明施工费	Σ（分部分项人材机＋单价措施人材机）（520618.33＋102506.67）	6.96	43369.50	
2	桂011801002001	检验试验配合费		0.10	623.13	
3	桂011801003001	雨季施工增加费		0.50	3115.63	
4	桂011801004001	工程定位复测费		0.05	311.56	
		合 计			47419.82	

注：以项计算的总价措施，无"计算基础"和"费率"的数值，可只填"金额"数值，但应在备注栏说明施工方案出处或计算方法。

表-11

其他项目清单与计价汇总表

工程名称：××有限公司食堂工程　　　　　　　　　　　　　　　　第1页　共1页

序号	项目名称	金额（元）	备注
一	建筑装饰装修工程	50000.00	
1	暂列金额	50000.00	明细详见表-12-1
2	材料暂估价		明细详见表-12-2
3	专业工程暂估价		明细详见表-12-3
4	计日工		明细详见表-12-4
5	总承包服务费		明细详见表-12-5
	合计	50000.00	

注：材料暂估单价进入清单项目综合单价，此处不汇总。

表-12

暂列金额明细表

工程名称：××有限公司食堂工程　　　　　　　　　　　　　　　　　第 1 页　共 1 页

序号	项目名称	计量单位	暂定金额（元）	备　注
一	建筑装饰装修工程			
1	暂列金额	项	50000.00	
1.1	工程量偏差	元	10000.00	
1.2	设计变更及政策调整	元	20000.00	
1.3	材料价格波动	元	20000.00	
	合　计		50000.00	

注：此表由招标人填写，如不能详列，也可只列暂列金额总额，投标人应当将上述暂列金额计入投标总价中。

表-12-1

税前项目清单与计价表

工程名称：××有限公司食堂工程　　　　　　　　　　　　　第1页　共1页

序号	项目编码	项目名称及项目特征描述	计量单位	工程量	金额（元）	
					单价	合价
		税前项目				38682.96
1	010802001001	塑钢成品平开门 60 系列 5 厚白玻不带纱	m²	7.560	221.00	1670.76
2	010807001001	铝合金推拉窗≤2m² 1. 框、扇材质：90 系列 1.4mm 厚白铝 2. 玻璃品种、厚度：5mm 白玻	m²	3.240	290.00	939.60
3	010807001002	铝合金推拉窗＞2m² 1. 框、扇材质：90 系列 1.4mm 厚白铝 2. 玻璃品种、厚度：5mm 白玻	m²	52.560	269.00	14138.64
4	010807002001	铝合金防火窗乙级	m²	4.050	450.00	1822.50
5	011407001001	墙面喷刷涂料 1. 涂料品种、喷刷遍数：水性弹性外墙涂料，一底二涂，平涂，十年保质，国产	m²	582.941	34.50	20111.46
		合　计				38682.96

注：税前项目包含除税金以外的所有费用。

表-14

规费、税金项目清单与计价表

工程名称：××有限公司食堂工程　　　　　　　　　　　　　　第1页 共1页

序号	项目名称	计 算 基 础	计算基数	计算费率（％）	金额（元）
一	建筑装饰装修工程				85006.60
1	规费	1.1＋1.2＋1.3＋1.4＋1.5			53428.35
1.1	建安劳保费			27.93	44153.89
1.2	生育保险费	Σ（分部分项人工费＋单价措施人工费）		1.16	1833.82
1.3	工伤保险费	（110420.35＋47667.35）		1.28	2023.52
1.4	住房公积金			1.85	2924.62
1.5	工程排污费	Σ（分部分项人材机＋单价措施人材机）（520618.33＋102506.67）		0.40	2492.50
2	税金	Σ（分部分项工程和单价措施项目费＋总价措施项目费＋其他项目费＋税前项目费＋规费）（692542.82＋47419.82＋50000.00＋38682.96＋53428.35）		3.58	31578.25
合　计					85006.60

编制人（造价人员）：　　　　　　　　复核人（造价工程师）：

表-15

承包人提供主要材料和工程设备一览表

（适用造价信息差额调整法）

工程名称：××有限公司食堂工程　　　　　　　　　　编号：

序号	名称、规格、型号	单位	数量	风险系数（%）	基准单价（元）	投标单价（元）	确认单价（元）	价差（元）	合计差价（元）
1	螺纹钢筋 HRB335　10以上（综合）	t	13.300		3805.00				
2	圆钢 HPB300　φ10以内（综合）	t	8.971		3905.00				
3	圆钢 HPB300　φ10以上（综合）	t	0.483		3951.00				
4	普通硅酸盐水泥　32.5MPa	t	42.076		450.00				
5	白水泥（综合）		0.123		715.00				
6	砂（综合）		98.622		116.50				
7	中砂		35.682		122.00				
8	粗砂		0.021		116.00				
9	碎石 5~20mm		1.324		88.00				
10	碎石 5~40mm		3.189		88.00				
11	周转板枋材		0.199		1020.00				
12	周转圆木		6.269		830.00				
13	胶合板模板 1830*915*18	m²	257.978		32.00				
14	汽油 93	kg	444.062		9.94				
15	柴油 0	kg	11.376		8.54				
16	水		268.653		3.40				
17	电	kW·h	4704.821		0.91				
18	碎石 GD20 商品普通混凝土 C20		0.526		324.00				
19	碎石 GD20 商品普通混凝土 C25		10.312		334.00				
20	碎石 GD40 商品普通混凝土 C15		55.727		314.00				
21	碎石 GD40 商品普通混凝土 C25		230.026		334.00				

注：1. 此表由招标人填写除"投标单价"栏的内容，投标人在投标时自主确定投标单价。

　　2. 招标人应优先采用工程造价管理机构发布的单位作为基础单价，未发布的，通过市场调查确定其基准单价。

表-22

教学单元 13 分部分项工程和单价措施项目计价

13.1 工程量清单综合单价

13.1.1 工程量清单综合单价

工程量清单综合单价包括人工费、材料费、机械费、管理费、利润以及一定范围内的风险费用。即计算清单项目综合单价，必须具备以下三个已知条件：

（1）人工、材料、机械台班消耗量。

（2）人工、材料、机械台班单价。

（3）管理费费率、利润率。

计算人工费、材料费、机械费，就得确定完成该清单项目所需消耗的人工、材料、机械设备等消耗要素及相应的要素价格，而清单计价计量规范是没有人工、材料、机械消耗体现的。清单规范规定，填报综合单价所需的消耗量，编制招标控制价可按建设主管部门颁布的计价定额确定，编制投标报价可按企业定额确定。所以计价定额是工程量清单计价的重要依据，正确计算定额工程量、定额综合单价都是必要的基础工作。

13.1.2 管理费、利润取费标准适用范围

根据广西现行的计价规定，计算综合单价的管理费、利润分建筑工程、装饰装修工程、地基基础及桩基础工程、土石方及其他工程四个费率标准。

1. 适用范围

2013《广西壮族自治区建筑装饰装修工程消耗量定额》共 22 个分部，管理费、利润的各分部适用费率标准见表 13-1。

建筑工程取费情况表　　　　　　　　　　　　　　　表 13-1

章节	名 称	取 费	说 明
A.1	土（石）方工程	土石方及其他	
A.2	桩与地基基础工程	桩基础工程	
A.3	砌筑工程		
A.4	混凝土及钢筋混凝土工程		
A.5	木结构工程		
A.6	金属结构工程	建筑工程	
A.7	屋面及防水工程		
A.8	保温、隔热、防腐工程		

章节	名　称	取　费	说　明
A.9	楼地面工程	装饰装修工程	
A.10	墙、柱面工程		
A.11	天棚工程		
A.12	门窗工程		
A.13	油漆、涂料、裱糊工程		
A.14	其他装饰工程		
A.15	脚手架工程	建筑工程	
A.16	垂直运输工程	土石方及其他	
A.17	模板工程	建筑工程	
A.18	混凝土运输及泵送工程	土石方及其他	
A.19	建筑物超高增加费	建筑工程	19.1 建筑装饰超高
		装饰装修工程	19.2 局部装饰超高
		土石方及其他	19.3 超高加压水泵
A.20	大型机械设备基础、安拆及进退场费	建筑工程	20.1 塔吊电梯基础
		土石方及其他	20.2 大型机械安拆
			20.3 大型机械进退场
A.21	材料二次运输	土石方及其他	
A.22	成品保护工程	装饰装修工程	

2. 应用说明

在编制招标控制价时，管理费、利润应按费率区间的中值至上限值间取定。一般工程按费率中值取定，特殊工程可根据投资规模、技术含量、复杂程度在费率中值至上限值间选择，并在招标文件中载明。

投标报价时，企业可自主确定。

13.1.3　工程量清单综合单价的计算方法

实务工作中，可通过两种方法计算工程量清单综合单价。

1. 方法一

根据广西 2013 费用定额计价程序，清单综合单价分析计算见表 13-2。

工程量清单项目综合单价计算表　　　　　　　　　　　表 13-2

清单项目：××××

编码	名称	计　算　式	金额（元）
一	人工费	Σ（定额工程量×定额人工费）÷清单工程量	
二	材料费	Σ（定额工程量×定额材料费）÷清单工程量	
三	机械费	Σ（定额工程量×定额机械费）÷清单工程量	
四	管理费	（人工费＋材料费）×管理费费率	
五	利润	（人工费＋材料费）×利润率	
		综合单价（一＋二＋三＋四＋五＋六）	

2. 方法二

如仅要求计算清单项目综合单价，不需进行清单综合单价分析，则可按下式计算清单项目综合单价：

清单综合单价＝∑（定额工程量×定额综合单价）÷清单工程量。

13.1.4　工程量清单综合单价的计算步骤

工程量清单综合单价的计算步骤如下：

1. 确定定额子目并判断是否需要换算

（1）确定定额子目

根据清单项目的特征描述，结合清单项目工作内容正确选用定额子目是计算工程量清单综合单价的基础。一个清单项目可能套用一个或多个定额子目，套定额子目时要注意定额子目的工作内容与清单项目的工作内容、项目特征描述的吻合，做到清单计价时对其工作内容的考虑不重复、不遗漏，以便能计算出较为合理的价格。

例如清单项目"混凝土矩形柱"，如采用现场搅拌混凝土施工，则因浇捣混凝土柱的定额子目工作内容不包括混凝土的制作，而清单项目"混凝土矩形柱"的工作内容包括混凝土制作，所以，该清单项目套定额子目时应考虑套用混凝土浇捣、混凝土搅拌两个子目。

（2）换算

确定定额子目后，结合项目特征描述及定额相关说明、附注等，判断所套定额子目是否需要换算，以便合理确定人工、材料、机械台班消耗量。

2. 计算定额工程量

根据定额工程量计算规则计算所套用的定额子目工程量。计算时，要注意定额规则与清单规则的对比，大部分情况下，定额工程量计算规则与清单工程量计算规则是一致的，但也有部分工程量计算规则不统一的情况，计算时要注意区别。例如，木门油漆，清单工程量计算规则是"以平方米计算，按设计图示洞口尺寸以面积计算"，而定额工程量计算规则分单层门、双层门、单层全玻门等油漆工程量按"单面洞口尺寸乘以系数"计算。

3. 计算定额综合单价

根据广西2013费用定额计价程序计算定额综合单价，注意消耗量中有配合比、机械台班时，需先按工程应采用的材料价格计算出配合比、机械台班单价，然后再按计价程序计算定额综合单价。

4. 计算清单综合单价

结合工作实际情况选择上述两种工程量清单综合单价计算方法之一，正确计算清单综合单价。

13.1.5　计算实例

【例13-1】

已知：编制招标控制价，工程背景如【例7-4】。材料价格除表13-3列示外，其余均按定额价格计算。

材料价格信息表　　　　　　　　　　表 13-3

序号	编码	名　　称	单位	价格（元）
1	040105001	普通硅酸盐水泥 32.5MPa	t	450.00
2	040201001	砂（综合）	m³	116.50
3	040204001	中砂	m³	122.00
4	040701001	页岩标准砖 240×115×53	千块	700.00
5	310101067	电	kW·h	1.00

要求：填写完成【例 7-4】表 7-16 分部分项工程和单价措施项目清单与计价表。

【解】

1. 确定定额子目并判断是否需换算，见表 13-4。

定额子目及换算内容表　　　　　　　　表 13-4

定额子目	名　　称	换算内容
A3-1 换	标准砖基础 M10 水泥砂浆	换算砂浆配合比为 M10 水泥砂浆
A7-176	平面防水 20mm 厚 1：2 防水砂浆	

2. 计算定额工程量，见表 13-5。

定额工程量计算表　　　　　　　　　表 13-5

定额子目	单位	工程量	计　算　式
A3-1 换	10m³	4.584	同清单工程量 45.84m³
A7-176	100m²	0.064	防潮层长度同砖基础长，见【例 7-4】 0.24×（20.4＋6.12）＝6.36m²

3. 计算定额综合单价。

（1）标准砖基础 M10 水泥砂浆

第一步：计算配合比单价，查换算配合比 880100022 水泥砂浆中砂 M10。

单价＝0.313×450＋1.180×122＋0.300×3.40＝285.83 元

第二步：计算机械台班单价，查机械 990317001 灰浆搅拌机（拌筒容量 200L）。

单价＝71.25＋2.960＋0.630＋2.520＋5.470＋8.610×1.0＝91.44 元

第三步：计算定额综合单价，见表 13-6。

定额综合单价分析表　　　　　　　　表 13-6

定额子目：A3-1 换　标准砖基础 M10 水泥砂浆

编码	名　　称	单位	数量	单价（元）	金额（元）
一	人工费				833.91
二	材料费				4343.33
880100022	水泥砂浆中砂 M10	m³	2.360	285.83	674.56
040701001	页岩标准砖 240×115×53	千块	5.236	700.00	3665.20
310101065	水	m³	1.050	3.40	3.57

编码	名　　称	单位	数量	单价（元）	金额（元）
三	机械费				35.66
990317001	灰浆搅拌机（拌筒容量 200L）	台班	0.390	91.44	35.66
四	直接费小计				5212.9
五	管理费（人工机械费×费率）	35.72%		869.57	310.61
六	利润（人工机械费×费率）	10%		869.57	86.96
	综合单价（四＋五＋六）				5610.47

（2）平面防水 20mm 厚 1：2 防水砂浆

第一步：计算配合比单价，查配合比 880200052 1：2 水泥防水砂浆（加 5% 防水粉）。

单价＝0.550×450＋1.121×116.50＋27.500×3.0＋0.300×3.40＝461.62 元

第二步：计算机械台班单价，同上得 91.44 元。

第三步：计算定额综合单价，见表 13-7。

定额综合单价分析表　　　　　　　　　　　　　　表 13-7

定额子目：A7-176　平面防水 20mm 厚 1：2 防水砂浆

编码	名　　称	单位	数量	单价（元）	金额（元）
一	人工费				525.54
二	材料费				954.62
880200052	水泥防水砂浆 1：2（加 5% 防水粉）	m³	2.040	461.62	941.70
310101065	水	m³	3.800	3.40	12.92
三	机械费				31.09
990317001	灰浆搅拌机（拌筒容量 200L）	台班	0.340	91.44	31.09
四	直接费小计				1511.25
五	管理费（人工机械费×费率）	35.72%		556.63	198.83
六	利润（人工机械费×费率）	10%		556.63	55.66
	综合单价（四＋五＋六）				1765.75

4. 计算清单综合单价

（1）计算方法一

根据广西 2013 费用定额计价程序，清单综合单价分析计算见表 13-8。

工程量清单项目综合单价计算表　　　　　　　　　　表 13-8

清单项目：010401001001 砖基础

编码	名　　称	计　算　式	金额（元）
一	人工费	(4.584×833.91＋0.006×525.54) ÷45.84	84.12
二	材料费	(4.584×4343.33＋0.006×954.62) ÷45.84	435.67
三	机械费	(4.584×35.66＋0.006×31.09) ÷45.84	3.61
四	管理费	(84.12＋3.61) ×35.72%	31.34
五	利润	(84.12＋3.61) ×10%	8.77
	综合单价（一＋二＋三＋四＋五＋六）		563.51

（2）计算方法二

如仅要求计算清单项目综合单价，不需进行清单综合单价分析，则可按下式计算清单项目综合单价。

清单综合单价＝Σ（定额工程量×定额综合单价）÷清单工程量

$$= （4.584×5610.47+0.064×1765.75）÷45.84$$

$$=563.51 元/m^3$$

5. 填写完成分部分项工程和单价措施项目清单与计价表，见表 13-9。

分部分项工程和单价措施项目清单与计价表　　　　　　表 13-9

工程名称：××　　　　　　　　　　　　　　　　　　　　　　第　页　共　页

序号	项目编码	项目名称及项目特征描述	计量单位	工程量	金额（元）		
					综合单价	合价	其中：暂估价
	0104	砌筑工程					
1	010401001001	砖基础 ①砖品种、规格、强度等级：MU7.5 标准砖 ②砂浆强度等级：M10 水泥砂浆 ③防潮层材料种类：20mm 厚1：2 水泥砂浆加 5%防水粉	m³	45.84	563.51	25831.30	

13.2　土石方及其他工程项目清单计价

13.2.1　土石方工程

1. 对土石方工程项目进行清单计价前，应确定下列各项资料，以便于正确套用定额子目并计算定额工程量。

（1）土壤及岩石类别的确定：土石方工程土壤及岩石类别的划分，依据工程勘测资料与"土壤及岩石（普氏）分类表"对照后确定。

（2）地下水位标高及降（排）水方法。

（3）土方、沟槽、基坑挖（填）起始标高、施工方法及运距。

（4）岩石开凿、爆破方法、石渣清运方法及运距。

（5）其他有关资料。

2. 合理确定施工方案

土石方开挖是采用人工开挖还是机械开挖，土石方运输时是采用 5t、8t 还是 10t 自卸汽车，是由投标方的施工方案确定的，清单项目并不作描述，所以进行套定额子目时，需先确定合理可行的施工方案。

3. 注意土石方工程量挖、填、运的数据逻辑

机械开挖土方施工，需有一定比例的人工配合挖土工程量，结合工程实际情况应考虑

回填土是挖方留在现场待回填，还是因场地原因、土质原因而全部挖方外运，回填土施工时再进行填方运输，甚至需购土回填等因素进行套用相应定额子目。

4. 换算说明

对清单项目计价，确定套用土石方工程定额子目后，应考虑的换算内容主要有：

（1）人工挖土子目如是配合机械开挖的，需进行人工费系数换算。

（2）人工挖土方的定额是按 1.5m 深度编制的，如挖深超过 1.5m，需按定额说明进行人工费系数换算。

（3）人工挖土在有挡土板支撑下挖土、桩间挖土而桩间距离小于 4 倍桩径时需按定额说明进行人工费系数换算。

（4）机械挖土时，单位工程量小于 2000m³、挖掘机在垫板上作业、挖掘机挖沟槽或基坑时，需按定额说明进行换算。

（5）关于机械土方的定额子目是按三类土编制的，如实际工程不是三类土，套用相关定额子目时，定额中推土机、挖掘机台班需按定额说明进行换算。

（6）关于土石方运输，定额按 1km 为基本运距编制，应用时需按实际工程的运输距离套用运输距离增加的相应子目。注意运距增加的子目也是按每增加 1km 编制的。

13.2.2　垂直运输工程

1. 建筑物垂直运输区分不同建筑物的结构类型和高度，按建筑物设计室外地坪以上的建筑面积以平方米计算。定额子目按 30m 以内、40m 以内以 10m 为步距编列，高度超过 120m 时按每增加 10m 内定额子目计算，高度不足 10m 时按比例计算。

2. 地下室按垂直运输地下层的建筑面积以平方米计算，套用相应高度的定额子目。

3. 构筑物垂直运输以座计算。超过规定高度时，超过部分按每增加 1m 定额子目计算，高度不足 1m 时按 1m 计算。

4. 换算说明：如采用泵送混凝土时，定额子目中的塔吊机械台班应乘以系数 0.8。

13.2.3　混凝土运输及泵送工程

1. 如采用输送泵车，定额只有 60m 以内一个定额子目。

2. 如施工采用输送泵施工，定额按 20m 以内、40m 以内以 20m 为步距编列。

3. 混凝土泵送工程量，按混凝土浇捣相应子目的混凝土定额分析量计算。

13.2.4　建筑物超高增加费（加压水泵）

1. 建筑物超高增加费中，只有加压水泵按土石方及其他工程费用标准计算。

2. 建筑物超高加压水泵台班的工程量，按 ±0.00 以上建筑面积以平方米计算。

3. 换算说明：一个承包方同时承包几个单位工程时，2 个单位工程按超高加压水泵台班子目乘以系数 0.85；2 个以上单位工程按超高加压水泵台班子目乘以系数 0.7。

13.2.5　大型机械设备安拆及进退场费

1. 大型机械设备安拆及进退场费按"台次"计算。

2. 注意不是所有的大型机械设备均同时存在安拆及进退场费用。如履带式挖掘机，就只有进退场费，而无安拆费；静力压桩机设备就同时需安拆及进退场费用。

13.2.6　材料二次运输

1. 垂直运输材料，按照垂直距离折合 7 倍水平运输距离计算。

2. 水平运距的计算分别以取料中心点为起点，以材料堆放中心为终点。不足整数者，进位取整数。

13.2.7　计算实例

【例 13-2】

已知：编制招标控制价，工程背景如【例 7-1】、【例 7-2】、【例 9-3】；施工方案采用人工挖土，人工装车 5t 自卸汽车余土外运。

要求：给背景例题"分部分项工程和单价措施项目清单与计价表"中的清单项目套定额子目及判断换算，并计算定额工程量。

【解】

1. 确定定额子目并判断是否需换算，见表 13-10。

分部分项工程和单价措施项目清单与计价表　　　　表 13-10

工程名称：××　　　　　　　　　　　　　　　　　　　　　第　页　共　页

序号	项目编码	项目名称及项目特征描述	计量单位	工程量	金额（元）		
					综合单价	合价	其中：暂估价
	0101	土（石）方工程					
1	010101001001	平整场地	m²	22.81			
	A1-1	人工平整场地	100m²	0.228			
2	010101004001	挖基坑土方 土壤类别：三类土 挖土深度：2m 以内 弃土运距：10km	m³	308.40			
	A1-9	人工挖基坑三类土 2m 内	100m³	3.084			
	A1-119	人工装车 5t 汽车运 1km	100m³	0.420			
	A-171 换	5t 汽车运土方增 9km	1000m³	0.042	换算：增运 9km，定额×9		
	011705	大型机械设备进出场及安拆					
3	011705001001	液压静力压桩机安拆 ① 机械设备规格型号：压力 4000kN	台次	1			
	A20-12	液压静力压桩机安拆	台次	1			
4	011705001002	液压静力压桩机进出场 ① 机械设备规格型号：压力 4000kN	台次	1			
	A20-32	液压静力压桩机进出场	台次	1			

2. 计算定额工程量,见表 13-11。

定额工程量计算表　　　　　　　　　　　　　　　　　　　表 13-11

定额子目	单位	工程量	计 算 式
A1-1	100m²	0.228	同清单工程量 22.81m³
A1-9	100m³	3.084	同清单工程量 308.40m³
A1-119	100m³	0.420	1. 垫层 $V=0.1×2.8×2.8×10=7.84m^3$ 2. 独立基础 $V=0.3×(2.6×2.6+2×2)×10=32.28m^3$ 3. 柱入土 $V=0.4×0.4×(2-0.2-0.3×2)×10=1.92m^3$ $\Sigma V=7.84+32.28+1.92=42.04m^3$
A-171 换	1000m³	0.042	同 A-119 子目工程量
A20-12	台次	1	同清单工程量 1 台次
A20-32	台次	1	同清单工程量 1 台次

13.3 地基基础及桩基础工程项目清单计价

13.3.1 地基基础及桩基础工程

1. 定额子目中,现浇混凝土浇捣是按泵送商品混凝土编制的,采用非泵送混凝土施工时,每立方米混凝土增加人工费 21 元。

2. 单位工程的打(压、灌)桩工程量未达到一定数量时,人工、机械按相应定额子目乘以系数 1.25。其中达到的数量标准按定额规定。

3. 定额没有单独送桩的定额子目,送桩套用相应的打(压)桩子目,扣除子目中桩的用量,人工、机械乘以系数 1.25,其余不变。

13.3.2 计算实例

【例 13-3】

已知:编制招标控制价,工程背景如【例 7-3】,图纸设计桩间净距大于 4 倍桩径;经勘察,施工现场为平地。

要求:给背景例题"分部分项工程和单价措施项目清单与计价表"中的清单项目套定额子目及判断换算,并计算定额工程量。

【解】

1. 确定定额子目并判断是否需换算,见表 13-12。

分部分项工程和单价措施项目清单与计价表　　　　　　　　表 13-12

工程名称:××　　　　　　　　　　　　　　　　　　　　　　　第 页 共 页

序号	项目编码	项目名称及 项目特征描述	计量 单位	工程量	金额(元)		
					综合单价	合价	其中: 暂估价
	0103	桩与地基基础工程					
1	桂 010301009001	静力压桩机压预制钢筋混凝土管桩 ①单桩长度:16m ②桩截面:直径 500mm	m	1552.00			

续表

序号	项目编码	项目名称及项目特征描述	计量单位	工程量	金额（元）		
					综合单价	合价	其中：暂估价
	A2-50	静力压桩机压预制钢筋混凝土管桩　管径 500mm 桩长 18m 以内	100m	15.520			
2	桂 010301009002	静力压桩机压预制钢筋混凝土管桩（试验桩） ①单桩长度：16m ②桩截面：直径 500mm	m	48.00			
	A2-50 换	静力压桩机压预制钢筋混凝土管桩　管径 500mm 桩长 18m 以内	100m	0.48	换算：压试验桩，人工、机械乘以系数 2		
3	桂 010301010001	预制混凝土管桩填桩芯 ①管桩填充材料种类：商品混凝土 ②混凝土强度等级：C30	m³	10.60			
	A2-57	预制混凝土管桩填桩芯 C30 混凝土	10 m³	1.060			
4	桂 010301011001	螺旋钻机钻取土	m	200.00			
	A2-59	螺旋钻机钻取土	10m	20.000			
5	桂 010301012001	送桩 ①桩类型：静力压预制钢筋混凝土管桩 ②单桩长度：16m ③桩截面：直径 500mm	m	504.40			
	A2-50 换	静力压桩机压预制钢筋混凝土管桩 管径 500mm 桩长 18m 以内（送桩）	100m	5.044	换算：送桩，扣除子目中桩的含量，人工、机械乘以系数 1.25		
6	桂 010301012002	送桩　试验桩 ①桩类型：静力压预制钢筋混凝土管桩 ②单桩长度：16m ③桩截面：直径 500mm	m	15.60			
	A2-50 换	静力压桩机压预制钢筋混凝土管桩 管径 500mm 桩长 18m 以内（送试验桩）	100m	0.156	①压试验桩，人工、机械乘以系数 2；②送桩，扣除子目中桩的含量，人工、机械乘以系数 1.25。 换算：扣除子目中桩的含量，人工、机械乘以系数应连加，则系数为（1＋1＋0.25）＝2.25		
	0105	混凝土及钢筋混凝土工程					
7	010515004001	钢筋笼 ①钢筋种类、规格：Φ10 以内	t	0.130			

续表

序号	项目编码	项目名称及 项目特征描述	计量 单位	工程量	综合单价	合价	其中： 暂估价
					金额（元）		
	A4-258	桩钢筋笼制安 ⌀10 以内	t	0.130			
8	010515004002	钢筋笼 ①钢筋种类、规格：⌀10 以上	t	2.556			
	A4-259	桩钢筋笼制安 ⌀10 以上	t	2.556			

2. 计算定额工程量

定额工程量均同清单工程量，见表 13-12（计算式略）。

13.4　建筑工程项目清单计价

13.4.1　砌筑工程

1. 定额子目中关于砌砖、砌块子目仅按不同规格编制，砖、砌块的种类不同时可套用相同规格的子目，换算砖、砌块等材料，人工、机械不变。

2. 砌筑子目中主体砂浆按"水泥石灰砂浆 M5"编制，实际工程如设计与定额不同，需换算砂浆配合比。

3. 砌块子目中已包括实心配块，砌块顶部如采用其他种类配块补砌，不得换算，也不可另列子目计算。

4. 小型空心砌块墙已包括按规范规定需设置混凝土填充部分的混凝土填充，但其余空心砌块墙的混凝土填充未包括在砌筑子目中，如需混凝土填充，则另套用空心砌块墙填充混凝土子目。

如，在"A3-52 小型空心砌块墙"定额子目表中显示有"880500031 碎石 GD20 中砂水泥 32.5 C20"的含量为 $0.529m^3$；表示该子目已含混凝土填充。在"A3-60 陶粒混凝土空心砌块墙"定额子目表中无混凝土消耗量显示，表示该子目包括混凝土填充。

13.4.2　混凝土及钢筋混凝土工程

1. 现浇混凝土人工费

定额子目中，现浇混凝土浇捣是按泵送商品混凝土编制的，采用非泵送混凝土施工时，每立方米混凝土增加人工费 21 元。

2. 混凝土子目

混凝土子目中的混凝土统一按 C20 商品混凝土编制，设计不同时按实际采用的混凝土进行换算。

3. 混凝土地面套定额子目

混凝土地面进行清单编码列项时，并无单独对应的清单项目，实务工作中按现浇混凝土垫层编码列项，但套定额子目计价时，注意广西定额有单独的地面混凝土子目。

定额规定混凝土地面与垫层的划分，一般以设计确定为准，如设计不明确时，以厚度划分，120mm 以内的为垫层，120mm 以上的为地面。

4. 混凝土预制构件

对混凝土预制构件进行清单编码列项时，按构件进行列项，清单项目工作内容包括构件制作、运输、安装。混凝土预制构件的制作、运输、安装定额子目是分开的，对清单项目套定额子目时需套用预制构件制作、运输、安装三个子目，并且这三个子目的定额工程量都不一样，计算时需按定额规定计算。

13.4.3 木结构工程

木结构面层油漆或装饰，应按装饰装修有关定额子目计算。

13.4.4 金属结构工程

1. 钢构件项目套定额子目

钢构件进行清单编码列项时，清单项目的工作内容包括构件制作、安装，定额子目钢构件制作、安装分开编制，进行清单项目套定额子目时，应套用制作、安装两个定额子目。

2. 钢构件制作子目换算

除机械加工件及螺栓、铁件外，设计钢材型号、规格、比例与定额不同时，可按实调整，其他不变。

13.4.5 屋面及防水工程

1. 基层处理

防水做法中，不管是卷材防水还是涂膜防水，一般在防水层之下均设计有刷基层处理剂要求，注意套用定额子目时，卷材防水子目已包括刷基层处理剂（冷底子油），而涂膜防水子目未包括基层处理剂，需另套定额子目计算。

2. 改性沥青卷材子目均按 3.0mm 厚编制，如实际厚度不同时，换算相应厚度，调整材料价格。

13.4.6 保温、隔热、防腐工程

1. 外墙保温定额子目

实际工程如采用的外墙内保温工作无相应子目套用时，外墙内保温套用相应外墙外保温子目，人工乘以系数 0.8，其余不变。

2. 钢筋混凝土隔热板

实际工程如采用屋面铺设钢筋混凝土隔热板，定额子目中钢筋混凝土隔热板按成品编制，如采用现场制作，则套用相应定额子目后，扣除子目中钢筋混凝土隔热板消耗量，隔热板的制作、运输另套"A.4 混凝土及钢筋混凝土工程"相应定额子目。

13.4.7 脚手架工程

1. 外脚手架

定额无圆形（包括弧形）外脚手架子目编制，如实际工程采用圆形（包括弧形）外脚手架，半径≤10m 者，按外脚手架的相应子目，人工费乘以系数 1.3 计算；半径＞10m者，按外脚手架的相应子目不得换算。

2. 满堂脚手架

定额规定满堂脚手架的基本层实高按 3.6m 计算，增加层实高按 1.2m 计算，基本层操作高度按 5.2m 计算（基本层操作高度 5.2m＝基本层高 3.6m＋人的高度 1.6m）。室内

天棚净高超过5.2m时，计算了基本层之后，增加层的层数＝（天棚室内净高－5.2m）÷1.2m，按四舍五入取整数。

如：建筑物天棚室内净高为9.2m，其增加层的层数为：

$$(9.2-5.2)\div1.2\approx3.3$$

则按3个增加层计算。

3. 现浇混凝土运输道

（1）砖混结构工程的现浇楼板按相应定额子目乘以系数0.5。

（2）采用泵送混凝土施工，框架结构、框架-剪力墙结构、筒体结构的工程，定额须乘以系数0.5。

（3）采用泵送混凝土施工，砖混结构工程，定额乘以系数0.25。

13.4.8 模板工程

1. 模板定额子目

应根据模板种类套用子目，实际使用支撑与定额不同时不得换算。如实际使用模板与定额不同时，按相近材质套用；如定额只有一种模板的子目，均套用该子目执行，不得换算。例如实际工程施工方案确定本工程采用胶合板模板钢支撑施工，定额只有一个"A17-1 垫层木模板木支撑"子目，垫层支模板套定额子目就只能套用该"A17-1 垫层木模板木支撑"子目，并且不得换算。

2. 支撑超高

现浇构件梁、板、柱、墙是按支模高度（地面至板底）3.6m编制的，超过3.6m时超过部分按超高子目（不足1m按比例）计算。有梁板的支模高度判断是按地面至板底计算，而不是按地面至梁底计算。

13.4.9 建筑物超高增加费

1. 建筑物超高增加人工、机械降效费的计算方法

人工、机械降效费按建筑物±0.00以上全部工程项目（不包括脚手架工程、垂直运输工程、各章节中的水平运输子目、各定额子目中的水平运输机械）中的全部人工费、机械费乘以相应子目人工、机械降效率以元计算。

2. 定额子目

定额子目按30m以内、40m以内以10m为步距编列，建筑物高度超过120m时，超过部分按每增加10m子目（高度不足10m按比例）计算。

13.4.10 计算实例

【例13-4】

已知：编制招标控制价，工程背景如【例7-5】、【例7-6】、【例7-8】。

要求：给背景例题"分部分项工程和单价措施项目清单与计价表"中的清单项目套定额子目及判断换算，并计算定额工程量。

【解】

1. 确定定额子目并判断是否需换算，见表13-13。

分部分项工程和单价措施项目清单与计价表　　　　　表 13-13

工程名称：××　　　　　　　　　　　　　　　　　　　　第　页　共　页

序号	项目编码	项目名称及项目特征描述	计量单位	工程量	综合单价	合价	其中：暂估价
	0105	混凝土及钢筋混凝土工程					
1	010506001001	C20 混凝土 直形楼梯 ①梯板厚度：120mm	m²	15.77			
	A4-49	C20 混凝土 直形楼梯	10m²	1.577			
	A4-50 换	楼梯每增减 10mm	10m²	1.577	换算：定额子目乘以 2		
	0106	金属结构工程					
2	010602001001	钢屋架 ①钢材品种、规格：Q235-B ②单榀质量：1t 以下 ③运输距离：1km	t	0.245			
	A6-1 换	轻钢屋架制作 1t 以内	t	0.245	换算：案例工程全部采用等边角钢，子目中不等边角钢换算成等边角钢，含量不变		
	A6-55	轻钢屋架安装 1t 以内	t	0.245			
	A6-119	3 类金属结构构件运输 1km	10t	0.025			
	0109	屋面及防水工程					
3	010902002001	屋面涂膜防水 ①防水膜品种：2 厚聚氨酯防水涂料 ②底油：刷基层处理剂一道	m²	27.39			
	A7-80	屋面聚氨酯涂膜防水 1.5mm 厚	100 m²	0.274			
	A7-81	每增减 0.5mm	100 m²	0.274			
	A7-82	刷冷底子油防水一道	100 m²	0.274			
	0111	楼地面装饰工程		取费标准：按装饰装修工程			
4	011101006001	屋面砂浆找平层 ①找平层厚度、配合比：1：2.5 水泥砂浆找平层 20mm 厚	m²	22.38			
	A9-1 换	水泥砂浆找平层 20mm 厚	100m²	0.224	换算：砂浆配合比换算成 1：2.5 水泥砂浆		

2. 计算定额工程量

定额工程量均同清单工程量，见表 13-13（计算式略）。

【例 13-5】

已知：编制招标控制价，工程背景如【例 7-9】，隔热板采用成品供应方式。

要求：给背景例题"分部分项工程和单价措施项目清单与计价表"中的清单项目套定额子目及判断换算，并计算定额工程量。

【解】

1. 确定定额子目并判断是否需换算，见表 13-14。

分部分项工程和单价措施项目清单与计价表　　　　　表 13-14

工程名称：××　　　　　　　　　　　　　　　　　　　　　　　　第　页　共　页

序号	项目编码	项目名称及项目特征描述	计量单位	工程量	金额（元）		
					综合单价	合价	其中：暂估价
	0109	屋面及防水工程					
1	010902001001	屋面卷材防水 ①卷材品种、规格、厚度：满铺 4mm 厚 SBS 改性沥青卷材一层 ②底油：刷冷底子油一道	m²	96.57			
	A7-47 换	SBS 改性沥青防水卷材满铺	100m²	0.966	换算：将 3mm 厚 SBS 卷材换算成 4mm 厚的卷材		
	0110	保温隔热防腐工程					
2	011001001001	保温隔热屋面 ①保温隔热材料品种、规格、厚度：侧砌多孔砖巷，30 厚 C20 细石混凝土隔热板 500×500mm，1：1水泥砂浆填缝，内配钢筋 φ4@150	m²	76.18			
	A8-31	屋面混凝土隔热板	100m²	0.762			
3	011001001002	保温隔热屋面 1：10 水泥珍珠岩 ①保温层厚度：78.2mm 厚	m²	86.25			
	A8-6 换	屋面保温现浇水泥珍珠岩	100m²	0.863	换算：水泥珍珠岩配合比换算成 1：10 的配合比		
	A8-7 换	每增减 10mm	100m²	0.863	换算：定额子目乘以 7.82 系数		
	0111	楼地面装饰工程			取费标准：按装饰装修工程		
4	011101006001	屋面砂浆找平层 ①找平层厚度、配合比：1：3 水泥砂浆找平层 20mm 厚	m²	86.25			
	A9-1 换	水泥砂浆找平层 20mm 厚	100 m²	0.863	换算：砂浆配合比换算成 1：2.5 水泥砂浆		

2. 计算定额工程量

定额工程量均同清单工程量，见表 13-14（计算式略）。

【例 13-6】

已知：编制招标控制价，工程背景如【例 9-1】、【例 9-2】。

要求：给背景例题"分部分项工程和单价措施项目清单与计价表"中的清单项目套定额子目及判断换算，并计算定额工程量。

【解】

1. 确定定额子目并判断是否需换算，见表 13-15。

分部分项工程和单价措施项目清单与计价表　　　表 13-15

工程名称：××　　　　　　　　　　　　　　　　　　　　　　　　第　页　共　页

序号	项目编码	项目名称及项目特征描述	计量单位	工程量	金额（元）		
					综合单价	合价	其中：暂估价
	011701	脚手架工程					
1	011701002001	钢管外脚手架 ①搭设高度：20m 以内	m²	139.74			
	A15-6	钢管外脚手架 20m 以内	100m²	1.467			
2	011701002002	钢管外脚手架 ①搭设高度：30m 以内	m²	565.60			
	A15-7	钢管外脚手架 30m 以内	100m²	5.939			
3	011701002003	钢管外脚手架 ①搭设高度：50m 以内	m²	1239.30			
	A15-9	钢管外脚手架 50m 以内	100m²	13.013			
	011702	模板工程					
4	011702024001	直形楼梯 ①模板及支撑种类：胶合板木支撑	m²	15.77			
	A17-115	直形楼梯 胶合板模板钢支撑	100m²	0.158	换算：定额规定应根据模板种类套用子目，实际使用支撑与定额不同时不得换算		

2. 计算定额工程量，见表 13-16。

定额工程量计算表　　　　　　表 13-16

定额子目	单位	工程量	计　算　式
A15-6	100m²	1.467	139.74×1.05＝146.73m²
A15-7	100m²	5.939	565.60×1.05＝593.88m²
A15-9	100m²	13.013	1239.30×1.05＝ 1301.27m²
A17-115	100m²	0.158	同清单工程量 15.77m²

【注释】

定额工程量计算规则规定，外脚手架工程量为外墙外围长度乘以外墙高度，再乘以 1.05 系数计算。而清单工程量计算规则为按所服务对象的垂直投影面积计算，没有要求乘系数，所以外脚手架项目的清单工程量与定额工程结果不一样。

13.5　装饰装修工程项目清单计价

13.5.1　楼地面工程

1. 套用定额子目

（1）同一铺贴面上有不同花色且镶拼面积小于 0.015m² 的大理石板和花岗岩板执行

点缀定额子目。

(2) 零星子目适用于台阶侧面装饰、小便池、蹲位、池槽以及单个面积在 0.5m² 以内且定额未列的少量分散的楼地面工程。

(3) 弧形踢脚线子目仅适用于使用弧形块料的踢脚线。

(4) 石材底面刷养护液、正面刷保护液亦适用于其他章节石材装饰子目。

(5) 普通水泥自流平子目适用于基层的找平，不适用于面层型自流平。

2. 换算规定

(1) 砂浆和水泥砂浆的配合比及厚度、混凝土的强度等级、饰面材料的型号规格如设计与定额规定不同时，可以换算，其他不变。

(2) 弧形、螺旋形楼梯面层，按普通楼梯子目人工、块料及石料切割锯片、石料切割机械乘以系数 1.2 计算。

(3) 楼梯踢脚线按踢脚线子目乘以系数 1.15。

13.5.2 墙、柱面工程

1. 抹灰砂浆

(1) 凡注明的砂浆种类、强度等级，如设计与定额不同时，可按设计规定调整，但人工、其他材料、机械消耗量不变。

(2) 抹灰厚度，同类砂浆列总厚度，不同砂浆分别列出厚度，如定额子目中 15＋5mm 即表示两种不同砂浆的各自厚度。抹灰砂浆厚度如设计与定额不同时，定额注明有厚度的子目可按抹灰厚度每增减 1mm 子目进行调整，定额未注明抹灰厚度的子目不得调整。

2. 套用定额子目

(1) 砌块砌体墙面、柱面的一般抹灰、装饰抹灰、镶贴块料，按定额砖墙、砖柱相应子目执行。

(2) 圆弧形、锯齿形、不规则墙面抹灰、镶贴块料、饰面，按相应定额子目人工费乘以系数 1.15，材料乘以系数 1.05。装饰抹灰柱面子目已按方柱、圆柱综合考虑。

(3) 镶贴瓷板执行镶贴面砖相应定额子目。玻璃马赛克执行陶瓷马赛克相应定额子目。

3. 换算规定

(1) 有吊顶天棚的内墙面抹灰，套内墙抹灰相应子目乘以系数 1.036。

(2) 抹灰子目中，如设计墙面需钉网者，钉网部分抹灰子目人工费乘以系数 1.3。

(3) 饰面材料型号规格如设计与定额取定不同时，可按设计规定调整，但人工、机械消耗量不变。

(4) 镶贴面砖子目，面砖消耗量分别按缝宽 5mm 以内、10mm 以内和 20mm 以内考虑，如不离缝、横竖缝宽步距不同或灰缝宽度超过 20mm 以上者，其块料及灰缝材料（1：1 水泥砂浆）用量允许调整，其他不变。

13.5.3 天棚工程

1. 抹灰砂浆

(1) 定额所注明的砂浆种类、配合比，如设计规定与定额不同时，可按设计换算，但人工、其他材料和机械用量不变。

（2）抹灰厚度，同类砂浆列总厚度，不同砂浆分别列出厚度，如定额子目中 5＋5mm 即表示两种不同砂浆的各自厚度。如设计抹灰砂浆厚度与定额不同时，定额有注明厚度的子目可以换算砂浆消耗量；如套用的定额子目未注明砂浆厚度，则不得按实际工程的砂浆厚度进行换算。

2. 脚手架相关

装饰天棚项目已包括 3.6m 以下简易脚手架的搭设及拆除。当高度超过 3.6m 需搭设脚手架时，应按定额满堂脚手架子目另行列项计算，但 100m² 天棚应扣除周转板枋材 0.016m³。

3. 木材使用

木材种类除周转木材及注明者外，均以一、二类木种为准，如采用三、四类木种，其人工及木工机械乘以系数 1.3。

4. 跌级天棚

天棚面层在同一标高或面层标高高差在 200mm 以内者为平面天棚，天棚面层不在同一标高且面层标高高差在 200mm 以上者为跌级天棚。跌级天棚其面层人工乘以系数 1.1。

13.5.4　门窗工程

1. 木门窗

木门窗清单项目工作内容包括门窗制作、安装、普通五金安装，定额中门窗制作、安装为一个定额子目，门窗普通五金配件为单独列项的定额子目，进行清单项目套定额时，需完整地套用定额子目。

2. 金属卷帘门

金属卷帘门的清单工程量计算规则中以平方米计算则按设计图示洞口尺寸以面积计算，而定额工程量计算规则为按洞口高度增加 600mm 乘以门实际宽度计算（如卷帘门安装在梁底时高度不增加 600mm）。

13.5.5　油漆、涂料、裱糊工程

1. 油漆定额工程量系数表

清单项目中油漆工程量以平方米计算的按设计洞口尺寸以面积计算，以长度计算的按设计图示尺寸以长度计算。而油漆定额工程量需根据各类"油漆定额工程量系数表"计算确定。

例如，木栏杆（带扶手）油漆的清单工程量计算规则是"按设计图示尺寸以单面外围面积计算"，而定额工程量计算规定按"单面外围面积×1.82"计算，即清单工程量与定额工程量计算结果不一致。

2. 天棚面刮腻子

定额无天棚面刮腻子子目，实际工程采用天棚面刮腻子则按内墙面刮腻子定额子目套用，并按人工费乘以 1.18 进行换算。

13.5.6　其他装饰工程

1. 装饰线条

装饰线条以墙面上直线安装编制定额子目，如天棚安装直线型、圆弧形或其他图案，按定额规定换算人工费、材料含量。

2. 栏杆

各式栏杆进行工程量清单编码列项时，清单项目包括栏杆、扶手、弯头内容，而栏杆、扶手、弯头的定额子目是分开编制的，实际工程中对各式栏杆的清单项目套定额子目时要注意套完整相应的定额子目。举例详见【例 13-7】。

13.5.7　建筑物超高增加费（局部装饰超高）

1. 超高增加人工、机械降效费的计算方法

区别不同的垂直运输高度，将各自装饰装修楼层（包括楼层所有装饰装修工程量）的人工费之和、机械费之和（不包括脚手架工程、垂直运输工程、各章节中的水平运输子目、各定额子目中的水平运输机械）分别乘以相应子目人工、机械降效率以元计算。

2. 定额子目

定额子目按 20m～40m、40～60m 等以 20m 为步距编列，建筑物高度超过 120m 时，超过部分按每增加 20m 子目计算，高度不足 20m 按比例计算。

13.5.8　成品保护工程

定额按不同保护用料编制相应定额子目，应结合实际工程情况套用相应定额子目进行计价。

13.5.9　计算实例

【例 13-7】

已知：编制招标控制价，工程背景如【例 7-7】、【例 8-1】～【例 8-6】。

要求：给背景例题"分部分项工程和单价措施项目清单与计价表"中的清单项目套定额子目及判断换算，并计算定额工程量。

【解】

1. 确定定额子目并判断是否需换算，见表 13-17。

分部分项工程和单价措施项目清单与计价表　　　　　　　　　表 13-17

工程名称：××　　　　　　　　　　　　　　　　　　　　第　页　共　页

序号	项目编码	项目名称及项目特征描述	计量单位	工程量	金额（元）		
					综合单价	合价	其中：暂估价
1	0105	混凝土及钢筋混凝土工程			背景内容，综合到本例后调整项目次序		
	010501001001	C15 混凝土 垫层	m³	3.25			
	A4-3 换	C15 混凝土 垫层	10 m³	0.325	换算：定额子目统一按 C20 混凝土编制，换算 C15 混凝土		
2	010516002001	预埋铁件	t	0.018			
	A4—326	预埋铁件	t	0.018			
	0108	门窗工程					
3	010801001001	木质门　普通胶合板门单扇无亮，不带纱，4 樘	m²	7.56			
	A12-10	普通胶合板门 单扇无亮	100m²	0.076			
	A12-172	不带纱木门五金配件 单扇无亮	樘	4			
4	010801006001	门锁安装锁品种：L 型执手锁	个	4			

续表

序号	项目编码	项目名称及项目特征描述	计量单位	工程量	综合单价	合价	其中：暂估价
	A12-141	L型执手锁	把	4			
5	010806001001	木质窗 普通平开窗 单层玻璃双扇有亮子，10樘	m²	51.63			
	A12-98	普通平开窗 单层玻璃双扇有亮	100m²	0.516			
	A12-184	带纱木窗五金配件 双扇有亮	樘	10			
6	010806004001	木纱窗 窗纱材料品种、规格：铁纱	m²	51.63			
	A12-108	木纱窗扇	100m²	0.516			
	0111	楼地面工程					
7	011101001001	水泥砂浆地面 ①素水泥浆遍数：一遍 ②面层厚度、砂浆配合比：20厚1：2水泥砂浆	m²	54.19			
	A9-10	水泥砂浆楼地面 20mm厚	100m²	0.542			
	0112	墙、柱面工程					
8	011201001001	内墙面一般抹灰 ①墙体类型：砖墙 ②底层厚度、砂浆配合比：15mm厚1：1：6混合砂浆 ③面层厚度、砂浆配合比：5mm厚1：0.5：3混合砂浆	m²	72.10			
	A10-7	内墙面抹混合砂浆（15+5）mm	100m²	0.721			
	0113	天棚面工程					
9	011301001001	天棚抹灰 ①基层类型：现浇混凝土天棚面 ②底层厚度、砂浆配合比：5mm厚1：1：4混合砂浆 ③面层厚度、砂浆配合比：5mm厚1：0.5：3混合砂浆	m²	59.30			
	A11-5	天棚面抹混合砂浆（5+5）mm	100m²	0.593			
	0114	油漆、涂料、裱糊工程					
10	011402001001	木窗油漆 ①窗类型：双层（一玻一纱）木窗 ②油漆品种、刷漆遍数：底油一遍，调和漆二遍	m²	51.63			
	A13-2	单层木窗油漆	100m²	0.702			

续表

序号	项目编码	项目名称及项目特征描述	计量单位	工程量	金额（元）		
					综合单价	合价	其中：暂估价
11	011403002001	硬木窗帘盒油漆 油漆品种、刷漆遍数：底油一遍，调和漆二遍	m	35.50			
	A13-3	木扶手（不带托板）油漆	100m	0.724			
12	011406003001	满刮腻子 内墙面 ①腻子种类：刮腻子 ②刮腻子遍数：二遍	m²	160.24			
	A13-204	刮熟胶粉腻子 内墙面二遍	100m²	1.602			
13	011406003002	满刮腻子 天棚面 ①腻子种类：刮熟胶粉腻子 ②刮腻子遍数：二遍	m²	59.30			
	A13-204 换	刮熟胶粉腻子 天棚面二遍	100m²	0.593	换算：天棚面刮腻子按墙面刮腻子子目，人工费乘以系数1.18		
	0115	其他装饰工程					
14	011503001001	不锈钢栏杆 201 材质 ①采用图集：05ZJ401 W/11 ②扶手选用：05ZJ401 14/28	m	20.31			
	A14-108	不锈钢管栏杆 直线竖条（圆管）	10m	2.031			
	A14-119	不锈钢管扶手 直形 φ60	10m	2.031			
	A14-124	不锈钢弯头 φ60	10个	0.400			

2. 计算定额工程量，见表 13-18（略：定额工程量同清单工程量的计算式）。

定额工程量计算表　　　　　　　　　　　　　表 13-18

定额子目	单位	工程量	计　算　式
A13-2	100m²	0.702	51.63×1.36＝70.22m²
A13-3	100m	0.724	35.50×2.04＝72.42m

思 考 题 与 习 题

1. 计算工程量清单综合单价必须具备哪些已知条件？

2. 根据广西现行的计价规定，计算综合单价的管理费、利润分成哪几个费率标准？

3. 简述"土石方及其他工程"费率标准适用范围。

4. 简述"地基基础及桩基础工程"费率标准适用范围。

5. 简述"建筑工程"费率标准适用范围。

6. 简述"装饰装修工程"费率标准适用范围。

7. 编制招标控制价，工程背景同单元 7 思考与习题第 7、8 题，给背景习题"分部分项工程和单价措施项目清单与计价表"中的清单项目套定额子目及判断换算，并计算定额工程量。

8. 编制招标控制价，工程背景同单元 7 思考与习题第 6 题、单元 8 思考与习题第 6 题，给背景习题"分部分项工程和单价措施项目清单与计价表"中的清单项目套定额子目及判断换算，并计算定额工程量。

教学单元 14　总价措施项目工程量清单计价

14.1　总价措施项目计价规定

14.1.1　安全文明施工费

1. 计算基数：为分部分项工程和单价措施项目费中的"人工费＋材料费＋机械费"，不包括管理费和利润。

2. 取费标准：按三类建筑面积规模结合工程所在地为"市区、城（镇）、其他"分成 9 个取费标准，实务工作中应注意结合工程实际情况取定计算费率。

建筑面积（S）规模分类如下：

(1) $S < 10000m^2$。

(2) $10000m^2 \leqslant S \leqslant 30000m^2$。

(3) $S > 30000m^2$。

14.1.2　其他总价措施项目

1. 计算基数：

(1) 检验试验配合费、雨季施工增加费、工程定位复测费、优良工程增加费、提前竣工增加费：为分部分项工程和单价措施项目费中的"人工费＋材料费＋机械费"，不包括管理费和利润。

(2) 暗室施工增加费：暗室施工定额人工费。

(3) 交叉施工增加费：交叉部分定额人工费。

(4) 特殊保健费：厂区（车间）内施工项目的定额人工费。

2. 检验试验配合费：仅包括检验配合费，检验试验费应在建设单位的工程建设其他费用中单独计算，由建设单位和检验试验机构另行结算。

3. 特殊保健费：分厂区内、车间内，两种不同情况下的施工项目取费费率不一样，实务工程中应注意结合工程实际情况取定计算费率。

14.2　总价措施项目计价

计算实例

【例 14-1】

已知：某综合楼工程位于广西南宁市市区内，编制招标控制价过程中，获取以下资料：

(1) 工程框架结构，地下 1 层，地上 31 层，建筑面积 9853m²，合同工期 360 天。

(2) 分部分项工程和单价措施项目费用中，人工费为 2924893.05 元（其中地下室施工部分的人工费为 263240.37 元），材料费为 4946003.90 元，机械费为 517305.50 元，管理费为 1001755.05 元，利润为 280449.00 元。

（3）招标工程量清单表如表 9-6 所示。

要求：完成该工程总价措施项目的工程量清单计价。

【解】

（1）计算：安全文明施工费、检验试验配合费、雨季施工增加费、工程定位复测费计算基数

2924893.05＋4946003.90＋517305.50＝8388202.45 元

（2）暗室施工增加费计算基数＝263240.37 元

根据计量规范广西实施细则、广西 2013 建筑工程费用定额规定，完成总价措施项目清单与计价表见表 14-1。

总价措施项目清单与计价表　　　　　　　表 14-1

工程名称：　　　　　　　　　　　　　　　　　　　第 1 页　共 1 页

序号	编码	项目名称	计算基数	费率（%）或标准	金额（元）	备注
1	桂 011801001	安全文明施工费	8388202.45	6.96	583818.89	
2	桂 011801002	检验试验配合费	8388202.45	0.1	8388.20	
3	桂 011801003	雨季施工增加费	8388202.45	0.5	41941.01	
4	桂 011801004	工程定位复测费	8388202.45	0.05	4194.10	
5	桂 011801005	暗室施工增加费	263240.37	25	65810.09	
合计					704152.30	

【注释】

（1）安全文明施工费：由于该工程项目建筑面积 $9853m^2$＜$10000m^2$，并且工程所在地为某市区，根据广西 2013 费用定额，安全文明施工费取费标准为 6.96%。

（2）暗室施工增加费：注意计算基数与前 4 项费用项目不一样，背景材料说明，地下室施工部分的人工费为 263240.37 元。

【例 14-2】

已知：某化工厂位于广西某市郊外，该办公楼工程项目位于厂区内，编制招标控制价过程中，获取以下资料：

（1）工程为框架结构，地上 5 层，建筑面积 $3955m^2$，合同工期 180 天。

（2）分部分项工程和单价措施项目费用中，人工费为 1169957.22 元，材料费为 1978401.56 元，机械费为 206922.20 元，管理费为 400702.02 元，利润为 112179.60 元。

（3）招标工程量清单表如表 9-7 所示。

要求：完成该工程总价措施项目的工程量清单计价。

【解】

（1）计算：安全文明施工费、检验试验配合费、雨季施工增加费、工程定位复测费计算基数

1169957.22＋1978401.56＋206922.20＝3355280.98 元

（2）特殊保健费计算基数＝1169957.22 元

根据计量规范广西实施细则规定，完成总价措施项目清单与计价表见表 14-2。

总价措施项目清单与计价表

表 14-2

工程名称：　　　　　　　　　　　　　　　　　　　　　　第 1 页　共 1 页

序号	编码	项目名称	计算基数	费率（%）或标准	金额（元）	备注
1	桂 011801001	安全文明施工费	3355280.98	4.87	163402.18	
2	桂 011801002	检验试验配合费	3355280.98	0.1	3355.28	
3	桂 011801003	雨季施工增加费	3355280.98	0.5	16776.40	
4	桂 011801004	工程定位复测费	3355280.98	0.05	1677.64	
5	桂 011801007	特殊保健费	1169957.22	10	116995.72	
合计					302207.23	

【注释】

（1）安全文明施工费：由于该工程项目建筑面积 3955 m^2＜10000m^2，并且工程所在地为广西某市郊外，根据广西 2013 费用定额，安全文明施工费取费标准为 4.87%。

（2）特殊保健费：分厂区内、车间内，两种不同情况下的施工项目取费费率不一样。本工程项目为建于化工厂厂区内的办公楼工程，而不是在车间内施工，所以特殊保健费应按人工费×10% 计算。

思 考 题 与 习 题

1. 安全文明施工费的计算基数是什么？

2. 简述安全文明施工费的取费标准。

3. 列举五个总价措施项目中以"人工费＋材料费＋机械费"为计算基数的项目内容。

4. 简述检验试验配合费的费用内容。

5. 计算特殊保健费时应注意什么问题？

教学单元 15　税前项目工程量清单编制

15.1　税前项目综合单价

15.1.1　税前项目综合单价

税前项目费指在费用计价程序的税金项目前，根据交易习惯按市场价格进行计价的项目费用。在此的"市场价格"指的是综合单价，即税前项目的综合单价与分部分项工程和单价措施项目一样，包括人工费、材料费、机械台班费、管理费、利润，但税前项目综合单价不按规定的综合单价计算程序组价，而按市场价格直接取定，其内容为包含了除税金以外的全部费用。

15.1.2　税前项目综合单价的取定

税前项目综合单价的取定主要有：

1. 工程造价管理机构发布《建设工程造价信息》。

2. 市场调查。

15.2　铝合金门窗、幕墙、塑钢门窗装饰制品

15.2.1　铝合金门窗、幕墙、塑钢门窗装饰制品的计价规定

工程造价管理机构发布《建设工程造价信息》时，对铝合金门窗、幕墙、塑钢门窗装饰制品均作出相应计价规定，下面以广西南宁市某期《建设工程造价信息》为例。

1. 适应范围：

（1）具有房屋建筑装饰、金属门窗专业承包资质的。

（2）由已取得技术监督部门颁发的建筑门窗产品生产许可证的企业生产制作，由上述具备相应资质的建筑企业安装的。

凡不符合前款条件者，一律不能按铝合金门窗、幕墙、塑钢窗制品价格结算。应由双方自行测定办理结算。

2. 根据"建设部建设资字（98）018 号"文件，施工单位负责幕墙工程项目的设计，设计能力作为考核幕墙生产企业的重要内容，本市场价格已综合考虑设计费。

3. 幕墙价不包括幕墙的空气渗透性能、雨水渗透性能和风压变形性能的检验费用。

4. 铝合金门窗单价均不包括建筑工程门窗抽样检测费用（详见"南建管〔2003〕50号"文、"桂建质字〔2002〕5 号"文）。

5. 铝塑复合板幕墙施工节点见 2002 年"第二期"信息（一）、（二）示意图。

6. 铝合金制品、幕墙制品、塑钢门窗制品包括锚件、玻璃、安装、管理费和市内运杂费，列税前独立费。不含脚手架（平台）使用、垂直运输、水电费用。

7. 生产、安装幕墙的单位，对业主出具十年质量、安全保证书及完善项目设计资料。

8. 必须购买有生产许可证产品并有产品检验合格出仓的，如不经出仓的，则扣 30～60 元/m²。

15.2.2　铝合金门窗、幕墙、塑钢门窗装饰制品的材料采用

工程造价管理机构发布《建设工程造价信息》时，对铝合金门窗、幕墙、塑钢门窗装饰制品的独立费单价均作详细的组价说明，下面以广西南宁市某期《建设工程造价信息》为例。

1. 铝型材用料按"桂建质字〔2004〕8 号"文件规定执行。门窗氧化膜厚度 10μn；幕墙主料厚度不小于 3mm，氧化膜厚度 15μn。本期门窗型材市场价格（氧化银白）23000 元/吨；幕墙型材 24000 元/吨，氟碳喷涂（三涂）幕墙型材 34000 元/吨。如门窗采用喷涂等应增加费用为：粉末喷涂 6.00 元/m²；电泳 7.00 元/m²；木纹 40.00 元/m²。

2. 玻璃按"南建管〔2004〕59 号"文件规定执行。窗、门采用 5mm 白玻，隐框窗采用 5mm 镀膜玻，幕墙采用 6mm 钢化镀膜玻，中空玻璃按（5+9A+5）mm 无色透明浮法玻璃价格计算，玻璃厚度大于 6mm 或使用安全玻璃和夹胶玻璃时，按定额分析含量补差；弧形幕墙采用平面玻璃，如改用弧形玻璃则另补价差。玻璃市场价格按本期玻璃综合价取定。

3. 幕墙市场价格包括内填充防火纤维；构架防雷接地；施工前的铁件预埋，支撑（制作、安装）及立墙 200mm 内空隙用铝板、不锈钢板、铝塑板等材料封边。幕墙的预埋件因非施工单位的原因造成后预埋时，则需另增加锚固螺栓及拉拔试验费用。

4. 五金件粘结剂：根据窗不同的系列，采用窗轮 3.00～12.00 元/个，自动锁 3.80～14.00 元/把，胶条 0.35～0.80 元/m，12♯ 不锈钢风撑 7.50 元/支，14♯ 不锈钢风撑 16.50 元/支，不锈钢旁撑 10.00 元/支，不锈钢纱网 12.00 元/m²，自攻螺丝 0.06 元/粒，推拉门不锈钢球锁 22.00 元/个。幕墙使用结构胶、密封胶是经国家经贸委检测合格并批准使用的国产产品。

5. 无框地弹簧门：12mm 钢化白玻，上下帮 95.00 元/m（有上下帮）、地弹簧 210.00～260.00 元/个、上下门轴夹 90.00～135.00 元/个（无上下帮），锁夹 150.00～180.00 元/个、玻璃钻孔 6 元/孔、φ50×600 不锈钢拉手 150.00～180.00 元/付，554 锁 15.00 元/把。如以上无框地弹簧门配件与实际不符，则按实际调整。

6. 纱扇：采用不锈钢密纱。铝合金平开窗、推拉窗加纱扇，每平方米增加 45 元，铝合金推拉门、平开门增加纱门，每平方米增加 55 元。

15.2.3　铝合金门窗、幕墙、塑钢门窗装饰制品的独立费单价

工程造价管理机构发布《建设工程造价信息》时，对铝合金门窗、幕墙、塑钢门窗装饰制品的独立费单价按不同的型材系列、窗型、幕墙作法等列出相应价格表。以广西南宁市某期《建设工程造价信息》列出的价格表为例，见表 15-1。

铝合金门窗、幕墙、塑钢门窗装饰制品市场价格　　　　　　　　　　表 15-1

序号	门窗、网、幕墙	单位	市场价格（元）		备注
			洞口面积 ≤2m² (1.4mm)	洞口面积 >2m² (1.4mm)	
铝合金、塑钢门窗、玻璃幕墙制品					
1	38 系列不带纱平开窗	m²	347	331	

序号	门窗、网、幕墙	单位	市场价格（元）		备 注
			洞口面积 ≤2m² (1.4mm)	洞口面积 >2m² (1.4mm)	
2	50 系列不带纱单玻平开窗	m²	377	351	
3	65 系列不带纱推拉窗	m²	280	270	
4	70 系列不带纱推拉窗	m²	254	243	
5	76 系列不带纱推拉窗	m²	278	251	
6	80 系列不带纱推拉窗	m²	304	261	
7	87 系列不带纱推拉窗	m²	253	246	
8	90 系列不带纱推拉窗	m²	290	269	
9	90 系列不带纱气密推拉窗（三轨）	m²	340	315	
10	96 系列不带纱推拉窗	m²	274	266	
11	45 系列中空隔音内开平开窗（不带纱）	m²	1450	1168	（国产配件），壁厚 1.5mm
12	45 系列中空隔音外开平开窗（不带纱）	m²	790	675	（国产配件），壁厚 1.5mm
13	50 系列不带纱中空隔音平开窗	m²	510	475	
14	60 系列中空隔热内开窗（1.8mm）	m²	976	968	进口配件双色
15	68 系列不带纱中空隔音推拉窗	m²	488	460	
16	80 系列不带纱中空隔音推拉窗	m²	426	390	
17	86 系列不带纱中空隔音推拉窗	m²	429	415	
18	80 系列气密不带纱推拉窗	m²	332	314	
19	82 系列单玻气密不带纱推拉窗	m²	295	290	
20	85 系列气密不带纱推拉窗	m²	338	320	
21	88 系列单玻气密不带纱推拉窗	m²	382	369	
22	92 系列单玻气密不带纱推拉窗	m²	335	321	
23	新 96 系列不带纱单玻气密推拉窗	m²	312	298	
24	93 系列隐框推拉窗（1.4mm 厚）	m²	574	591	
25	38 系列固定窗（1.4mm 厚）	m²	325	314	
26	90 系列固定窗（1.4mm 厚）	m²	278	268	
27	96 系列固定窗（1.4mm 厚）	m²	299	289	
28	百叶窗（空调用）（1.2mm 厚）	m²	302	315	
29	百叶窗（豪华装饰用）（1.4mm 厚）	m²	428	442	
30	80 系列断桥隔热中空推拉窗（不带纱）	m²	560	530	
31	46 系列不带纱平开门（2.0mm 厚）	m²	482	453	
32	70 系列不带纱平开门（2.0mm 厚）	m²	437	415	
33	76 系列不带纱平开门（2.0mm 厚）	m²	456	439	
34	96 系列不带纱推拉门（2.0mm 厚）	m²	370	369	
35	100 系列不带纱推拉门（2.0mm 厚）	m²	357	338	

续表

序号	门窗、网、幕墙		单位	市场价格（元）		备 注
				洞口面积 ≤2m² (1.4mm)	洞口面积 ＞2m² (1.4mm)	
36	100 系列不带纱气密单玻推拉门（2.0mm 厚）		m²	339	353	
37	100 系列不带纱气密中空推拉门（2.0mm 厚）		m²	402	418	
38	46 系列有框地弹门（2.0mm 厚）		m²	545	517	
39	无框地弹门（不含配件）		m²	227	215	
40	140 系列	全隐框玻璃幕墙（弧形）	m²	970（1001）		
41		半隐框玻璃幕墙（弧形）	m²	948（980）		
42		明框玻璃幕墙（弧形）	m²	884（915）		
43	150 系列全隐框玻璃幕墙（弧形）		m²	1002（1034）		
44	160 系列明框玻璃框幕墙（弧形）		m²	916（945）		
45	160 系列半隐框玻璃幕墙（弧形）		m²	985（1062）		
46	160 系列全隐框玻璃幕墙（弧形）		m²	1077（1109）		
47	170 系列全隐框玻璃幕墙（弧形）		m²	1109（1152）		
48	180 系列全隐框玻璃幕墙（弧形）3 厚 14 厚		m²	1130（1175）		
49	210 系列全隐框玻璃幕墙（弧形）3 厚 14 厚		m²	1173（1218）		
50	220 系列全隐框玻璃幕墙（弧形）3 厚 14 厚		m²	1151（1196）		
51	12 厚钢化白玻钢管结构点式幕墙（弧形）		m²	1060（1104）		
52	12 厚钢化白玻不锈拉索点式幕墙（弧形）		m²	1399（1447）		
53	12 厚钢化白玻不锈拉杆点式幕墙（弧形）		m²	1292（1339）		
54	夹胶玻璃支承结构点式幕墙（弧形）		m²	1175（1220）		
55	全玻幕墙	$h{\leqslant}3.5m$ 落地玻（弧形）	m²	319（355）		12mm 厚钢化白玻
56		$3.5m{<}h{<}4m$ 落地玻（弧形）	m²	362（397）		12mm 厚钢化白玻
57		$h{\geqslant}4m$ 吊挂式（弧形）	m²	573（611）		12mm 厚钢化白玻
58	铝龙骨氟碳铝复合板幕墙（弧形）		m²	810（842）		4 厚氟碳铝复合板（单铝厚 0.5mm）
59	镀锌钢龙骨铝塑板幕墙（弧形）		m²	482（519）		
60	防盗网（铝合金）		m²	125		$\phi19$ 铝合金管套 $\phi14$ 钢筋
61	隐形纱窗		m²	125		
塑钢门、窗						
62	80 系列 5 厚白玻推拉窗（不带纱）		m²	229		综合
63	80 系列 5 厚白玻推拉门（不带纱）		m²	224		综合
64	80 系列 5 厚白玻平开门（不带纱）		m²	254		综合
65	60 系列 5 厚白玻平开窗（不带纱）		m²	254		综合
66	60 系列 5 厚白玻推拉窗（不带纱）		m²	224		综合
67	60 系列 5 厚白玻推拉门（不带纱）		m²	221		综合

序号	门窗、网、幕墙	单位	市场价格（元）		备 注
			洞口面积 ≤2m² (1.4mm)	洞口面积 >2m² (1.4mm)	
68	60 系列全板平开门（不带纱）	m²	261		综合
69	60 系列 5 厚白玻平开门（不带纱）	m²	247		综合
70	60、80 系列 5 厚白玻固定窗（不带纱）	m²	191		综合
71	纱窗扇	m²	100		综合

15.2.4　计算实例

【例 15-1】

已知：某建设工程项目位于广西南宁市市区内，该工程项目的铝合金推拉窗大样及数量如图 10-1 所示，铝合金采用 90 系列 1.4mm 厚白铝，玻璃为 5mm 白玻，推拉窗不带纱；该窗内设铝合金防盗窗，做法为 $\phi19$ 铝合金管套 $\phi14$ 钢筋。招标工程量清单见表10-2。

要求：根据招标工程量清单编制招标控制价，计算该工程铝合金推拉窗分部税前项目费用。

【解】

（1）价格参照《南宁市建设工程造价信息》中铝合金门窗的市场价格，见表 15-1，该价格已包括锚件、玻璃、安装、管理费和市内运杂费，要求按税前独立费计算。

（2）计算定额工程量：

推拉窗定额工程量 $S=2.1\times1.2\times5=12.60\text{m}^2$

固定窗定额工程量 $S=2.1\times0.8\times5=8.40\text{m}^2$

防盗窗定额工程量 $S=2.1\times1.2\times5=21.00\text{m}^2$

（3）填写"分部分项工程和单价措施项目清单与计价表"（见表 15-2）。

税前项目清单与计价表　　　　　　　　　　　　表 15-2

工程名称：××　　　　　　　　　　　　　　　　第 页 共 页

序号	项目编码	项目名称及 项目特征描述	计量 单位	工程量	金额（元）		
					综合单价	合价	其中： 暂估价
		税前项目工程					
1	010807001001	金属推拉窗 ①窗代号及洞口尺寸：>2m² ②框材质：采用 90 系列，1.4mm 厚白铝合金 ③玻璃品种、厚度：5mm 白玻	m²	12.60	269.00	3389.40	
2	010807001002	金属固定窗 ①窗代号及洞口尺寸：≤2m² ②框材质：采用 90 系列，1.4mm 厚白铝合金 ③玻璃品种、厚度：5mm 白玻	m²	8.40	278.00	2335.20	

续表

序号	项目编码	项目名称及 项目特征描述	计量 单位	工程量	金额（元）		
					综合单价	合价	其中： 暂估价
3	010807001003	金属防盗窗 ①框材质：φ19 铝合金管套 φ14 钢筋	m²	21.00	125.00	2625.00	

15.3 油漆涂料工程

15.3.1 内墙外墙油漆、涂料

工程造价管理机构发布《建设工程造价信息》时，对内墙外墙油漆、涂料的市场价格按不同的作法、保质期等列出相应价格表。以广西南宁市某期《建设工程造价信息》列出的价格表为例，见表15-3。

内墙外墙油漆、涂料市场价格　　　　　　　　　　　　表 15-3

序号	名称	规格		单位	市场价格 （元）	备注
1	油性非弹性 氟碳实色漆外墙涂料	一油光面腻子 二底二涂	十五至二十年保质	m²	121.20	国产
2	油性非弹性 氟碳金属漆外墙涂料	一油光面腻子 二底二涂	十五至二十年保质	m²	137.80	国产
3	水性哑光外墙涂料	一底二涂	十至十五年保质	m²	35.50	进口
4	水性哑光外墙涂料	一底二涂	三年保质	m²	28.20	国产
5			五年保质	m²	29.50	国产
6			八年保质	m²	29.80	国产
7			十年保质	m²	31.50	国产
8	水性弹性外墙涂料	一底二涂，平涂	十年保质	m²	38.40	进口
9			五年保质	m²	29.50	国产
10			八年保质	m²	29.80	国产
11			十年保质	m²	34.50	国产
12	水性弹性外墙涂料	一底二涂，拉毛	五年保质	m²	40.60	国产
13			八年保质	m²	41.60	国产
14			十年保质	m²	43.40	国产
15		一底一中一面，拉毛	八至十年保质	m²	43.40	国产
16			七年保质	m²	40.50	国产
17	非弹性油性外墙漆	一底二涂	六至八年保质	m²	49.40	国产
18			八至十二年保质	m²	52.00	国产
19			十二至十五年保质	m²	54.50	国产

序号	名称	规格		单位	市场价格（元）	备注
20	仿金属外墙漆		十五年保质	m²	101.80	国产
21	水性外墙真石漆	非弹性 一底一中一面	八至十年保质	m²	53.80	国产
22		弹性 一底一中一面		m²	74.50	国产
23	哑光内墙乳胶漆	二面	三至五年保质	m²	12.10	国产
24			五至八年保质	m²	13.80	国产
25	水性弹性内墙乳胶漆	二面		m²	15.10	国产
26	水性丝光内墙乳胶漆	二面		m²	17.10	国产
27	内墙真石漆			m²	48.50	国产
28	清漆			m²	12.50	

注：1. 序号 1～28 项含人工、材料费，按税前独立费计。

　　2. 外墙涂料、外墙漆含基面处理、腻子找平、抗碱底漆、面漆等全部施工工序。

15.3.2　防水涂料

工程造价管理机构发布《建设工程造价信息》时，对防水涂料的市场价格按不同的作法列出相应价格表。以广西南宁市某期《建设工程造价信息》列出的价格表为例，见表15-4。

防水涂料市场价格　　　　　　　　　　　表 15-4

序号	名称	规格		单位	市场价格（元）	备注
1	911 非焦油聚氨酯防水涂料		双组份	kg	13.30	
2		1.5mm/2.0mm 厚		m²	32.50/40.00	
3	水固化聚氨酯防水涂料		单组份	kg	16.00	
4		1.5mm/2.0mm 厚		m²	37.50/46.50	
5	湿固化防水涂料		单组份	kg	16.00	
6		1.5mm/2.0mm 厚		m²	37.50/46.50	
7			双组份	kg	14.50	
8		1.5mm/2.0mm 厚		m²	35.00/42.00	
9	聚合物水泥防水涂料		JS，I 型	kg	13.00	
10		1.5mm/2.0mm 厚		m²	33.00/41.00	
11	聚合物水泥防水涂料		JS，II 型	kg	15.00	
12		1.5mm/2.0mm 厚		m²	36.00/45.00	
13	丙烯酸酯弹性防水涂料		单组份	kg	14.80	
14		1.5mm/2.0mm 厚		m²	29.50/38.50	

序号	名称	规格	单位	市场价格（元）	备　注
15	高分子硅橡胶防水涂料	单组份	kg	16.50	
16		1.5mm/2.0mm 厚	m²	40.00/44.00	
17	水泥基渗透结晶防水涂料	单组份	kg	16.00	
18		1.5mm/2.0mm 厚	m²	40.00/48.00	
19	彩色聚氨酯防水涂料	双组份	kg	17.00	
20		1.5mm/2.0mm 厚	m²	38.00/47.00	
21	透明外墙防水胶		kg	15.52	
22		2.0mm 厚	m²	24.50	

注：表内双序号项包括人工、材料费，按税前独立费计。

思 考 题 与 习 题

1. 简述税前项目综合单价的确定方法及其单价组成。

2. 简述广西南宁市对铝合金门窗的市场价格如何分类？

3. 简述广西南宁市对内墙外墙油漆、涂料的市场价格如何分类？

4. 已知：某建设工程项目位于广西南宁市市区内，该工程项目的飘窗设计采用铝合金推拉窗，窗大样及数量如图 10-2 所示，铝合金采用 70 系列 1.4mm 厚白铝，玻璃为 5mm 白玻，推拉窗不带纱；该窗内设铝合金防盗窗，做法为 φ19 铝合金管套 φ14 钢筋。

要求：编制招标工程量清单及招标控制价，计算该工程铝合金推拉窗分部税前项目费用。

教学单元16 其他项目、规费、税金工程量清单计价

16.1 其他项目工程量清单计价

16.1.1 其他项目计价规定

1. 暂列金额

（1）编制招标控制价、投标报价时，暂列金额应按招标工程量清单列示金额填写。

（2）工程结算时，暂列金额已转化成合同履约过程的各项合同价款调整，结算计价文件应无暂列金额列项。

2. 暂估价

（1）招标控制价、投标报价时，专业工程暂估价应按招标工程量清单列示金额填写。

（2）工程结算时按合同约定结算金额填写。

（3）材料暂估价进入清单项目综合单价计算，结算时按双方确认的结算价与暂估价的差额及其税金，调整合同价款。

3. 计日工

（1）编制招标控制价时，单价由招标人按有关规定确定。

（2）投标时，单价由投标人自主报价，按暂定数量计算合价计入投标总价中。

（3）结算时，按双方确认的工程量、合同约定单价计算。

（4）计日工单价包括除税金以外的所有费用。

4. 总承包服务费

（1）编制招标控制价时，费率及金额由招标人按有关规定确定。

（2）投标时，费率及金额由投标人自主报价，计入投标总价中。

（3）结算时，计算基数按实计取。

16.1.2 其他项目清单计价实例

【例16-1】

已知：某建设工程项目为综合试验楼，框架结构，地下1层，地上12层，建筑面积8361.50m²。设计图纸明确，地质情况良好。招标工程量清单中，其他项目清单如表11-1～表11-5所示。

要求：完成该工程其他项目工程量清单计价。

【解】

表格填写见表16-1～表16-5。

其他项目清单与计价汇总表

表 16-1

工程名称：

第 1 页　共 1 页

序号	项目名称	金额（元）	备　注
1	暂列金额	400000	明细详见表 16-2
2	材料暂估价	—	
3	专业工程暂估价	97000	明细详见表 16-3
4	计日工	24400	明细详见表 16-4
5	总承包服务费	4850	明细详见表 16-5
	合计	526250	

注：材料暂估价进入清单项目综合单价，此处不汇总。

暂列金额明细表

表 16-2

工程名称：

第 1 页　共 1 页

编号	项目名称	计量单位	暂定金额（元）	备　注
1	工程量偏差	项	30000	
2	设计变更	项	70000	
3	政策性调整	项	50000	
4	材料价格波动	项	150000	
5	其他	项	100000	
	合计		400000	

注：此表由招标人填写，投标人应将上述暂列金额计入投标总价中。

专业工程暂估价及结算价表

表 16-3

工程名称：

第 1 页　共 1 页

编号	项目名称	工程内容	暂估金额（元）	结算金额（元）	备　注
1	消防工程	合同图纸中标明的以及消防工程规范和技术说明中规定的各系统中的设备、管道、阀门、线缆等的供应安装和调试工作	97000		
	合计		97000		

注：1. 此表"暂估金额"由招标人填写，投标人应将"暂估金额"计入投标总价中。

　　2. 结算时按合同约定结算金额填写。

计日工表

表 16-4

工程名称：

第 1 页　共 1 页

编号	项目名称	单位	暂定数量	综合单价（元）	合价（元）
一	人工				
1	建筑、装饰普工	工日	50	130	6500
2	镶贴工	工日	20	195	3900
二	材料				
1	钢筋 ϕ10 以内	t	1	4200	4200
2	中砂	m³	10	130	1300
3	多孔页岩砖 240×115×90	块	1500	0.90	1350
三	施工机械				
1	履带式液压单斗挖掘机（斗容量 1.0m³）	台班	3	2200	6600
2	灰浆搅拌机（拌筒容量 200L）	台班	5	110	550
	合计				24400

注：1. 此表项目名称、暂定数量由招标人填写，编制招标控制价时，单价由招标人按有关规定确定。

　　2. 投标时，单价由投标人自主报价，按暂定数量计算合价计入投标总价中。

　　3. 计日工单价包括除税金以外的所有费用。

总承包服务费计价表

表 16-5

工程名称：

第 1 页　共 1 页

序号	项目名称	计算基数	服务内容	费率（%）	金额（元）
1	发包人发包专业工程	97000	1. 按专业工程承包人的要求提供施工工作面并对施工现场进行统一管理，对竣工资料进行统一整理汇总。 2. 为专业工程承包人提供垂直运输机械和焊接电源接入点，并承担垂直运输费和电费	5	4850
	合计				4850

注：1. 此表项目名称、服务内容由招标人填写。

　　2. 编制招标控制价时，费率及金额由招标人按有关规定确定。

　　3. 投标时，费率及金额由投标人自主报价，计入投标总价中。

　　4. 此表项目价值在结算时，计算基数按实计取。

16.2　规费、税金项目工程量清单计价

16.2.1　规费项目计价规定

规费＝计算基数×规费费率。

规费的计算基数分两种情况：

1. 建安劳保费、生育保险费、工伤保险费、住房公积金的计算基数：分部分项工程和单价措施项目"人工费"。

2. 工程排污费的计算基数：分部分项工程和单价措施项目"人工费＋材料费＋机械费"。

16.2.2　税金项目计价规定

税金＝计算基数×税率。

税金的计算基数：分部分项工程量清单计价合计＋措施项目清单计价合计＋其他项目费合计＋税前项目费＋规费。

税率的取定结合工程所在地选择"市区、城（镇）、其他"对应的税率百分比。

16.2.3　规费、税金项目清单计价实例

【例 16-2】

已知：某建设工程项目为综合试验楼，框架结构，地下 1 层，地上 12 层，建筑面积 8361.50m²。设计图纸明确，地质情况良好。招标工程量清单中，规费、税金项目清单如表 11-6 所示。编制招标控制价过程获取如下资料：

（1）分部分项工程和单价措施项目费用合计为 7620983.83 元，其中人工费为 2047425.14 元，材料费为 4154643.28 元，机械费为 393152.18 元，管理费为 801404.04 元，利润为 224359.20 元。

（2）总价措施费为 501896.29 元。

（3）其他项目费为 526250.00 元。

（4）税前项目费为 573410.38 元。

要求：完成该工程规费、税金项目工程量清单计价。

【解】

（1）三险一金的计算基数

分部分项工程和单价措施项目人工费＝2047425.14 元

（2）工程排污费计算基数

分部分项工程和单价措施项目"人工费＋材料费＋机械费"＝2047425.14 ＋4154643.28 ＋393152.18 ＝6595220.59 元

（3）税金计算基数

7620983.83＋501896.29＋526250.00＋573410.38＋686061.25＝9908601.75 元

根据计价规范广西实施细则完成规费、税金项目清单与计价表，表格填写见表 16-6。

规费、税金项目清单与计价表　　　　　表 16-6

工程名称：　　　　　　　　　　　　　　　　　第 1 页　共 1 页

序号	项目名称	计算基数	费率（%）	金额（元）
1	规费			686061.25
1.1	建安劳保费	2047425.14	27.93	571845.84
1.2	生育保险费	2047425.14	1.16	23750.13

续表

序号	项目名称	计算基数	费率（%）	金额（元）
1.3	工伤保险费	2047425.14	1.28	26207.04
1.4	住房公积金	2047425.14	1.85	37877.36
1.5	工程排污费	6595220.59	0.40	26380.88
2	税金	9908601.75	3.58	354727.94
	合计			1040789.19

思 考 题 与 习 题

1. 简述暂列金额的计价规定。

2. 简述暂估价的计价规定。

3. 简述计日工的计价规定。

4. 简述总承包服务费的计价规定。

5. 简述规费、税金项目的计价规定。

附　录

附录1　房屋建筑与装饰工程工程量计算规范
清单项目计量单位取定表（广西）

5　各专业工程量计算规范清单项目计量单位取定

5.1　房屋建筑与装饰工程工程量计算规范清单项目计量单位取定表

规范附录	项目编码	项目名称	计量单位	
			规范规定	广西取定
附录B	010201007	砂石桩	m、m³	m³
	010202006	钢板桩	t、m²	t
	010202007	锚杆	m、根	m
	010202008	土钉		
附录E	010506001	直行楼梯	m²、m³	m²
	010506002	弧形楼梯		
	010507004	台阶		m³
	010509001	预制混凝土矩形柱	m³、根	m³
	010509002	预制混凝土异形柱		
	010510001	预制混凝土矩形梁		
	010510002	预制混凝土异形梁		
	010510003	预制混凝土过梁		
	010510004	预制混凝土拱形梁		
	010510005	预制混凝土鱼腹式吊车梁		
	010510006	预制混凝土其他梁		
	010511001	预制混凝土屋架折线型	m³、榀	m³
	010511002	预制混凝土屋架组合		
	010511003	预制混凝土屋架薄腹		
	010511004	预制混凝土屋架门式刚架		
	010511005	预制混凝土屋架天窗架		
	010512001	预制混凝土平板	m³、块	m³
	010512002	预制混凝土空心板		
	010512003	预制混凝土槽型板		
	010512004	预制混凝土网架板		
	010512005	预制混凝土折线板		
	010512006	预制混凝土带肋板		
	010512007	预制混凝土大型板		
	010512008	预制混凝土沟盖板、井盖板、井圈	m³、块（套）	m³
	010513001	预制混凝土楼梯	m³、段	m³
	010514001	预制混凝土垃圾道、通风道、烟道	m²、m³	m³
	010514002	预制混凝土其他构件	根（块、套）	

规范附录	项目编码	项目名称	计量单位	
			规范规定	广西取定
附录 F	010602001	钢屋架	榀、t	t
附录 G	010701001	木屋架	榀、m³	m³
	010702003	木檩	m³、m	m³
附录 H	010801001	木质门	樘、m²	m²
	010801002	木质门带套		
	010801003	木质门连窗		
	010801004	木质防火门		
	010801005	木门框	樘、m	m
	010802001	金属（塑钢）门	樘、m²	m²
	010802002	彩板门		
	010802003	钢质防火门		
	010802004	防盗门		
	010803001	金属卷帘（闸）门		
	010803002	防火卷帘（闸）门		
	010804001	木板大门		
	010804002	钢木大门		
	010804003	全钢板大门		
	010804004	防护铁丝门		
	010804007	特种门		
	010806001	木质窗		
	010806004	木纱窗		
	010807001	金属（塑钢、断桥）窗		
	010807003	金属百叶窗		
	010807007	金属（塑钢、断桥）飘（凸）窗		
	010808001	木门窗套	樘、m²、m	m²
	010808004	金属门窗套		
	010808005	石材门窗套		
	010808007	成品木门窗套		
附录 M	011208002	成品装饰柱	根、m	m
	011210005	成品隔断	m²、间	m²
附录 P	011401001	木门油漆	樘、m²	m²
	011401002	金属门油漆		
	011402001	木窗油漆		
	011402002	金属窗油漆		

规范附录	项目编码	项目名称	计量单位	
			规范规定	广西取定
附录 R	011601001	砖砌体拆除	m、m³	m³
	011602001	混凝土构件拆除	m、m²、m³	m³
	011602002	钢筋混凝土构件拆除		
	011608001	铲除油漆面	m、m²	m²
	011608002	铲除涂料面		
	011608003	铲除裱糊面		
	011611001	钢梁拆除	t、m	t
	011611002	钢柱拆除		
	011611004	钢支撑、钢墙架拆除		
	011611005	其他金属构件拆除		
附录 S	011703001	垂直运输	m²、天	m²

附录2 房屋建筑与装饰工程广西补充工程量清单及计算规则

6 各专业补充工程量清单及计算规则

6.1 房屋建筑与装饰工程

附录A 土石方工程

A.4 其他工程。工程量清单项目设置、项目特征描述的内容、计量单位及工程量计算规则，应按桂表 A.4 的规定执行。

桂表 A.4 其他工程（编码：010104）

项目编码	项目名称	项目特征	计量单位	工程量计算规则	工作内容
桂010104001	支挡土板	1. 支撑方式、材料 2. 挡土板类型、材料 3. 其他	m²	按槽、坑垂直支撑面积计算	挡土板制作、运输、安装及拆除
桂010104002	基础钎插	1. 钎插方式 2. 钎插深度 3. 其他	m	按钎插入土深度以米计算	钎插、记录

附录B 地基处理与边坡支护工程

B.1 地基处理。工程量清单项目设置、项目特征描述的内容、计量单位及工程量计算规则，应按桂表 B.1 的规定执行。

桂表 B.1 地基处理（编码：010201）

项目编码	项目名称	项目特征	计量单位	工程量计算规则	工作内容
桂010201018	水泥粉煤灰碎石桩（CFG）	1. 地层情况 2. 单桩长度 3. 桩截面 4. 材料种类、级配 5. 桩倾斜度	m³	按设计桩的截面积乘以设计桩长（设计桩长＋设计超灌长度）以立方米计算	1. 工作平台搭拆 2. 桩机竖拆、移位 3. 成孔 4. 混凝土料制作、灌注、养护 5. 清理

续表

项目编码	项目名称	项目特征	计量单位	工程量计算规则	工作内容
桂 010201019	深层搅拌 水泥桩	1. 地层情况 2. 单桩长度 3. 桩截面 4. 材料种类、级配 5. 桩倾斜度	m²	按设计桩截面积乘 以设计桩长以立方米 计算	1. 预搅下钻、水 泥浆制作、喷浆搅 拌提升成桩 2. 材料运输
桂 010201020	高压旋喷 水泥桩	1. 地层情况 2. 桩截面 3. 注浆类型、方法 4. 水泥强度等级、掺量 5. 桩倾斜度	m	按桩体长度以米 计算	1. 成孔 2. 水泥浆制作、 高压喷射注浆 3. 拔管、清洗
桂 010201021	灰土 挤密桩	1. 地层情况 2. 单桩长度 3. 桩截面 4. 材料种类、级配 5. 桩倾斜度	m³	按设计桩截面积乘 以设计桩长以立方米 计算	1. 成孔 2. 灰土拌合、运 输、填充、夯实
桂 010201022	压力灌注 微型桩	1. 地层情况 2. 桩截面 3. 材料种类、级配 4. 桩倾斜度	m	按主杆桩体长度以 米计算	1. 成孔 2. 制作钢管（钢 筋笼）下泥浆管 3. 做压浆封头、 投石、制浆、压浆 4. 泥浆清除及泥 浆池砌筑、拆除等

B. 2　基坑与边坡支护。工程量清单项目设置、项目特征描述的内容、计量单位及工程量计算规则，应按桂表 B. 2 的规定执行。

桂表 B. 2　基坑与边坡支护（编码：010202）

项目编码	项目名称	项目特征	计量单位	工程量计算规则	工作内容
桂 010202012	圆木桩	1. 地层情况 2. 桩截面 3. 材质 4. 桩倾斜度	m³	按设计桩长和梢径 根据体积表计算	1. 制作木桩、按 桩箍及桩靴 2. 桩机安装、 移位 3. 吊装就位打桩 校正 4. 拆卸桩箍、锯 桩头 5. 清理

附录C　桩　基　工　程

C.1　打桩。工程量清单项目设置、项目特征描述的内容、计量单位及工程量计算规则，应按桂表C.1的规定执行。

桂表 **C.1**　打桩（编码：010301）

项目编码	项目名称	项目特征	计量单位	工程量计算规则	工作内容
桂010301005	打预制钢筋混凝土方桩	1. 地层情况 2. 单桩长度 3. 桩截面 4. 桩倾斜度	m³	按设计桩长（包括桩尖、不扣除桩尖虚体积）乘以桩截面以立方米计算	1. 工作平台搭拆 2. 桩机竖拆、移位、校测 3. 吊装就位、安装桩帽校正 4. 打桩 5. 清理
桂010301006	打预制钢筋混凝土管桩	1. 地层情况 2. 单桩长度 3. 桩截面 4. 桩倾斜度	m³	按设计桩长（包括桩尖、不扣除桩尖虚体积）乘以桩截面以立方米计算。管桩的空心体积应扣除	1. 工作平台搭拆 2. 桩机竖拆、移位、校测 3. 吊装就位、安装桩帽校正 4. 打桩 5. 清理
桂010301007	打预制钢筋混凝土板桩	1. 地层情况 2. 单桩体积 3. 桩截面 4. 桩倾斜度	m³	按设计桩长（包括桩尖、不扣除桩尖虚体积）乘以桩截面以立方米计算	1. 工作平台搭拆 2. 桩机竖拆、移位、校测 3. 安拆导向夹具 4. 吊装就位、安装桩帽校正 5. 打桩 6. 清理
桂010301008	压预制钢筋混凝土方桩	1. 地层情况 2. 单桩长度 3. 桩截面 4. 桩倾斜度	m³	按设计桩长（包括桩尖、不扣除桩尖虚体积）乘以桩截面以立方米计算	1. 工作平台搭拆 2. 桩机竖拆、移位、校测 3. 吊装就位、安装桩帽校正 4. 压桩 5. 清理

续表

项目编码	项目名称	项目特征	计量单位	工程量计算规则	工作内容
桂010301009	压预制钢筋混凝土管桩	1. 地层情况 2. 单桩长度 3. 桩截面 4. 桩倾斜度	m	按设计长度以米计算	1. 工作平台搭拆 2. 桩机竖拆、移位、校测 3. 吊装就位、安装桩帽校正 4. 压桩 5. 清理
桂010301010	预制混凝土管桩填桩芯	1. 管桩填充材料种类 2. 防护材料种类 3. 混凝土强度等级	m³	按设计灌注长度乘以桩芯截面面积以立方米计算	1. 管桩填充材料 2. 刷防护材料 3. 混凝土制作、运输、灌注、振捣、养护
桂010301011	螺旋钻机钻取土	1. 位置 2. 其他	m	按钻孔入土深度以米计算	1. 准备机具、移动桩机、桩位校测、钻孔 2. 清理钻孔余土运至现场指定地点
桂010301012	送桩	1. 地层情况 2. 桩类型 3. 单桩长度 4. 桩截面 5. 桩倾斜度	m³(m)	1. 按桩截面面积乘以送桩长度（即打桩架底至桩顶高度或自桩顶面至自然地平面另加 0.5m）以立方米计算 2. 按送桩长度以米计算	送桩
桂010301013	接桩	1. 接桩方式 2. 其他	个(m²)	1. 电焊接桩按设计数量计算 2. 硫磺胶泥接桩按桩断面以平方米计算	接桩

注：取消《房屋建筑与装饰工程工程量计算规范》GB 50854—2013 表 C1 打桩中的 010301001、010301002 清单项目。

C.2　灌注桩。工程量清单项目设置、项目特征描述的内容、计量单位及工程量计算规则，应按桂表C.2的规定执行。

桂表C.2　灌注桩（编码：010302）

项目编码	项目名称	项目特征	计量单位	工程量计算规则	工作内容
桂010302008	灌注桩成孔	1. 地层情况 2. 成孔方式 3. 桩径	m³	按成孔长度乘以设计桩截面积以立方米计算。成孔长度为打桩前的自然地坪标高至设计桩底的长度	1. 工作平台搭拆 2. 桩机竖拆、移位、校测 3. 钻孔、成孔、固壁 4. 清理、运输
桂010302009	人工挖孔桩成孔	1. 孔深 2. 桩径 3. 护壁混凝土种类、强度等级	m³	按设计桩截面（桩径＝桩芯＋护壁）乘以挖孔深度加上桩的扩大头体积以立方米计算	1. 挖土、提土、运土50m以内，排水沟修造、修正桩底 2. 安装护壁模具，灌注护壁混凝土 3. 抽水、吹风、坑内照明、安全设施搭拆
桂010302010	灌注桩桩芯混凝土	1. 桩类型 2. 单桩长度、根数 3. 桩截面 4. 混凝土种类、强度等级	m³	按设计桩芯的截面积乘以桩芯的深度（设计桩长＋设计超灌长度）以立方米计算。人工挖孔桩加上桩的扩大头增加的体积	1. 浇灌桩芯混凝土 2. 安、拆导管及漏斗
桂010302011	灌注桩入岩增加费	1. 桩类型 2. 桩径 3. 入岩方法	m³	按入岩部分以体积计算	钻孔、爆破、通风照明、垂直运输
桂010302012	长螺旋钻孔压灌桩	1. 单桩长度、根数 2. 桩截面 3. 混凝土种类、强度等级	m³	按设计桩的截面积乘以设计桩长（设计桩长＋设计超灌长度）以立方米计算。	1. 工作平台搭拆 2. 桩机竖拆、移位、校测 3. 灌注混凝土 4. 清理钻孔余土并运至现场指定地点
桂010302013	泥浆运输	运距	m³	按钻孔体积以立方米计算	装卸泥浆、运输、清理场地

注：取消《房屋建筑与装饰工程工程量计算规范》GB 50854—2013 表C2灌注桩项目表。

附录 E 混凝土及钢筋混凝土工程

E.2 现浇混凝土柱。工程量清单项目设置、项目特征描述的内容、计量单位及工程量计算规则，应按桂表 E.2 的规定执行。

桂表 E.2 现浇混凝土柱（编码：010502）

项目编码	项目名称	项目特征	计量单位	工程量计算规则	工作内容
桂 010502004	钢管顶升混凝土	1. 位置 2. 钢管类型 3. 混凝土种类 4. 混凝土强度等级	m³	按设计图示实体体积以立方米计算	1. 钢管柱的开孔、焊接恢复、打磨、防腐除锈等 2. 进料管与钢管柱的链接、逆止阀安拆等 3. 泄压孔与排气孔的设置 4. 混凝土浇捣、养护、清理等

E.11 预制混凝土屋架。工程量清单项目设置、项目特征描述的内容、计量单位及工程量计算规则，应按桂表 E.11 的规定执行。

桂表 E.11 预制混凝土屋架（编码：010511）

项目编码	项目名称	项目特征	计量单位	工程量计算规则	工作内容
桂 010511006	拱、梯形预制混凝土屋架	1. 图代号 2. 单件体积 3. 安装高度 4. 砂浆（细石混凝土）强度等级、配合比	m³	按设计图示尺寸以立方米计算	1. 清理、润湿模板。混凝土制作、运输、浇筑、振捣、养护 2. 构件运输、堆放、安装 3. 砂浆制作、运输 4. 接头灌缝、养护

E.12 预制混凝土板。工程量清单项目设置、项目特征描述的内容、计量单位及工程量计算规则，应按桂表 E.12 的规定执行。

桂表 E.12　预制混凝土板（编码：010512）

项目编码	项目名称	项目特征	计量单位	工程量计算规则	工作内容
桂 010512009	其他板	1. 图代号 2. 单件体积 3. 安装高度 4. 砂浆（细石混凝土）强度等级、配合比	m³	按设计图示尺寸以立方米计算	1. 清理、润湿模板。混凝土制作、运输、浇筑、振捣、养护 2. 构件运输、堆放、安装 3. 砂浆制作、运输 4. 接头灌缝、养护

注：天沟板、天窗侧板、架空隔热板、天窗端壁板等，按其他板项目编码列项。

E.14　其他预制构件。工程量清单项目设置、项目特征描述的内容、计量单位及工程量计算规则，应按桂表 E.14 的规定执行。

桂表 E.14　其他预制构件（编码：010514）

项目编码	项目名称	项目特征	计量单位	工程量计算规则	工作内容
桂 010514003	预制桩制作	1. 桩类型 2. 材料种类、配比 3. 其他	m³	按桩全长（包括桩尖、不扣除桩尖虚体积）乘以桩断面（空心桩应扣除孔洞体积）以立方米计算	1. 混凝土水平运输 2. 清理、润湿模板、浇捣、养护 3. 构件场内运输、堆放
桂 010514004	桩尖	1. 桩尖类型 2. 材料种类、配比 3. 其他	个 (kg)	1. 混凝土桩尖按虚体积（不扣除桩尖虚体积部分）计算 2. 钢桩尖按重量计算	1. 材料制作、安装、水平运输 2. 清理、润湿模板、浇捣、养护 3. 构件场内运输、堆放
桂 010514005	防火组合变压型排气道安装	1. 成品排气道规格 2. 混凝土强度等级	m	分不同截面按设计图示尺寸以延长米计算	1. 构件运输 2. 构件吊装、校正、固定、改锯 3. 排气道与楼板预留孔洞之间的缝隙用细石混凝土填实、顶部用密封油膏嵌实等 4. 包含防火止回阀、不锈钢无动力风帽等构件

E.15　钢筋工程。工程量清单项目设置、项目特征描述的内容、计量单位及工程量计算规则，应按桂表 E.15 的规定执行。

桂表 E.15　钢筋工程（编码：010515）

项目编码	项目名称	项目特征	计量单位	工程量计算规则	工作内容
桂010515011	砌体加固筋	钢筋种类、规格	t	按设计图示钢筋长度乘以单位理论质量计算	1. 钢筋制作、运输 2. 钢筋安装
桂010515012	植筋	钢筋种类、规格	根	分不同的直径按种植钢筋以根计算	1. 机具准备、定位放线 2. 钻孔、清孔、填结构胶、植入钢筋 3. 养护
桂010515013	楼地面、屋面、墙面、护坡钢筋网片	1. 钢筋种类、规格 2. 钢筋网片间距	m²	按钢筋设计图示尺寸以平方米计算	钢筋网片制作、安装

E.16　螺栓、铁件。工程量清单项目设置、项目特征描述的内容、计量单位及工程量计算规则，应按桂表 E.16 的规定执行。

桂表 E.16　螺栓、铁件（编码：010516）

项目编码	项目名称	项目特征	计量单位	工程量计算规则	工作内容
桂010516004	钢筋电渣压力焊接	1. 连接方式 2. 规格	个	按设计（或经审定的施工组织设计）以个数计算	1. 焊接固定 2. 安拆脚手架及支撑

附录 G　木 结 构 工 程

G.4　其他。工程量清单项目设置、项目特征描述的内容、计量单位及工程量计算规则，应按桂表 G.4 的规定执行。

桂表 G.4　其　他（编码：010704）

项目编码	项目名称	项目特征	计量单位	工程量计算规则	工作内容
桂010704001	玻璃黑板制安	1. 类型 2. 外围尺寸 3. 材质	m²	按框外围面积计算	制作、安装黑板边框、安装玻璃、铺油纸、钉胶合板、安装滑轮

附录 H　门　窗　工　程

H.2　金属门。工程量清单项目设置、项目特征描述的内容、计量单位及工程量计算规则，应按桂表 H.2 的规定执行。

桂表 H.2　金　属　门（编码：010802）

项目编码	项目名称	项目特征	计量单位	工程量计算规则	工作内容
桂 010802005	铁栅门	1. 门代号及洞口尺寸 2. 门框或扇外围尺寸 3. 门框、扇材质	t	按设计尺寸以吨计算	1. 门制作、运输、安装 2. 刷防锈漆 3. 五金安装

H.7　金属窗。工程量清单项目设置、项目特征描述的内容、计量单位及工程量计算规则，应按桂表 H.7 的规定执行。

桂表 H.7　金　属　窗（编码：010807）

项目编码	项目名称	项目特征	计量单位	工程量计算规则	工作内容
桂 010807010	带纱金属窗	1. 窗代号及洞口尺寸 2. 框、扇材质 3. 玻璃品种、厚度 4. 窗纱材料品种、规格	m^2	按设计洞口面积以平方米计算	1. 窗制作、运输、安装 2. 五金、玻璃安装

附录 J　屋面及防水工程

J.1　瓦、型材及其他屋面。工程量清单项目设置、项目特征描述的内容、计量单位及工程量计算规则，应按桂表 J.1 的规定执行。

桂表 J.1　瓦、型材及其他屋面（编码：010901）

项目编码	项目名称	项目特征	计量单位	工程量计算规则	工作内容
桂 010901006	种植屋面	1. 土质种类、要求 2. 其他	m^3	按设计图示尺寸以立方米计算	清理基层、覆土
桂 010901007	塑料排（蓄）水板	1. 材料种类、要求 2. 其他	m^2	按设计图示尺寸以平方米计算	清理基层、铺塑料排（蓄）水板
桂 010901008	干铺土工布	1. 材料种类、要求 2. 其他	m^2	按设计图示尺寸以平方米计算	清理基层、敷设土工布、收头、清理

J.2　屋面防水及其他。工程量清单项目设置、项目特征描述的内容、计量单位及工程量计算规则，应按桂表 J.2 的规定执行。

桂表 J.2　屋面防水及其他（编码：010902）

项目编码	项目名称	项目特征	计量单位	工程量计算规则	工作内容
桂 010902009	屋面型钢天沟	1. 材料品种、规格 2. 接缝、嵌缝材料种类	t	按设计图示尺寸以质量计算	1. 天沟材料铺设 2. 天沟构件安装 3. 接缝、嵌缝 4. 刷防护材料
桂 010902010	屋面不锈钢天沟	1. 材料品种、规格 2. 接缝、嵌缝材料种类	m	按设计图示尺寸以延长米计算	1. 天沟材料铺设 2. 天沟构件安装 3. 接缝、嵌缝 4. 刷防护材料
桂 010902011	屋面单层彩钢板天沟	1. 材料品种、规格 2. 接缝、嵌缝材料种类	m	按设计图示尺寸以延长米计算	1. 天沟材料铺设 2. 天沟构件安装 3. 接缝、嵌缝 4. 刷防护材料

附录 L　楼地面装饰工程

L.1　整体面层及找平层。工程量清单项目设置、项目特征描述的内容、计量单位及工程量计算规则，应按桂表 L.1 的规定执行。

桂表 L.1　整体面层及找平层（编码：011101）

项目编码	项目名称	项目特征	计量单位	工程量计算规则	工作内容
桂 011101007	楼地面铺砌卵石	1. 找平层厚度、砂浆配合比 2. 粘结层厚度、砂浆配合比 3. 卵石种类、规格、颜色	m²	按设计图示尺寸以平方米计算，扣除凸出地面的构筑物、设备基础、室内管道、地沟等所占面积，不扣除间壁墙、单个 0.3 平方米以内的柱、垛、附墙烟囱及孔洞所占面积，门洞、暖气包槽、壁龛的开口部分不增加面积	1. 基层处理 2. 抹找平层 3. 选石，表面洗刷干净 4. 砂浆找平 5. 铺卵石

L.4　其他材料面层。工程量清单项目设置、项目特征描述的内容、计量单位及工程量计算规则，应按桂表 L.4 的规定执行。

桂表 L.4　其他材料面层（编码：011104）

项目编码	项目名称	项目特征	计量单位	工程量计算规则	工作内容
桂011104005	玻璃地面	1. 找平层厚度、砂浆配合比 2. 玻璃种类、厚度 3. 玻璃规格 4. 其他	m²	按设计图示尺寸以平方米计算，门洞、空圈、暖气包槽、壁龛的开口部分不增加面积	1. 清理基层、抹找平层 2. 试排弹线 3. 铺贴饰面 4. 清理净面
桂011104006	球场面层	1. 找平层厚度、砂浆配合比 2. 结合层厚度、砂浆配合比 3. 面层材料种类、厚度 4. 其他	m²	按设计图示尺寸以平方米计算	1. 清理基层、抹找平层 2. 清理基层、铺底层弹性颗粒 3. 铺面层材料 4. 喷面漆、画线

附录 M　墙、柱面装饰与隔断、幕墙工程

M.3　零星抹灰。工程量清单项目设置、项目特征描述的内容、计量单位及工程量计算规则，应按桂表 M.3 的规定执行。

桂表 M.3　零　星　抹　灰（编码：011203）

项目编码	项目名称	项目特征	计量单位	工程量计算规则	工作内容
桂011203004	砂浆装饰线条	1. 底层砂浆厚度、砂浆配合比 2. 面层砂浆厚度、砂浆配合比 3. 装饰面材料种类	m	按设计图示尺寸以延长米计算	1. 基层清理 2. 砂浆制作、运输 3. 底层抹灰 4. 抹面层 5. 抹装饰面

M.4　墙面块料面层。工程量清单项目设置、项目特征描述的内容、计量单位及工程量计算规则，应按桂表 M.4 的规定执行。

桂表 M.4　墙面块料面层（编码：011204）

项目编码	项目名称	项目特征	计量单位	工程量计算规则	工作内容
桂011204005	镶贴石材墙面	1. 墙面类型 2. 安装方式 3. 面层材料品种、规格、颜色 4. 缝宽、嵌缝材料品种 5. 防护材料种类 6. 磨光、酸洗、打蜡要求	m²	按设计图示尺寸以平方米计算	1. 基层清理 2. 砂浆制作、运输 3. 粘结层铺贴 4. 面层安装 5. 嵌缝 6. 刷防护材料 7. 磨光、酸洗、打蜡

项目编码	项目名称	项目特征	计量单位	工程量计算规则	工作内容
桂 011204006	镶拼碎石材墙面	1. 墙面类型 2. 安装方式 3. 面层材料品种、规格、颜色 4. 缝宽、嵌缝材料品种 5. 防护材料种类 6. 磨光、酸洗、打蜡要求	m²	按设计图示尺寸以平方米计算	1. 基层清理 2. 砂浆制作、运输 3. 粘结层铺贴 4. 面层安装 5. 嵌缝 6. 刷防护材料 7. 磨光、酸洗、打蜡
桂 011204007	镶贴块料墙面	1. 墙面类型 2. 安装方式 3. 面层材料品种、规格、颜色 4. 缝宽、嵌缝材料品种 5. 防护材料种类 6. 磨光、酸洗、打蜡要求	m²	按设计图示尺寸以平方米计算	1. 基层清理 2. 砂浆制作、运输 3. 粘结层铺贴 4. 面层安装 5. 嵌缝 6. 刷防护材料 7. 磨光、酸洗、打蜡

注：取消《房屋建筑与装饰工程工程量计算规范》GB 50854—2013 表 M.4 墙面块料面层中的 011204001～011204003 清单项目。

M.5 柱（梁）面镶贴块料。工程量清单项目设置、项目特征描述的内容、计量单位及工程量计算规则，应按桂表 M.5 的规定执行。

桂表 M.5　柱（梁）面镶贴块料（编码：011205）

项目编码	项目名称	项目特征	计量单位	工程量计算规则	工作内容
桂 011205006	镶贴石材柱面	1. 柱截面类型、尺寸 2. 安装方式 3. 面层材料品种、规格、颜色 4. 缝宽、嵌缝材料品种 5. 防护材料种类 6. 磨光、酸洗、打蜡要求	m²	按设计图示结构尺寸以平方米计算	1. 基层清理 2. 砂浆制作、运输 3. 粘结层铺贴 4. 面层安装 5. 嵌缝 6. 刷防护材料 7. 磨光、酸洗、打蜡
桂 011205007	镶贴块料柱面	1. 墙面类型 2. 安装方式 3. 面层材料品种、规格、颜色 4. 缝宽、嵌缝材料品种 5. 防护材料种类 6. 磨光、酸洗、打蜡要求	m²	按设计图示结构尺寸以平方米计算	1. 基层清理 2. 砂浆制作、运输 3. 粘结层铺贴 4. 面层安装 5. 嵌缝 6. 刷防护材料 7. 磨光、酸洗、打蜡

续表

项目编码	项目名称	项目特征	计量单位	工程量计算规则	工作内容
桂 011205008	镶拼碎块柱面	1. 墙面类型 2. 安装方式 3. 面层材料品种、规格、颜色 4. 缝宽、嵌缝材料品种 5. 防护材料种类 6. 磨光、酸洗、打蜡要求	m²	按设计图示结构尺寸以平方米计算	1. 基层清理 2. 砂浆制作、运输 3. 粘结层铺贴 4. 面层安装 5. 嵌缝 6. 刷防护材料 7. 磨光、酸洗、打蜡
桂 011205009	镶贴石材梁面	1. 安装方式 2. 面层材料品种、规格、颜色 3. 缝宽、嵌缝材料品种 4. 防护材料种类 5. 磨光、酸洗、打蜡要求	m²	按设计图示结构尺寸以平方米计算	1. 基层清理 2. 砂浆制作、运输 3. 粘结层铺贴 4. 面层安装 5. 嵌缝 6. 刷防护材料 7. 磨光、酸洗、打蜡
桂 011205010	镶贴块料梁面	1. 安装方式 2. 面层材料品种、规格、颜色 3. 缝宽、嵌缝材料品种 4. 防护材料种类 5. 磨光、酸洗、打蜡要求	m²	按设计图示结构尺寸以平方米计算	1. 基层清理 2. 砂浆制作、运输 3. 粘结层铺贴 4. 面层安装 5. 嵌缝 6. 刷防护材料 7. 磨光、酸洗、打蜡

注：取消《房屋建筑与装饰工程工程量计算规范》GB 50854—2013 表 M.5 柱（梁）面镶贴块料项目表。

M.6　镶贴零星块料。工程量清单项目设置、项目特征描述的内容、计量单位及工程量计算规则，应按桂表 M.6 的规定执行。

桂表 M.6　镶贴零星块料（编码：011206）

项目编码	项目名称	项目特征	计量单位	工程量计算规则	工作内容
桂 011206004	镶贴石材零星项目	1. 基层类型、部位 2. 安装方式 3. 面层材料品种、规格、颜色 4. 缝宽、嵌缝材料品种 5. 防护材料种类 6. 磨光、酸洗、打蜡要求	m²	按设计图示结构尺寸以平方米计算	1. 基层清理 2. 砂浆制作、运输 3. 粘结层铺贴 4. 面层安装 5. 嵌缝 6. 刷防护材料 7. 磨光、酸洗、打蜡

315

项目编码	项目名称	项目特征	计量单位	工程量计算规则	工作内容
桂011206005	镶贴块料零星项目	1. 基层类型、部位 2. 安装方式 3. 面层材料品种、规格、颜色 4. 缝宽、嵌缝材料品种 5. 防护材料种类 6. 磨光、酸洗、打蜡要求	m²	按设计图示结构尺寸以平方米计算	1. 基层清理 2. 砂浆制作、运输 3. 粘结层铺贴 4. 面层安装 5. 嵌缝 6. 刷防护材料 7. 磨光、酸洗、打蜡
桂011206006	镶拼碎块零星项目	1. 基层类型、部位 2. 安装方式 3. 面层材料品种、规格、颜色 4. 缝宽、嵌缝材料品种 5. 防护材料种类 6. 磨光、酸洗、打蜡要求	m²	按设计图示结构尺寸以平方米计算	1. 基层清理 2. 砂浆制作、运输 3. 粘结层铺贴 4. 面层安装 5. 嵌缝 6. 刷防护材料 7. 磨光、酸洗、打蜡

注：取消《房屋建筑与装饰工程工程量计算规范》GB 50854—2013 表 M.6 镶贴零星块料项目表。

M.11　其他柱。工程量清单项目设置、项目特征描述的内容、计量单位及工程量计算规则，应按桂表 M.11 的规定执行。

桂表 M.11　其他柱（编码：011211）

项目编码	项目名称	项目特征	计量单位	工程量计算规则	工作内容
桂011211001	罗马柱	1. 柱材料种类、规格 2. 柱尺寸、规格 3. 柱帽、柱墩 4. 其他	m	按设计图示尺寸以米计算	1. 基层清理 2. 定位、下料、安装 3. 清理

附录 N　天　棚　工　程

N.1　天棚抹灰。工程量清单项目设置、项目特征描述的内容、计量单位及工程量计算规则，应按桂表 N.1 的规定执行。

桂表 N.1 天棚抹灰（编码：011301）

项目编码	项目名称	项目特征	计量单位	工程量计算规则	工作内容
桂 011301002	天棚抹灰装饰线	1. 装饰位置 2. 基层类型 3. 抹灰厚度、材料种类 4. 砂浆配合比 5. 其他	m	按设计图示尺寸以延长米计算	1. 基层清理 2. 底层抹灰 3. 抹面层

附录 Q 其 他 装 饰 工 程

Q.9 车库配件。工程量清单项目设置、项目特征描述的内容、计量单位及工程量计算规则，应按桂表 Q.9 的规定执行。

桂表 Q.9 车库配件（编码：011509）

项目编码	项目名称	项目特征	计量单位	工程量计算规则	工作内容
桂 011509001	橡胶减速带	1. 位置 2. 其他	m	按设计长度以延长米计算	1. 材料搬运 2. 安装、校正 3. 清理
桂 011509002	橡胶车轮挡	1. 位置 2. 其他	个	按设计个数以个计算	1. 材料搬运 2. 安装、校正 3. 清理
桂 011509003	橡胶防撞护角	1. 位置 2. 其他	个	按设计个数以个计算	1. 材料搬运 2. 安装、校正 3. 清理
桂 011509004	车位锁	1. 位置 2. 其他	把	按设计个数以把计算	1. 材料搬运 2. 安装、校正 3. 清理

附录 S　单 价 措 施 项 目

S.1　脚手架工程。工程量清单项目设置、项目特征描述的内容、计量单位及工程量计算规则，应按桂表 S.1 的规定执行。

表 S.1 脚手架工程（编码：011701）

项目编码	项目名称	项目特征	计量单位	工程量计算规则	工作内容
桂 011701009	基础现浇混凝土运输道	1. 运输道材质 2. 基础类型 3. 基础深度 4. 其他	m²	1. 深度大于 3m（3m 以内不得计算）的带形基础按基槽底设计图示尺寸以面积计算 2. 满堂式基础、箱型基础、基础底宽度大于 3m 的柱基础及宽度大于 3m 的设备基础按基础底设计图示尺寸以面积计算	1. 场内外材料搬运 2. 运输道搭设 3. 施工使用期间的维修、加固、管件维护 4. 运输道拆除、拆除后的材料整理堆放
桂 011701010	框架现浇混凝土运输道	1. 运输道材质 2. 运输道高度 3. 泵送、非泵送 4. 其他		按框架部分的建筑面积计算	1. 场内外材料搬运 2. 运输道搭设 3. 施工使用期间的维修、加固、管件维护 4. 运输道拆除、拆除后的材料整理堆放
桂 011701011	楼板现浇混凝土运输道	1. 运输道材质 2. 结构类型 3. 泵送、非泵送 4. 其他		按楼板浇捣部分的建筑面积计算	1. 场内外材料搬运 2. 运输道搭设 3. 施工使用期间的维修、加固、管件维护 4. 运输道拆除、拆除后的材料整理堆放
桂 011701012	电梯井脚手架	1. 脚手架材质 2. 脚手架高度 3. 其他	座	按设计图示的电梯井以数量计算	1. 场内外材料运输 2. 脚手架搭设 3. 施工使用期间的维修、加固、管件维护 4. 脚手架拆除、拆除后的材料整理堆放

续表

项目编码	项目名称	项目特征	计量单位	工程量计算规则	工作内容
桂011701013	独立斜道	1. 斜道材质 2. 斜道高度 3. 斜道适用工程（建筑和装饰装修一体承包的、仅完成装饰装修的） 4. 其他	座	按经审定的施工组织设计或施工技术措施方案以数量计算	1. 场内外材料搬运 2. 斜道搭设 3. 施工使用期间的维修、加固、管件维护 4. 斜道拆除、拆除后的材料整理堆放
桂011701014	烟囱/水塔/独立体脚手架	1. 脚手架适用项目 2. 脚手架材质 3. 脚手架高度 4. 脚手架直径 5. 其他	座	按设计图示的烟囱/水塔/独立筒体以数量计算	1. 场内外材料运输 2. 脚手架搭设 3. 打缆风桩、拉缆风绳 4. 施工使用期间的维修、加固、管件维护 5. 脚手架拆除、拆除后的材料整理堆放
桂011701015	外脚手架安全挡板	1. 外脚手架安全挡板材质 2. 高度 3. 其他	m²	按实搭挑出外架的水平投影面积以平方米计算	1. 场内外材料搬运 2. 安全挡板搭设 3. 施工使用期间的维修、加固、管件维护 4. 安全挡板拆除、拆除后的材料整理堆放
桂011701016	安全通道	1. 安全通道材质 2. 与安全通道配合的脚手架高度 3. 安全通道的宽度尺寸（宽度超过3m者） 4. 安全通道使用工程（建筑和装饰装修一体承包的或仅完成建筑主体的）	m	按经审定的施工组织设计或施工技术措施方案以中心线长度计算	1. 场内外材料搬运 2. 安全通道搭设 3. 施工使用期间的维修、加固、管件维护 4. 安全通道拆除、拆除后的材料整理堆放

注：取消《房屋建筑与装饰工程工程量计算规范》GB 50854—2013 表 S.1 脚手架工程中的 011701001 清单项目。

S.2　混凝土模板及支架（撑）。工程量清单项目设置、项目特征描述的内容、计量单位及工程量计算规则，应按桂表 S.2 的规定执行。

表 S.2　模板工程（编码：011702）

项目编码	项目名称	项目特征	计量单位	工程量计算规则	工作内容
桂 011702033	建筑物滑升模板制作安装	1. 模板材质 2. 模板支撑材质 3. 支模高度 4. 混凝土与模板接触面施工要求（清水面、普通面） 5. 其他	m²	1. 按混凝土与模板接触面积计算，墙高应自墙基或楼板的上表面至上层楼板底面计算 2. 不扣除梁与墙交接处的模板面积 3. 墙板上单孔面积在 0.3m² 以内的孔洞不扣除，洞侧模板也不增加，单孔面积在 0.3m² 以上应扣除，洞侧模板并入墙板模板工程量计算 4. 不扣除后浇带所占的面积	1. 模板的制作 2. 模板安装、拆除、整理堆放及场内外运输 3. 清理模板粘结物及模内杂物、刷隔离剂
桂 011702034	高大有梁板胶合板模板	1. 模板材质 2. 位置 3. 混凝土与模板接触面施工要求（清水面、普通面） 4. 其他	m²	1. 按混凝土与模板接触面积计算 2. 不扣除柱、墙所占的面积 3. 不扣除后浇带所占面积	1. 模板的制作 2. 模板安装、拆除、整理堆放及场内外运输 3. 清理模板粘结物及模内杂物、刷隔离剂
桂 011702035	高大有梁板模板钢支撑	1. 支撑类型 2. 支撑高度 3. 其他	m³	按经评审的施工专项方案搭设面积乘以支模高度（楼地面至板底高度）以立方米计算，如无经评审的施工专项方案，搭设面积则按梁宽加 600mm 乘以梁长计算	支撑的安装、拆除、整理堆放及场内外运输

项目编码	项目名称	项目特征	计量单位	工程量计算规则	工作内容
桂 011702036	高大梁胶合板模板	1. 模板材质 2. 位置 3. 混凝土与模板接触面施工要求（清水面、普通面） 4. 其他	m²	1. 按混凝土与模板接触面积计算 2. 梁长按下列规定确定：梁与柱连接时，梁长算至柱侧面；主梁与次梁连接时，次梁长算至主梁侧面 3. 计算梁模板时，不扣除梁与梁交接处的模板面积 4. 不扣除后浇带所占面积	1. 模板的制作 2. 模板安装、拆除、整理堆放及场内外运输 3. 清理模板粘结物及模内杂物、刷隔离剂
桂 011702037	高大梁模板钢支撑	1. 支撑类型 2. 支撑高度 3. 其他	m³	按搭设面积乘以支模高度（楼地面至板底高度）以立方米计算，不扣除梁柱所占的体积	支撑的安装、拆除、整理堆放及场内外运输
桂 011702038	压顶、扶手模板制作安装	1. 构件的类型 2. 构件的规格 3. 模板材质 4. 模板支撑材质 5. 混凝土与模板接触面施工要求（清水面、普通面） 6. 其他	m	按设计图示尺寸以延长米计算	1. 模板的制作 2. 模板安装、拆除、整理堆放及场内外运输 3. 清理模板粘结物及模内杂物、刷隔离剂
桂 011702039	混凝土散水模板制作安装	1. 散水厚度 2. 模板材质 3. 模板支撑材质 4. 其他	m²	按水平投影面积以平方米计算	1. 模板的制作 2. 模板安装、拆除、整理堆放及场内外运输 3. 清理模板粘结物及模内杂物、刷隔离剂

项目编码	项目名称	项目特征	计量单位	工程量计算规则	工作内容
桂 011702040	混凝土明沟模板制作安装	1. 明沟断面尺寸 2. 模板材质 3. 模板支撑材质 4. 其他	m	按设计图示尺寸以延长米计算	1. 模板的制作 2. 模板安装、拆除、整理堆放及场内外运输 3. 清理模板粘结物及模内杂物、刷隔离剂
桂 011702041	小型池槽模板制作安装	1. 构件的规格 2. 模板材质 3. 模板支撑材质 4. 混凝土与模板接触面施工要求（清水面、普通面）		按构件外围体积计算	1. 模板的制作 2. 模板安装、拆除、整理堆放及场内外运输 3. 清理模板粘结物及模内杂物、刷隔离剂
桂 011702042	梁、板沉降后浇带胶合板钢支撑增加费				
桂 011702043	墙沉降后浇带胶合板钢支撑增加费	1. 部位 2. 混凝土与模板接触面施工要求（清水面、普通面） 3. 其他	m³	按后浇部分混凝土体积以立方米计算	1. 模板的制作 2. 模板安装、拆除、整理堆放及场内外运输 3. 清理模板粘结物及模内杂物、刷隔离剂
桂 011702044	梁、板温度后浇带胶合板钢支撑增加费				
桂 011702045	地下室底板后浇带木模板增加费				
桂 011702046	预制桩模板制作安装	1. 桩类型 2. 桩规格 3. 模板材质 4. 其他	m³	桩按设计图示混凝土实体体积以立方米计算	1. 模板制作、安装 2. 清理模板、刷隔离剂 3. 拆除模板，整理堆放、装箱运输
桂 011702047	桩尖模板制作安装	1. 桩尖规格 2. 模板材质 3. 其他	m³	按桩尖最大截面积乘以高度以立方米计算	1. 模板制作、安装 2. 清理模板、刷隔离剂 3. 拆除模板，整理堆放、装箱运输
桂 011702048	预制柱模板制作安装	1. 柱类型 2. 柱规格 3. 模板材质 4. 其他	m³	按设计图示混凝土实体体积计算	1. 模板制作、安装 2. 清理模板、刷隔离剂 3. 拆除模板，整理堆放、装箱运输

续表

项目编码	项目名称	项目特征	计量单位	工程量计算规则	工作内容
桂 011702049	预制矩形梁模板 制作安装				
桂 011702050	预制异形梁模板 制作安装				
桂 011702051	预制过梁模板 制作安装	1. 梁类型 2. 梁规格 3. 模板材质 4. 其他	m³	按设计图示混凝土实体体积以立方米计算	1. 模板制作、安装 2. 清理模板、刷隔离剂 3. 拆除模板，整理堆放、装箱运输
桂 011702052	预制托架梁模板 制作安装				
桂 011702053	鱼腹式吊车梁模板 制作安装				
桂 011702054	预制屋架模板 制作安装	1. 屋架类型 2. 屋架规格 3. 模板材质 4. 其他			
桂 011702055	预制门式刚架模板 制作安装	1. 构件种类 2. 构件规格 3. 模板材质 4. 其他	m³	按设计图示混凝土实体体积以立方米计算	1. 模板制作、安装 2. 清理模板、刷隔离剂 3. 拆除模板，整理堆放及场内外运输
桂 011702056	预制天窗架模板 制作安装	1. 构件种类 2. 构件规格 3. 模板材质 4. 其他			
桂 011702057	预制天窗端壁板 模板制作安装	1. 板类型 2. 板规格 3. 模板材质 4. 其他			

项目编码	项目名称	项目特征	计量单位	工程量计算规则	工作内容
桂011702058	预制空心板模板制作安装	1. 板类型 2. 板厚度 3. 板规格 4. 模板材质 5. 其他	m³	按设计图示混凝土实体体积以立方米计算	1. 模板制作、安装 2. 清理模板、刷隔离剂 3. 拆除模板，整理堆放及场内外运输
桂011702059	预制平板模板制作安装				
桂011702060	预制槽形板模板制作安装				
桂011702061	大型屋面板模板制作安装				
桂011702062	带肋板模板制作安装	1. 构件种类 2. 构件规格 3. 模板材质 4. 其他	m³	按设计图示混凝土实体体积以立方米计算	1. 模板制作、安装 2. 清理模板、刷隔离剂 3. 拆除模板，整理堆放及场内外运输
桂011702063	折线板模板制作安装				
桂011702064	沟盖板、井盖板、井圈模板制作安装				
桂011702065	其他板模板制作安装				

项目编码	项目名称	项目特征	计量单位	工程量计算规则	工作内容
桂011702066	预制混凝土楼梯模板制作安装	1. 部位 2. 梯段类型 3. 构件规格 4. 模板材质 5. 其他	m²	按设计图示混凝土体积以立方米计算	1. 模板制作、安装 2. 清理模板、刷隔离剂 3. 拆除模板，整理堆放、装箱运输
桂011702067	其他预制构件模板制作安装	1. 构件类型 2. 构件规格 3. 模板材质 4. 其他	m³	按设计图示混凝土体积以立方米计算	1. 模板制作、安装 2. 清理模板、刷隔离剂 3. 拆除模板，整理堆放、装箱运输

注：1. 不带肋的预制遮阳板、雨篷板、挑檐版、栏板等的模板，应按本表平板项目编码列项。

2. 预制 F 形板、双 T 形板、单肋板和带反挑檐的雨篷板、挑檐版、遮阳板等的模板，应按本表带肋板模板项目编码列项。

3. 窗台板、隔板、架空隔热板、天窗侧板、天窗上下挡板等的模板，按其他板模板项目编码列项。

S.4　建筑物超高加压水泵。工程量清单项目设置、项目特征描述的内容、计量单位及工程量计算规则，应按桂表 S.4 的规定执行。

桂表 S.4　超高施工增加（编码：011704）

项目编码	项目名称	项目特征	计量单位	工程量计算规则	工作内容
桂011704002	建筑物超高加压水泵	1. 建筑物类型及结构形式 2. 建筑物檐口高度、层数	m²	按 ±0.00 以上建筑面积以平方米计算	高层施工用水加压水泵的安装、拆除及工作台班

注：取消《房屋建筑与装饰工程工程量计算规范》GB 50854—2013 表 S.4 超高施工增加 0011704001 清单项目。

S.6　施工排水、降水。工程量清单项目设置、项目特征描述的内容、计量单位及工程量计算规则，应按桂表 S.6 的规定执行。

桂表 S.6　施工排水、降水（编码：011706）

项目编码	项目名称	项目特征	计量单位	工程量计算规则	工作内容
桂 011706003	成井	1. 成井方式 2. 成井孔径 3. 成井深度 4. 井管深度	根	按设计图示数量计算	1. 准备钻孔机械、埋设护筒、钻机就位；泥浆制作、固壁；成孔、出渣、清孔等 2. 对接上、下井管（滤管）、焊接、安放、下滤料、洗井、连接试抽等 3. 管道安装、拆除，场内搬运等
桂 011706004	排水、降水	1. 井点类型 2. 井管深度	昼夜	按排、降水日历天数计算	1. 抽水、值班、降水设备维修等

注：取消《房屋建筑与装饰工程工程量计算规范》GB 50854—2013 表 S.6 施工降水排水 011706001 及 011706002 清单项目。

S.8　混凝土运输及泵送工程。工程量清单项目设置、项目特征描述的内容、计量单位及工程量计算规则，应按桂表 S.8 的规定执行。

桂表 S.8　混凝土运输及泵送工程（编码：011708）

项目编码	项目名称	项目特征	计量单位	工程量计算规则	工作内容
桂 011708001	搅拌站混凝土运输	1. 运距 2. 其他	m³	按混凝土浇捣相应子目的混凝土定额分析量（如需泵送，加上泵送损耗）计算	1. 将搅拌好的混凝土在运输中进行搅拌 2. 运送到施工现场 3. 卸车
桂 011708002	混凝土泵送	1. 泵送装置 2. 檐高 3. 其他	m³	按混凝土浇捣相应子目的混凝土定额分析量计算	1. 混凝土输送 2. 铺设、移动及拆除导管的管道支架 3. 清洗设备

S.9　二次搬运费。工程量清单项目设置、项目特征描述的内容、计量单位及工程量计算规则，应按桂表 S.9 的规定执行。

桂表 S.9　二次搬运费（编码：011709）

项目编码	项目名称	项目特征	计量单位	工程量计算规则	工作内容
桂 011709001	二次 搬运费	1. 材料种类、规格、型号 2. 材料运距 3. 其他	块、张、m^2、m^3、t	按材料的计量单位计算	1. 装卸 2. 运输 3. 堆放整齐

S.10　已完工程保护费。工程量清单项目设置、项目特征描述的内容、计量单位及工程量计算规则，应按桂表 S.10 的规定执行。

表 S.10　已完工程保护费（编码：011710）

项目编码	项目名称	项目特征	计量单位	工程量计算规则	工作内容
桂 011710001	楼地面 成品保护	1. 成品保护材料种类、规格 2. 其他	m^2	按被保护面层以面积计算	1. 清扫表面 2. 铺设、拆除成品保护 3. 材料清理归堆 4. 清洁表面
桂 011710002	楼梯 成品保护	1. 成品保护材料种类、规格 2. 其他	m^2	按设计图示尺寸以水平投影面积计算	1. 清扫表面 2. 铺设、拆除成品保护 3. 材料清理归堆 4. 清洁表面
桂 011710003	栏杆、扶手 成品保护	1. 成品保护材料种类、规格 2. 其他	m	按设计图示尺寸以中心线长度计算	1. 清扫表面 2. 铺设、拆除成品保护 3. 材料清理归堆 4. 清洁表面
桂 011710004	台阶成品保护	1. 成品保护材料种类、规格 2. 其他	m^2	按设计图示尺寸以水平投影面积计算	1. 清扫表面 2. 铺设、拆除成品保护 3. 材料清理归堆 4. 清洁表面
桂 011710005	柱面装饰面保护	1. 装饰面保护材料种类、规格 2. 其他	m^2	按被保护面层以面积计算	1. 清扫表面 2. 铺设、拆除成品保护 3. 材料清理归堆 4. 清洁表面
桂 011710006	墙面装饰面保护				
桂 011710007	电梯内装饰保护				

S.11　夜间施工增加费。工程量清单项目设置、项目特征描述的内容、计量单位及工程量计算规则，应按桂表 S.11 的规定执行。

桂表 S.11　夜间施工增加费（编码：011711）

项目编码	项目名称	项目特征	计量单位	工程量计算规则	工作内容
桂011711001	夜间施工增加费	夜间施工时间	工日	按夜间施工工日数计算	因夜间施工所发生的夜班补助费、夜间施工降效、夜间施工照明设备摊销及照明用电等费用

附录3 某食堂工程工程量计算式

分部分项和单价措施工程量计算表

工程名称：××有限公司食堂工程

编　号	工程量计算式	单位	标准工程量	定额工程量
	建筑装饰装修工程			
0101	土(石)方工程			
010101001001	平整场地	m^2	265.558	265.558
	28.74×9.24			265.558
A1-1	人工平整场地	$100m^2$	265.6	2.656
同清单量	265.56			265.560
010101003001	挖沟槽土方 1. 土壤类别：三类土 2. 挖土深度：2m 以内	m^3	103.404	103.404
TJ1=2	(2.2+0.1×2+0.3×2)×(3.7×2+0.8+0.72+0.1×2+0.3×2)×(1.5+0.1-0.15)		84.564	
1轴 KL1	(0.24+0.1×2+0.3×2)×(0.6+0.1+0.03-0.15)×(9-1.23×2-0.1×2-0.3×2)		3.462	
7.9轴 KL1=2	(0.24+0.1×2+0.3×2)×(0.6+0.1+0.03-0.15)×(9-1.18×2-0.1×2-0.3×2)		7.045	
KL2=2	(0.24+0.1×2+0.3×2)×(0.5+0.1+0.03-0.15)×(6.7-1.23×2-0.1×2-0.3×2)		3.434	
A轴 KL3	(0.24+0.1×2+0.3×2)×(0.4+0.1+0.03-0.15)×[28.5-1.23-(1.15+2.7+0.97)-2.0-2.3×2-(0.8+3.7×2)-0.1×2×5-0.3×2×5]		1.443	
E轴 KL3	(0.24+0.1×2+0.3×2)×(0.4+0.1+0.03-0.15)×[28.5-1.23-(1.15+2.7+1.18)-2.3×3-(0.8+3.7×2)-0.1×2×5-0.3×2×5]		1.241	
KL4	(0.24+0.1×2+0.3×2)×(0.4+0.1+0.03-0.15)×(3.3-1.18×2-0.1×2-0.3×2)		0.055	
L1	(0.2+0.1×2+0.3×2)×(0.35+0.1+0.03-0.15)×(3.3-0.12×2-0.1×2-0.3×2)		0.746	
室外楼梯基础	(0.9+0.3×2)×(0.8-0.15)×1.45		1.414	
A1-9	人工挖沟槽(基坑)三类土深 2m 以内	$100m^3$	103.4	1.034
同清单量	103.404			103.404
010101004001	挖基坑土方 1. 土壤类别：三类土 2. 挖土深度：2m 以内	m^3	189.151	189.151
	//挖深 h=1.5+0.1-0.15=1.45m			
J1=10	(2.3+0.1×2+0.3×2)×(2.3+0.1×2+0.3×2)×1.45		139.345	
J2=2	(2.0+0.1×2+0.3×2)×(2.0+0.1×2+0.3×2)×1.45		22.736	
J3=2	(2.6+0.1×2+0.3×2)×(2.6+0.1×2+0.3×2)×1.45		33.524	
	//扣除重合部分			
E轴 J1	(2.3+0.1×2+0.3×2)×(2.7-1.55-1.52)×1.45		-1.663	
A轴 J1J2	(2.0+0.1×2+0.3×2)×(2.7-1.55-1.43)×1.45		-1.137	
3轴 J1J2	(2.0+0.1×2+0.3×2)×(2.7-1.47-1.48)×1.45		-1.015	

分部分项和单价措施工程量计算表

工程名称：××有限公司食堂工程　　　　　　　　　　第 2 页　共 31 页

编　号	工程量计算式	单位	标准工程量	定额工程量
4轴J1J2	$(2.0+0.1×2+0.3×2)×(2.3-1.47-1.48)×1.45$		-2.639	
A1-9	人工挖沟槽(基坑)三类土深2m以内	100m³	189.2	1.892
同清单量	189.151			189.151
010103001001	回填方 1. 填方材料品种：原土回填	m³	225.912	225.912
总挖方量	103.404＋189.151		292.555	
余土外运量	-66.643		-66.643	
A1-82	人工回填土夯填	100m³	225.9	2.259
同清单量	225.912			225.912
010103002001	余方弃置 1. 运距：10km	m³	66.643	66.643
	//基础入土工程量			
垫层	17.467			17.467
独基.柱入土	$37.21+(0.4×0.4×14+0.3×0.4×6)×(1.5-0.5-0.15)$			39.726
	//基梁入土			
KL1=3	$0.24×(0.6+0.03-0.15)×(9-0.28×2)$			2.917
KL2=2	$0.24×(0.5+0.03-0.15)×(6.7-0.28×2)$			1.120
2	$0.24×(0.4+0.03-0.15)×(2.3-0.12-0.28)$			0.255
KL3=2	$0.24×(0.4+0.03-0.15)×(28.5-0.28×2-0.3×2-0.4×5)$			3.406
KL4	$0.24×(0.4+0.03-0.15)×(3.3-0.18×2)$			0.198
L1	$0.2×(0.35+0.03-0.15)×(3.3-0.12×2)$			0.141
室外楼梯基础	$(0.9+0.3×2)×(0.8-0.15)×1.45$			1.414
A1-119换	人工装、自卸汽车运土方1km运距以内5t自卸汽车(实际运距：10km)	100m³	66.6	0.666
同清单量	66.643			66.643
0104	砌筑工程			
010401003001	实心砖墙240mm 1. 砖品种、规格、强度等级：烧结页岩砖 2. 墙体类型：直形混水墙 3. 砂浆强度等级、配合比：M5.0混合砂浆	m³	130.959	130.959
	//建2 首层层高3.0m			
1.9轴=2	$0.24×(3-0.75)×(9-0.28×2)$			9.115
3.4轴=2	$0.24×(3-0.6)×(6.7-0.28×2)$			7.073
2	$0.24×(3-0.4)×(2.3-0.12-0.28)$			2.371
A轴	$0.24×(3-0.4)×(4+2.7+3.3-0.28-0.4-0.3-0.18)$			5.516
B轴	$0.24×(3-0.4)×(3.3-0.18×2)$			1.835
E轴	$0.24×(3-0.4)×(3.3-0.18×2)$			1.835
	//建3 二层层高4.2m			

分部分项和单价措施工程量计算表

工程名称：××有限公司食堂工程　　　　　　　　　第 3 页　共 31 页

编　号	工程量计算式	单位	标准工程量	定额工程量
1.9轴＝2	$0.24\times(4.2-0.75)\times(9-0.28\times2)$		13.977	
2	$0.24\times(4.2-0.4)\times(1.62-0.12)$		2.736	
3.4轴＝2	$0.24\times(4.2-0.6)\times(6.7-0.28\times2)$		10.610	
2	$0.24\times(4.2-0.4)\times(2.3+1.62-0.12-0.4)$		6.202	
扣半层处 L6.7＝2	$-0.24\times0.35\times(2.74-0.28+1.8-0.28)$		-0.669	
1/5轴	$0.24\times(4.2-0.1)\times(10.5-2.4)$		7.970	
1/0A轴	$0.24\times(4.2-0.4)\times(28.5+0.12\times2)$		26.211	
B轴	$0.24\times(4.2-0.4)\times(3.3-0.18\times2)$		2.681	
D轴	$0.24\times(4.2-0.3)\times(3.7+1.85-0.12\times2)$		4.970	
E轴	$0.24\times(4.2-0.4)\times(28.5-0.28\times2-0.4\times5-0.3\times2)$		23.110	
	//结4屋面平面图层高2.7m			
3.4轴＝2	$0.24\times(2.7-0.6)\times(6.7-0.28\times2)$		6.189	
BE轴＝2	$0.24\times(2.7-0.4)\times(3.3-0.18\times2)$		3.246	
屋面女儿墙	$0.24\times(1.4-0.1)\times[(28.5+10.5)\times2-3.54]$		23.232	
梯顶女儿墙	$0.24\times(0.6-0.1)\times(3.3+6.7)\times2$		2.400	
	//扣减MC			
FM乙-1＝4	$-0.24\times1.0\times2.1$		-2.016	
M3	$-0.24\times1.8\times2.6$		-1.123	
M4＝2	$-0.24\times1.5\times2.1$		-1.512	
M5	$-0.24\times1.2\times2.1$		-0.605	
C1	$-0.24\times1.5\times2.1$		-0.756	
C2＝4	$-0.24\times0.9\times0.9$		-0.778	
C3＝11	$-0.24\times1.8\times2.1$		-9.979	
C4	$-0.24\times2.7\times0.9$		-0.583	
C5＝2	$-0.24\times1.8\times1.5$		-1.296	
FC乙	$-0.24\times4.5\times0.9$		-0.972	
	//扣减GZ、GL、素混凝土反边			
构造柱	$-(5.833-0.1498)$		-5.683	
过梁	$-[2.893-(0.069+0.0644)]$		-2.760	
素混凝土反边	$-[1.727-(0.0474+0.034+0.0405+0.0166)]$		-1.589	
A3-11	混水砖墙多孔砖240×115×90 墙体厚度24cm（水泥石灰砂浆中砂 M5）	10m³	130.96	13.096
同清单量	130.959		130.959	

分部分项和单价措施工程量计算表

工程名称：××有限公司食堂工程 　　　　　　　　　　　　　　　　第 4 页　共 31 页

编　号	工程量计算式	单位	标准工程量	定额工程量
010401003002	实心砖墙 115mm 1. 砖品种、规格、强度等级：烧结页岩砖 2. 墙体类型：直形混水墙 3. 砂浆强度等级、配合比：M5.0 混合砂浆	m³	8.283	8.283
	//建 2 首层层高 3.0m			
卫隔墙	0.115×(3.0−0.1)×(2.3−0.12×2)			0.687
	//建 3 二层层高 4.2m			
包厢 2 轴	0.115×(4.2−0.75)×(9−0.28×2)			3.349
	0.115×(4.2−0.4)×(1.5−0.12×2)			0.551
C 轴	0.115×(4.2−0.3)×(4−0.12−0.06)			1.713
卫隔墙水平	0.115×(4.2−0.1)×(2.7−0.06−0.12)			1.188
纵向	0.115×(4.2−0.1)×(2.0−0.06−0.12)			0.858
	//建 3 室外楼梯栏板高 1.1m			
TB6	0.115×(1.1−0.1)×(1.32+1.5×2+5.48)斜长			1.127
	//扣减 MC			
M1＝2	−0.115×1.0×2.1			−0.483
M2＝2	−0.115×0.9×2.1			−0.435
	//扣减 GL、素混凝土反边			
过梁	−(0.069+0.0644)			−0.133
素混凝土反边	−(0.0474+0.034+0.0405+0.0166)			−0.139
A3-10	混水砖墙多孔砖 240×115×90 墙体厚度 11.5cm（水泥石灰砂浆中砂 M5）	10m³	8.28	0.828
同清单量	8.283			8.283
010401012001	零星砌砖 1. 零星砌砖名称、部位：屋面保温层侧砌砖 2. 砂浆强度等级、配合比：M5.0 混合砂浆	m³	0.615	0.615
上人屋面	0.115×(0.05+0.02×2)×(28.26×2−3.54)			0.548
不上人屋面	0.115×(0.15+0.02×2)×3.06			0.067
A3-38	零星砌体多孔砖 240×115×90（水泥石灰砂浆中砂 M5）	10m³	0.61	0.061
同清单量	0.615			0.615
010401012002	零星砌砖．屋面台阶 1. 采用图集：05ZJ201 1/12	m²	0.3	0.3
屋面台阶	0.3×1.0			0.300
A3-40	砖砌台阶多孔砖 240×115×90（水泥石灰砂浆中砂 M5）	10m²	0.3	0.03
同清单量	0.3			0.300
010401014001	砖地沟、明沟 1. 采用图集：98ZJ901 3/6	m	86.08	86.08
建 2 一层平面图	(28.74+9.24)×2+1.5×2+1.32×2+0.8×4+0.32×4			86.080

分部分项和单价措施工程量计算表

工程名称：××有限公司食堂工程　　　　　　　　　　　　第 5 页　共 31 页

编　号	工程量计算式	单位	标准工程量	定额工程量
A3-48	砖砌明沟多孔砖 11.5cm 壁厚内空 260×120mm（碎石 GD40 中砂水泥 32.5 C10）	100m	86.1	0.861
	86.08			86.080
A1-9	人工挖沟槽（基坑）三类土深 2m 以内	100m³	16	0.16
	0.62×0.3 平均深度×86.08			16.011
A1-116 换	人工装、自卸汽车运土方 1km 运距以内 2t 自卸汽车（实际运距：10km）	100m³	16	0.16
	16.01			16.010
0105	混凝土及钢筋混凝土工程			
010501001001	C15 混凝土基础垫层	m³	17.456	17.456
结 2.3 J1＝10	(2.3+0.1×2)×(2.3+0.1×2)×0.1			6.250
J2＝2	(2.0+0.1×2)×(2.0+0.1×2)×0.1			0.968
J3＝2	(2.6+0.1×2)×(2.6+0.1×2)×0.1			1.568
TJ1＝2	(2.2+0.1×2)×(0.8+3.7×2+0.72+0.1×2)×0.1			4.378
扣 3.4 轴 J1.2 重合	−(2.0+0.1×2)×0.05×0.1			−0.011
结 2.6 KL1＝3	(0.24+0.1×2)×(9−0.28×2 柱)×0.1			1.114
KL2＝2	(0.24+0.1×2)×(9−0.28×2 柱−0.4)×0.1			0.708
KL3＝2	(0.24+0.1×2)×(28.5−0.28×2−0.3×2−0.4×5)×0.1			2.230
KL4	(0.24+0.1×2)×(3.3−0.18×2)×0.1			0.129
L1	(0.2+0.1×2)×(3.3−0.12×2)×0.1			0.122
A4-3 换	混凝土垫层（碎石 GD40 商品普通混凝土 C15）	10m³	17.46	1.746
同清单量	17.456			17.456
010501001002	C15 混凝土地面垫层	m³	25.497	25.497
05ZJ001 地 20	0.1×(58.14+19.768+168.722)			24.663
地 56	0.08×10.42			0.834
A4-3 换	混凝土垫层（碎石 GD40 商品普通混凝土 C15）	10m³	25.5	2.55
同清单量	25.497			25.497
010501002001	C25 混凝土带形基础	m³	27.369	27.369
结 2.3 TJ1＝2	(2.2×0.6+0.6×0.3)×(0.8+3.7×2+0.72)			26.760
结 13 室外楼梯基础	(0.9×0.3+0.3×0.5)×1.45			0.609
A4-5 换	带形基础混凝土（碎石 GD40 商品普通混凝土 C25）	10m³	27.37	2.737
同清单量	27.369			27.369
010501003001	C25 混凝土独立基础	m³	37.21	37.21
结 2.3 J1＝10	2.3×2.3×0.5			26.450
J2＝2	2×2×0.5			4.000

分部分项和单价措施工程量计算表

工程名称：××有限公司食堂工程　　　　　　　　　　　第 6 页　共 31 页

编　号	工程量计算式	单位	标准工程量	定额工程量
J3＝2	2.6×2.6×0.5		6.760	
A4-7 换	独立基础混凝土(碎石 GD40 商品普通混凝土 C25)	10m³	37.21	3.721
同清单量	37.21		37.210	
010502001001	C25 混凝土矩形柱	m³	25.479	25.479
结 4.5 KZ1＝4	0.4×0.4×(1+7.17)		5.229	
KZ2＝5	0.4×0.4×(1+7.17)		6.536	
KZ3＝5	0.4×0.4×(1+7.17)		6.536	
KZ4＝2	0.3×0.4×(1+7.17)		1.961	
KZ5＝4	0.3×0.4×(1+9.87)		5.218	
A4-18 换	混凝土柱矩形(碎石 GD40 商品普通混凝土 C25)	10m³	25.48	2.548
同清单量	25.479		25.479	
010502002001	C25 混凝土构造柱	m³	5.833	5.833
	//楼梯 GZ			
TZ＝2	0.24×0.24×(4.2-1.275)		0.337	
TZ＝2	0.24×0.24×(4.2-2.738)		0.168	
	//结构总说明，墙长＞5m 设 GZ			
首层 1.9 轴 GZ＝2	0.24×0.24×(3-0.75)+0.24×0.06×(3-0.75)/2×2 侧		0.324	
3.4 轴 GZ＝2	0.24×0.24×(3-0.6)+0.24×0.06×(3-0.6)/2×2 侧		0.346	
2 层 1.9 轴 GZ＝2	0.24×0.24×(4.2-0.75)+0.24×0.06×(4.2-0.75)/2×2 侧		0.497	
3.4 轴 GZ＝2	0.24×0.24×(4.2-0.6)+0.24×0.06×(4.2-0.6)/2×2 侧		0.518	
A 轴 GZ＝5	0.24×0.24×(4.2-0.4)+0.24×0.06×(4.2-0.4)/2×2 侧		1.368	
	//女儿墙			
GZ＝20	0.24×0.24×1.4+0.24×0.06×1.4/2×2 侧		2.016	
GZ＝6	0.24×0.24×0.6+0.24×0.06×0.6/2×2 侧		0.259	
A4-20 换	混凝土柱构造柱(碎石 GD40 商品普通混凝土 C25)	10m³	5.65	0.565
同清单量	5.646		5.646	
010503001001	C25 混凝土基础梁	m³	10.865	10.865
结 6 KL1＝3	0.24×0.6×(9-0.28×2)		3.646	
KL2＝2	0.24×0.5×(6.7-0.28×2)+0.24×0.4×(2.3-0.12-0.18)		1.858	
KL3＝2	0.24×0.4×(28.5-0.28×2-0.3×2-0.4×5)		4.865	
KL4	0.24×0.4×(3.3-0.18×2)		0.282	
L1	0.2×0.35×(3.3-0.12×2)		0.214	
A4-21 换	混凝土基础梁(碎石 GD40 商品普通混凝土 C25)	10m³	10.86	1.086
同清单量	10.865		10.865	
010503002001	C25 混凝土矩形梁	m³	1.166	1.166

分部分项和单价措施工程量计算表

工程名称：××有限公司食堂工程　　　　　　　　　　　　第 7 页　共 31 页

编　号	工程量计算式	单位	标准工程量	定额工程量
	//屋面结构布置图楼梯间－2.783m，－1.275m			
KL5	0.24×0.4×(3.3－0.18×2)		0.282	
L6＝2	0.24×0.35×(1.8－0.2－0.28)		0.222	
L7＝2	0.24×0.35×(2.74－0.28－0.2)		0.380	
KL4	0.24×0.4×(3.3－0.18×2)		0.282	
A4-22 换	混凝土单梁、连续梁(碎石 GD40 商品普通混凝土 C25)	10m³	1.17	0.117
同清单量	1.166		1.166	
010503004001	C15 混凝土圈梁(厨卫素混凝土反边)	m³	1.727	1.727
	//一层反边 240mm 墙			
3.4 轴＝2	0.24×0.2×(2.3－0.12－0.28)		0.182	
A 轴	0.24×0.2×(3.3－0.18×2)		0.141	
B 轴	0.24×0.2×(3.3－0.18×2－0.9×2 门)		0.055	
	//二层反边 240mm 墙			
3 轴	0.24×0.2×(0.5＋1.62－0.4)		0.083	
4 轴	0.24×0.2×(9＋1.62－2.4＋0.12－0.4×2－1.0 门)		0.314	
1/5 轴	0.24×0.2×(9＋1.62－2.4＋0.12－1.0 门)		0.352	
1/0A 轴	0.24×0.2×(3.7＋1.85－0.12×2)		0.255	
D 轴	0.24×0.2×(3.7＋1.85－0.12×2－1.0)		0.207	
	//反边 120mm 墙			
一层卫	0.115×0.2×(2.3－0.12×2)		0.047	
二层卫 2 轴	0.115×0.2×(0.5＋1.5－0.12－0.4)		0.034	
1/2 轴	0.115×0.2×(0.5＋1.5－0.12×2)		0.041	
1/A 轴	0.115×0.2×(2.7－0.06－0.12－0.9×2)		0.017	
A4-24 换	混凝土圈梁(碎石 GD40 商品普通混凝土 C15)	10m³	1.73	0.173
同清单量	1.727		1.727	
010503005001	C25 混凝土过梁	m³	2.893	2.893
	//一层 240mm 墙			
M2＝2	0.24×0.2×(0.9＋0.5)		0.134	
M3	0.24×0.2×(1.8＋0.5)		0.110	
C2＝2	0.24×0.2×(0.9＋0.5)		0.134	
	//二层 240mm 墙			
FM 乙 1＝3	0.24×0.2×(1＋0.5)		0.216	
M4＝2	0.24×0.2×(1.5＋0.5)		0.192	
M5	0.24×0.2×(1.2＋0.5)		0.082	
C1	0.24×0.2×(1.5＋0.5)		0.096	

分部分项和单价措施工程量计算表

工程名称：××有限公司食堂工程　　　　　　　　　　　　　　第 8 页　共 31 页

编　号	工程量计算式	单位	标准工程量	定额工程量
C2＝2	0.24×0.2×(0.9＋0.5)		0.134	
C3＝11	0.24×0.2×(1.8＋0.5)		1.214	
C4	0.24×0.2×(2.7＋0.5)		0.154	
C5	0.24×0.2×(1.8＋0.5)		0.110	
	//屋面层梯间 240mm 墙			
FM乙1	0.24×0.2×(1＋0.5)		0.072	
C5	0.24×0.2×(1.8＋0.5)		0.110	
	//二层 120mm 墙			
M1＝2	0.115×0.2×(1.0＋0.5)		0.069	
M2＝2	0.115×0.2×(0.9＋0.5)		0.064	
A4-22 换	混凝土单梁、连续梁(碎石 GD40 商品普通混凝土 C25)	10m³	2.89	0.289
同清单量	2.893		2.893	
010505001001	C25 混凝土有梁板	m³	107.465	107.465
	//结7 二层梁计量方法：梁高扣板厚＋板体积		7.000	
KL1 纵向梁	0.24×(0.75−0.1)×(9−0.28×2)＋0.24×(0.4−0.1)×(1.62−0.12)		1.425	
KL2	0.3×(0.75−0.1)×(9−0.28×2)＋0.3×(0.5−0.1)×(1.62−0.12)		1.826	
KL3＝2	0.24×(0.6−0.1)×(6.7−0.28×2)＋0.24×(0.4−0.1)×(2.3−0.12−0.28)＋0.24×(0.5−0.1)×(1.62−0.12)		2.035	
L1	0.2×(0.55−0.1)×(6.6−0.12×2)		0.572	
KL4＝2	0.3×(0.75−0.1)×(9−0.28×2)＋0.3×(0.4−0.1)×(1.62−0.12)		3.562	
L2	0.24×(0.3−0.1)×(6.6＋1.62−0.12×2−0.24×2)		0.360	
KL5＝2	0.3×(0.75−0.1)×(9−0.28×2)＋0.3×(0.4−0.1)×(1.62−0.12)		3.562	
KL6	0.24×(0.75−0.1)×(9−0.28×2)＋0.24×(0.4−0.1)×(1.62−0.12)		1.425	
L3	0.2×(0.4−0.1)×(1.5＋1.62−0.24×2)		0.158	
L4 横向梁	0.24×0.4×(28.5＋1.44−0.12−0.24×7)		2.701	
KL7	0.24×(0.4−0.1)×(28.5＋1.44−3.7−0.28−0.4×5−0.3−0.18−0.2)		1.676	
	0.24×(0.6−0.1)×(3.7−0.12−0.2)		0.406	
L11	计入室外楼梯			
KL8	0.24×(0.4−0.1)×(3.3−0.18×2)		0.212	
L5	0.2×(0.3−0.1)×(6.7−0.12×2−0.3)		0.246	
L6	0.2×(0.3−0.1)×(3.7−0.3−0.12−0.2)		0.123	

分部分项和单价措施工程量计算表

工程名称：××有限公司食堂工程　　　　　　　　　　　　第9页　共31页

编　号	工程量计算式	单位	标准工程量	定额工程量
L7	0.24×(0.3−0.1)×(3.7×4−0.15−0.3×3−0.12)		0.654	
L8	0.2×(0.3−0.1)×(6.7−0.12×2−0.3)		0.246	
L9	0.24×(0.3−0.1)×(3.7×4−0.12−0.3×3−0.15)		0.654	
	0.24×(0.6−0.1)×(3.7−0.12−0.15)		0.412	
L10	计入梯梁			
KL9	0.24×(0.4−0.1)×(28.5−0.28×2−0.3×2−0.4×5)		1.825	
	//结10 二层楼板板厚均100mm			
0.1	(28.5+0.12×2)×(9+1.62+0.12)+(1.44−0.12)×(1.62+1.5−0.2)		31.252	
扣楼梯间=0.1	−(3.3−0.12×2)×(6.7−2.2+0.2−0.12)		−1.401	
扣柱=0.1	−[0.3×0.4×2+0.4×0.4×14+(0.3×0.4−0.06×0.16)×4]		−0.292	
	//结8 屋面梁计量方法：梁高扣板厚+板体积		8.000	
WKL1=2 纵向梁	0.24×(0.75−0.1)×(9−0.28×2)+0.24×(0.4−0.1)×(1.62−0.12)		1.425	
WKL2	0.3×(0.75−0.1)×(9−0.28×2)+0.3×(0.4−0.1)×(1.62−0.12)		1.781	
KL1=2	0.24×(0.6−0.1)×(6.7−0.28×2)+0.24×(0.4−0.1)×(2.3+1.62−0.12−0.4)		1.963	
WKL3=4	0.3×(0.75−0.1)×(9−0.28×2)+0.3×(0.4−0.1)×(1.62−0.12)		7.123	
L1 横向梁	0.24×(0.4−0.1)×(28.5−0.12×2−0.3×5−0.24×2)		1.892	
WKL4	0.24×(0.4−0.1)×(28.5−0.28×2−0.3×2−0.4×5)		1.825	
KL2	0.24×(0.4−0.1)×(3.3−0.18×2)		0.212	
L2=2	0.2×(0.3−0.1)×(6.7−0.12×2−0.3)		0.493	
L3=2	0.2×(0.3−0.1)×(3.7×5−0.12×2−0.3×4)		1.365	
WKL5	0.24×(0.4−0.1)×(6.7−0.28−0.4−0.12)		0.425	
WKL6	0.24×(0.4−0.1)×(3.7×5−0.12−0.4×4−0.28)		1.188	
	//结11 屋面楼板板厚均100mm			
0.1	(28.5+0.12×2)×(9+1.62+0.12)+(1.44−0.12)×(1.62+1.5−0.2)		31.252	
扣楼梯间=0.1	−(3.3−0.12×2)×(6.7−2.74+0.2−0.12)		−1.236	
扣柱=0.1	−[0.3×0.4×2+0.4×0.4×14+(0.3×0.4−0.06×0.16)×4]		−0.292	
	//结9 楼梯间屋面梁．板		9.000	
WKL1=2	0.24×(0.6−0.1)×(6.7−0.28×2)		1.474	
WKL2=2	0.24×(0.4−0.1)×(3.3−0.18×2)		0.423	
L1	0.2×(0.3−0.1)×(3.3−0.12×2)		0.122	
板=0.1	(3.3+0.12×2)×(6.7+0.12×2)		2.457	

分部分项和单价措施工程量计算表

工程名称：××有限公司食堂工程

编号	工程量计算式	单位	标准工程量	定额工程量
扣柱＝0.1	−0.4×0.4×4		−0.064	
A4-31 换	混凝土有梁板(碎石 GD40 商品普通混凝土 C25)	10m³	107.47	10.747
同清单量	107.465			107.465
010505008001	C25 混凝土雨篷	m³	2.982	2.982
结 10 二层 E 轴	0.1×(28.5+0.12×2)×1.0		2.874	
结 9 顶层梯间入口	0.1×1.8×0.6		0.108	
A4-38 换	混凝土悬挑板(碎石 GD40 商品普通混凝土 C25)	10m³	2.98	0.298
同清单量	2.982			2.982
010506001001	C25 混凝土直形楼梯板厚 100mm	m²	23.73	23.73
结 12.13 TB3	(3.3−0.12×2)/2×(2.16+1.8−0.12+0.3)		6.334	
TB3 平台板	(3.3−0.12×2)/2×(1.8−0.12)		2.570	
TB4	(3.3−0.12×2)/2×(2.74+2.16+0.2−0.12)		7.619	
TB5	(3.3−0.12×2)/2×(2.74+1.89+0.2−0.12)		7.206	
A4-49 换	混凝土直形楼梯板厚 100mm(碎石 GD20 商品普通混凝土 C25)	10m²	23.73	2.373
同清单量	23.73			23.730
010506001002	C25 混凝土直形楼梯板厚 160mm	m²	20.445	20.445
结 12.13 TB1	(3.3−0.12×2)/2×(2.97+1.8−0.12)		7.115	
TB2	(3.3−0.12×2)/2×(6.7−2.1+0.1−0.12)		7.007	
结 10.13 室外梯 TB6	1.32×(4.59+0.2)		6.323	
A4-49 换	混凝土直形楼梯板厚 100mm(碎石 GD20 商品普通混凝土 C25)(实际板厚：160mm)	10m²	20.45	2.045
同清单量	20.445			20.445
010507001001	C15 混凝土散水 1. 采用图集：98ZJ901 3/6	m²	17.232	17.232
建 2 宽＝0.8	4+2.7+3.3+9.24+1.5+0.8		17.232	
A4-59 换	散水混凝土 60mm 厚水泥砂浆面 20mm(碎石 GD40 商品普通混凝土 C15)(实际混凝土厚：70mm)	100m²	17.2	0.172
同清单量	17.232			17.232
010507001002	C15 混凝土坡道 1. 采用图集：98ZJ901 1/18 取消防滑凹槽	m²	86.981	86.981
建 2 宽＝1.5	28.74+3.7×5+0.12×2+1.32		73.200	
宽＝1.32	9.24+1.2		13.781	
A9-14	水泥砂浆整体面层防滑坡道(水泥砂浆 1：2)	100m²	87	0.87
同清单量	86.981			86.981
A4-3 换	混凝土垫层(碎石 GD40 商品普通混凝土 C15)	10m³	8.7	0.87
坡道厚＝0.1	86.981			8.698

分部分项和单价措施工程量计算表

工程名称：××有限公司食堂工程　　　　　　　　　第 11 页　共 31 页

编　号	工程量计算式	单位	标准工程量	定额工程量
A3-89	灰土垫层(灰土 3∶7)	10m³	26.09	2.609
垫层厚＝0.3	86.981		26.094	
A1-83	人工原土打夯	100m²	87	0.87
	86.981		86.981	
010507005001	C25 混凝土压顶	m³	2.23	2.23
屋面女儿墙	0.24×0.1×[(28.5＋10.5)×2－3.54]		1.787	
梯顶女儿墙	0.24×0.1×(3.3＋6.7)×2		0.480	
-GZ	－0.24×0.24×0.1×(20＋6)		－0.150	
户外梯 TB6	0.115×0.1×(1.32＋1.5×2＋5.48)斜长		0.113	
A4-53 换	混凝土压顶、扶手(碎石 GD40 商品普通混凝土 C25)	10m³	2.23	0.223
同清单量	2.23		2.230	
010512008001	C20 混凝土预制混凝土沟盖板	m³	1.653	1.653
砖砌地沟混凝土盖板	0.32×0.06×86.08		1.653	
A4-148	预制混凝土地沟盖板制作(碎石 GD20 中砂水泥 32.5 C20)	10m³	1.69	0.169
	1.6527×1.02		1.686	
A4-177	小型构件运输 1km	10m³	1.68	0.168
	1.6527×1.018		1.682	
A4-215	地沟盖板安装(水泥砂浆 1∶2)	10m³	1.65	0.165
	1.6527		1.653	
010515001001	现浇构件钢筋Φ 10 以内大厂	t	8.274	8.274
	8.274		8.274	
A4-236	现浇构件圆钢筋制安Φ 10 以内	t	8.274	8.274
	8.274		8.274	
010515001002	现浇构件钢筋Φ 10 以外大厂	t	0.462	0.462
	0.462		0.462	
A4-237	现浇构件圆钢筋制安Φ 10 以上	t	0.462	0.462
	0.462		0.462	
010515001003	现浇构件钢筋Φ 10 以外大厂	t	12.727	12.727
	12.727		12.727	
A4-239	现浇构件螺纹钢制安Φ 10 以上	t	12.727	12.727
	12.727		12.727	
010515002001	预制构件钢筋冷拔低碳钢丝Φ[b]5 以下	t	0.02	0.02
	0.02		0.020	
A4-246	预制构件圆钢制安冷拔低碳钢丝Φ 5 以下绑扎	t	0.02	0.02
	0.02		0.020	

分部分项和单价措施工程量计算表

编　号	工程量计算式	单位	标准工程量	定额工程量
桂 010515011001	砌体加固筋Φ10 以内大厂	t	0.51	0.51
	0.51			0.510
A4-317	砖砌体加固钢筋绑扎	t	0.51	0.51
	0.51			0.510
010516002001	预埋铁件	t	0.005	0.005
梯栏杆埋件＝50	[0.06×0.06×7.85＋(0.06＋0.025×2＋0.08×2)×0.395]/1000		0.005	
A4-326	预埋铁件	t	0.005	0.005
同清单量	0.005			0.005
桂 010516004001	钢筋电渣压力焊接	个	104	104
KZ123＝14 根	8×2 层			16.000
KZ4＝2	4×2 层			16.000
KZ5＝4	6×3 层			72.000
A4-319	钢筋电渣压力焊接	10 个	104	10.4
	104			104.000
0108	门窗工程			
010801001001	木质门成品装饰木门 1. 不带纱单扇无亮 2. 运输距离：10km	m²	13.02	13.02
M1.4.5	1.0×2.1×2＋1.5×2.1×2＋1.2×2.1×1			13.020
A12-28	装饰成品门安装	100m²	17.7	0.177
同清单量	17.7			17.700
A12-172	不带纱木门五金配件无亮单扇	樘	5	5
	2＋2＋1			5.000
A12-168 换	门窗运距 1km 以内(实际运距：10km)	100m²	17.7	0.177
	17.7			17.700
010801001002	木质门成品装饰木门 1. 不带纱双扇有亮 2. 运输距离：10km	m²	4.68	4.68
M3	1.8×2.6×1			4.680
A12-28	装饰成品门安装	100m²	4.7	0.047
同清单量	4.68			4.680
A12-171	不带纱木门五金配件有亮双扇	樘	1	1
	1			1.000
A12-168 换	门窗运距 1km 以内(实际运距：10km)	100m²	4.7	0.047
	4.68			4.680
010801004001	木质防火门乙级 1. 运输距离：10km	m²	8.4	8.4

分部分项和单价措施工程量计算表

工程名称：××有限公司食堂工程　　　　　　　　　第 13 页　共 31 页

编　号	工程量计算式	单位	标准工程量	定额工程量
FM乙1=4	1×2.1		8.400	
A12-81换	防火门　木质	100m²	8.4	0.084
	8.4		8.400	
A12-168换	门窗运距 1km 以内（实际运距：10km）	100m²	8.4	0.084
	8.4		8.400	
010801006001	门锁安装　L型执手锁	个	6	6
M1.3.4.5	2+1+2+1		6.000	
A12-141	特殊五金　L型执手插锁	把	6	6
同清单量	6		6.000	
010801006002	防火门配件　闭门器	套	4	4
	4		4.000	
A12-149	特殊五金　闭门器（套）明装	套	4	4
	4		4.000	
010801006003	防火门配件　防火铰链	套	4	4
	4		4.000	
A12-151	特殊五金　防火门防火铰链	副	4	4
	4		4.000	
010803001001	镀锌铁皮卷闸门厚度 0.8mm 1. 门代号及洞口尺寸：2 樘 JM-1 2. 启动装置品种、规格：电动	m²	30.68	30.68
JM-1=2	(4+2.7-0.28-0.4-0.12)×(3-0.4)		30.680	
A12-52	卷闸门　铝合金	100m²	37.8	0.378
JM-1=2	(4+2.7-0.28-0.4-0.12)×(3-0.4+0.6 定额规则加高)		37.760	
A12-53	卷闸门　电动装置	每套	2	2
	2		2.000	
0109	屋面防水工程			
010902001001	屋面卷材防水（上人屋面） 1. 采用图集：05ZJ001 屋 5 第 3.4 点 2. 满铺 0.5 厚聚乙烯薄膜一层 3. 1.2 厚氯化烯橡胶共混防水卷材	m²	308.563	308.563
建 4 屋面平面	(28.5-0.12×2)×(10.5-0.12×2)		289.948	
扣楼梯间	-(3.3+0.12×2)×6.7		-23.718	
天沟侧	(0.05+0.02×2)×[(28.5-0.12×2)×2-3.54]		4.768	
上卷泛水	(0.36+0.06)×(28.26+10.26+6.7)×2		37.985	
上卷扣门	-(0.36+0.06)×1.0		-0.420	
A7-73	氯化聚乙烯—橡胶共混卷材冷贴屋面满铺（108 胶素水泥浆）	100m²	308.6	3.086
同清单量	308.563		308.563	

分部分项和单价措施工程量计算表

工程名称：××有限公司食堂工程　　　　　　　　　　　　　　第 14 页　共 31 页

编　号	工程量计算式	单位	标准工程量	定额工程量
A7-77	干铺聚乙烯膜	100m²	308.6	3.086
	308.563			308.563
010902001002	屋面卷材防水(不上人屋面) 1. 采用图集：05ZJ001 屋 15 第 1.2 点 2. 二层 3 厚 SBS 改性沥青卷材 3. 刷基层处理剂一遍	m²	28.346	28.346
建 7　梯间顶平面	(3.3−0.12×2)×(6.7−0.12×2)			19.768
上卷	(0.36+0.06)×(3.06+6.46)×2			7.997
天沟侧	(0.15+0.02×2)×3.06			0.581
A7-47 换	改性沥青防水卷材热贴屋面一层满铺(冷底子油 30：70)(实际层数：2 层)	100m²	28.3	0.283
同清单量	28.346			28.346
010902002001	屋面涂膜防水(上人屋面) 1. 采用图集：05ZJ001 屋　第 5.6 点 2.1.5 厚聚氨酯防水涂料 3. 刷基层处理剂一遍	m²	308.563	308.563
建 4 上人屋面同卷材	308.563			308.563
A7-80	屋面聚氨酯涂膜防水 1.5mm 厚	100m²	308.6	3.086
	308.563			308.563
A7-82	屋面刷冷底子油防水第一遍(冷底子油 30：70)	100m²	308.6	3.086
	308.563			308.563
010902003001	屋面刚性层(雨篷面) 1. 采用图集：98ZJ901 1/21	m²	29.82	29.82
二层	(28.5+0.12×2)×1.0			28.740
屋面梯间	1.8×0.6			1.080
A7-98 换	防水砂浆 15mm 厚[水泥防水砂浆(加防水粉 5%) 1：2.5]	100m²	29.8	0.298
同清单量	29.82			29.820
0110	保温、隔热、防腐工程			
011001001001	保温隔热屋面(上人屋面) 1. 采用图集：05ZJ001 屋 5 第 8 点 2.20 厚(最薄处)1：8 水泥珍珠岩找 2%坡	m²	238.68	238.68
建 4 上人屋面平面	289.95−23.72			266.230
扣天沟．侧砖	−(0.4+0.12)×[(28.5−0.12×2)×2−3.54]			−27.550
A8-6 换	屋面保温现浇水泥珍珠岩 1：8 厚度 100mm(水泥珍珠岩 1：8)(实际厚度：66.1mm)	100m²	236.7	2.367
	//找坡平均厚度 (10.26/2−0.4−0.12)×0.02/2+0.02			0.066
同清单量	236.68			236.680
011001001002	保温隔热屋面(不上人屋面) 1. 采用图集：05ZJ001 屋 15 第 4 点 2.20 厚(最薄处)1：8 水泥珍珠岩找 2%坡	m²	18.544	18.544

分部分项和单价措施工程量计算表

工程名称：××有限公司食堂工程　　　　　　　　　　第 15 页　共 31 页

编　号	工程量计算式	单位	标准工程量	定额工程量
建 7 梯间顶平面	(3.3−0.12×2)×(6.7−0.12×2−0.4)减天沟		18.544	
A8-6 换	屋面保温现浇水泥珍珠岩 1：8 厚度 100mm(水泥珍珠岩 1：8)(实际厚度：80.6mm)	100m²	18.5	0.185
	//找坡平均厚度 (6.7−0.12×2−0.4)×0.02/2+0.02		0.081	
同清单量	18.544		18.544	
011001001003	保温隔热屋面(上人屋面) 1. 采用图集：05ZJ001 屋 5 第 9 点 2. 干铺 50 厚挤塑聚苯乙烯泡沫板	m²	238.68	238.68
建 4 上人屋面平面	289.95−23.72		266.230	
扣天沟．侧砖	−(0.4+0.12)×[(28.5−0.12×2)×2−3.54]		−27.550	
A8-21	屋面保温挤塑聚苯板厚度 50mm(聚合物粘结砂浆)	100m²	238.7	2.387
同清单量	238.680		238.680	
011001001004	保温隔热屋面(不上人屋面) 1. 采用图集：05ZJ001 屋 15 第 5 点 2. 干铺 150mm 厚珍珠岩	m²	18.176	18.176
建 7 梯间顶屋面	(3.3−0.12×2)×(6.7−0.12×2−0.4−0.12)天沟及侧砖		18.176	
A8-8 换	屋面保温干铺珍珠岩厚度 100mm(实际厚度：150mm)	100m²	18.2	0.182
同清单量	18.176		18.176	
0111	楼地面装饰工程			
011102003001	块料楼地面(上人屋面) 1. 采用图集：05ZJ001 屋 5 第 1.2 点 2. 耐磨砖 500×500	m²	245.038	245.038
建 4 上人屋面平面	289.95−23.72		266.230	
扣天沟	−0.4×[(28.5−0.12×2)×2−3.54]		−21.192	
A9-90 换	陶瓷地砖楼地面每块周长(2400mm 以内) 水泥砂浆离缝 8mm(水泥砂浆 1：4)	100m²	245	2.45
同清单量	245.038		245.038	
011102003002	块料楼地面 1. 采用图集：05ZJ001 地 20、楼 10 2. 面层材料品种、规格、颜色：600×600 抛光砖	m²	504.156	504.156
	//建 2 一层平面图		2.000	
仓库	(6.7−0.12×2)×9.0		58.140	
楼梯间	(3.3−0.12×2)×(6.7−0.12×2)		19.768	
杂物间	(3.7×5−0.12×2)×(9+0.12×2)		168.722	
一层 M3	0.24×1.8		0.432	
	//建 3 二层平面图		3.000	
包厢	(4−0.12−0.06)×(10.5−0.12×3)		38.735	
走道	(2.7−0.06−0.12)×(9−0.06−0.12)		22.226	
更衣室	(3.3−0.12×2)×(3.8−0.12×2)		10.894	

分部分项和单价措施工程量计算表

工程名称：××有限公司食堂工程

编　号	工程量计算式	单位	标准工程量	定额工程量
厨房	(3.7+1.75−0.12×2)×(1.6+2.7+2.3+1.5−0.12×2)		40.951	
职工餐厅	(3.7+1.85)×(2.4−0.12×2)		11.988	
	(1.85+3.7×3−0.12×2)×(10.5−0.12×2)		130.405	
M	0.24×(1.0×3+1.5×2)+0.12×(1+0.9)×2		1.896	
A9-83 换	陶瓷地砖楼地面每块周长（2400mm 以内）水泥砂浆密缝（水泥砂浆 1：4）	100m²	504.2	5.042
同清单量	504.156		504.156	
011102003003	块料楼地面 1. 采用图集：05ZJ001 地 56、楼 33 2. 面层材料品种、规格、颜色：300×300 防滑砖	m²	10.856	10.856
一层卫	(3.3−0.12×3)×(2.3−0.12×2)		6.056	
二层卫	(2.7−0.06−0.12×2)×(2.0−0.12−0.06)		4.368	
M2=4	0.12×0.9		0.432	
A9-80 换	陶瓷地砖楼地面每块周长（1200mm 以内）　水泥砂浆密缝（水泥砂浆 1：4）	100m²	10.9	0.109
同清单量	10.856		10.856	
A7-134 换	聚氨酯防水 1.2mm 厚　平面（实际厚度：1.5mm）	100m²	14.4	0.144
水平面	6.0564+4.368		10.424	
上卷=0.15	(3.3−0.12×3)×2+(2.3−0.12×2)×4		2.118	
0.15	(2.7−0.06−0.12×2)×2+(2.0−0.12−0.06)×4		1.812	
A7-140	刷冷底子油防水第一遍（冷底子油 30：70）	100m²	14.4	0.144
	14.354		14.354	
A9-1 换	水泥砂浆找平层混凝土或硬基层上 20mm（水泥砂浆 1：2）（实际厚度：15mm）	100m²	10.4	0.104
	6.0564+4.368		10.424	
A9-4 换	细石混凝土找平层 40mm（碎石 GD20 商品普通混凝土 C20）（实际厚度：50mm）	100m²	10.4	0.104
	6.0564+4.368		10.424	
011106002001	块料楼梯面层 1. 采用图集：05ZJ001 楼 10 2. 成套梯级砖，自带防滑功能	m²	34.175	34.175
同楼梯混凝土量	23.73+10.445		34.175	
A9-96	陶瓷地砖　楼梯　水泥砂浆（水泥砂浆 1：4）	100m²	34.2	0.342
同清单量	34.175		34.175	
011105003001	块料踢脚线房间 1. 采用图集：05ZJ001 踢 18	m²	34.092	34.092
	//建 2 一层平面图		2.000	
仓库=0.15	(6.7−0.12×2)+9.0×2+0.16×3+0.06+0.4×3		3.930	

分部分项和单价措施工程量计算表

工程名称：××有限公司食堂工程　　　　　　　　　　　第 17 页　共 31 页

编　号	工程量计算式	单位	标准工程量	定额工程量
楼梯间＝0.15	[(3.3−0.12×2)+(6.7−0.12×2)]×2+0.075×2×4		2.946	
杂物间＝0.15	(9+0.12×2)+0.16×2+0.06×2+0.4×3+8		2.832	
	//建3二层平面图		3.000	
包厢＝0.15	[(4−0.12−0.06)×4+(10.5−0.12×3)×2]+0.015×2		5.339	
走道＝0.15	[(2.7−0.06−0.12)+(9−0.06−0.12)]×2+0.075×2+0.015×2×4		3.443	
更衣室＝0.15	[(3.3−0.12×2)+(3.8−0.12×2)]×2+0.075×2		2.009	
厨房＝0.15	[(3.7+1.75−0.12×2)+(1.6+2.7+2.3+1.5−0.12×2)]×2+0.075×2×3		3.989	
职工餐厅＝0.15	[(3.7×5+10.5−0.12×4)×2+0.16×2×5]+0.075×2×4+0.4×4×3		9.606	
A9-99	陶瓷地砖踢脚线水泥砂浆(水泥砂浆1∶3)	100m²	34.1	0.341
同清单量	34.092		34.092	
011105003002	块料踢脚线楼梯 1. 采用图集：05ZJ001 踢 18	m²	7.546	7.546
楼梯 TB1～5 斜长＝0.15	3.595+1.665+2.609×2+2.28		1.914	
平台＝0.15	(3.06+1.8×2)×3层+(2.49−1.8)		3.101	
0.15	(3.06+2.74×2)+[3.06+(2.1+0.54)×2]		2.532	
A9-99 换	陶瓷地砖踢脚线水泥砂浆(水泥砂浆1∶3)	100m²	7.5	0.075
同清单量	7.546		7.546	
011101006001	屋面平面砂浆找平层 1. 找平层厚度、砂浆配合比：20厚1∶2.5水泥砂浆找平层	m²	290.765	290.765
建4 屋面平面	(28.5−0.12×2)×(10.5−0.12×2)		289.948	
扣楼梯间	−(3.3+0.12×2)×6.7		−23.718	
天沟侧	(0.05+0.02×2)×[(28.5−0.12×2)×2−3.54]		4.768	
建7 梯间顶屋面	(3.3−0.12×2)×(6.7−0.12×2)		19.768	
A9-1 换	水泥砂浆找平层混凝土或硬基层上 20mm(水泥砂浆1∶2.5)	100m²	290.8	2.908
同清单量	290.765		290.765	
0112	墙、柱面装饰与隔断、幕墙工程			
011201001001	内墙面一般抹灰混合砂浆 1. 墙体类型：砖墙 2. 采用图集：05ZJ001　内 4	m²	911.912	911.912
	//首层层高 3.0m			
仓库	(9×2+6.46+0.16×2+0.16+0.06)×(3−0.1)		72.500	
杂物间	(9.24+0.06+0.16)×2×(3−0.1)		54.868	
卫生间	[(3.3−0.12×3)×2+(2.3−0.12×2)×2]×(3−0.1)		29.000	
-MC	−(0.9×2.1+0.9×0.9)×2		−5.400	
	//二层层高 4.2m			

分部分项和单价措施工程量计算表

工程名称：××有限公司食堂工程　　　　　　　　　　　　第 18 页　共 31 页

编　号	工程量计算式	单位	标准工程量	定额工程量
包厢小	$(4-0.12-0.06)\times4\times(4.2-0.1)$		62.648	
-MC	$-(1.0\times2.1+1.8\times2.1)$		-5.880	
包厢大	$[(4-0.12-0.06)+(6.5-0.06-0.12)+0.16+0.14]$ $\times2\times(4.2-0.1)$		85.608	
-NC	$-(1.0\times2.1+1.8\times2.1)$		-5.880	
走道	$[(2.7-0.06-0.12)+(8.5-0.12-0.06)]\times2\times(4.2$ $-0.1)$		88.888	
-MC	$-(1.0\times2.1\times2+0.9\times2.1\times2+1.5\times2.1\times2)$		-14.280	
卫生间	$[(2.7-0.12\times2)\times2+(2.0-0.06-0.12)\times4+0.14\times$ $2]\times(4.2-0.1)$		51.168	
-MC	$-(0.9\times2.1\times2+0.9\times0.9\times2)$		-5.400	
更衣室	$(3.06+3.56)\times2\times(4.2-0.1)$		54.284	
-MC	$-(1.0\times2.1+1.8\times2.1)$		-5.880	
厨房	$(3.7+1.85+8.1-0.12\times4)\times2\times(4.2-0.1)$		107.994	
-MC	$-(1.0\times2.1\times3+2.7\times0.9+4.5\times0.9)$		-12.780	
餐厅	$[(3.7\times5+10.5-0.12\times4)\times2+0.16\times2\times5]\times(4.2-$ $0.1)$		240.424	
-MC	$-(1.0\times2.1\times2+1.5\times2.1+1.2\times2.1+1.8\times2.1\times8)$		-40.110	
	//楼梯间			
梯间	$(3.04+6.46)\times2\times(9.9-0.1\times3)$		182.400	
-MC	$-(1.0\times2.1+0.9\times2.1\times2+1.8\times2.6+1.5\times2.1\times2$ $+1.8\times1.5\times2)$		-22.260	
A10-7	内墙混合砂浆砖墙 (15+5)mm(混合砂浆 1:1:6)	100m²	911.9	9.119
同清单量	911.912		911.912	
011201001002	外墙面一般抹灰　水泥砂浆 1. 墙体类型：砖墙 2. 采用图集：05ZJ001 外 23	m²	569.982	569.982
	//1-9 立面		-8.000	
首层	$(4.0+2.7+3.3+0.12\times2)\times(0.15+3.0-0.1)$		31.232	
二层至女儿墙	$28.74\times(0.4+4.2+1.4)$		172.440	
-C2.3.4	$-(0.9\times0.9\times4+1.8\times2.1\times5+2.7\times0.9)$		-24.570	
	//9-1 立面		8.000	
9-1 轴	$28.74\times(0.4+4.2+1.4-0.1)$长雨篷		169.566	
梯间增高	$3.54\times(2.7-1.4+0.6)$		6.726	
-C1.3.5	$-(1.5\times2.1+1.8\times2.1\times6+1.8\times1.5\times2)$		-31.230	
	//侧立面			
A-E 轴=2	$9.24\times(0.15+8.6)$		161.700	
挑=2	$1.5\times(0.4+4.2+1.4)$		18.000	
户外梯　栏板外侧	$(1.32+3.0+0.12+5.48)\times1.1$ 斜长		10.912	

分部分项和单价措施工程量计算表

工程名称：××有限公司食堂工程　　　　　　　　　　第 19 页　共 31 页

编　号	工程量计算式	单位	标准工程量	定额工程量
	//屋面梯间			
梯间	(3.54＋6.94×2)×(2.7＋0.6)		57.486	
-M. 雨篷	－(1×2.1＋0.1×1.8)		－2.280	
A10-24 换	外墙水泥砂浆砖墙（12＋8）mm（水泥砂浆 1：2.5，水泥砂浆 1：3）	100m²	570	5.7
	569.982			569.982
011201001003	墙面一般抹灰 1. 墙体类型：多孔页岩砖女儿墙 2. 砂浆配合比：1：2　水泥砂浆(15＋10)mm	m²	124.972	124.972
屋面＝1.4	(28.5＋10.5－0.12×4)×2－3.54		102.900	
梯顶＝0.6	(3.3＋6.7－0.12×4)×2		11.424	
户外梯栏板内侧	1.1×(1.32－0.12＋1.5×2＋5.48)斜长		10.648	
A10-27	墙裙　水泥砂浆　砖墙（15＋10）mm（水泥砂浆 1：3）	100m²	125	1.25
同清单量	124.972			124.972
011202001001	柱面一般抹灰 1. 采用图集：05ZJ001 外 23	m²	41.76	41.76
首层＝9	0.4×4×(3.0－0.1)		41.760	
A10-32 换	独立混凝土柱、梁水泥砂浆矩形（12＋8）mm（水泥砂浆 1：2.5，水泥砂浆 1：3）	100m²	41.8	0.418
同清单量	41.76			41.760
011202001002	柱面一般抹灰 1. 采用图集：05ZJ001 内墙 4	m²	26.24	26.24
二层＝4	0.4×4×(4.2－0.1)		26.240	
A10-17	独立混凝土柱、梁混合砂浆矩形（15＋5）mm（混合砂浆 1：1：6）	100m²	26.2	0.262
同清单量	26.24			26.240
柱 011203004001	砂浆装饰线条 1. 底层厚度、砂浆配合比：水泥砂浆	m	104.2	104.2
屋面女儿墙压顶面	(28.5＋10.5)×2－3.54		74.460	
梯顶女儿墙压顶面	(3.3＋6.7)×2		20.000	
户外梯砖栏板顶	1.32－0.06＋3.0＋5.48 斜长		9.740	
A10-36	其他　水泥砂浆　装饰线条（水泥砂浆 1：2.5）	100m	104.2	1.042
同清单量	104.2			104.200
0113	天棚工程			
011301001001	天棚抹灰混合砂浆 1. 采用图集：05ZJ001 顶 3	m²	858.811	858.811
	//建 2 首层		2.000	
仓库	(6.7－0.12×2)×9		58.140	
杂物间	(3.7×5－0.12×2)×(9＋0.12×2)		168.722	
卫生间	(3.3－0.24－0.12)×(2.3－0.12－0.06)		6.233	

分部分项和单价措施工程量计算表

工程名称：××有限公司食堂工程　　　　　　　　　　　　第 20 页　共 31 页

编　号	工程量计算式	单位	标准工程量	定额工程量
E 轴雨篷底	28.74×1		28.740	
A 轴挑板底	28.74×1.5		43.110	
	//结 7 首层梁侧		7.000	
仓库 KL2	2×(0.75−0.1)×(9−0.28×2)		10.972	
L5.8＝2	2×(0.3−0.1)×(6.7−0.12×2−0.3)		4.928	
KL9	2×(0.4−0.1)×(6.7−0.28−0.4−0.12)		3.540	
杂物间 L1	2×(0.35−0.1)×(6.6−0.12×2)		3.180	
KL4.5＝4	2×(0.75−0.1)×(9−0.28×2)		43.888	
L2	2×(0.3−0.1)×(6.6−0.12×2−0.24)		2.448	
KL7.9＝2	2×(0.4−0.1)×(3.7×5−0.12−0.4×4−0.28)		19.800	
L6	2×(0.3−0.1)×(3.7−0.3−0.12−0.2)		1.232	
L7	2×(0.3−0.1)×(3.7×3−0.15−0.3×2−0.12)		4.092	
	2×(0.4−0.1)×(3.7−0.15×2)		2.040	
L9	2×(0.3−0.1)×(3.7×4−0.15−0.3×3−0.12)		5.452	
	2×(0.6−0.1)×(3.7−0.12−0.15)		3.430	
A 轴挑廊底 L8	2×(0.4−0.1)×(28+1.44−0.12−0.3×5−0.24×4−0.2)		15.996	
400 纵	2×(0.4−0.1)×(1.62−0.12−0.24)×4 侧		3.024	
500 纵	2×(0.5−0.1)×(1.62−0.12−0.24)×2 侧×2		4.032	
750 纵	2×(0.75−0.1)×(1.62−0.12−0.24)×2 侧×4		13.104	
300 纵	2×(0.3−0.1)×(1.62−0.12−0.24)×2 侧		1.008	
	//建 3 二层		3.000	
包厢	(4−0.12−0.06)×(10.5−0.12)		39.652	
过道	(2.7−0.06−0.12)×(10.5−2−0.12−0.06)		20.966	
卫生间	(2.7−0.06−0.12×2)×(2−0.06−0.12)		4.368	
更衣室	(3.3−0.12×2)×(3.8−0.12×2)		10.894	
厨房	(3.7+1.85−0.12×2)×(10.5−2.4−0.12×2)		41.737	
餐厅	(3.7+1.85)×(2.4−0.12×2)+(1.85+3.7×3−0.12×2)×(10.5−0.12×2)		142.393	
	//结 3 屋面结构梁		3.000	
包厢 L2	2×(0.3−0.1)×(4.0−0.12−0.15)		1.492	
WKL4	2×(0.4−0.1)×(4.0−0.12−0.15)		2.238	
过道 L2＝2	2×(0.3−0.1)×(2.7−0.15−0.12)		1.944	
卫 WKL4	2×(0.4−0.1)×(2.7−0.2−0.12)		1.428	
更衣 WKL4	2×(0.4−0.1)×(3.3−0.12×2)		1.836	
厨房 L3	2×(0.3−0.1)×(3.7+1.85−0.12×2−0.3)		2.004	

分部分项和单价措施工程量计算表

工程名称：××有限公司食堂工程　　　　　　　　　第21页　共31页

编　号	工程量计算式	单位	标准工程量	定额工程量
WKL4	$2\times(0.4-0.1)\times(3.7+1.85-0.12-0.4-0.12)$		2.946	
WKL3	$2\times(0.75-0.1)\times(9-2.4-0.12-0.28)$		8.060	
	$2\times(0.4-0.1)\times(1.5-0.12\times2)$		0.756	
餐厅 L3＝2	$2\times(0.3-0.1)\times(1.85+3.7\times3-0.12\times2-0.3\times3)$		9.448	
WKL4	$2\times(0.3-0.1)\times(1.85+3.7\times3-0.12-0.4\times3-0.28)$		4.540	
WKL3 交 5	$2\times(0.75-0.1)\times(2.4-0.12-0.28)$		2.600	
WKL3＝3	$2\times(0.75-0.1)\times(9.0-0.12-0.2\times2-0.28)$		31.980	
3	$2\times(0.4-0.1)\times(1.5-0.12\times2)$		2.268	
	//建 8 楼梯间		8.000	
顶棚	$(3.3-0.12\times2)\times(6.7-0.12\times2)$		19.768	
L1	$2\times(0.3-0.1)\times(3.3-0.12\times2)$		1.224	
TB1～5 斜长	$(3.595+1.665+2.609\times2+2.28)\times1.45$		18.499	
平台 1800＝2	$(3.3-0.12\times2)\times1.8$		11.016	
平台 2100	$(3.3-0.12\times2)\times2.1$		6.426	
平台 2740	$(3.3-0.12\times2)\times(2.74-0.12)$		8.017	
平台 2070	$(3.3-0.12\times2)\times(2.07-0.12)$		5.967	
TB6 斜长	5.48×1.32		7.234	
A11-5	混凝土面天棚　混合砂浆　现浇(5＋5)mm(混合砂浆 1:1:4)	100m²	858.8	8.588
同清单量	858.81		858.810	
0114	油漆、涂料、裱糊工程			
011401001001	木门油漆 1. 门类型：实木装饰门 2. 油漆品种、刷漆遍数：聚氨酯清漆二遍	m²	17.7	17.7
M1.3.4.5	$1.0\times2.1\times2+1.8\times2.6\times1+1.5\times2.1\times2+1.2\times2.1\times1$		17.700	
A13-17	润油粉、聚氨酯漆二遍单层木门	100m²	17.7	0.177
	17.7		17.700	
011401001002	木门油漆 1. 门类型：木质防火门，乙级 2. 刮腻子遍数：1 遍 3. 油漆品种、刷漆遍数：聚氨酯清漆二遍	m²	8.4	8.4
FM乙 1＝4	1×2.1		8.400	
A13-17	润油粉、聚氨酯漆二遍单层木门	100m²	8.4	0.084
	8.4		8.400	
011406003001	满刮腻子　内墙面 1. 刮腻子遍数：刮成品腻子粉二遍	m²	163.665	163.665
	//楼梯间			
梯间	$(3.04+6.46)\times2\times(9.9-0.1\times3)$		182.400	

分部分项和单价措施工程量计算表

工程名称：××有限公司食堂工程　　　　　　　　　　　　　第 22 页　共 31 页

编　号	工程量计算式	单位	标准工程量	定额工程量
-MC	$-(1.0\times2.1+0.9\times2.1\times2+1.8\times2.6+1.5\times2.1\times2+1.8\times1.5\times2)$		-22.260	
MC 侧	$[1.0+0.9\times2+1.5\times2+2.1\times2\times(1+2+2)+1.8+2.6\times2+(1.8+1.5)\times2\times2]\times0.075$		3.525	
A13-206	刮成品腻子粉内墙面两遍	100m²	163.7	1.637
同清单量	163.665		163.665	
011406003002	满刮腻子天棚面 1. 刮腻子遍数：刮成品腻子粉二遍	m²	78.15	78.15
	//建 8 楼梯间		8.000	
顶棚	$(3.3-0.12\times2)\times(6.7-0.12\times2)$		19.768	
L1	$2\times(0.3-0.1)\times(3.3-0.12\times2)$		1.224	
TB1～5 斜长	$(3.595+1.665+2.609\times2+2.28)\times1.45$		18.499	
平台 1800＝2	$(3.3-0.12\times2)\times1.8$		11.016	
平台 2100	$(3.3-0.12\times2)\times2.1$		6.426	
平台 2740	$(3.3-0.12\times2)\times(2.74-0.12)$		8.017	
平台 2070	$(3.3-0.12\times2)\times(2.07-0.12)$		5.967	
TB6 斜长	5.48×1.32		7.234	
A13-206 换	刮成品腻子粉　内墙面　两遍	100m²	78.2	0.782
同清单量	78.15		78.150	
0115	其他装饰工程			
011503001001	不锈钢栏杆 201 材质 1. 采用图集：05ZJ401 W/11 2. 扶手选用：05ZJ001 14/28	m	15.558	15.558
TB1～5 斜长	$3.595+1.665+2.609\times2+2.28$		12.758	
水平长	$1.45+0.16$		1.610	
弯头	0.1×5		0.500	
结 7 TB2 水平长	$2.49-1.8$		0.690	
A14-108	不锈钢管栏杆直线型竖条式(圆管)	10m	15.56	1.556
	15.558		15.558	
A14-119	不锈钢管扶手直形Φ 60	10m	15.56	1.556
	15.558		15.558	
A14-124	不锈钢弯头Φ 60	10 个	5	0.5
	5		5.000	
011701	脚手架工程			
011701002001	外脚手架 1. 搭设高度：10m 以内　双排	m²	717.411	717.411
室外地坪～女儿墙顶	$[(28.74+10.74)\times2-3.54]\times(0.15+8.6)$		659.925	
屋面～梯间顶	$(6.94\times2+3.54)\times(10.5-7.2)$		57.486	

分部分项和单价措施工程量计算表

工程名称：××有限公司食堂工程　　　　　　　　　　第23页　共31页

编　号	工程量计算式	单位	标准工程量	定额工程量
A15-5	扣件式钢管外脚手架双排 10m 以内	100m²	753.3	7.533
1.05	717.41		753.281	
011701002002	外脚手架 1. 搭设高度：20m 以内　双排	m²	37.701	37.701
室外地坪～梯间顶	3.54×(0.15+10.5)		37.701	
A15-6	扣件式钢管外脚手架双排 20m 以内	100m²	39.6	0.396
1.05	37.70		39.585	
011701003001	里脚手架 1. 搭设高度：3.6m 以内	m²	52.97	52.97
	//首层			
3.4轴＝2	(3−0.6)×(6.7−0.28×2)		29.472	
2	(3−0.4)×(2.3−0.12−0.28)		9.880	
B轴	(3−0.4)×(3.3−0.18×2)		7.644	
卫隔墙	(3.0−0.1)×(2.3−0.12×2)		5.974	
A15-1	扣件式钢管里脚手架 3.6m 以内	100m²	53	0.53
同清单量	52.97		52.970	
011701003002	里脚手架 1. 搭设高度：3.6m 以上	m²	201.737	201.737
	//二层			
3.4轴＝2	(4.2−0.6)×(6.7−0.28×2)		44.208	
2	(4.2−0.4)×(2.3+1.62−0.12−0.4)		25.840	
1/5轴	(4.2−0.1)×(10.5−2.4)		33.210	
B轴	(4.2−0.4)×(3.3−0.18×2)		11.172	
D轴	(4.2−0.3)×(3.7+1.85−0.12×2)		20.709	
包厢　2轴	(4.2−0.75)×(9−0.28×2)		29.118	
	(4.2−0.4)×(1.5−0.12×2)		4.788	
C轴	(4.2−0.3)×(4−0.12−0.06)		14.898	
卫隔墙　水平	(4.2−0.1)×(2.7−0.06−0.12)		10.332	
纵向	(4.2−0.1)×(2.0−0.06−0.12)		7.462	
A15-2	扣件式钢管里脚手架 3.6m 以上	100m²	201.7	2.017
同清单量	201.74		201.740	
011701006001	满堂脚手架	m²	260.009	260.009
	//二层			
包厢	(4−0.12−0.06)×(10.5−0.12)		39.652	
过道	(2.7−0.06−0.12)×(10.5−2−0.12−0.06)		20.966	
卫生间	(2.7−0.06−0.12×2)×(2−0.06−0.12)		4.368	

分部分项和单价措施工程量计算表

工程名称：××有限公司食堂工程　　　　　　　　　　　　　　第 24 页　共 31 页

编　号	工程量计算式	单位	标准工程量	定额工程量
更衣室	(3.3−0.12×2)×(3.8−0.12×2)		10.894	
厨房	(3.7+1.85−0.12×2)×(10.5−2.4−0.12×2)		41.737	
餐厅	(3.7+1.85)×(2.4−0.12×2)+(1.85+3.7×3−0.12×2)×(10.5−0.12×2)		142.393	
A15-84	钢管满堂脚手架基本层高 3.6m	100m²	260	2.6
同清单量	260.009		260.009	
桂 011701011001	楼板现浇混凝土运输道	m²	598.793	598.793
建筑面积	28.74×(9.24+10.74)+3.54×6.94		598.793	
A15-28 换	钢管现浇混凝土运输道楼板钢管架（采用泵送混凝土，框架结构、框架-剪力墙结构、筒体结构工程）	100m²	598.8	5.988
	598.79		598.790	
011702	模板工程			
011702001001	基础　模板制作安装 1. 基础类型：混凝土垫层	m²	37.324	37.324
结 2.3 J1=8	[(2.3+0.1×2)+(2.3+0.1×2)]×2×0.1		8.000	
J1.2 合=2	[(2.3+0.1×2)+(0.92+2.3+1.23+0.1×2)]×2×0.1		2.860	
J3=2	[(2.6+0.1×2)+(2.6+0.1×2)]×2×0.1		2.240	
TJ1=2	[(2.2+0.1×2)+(0.8+3.7×2+0.72+0.1×2)]×2×0.1		4.608	
结 2.6 KL1=3	2×(9−0.28×2柱)×0.1		5.064	
KL2=2	2×(9−0.28×2柱−0.4)×0.1		3.216	
KL3=2	2×(28.5−0.28×2−0.3×2−0.4×5)×0.1		10.136	
KL4	2×(3.3−0.18×2)×0.1		0.588	
L1	2×(3.3−0.12×2)×0.1		0.612	
A17-1	混凝土基础垫层木模板木支撑	100m²	37.3	0.373
	37.324		37.324	
011702001002	基础模板制作安装 1. 基础类型：有肋式带形基础	m²	41.272	41.272
结 2.3 TJ1=2	(0.6+0.3)×2×(0.8+3.7×2+0.72)+(2.2×0.6+0.6×0.3)×2		38.112	
结 13 室外楼梯基础	0.8×2×1.45+(0.9×0.3+0.3×0.5)×2		3.160	
A17-8	有肋式带形基础钢筋混凝土胶合板模板木支撑	100m²	41.3	0.413
	41.272		41.272	
011702001003	基础模板制作安装 1. 基础类型：独立基础	m²	64.4	64.4
结 2.3 J1=10	2.3×4×0.5		46.000	
J2=2	2×4×0.5		8.000	
J3=2	2.6×4×0.5		10.400	
A17-14	独立基础胶合板模板木支撑	100m²	64.4	0.644

分部分项和单价措施工程量计算表

工程名称：××有限公司食堂工程　　　　　　　　　　第25页　共31页

编　号	工程量计算式	单位	标准工程量	定额工程量
	64.40		64.400	
011702002001	矩形柱模板制作安装 1. 柱高 3.97m	m²	118.436	118.436
结4.5 KZ1.2.3独基上	0.4×4×(1.5−0.5+2.97)×8		50.816	
KZ1.2.3 TJ 上	0.4×4×(1.5−0.9+2.97)×6		34.272	
KZ4.5=6	(0.3+0.4)×2×(1.5−0.5+2.97)		33.348	
A17-51 换	矩形柱胶合板模板木支撑(实际高度：3.97m)	100m²	118.4	1.184
	118.436		118.436	
011702002002	矩形柱模板制作安装 1. 柱高 4.2m	m²	129.36	129.36
KZ1~5	0.4×4×4.2×14+(0.3+0.4)×2×4.2×6		129.360	
A17-51 换	矩形柱 胶合板模板 木支撑(实际高度：4.2m)	100m²	129.4	1.294
	129.36		129.360	
011702002003	矩形柱 模板制作安装 1. 柱高 3.6m 以下	m²	15.12	15.12
KZ5=4	(0.3+0.4)×2×2.7		15.120	
A17-51	矩形柱胶合板模板木支撑	100m²	15.1	0.151
	15.12		15.120	
011702003001	构造柱模板制作安装 1.3.6m 以下	m²	48.023	48.023
	//楼梯 GZ			
TZ=2	0.24×4×(4.2−1.275)		5.616	
TZ=2	0.24×4×(4.2−2.738)		2.807	
	//女儿墙屋面20根梯顶6根		206.000	
马牙 墙中=16	(0.24+0.06×2)×1.4×2 侧		16.128	
转角=4	(0.24×2+0.06×4)×1.4		4.032	
马牙 墙中=2	(0.24+0.06×2)×0.6×2 侧		0.864	
转角=4	(0.24×2+0.06×4)×0.6		1.728	
	//结构总说明，墙长>5m设GZ			
首层 1.9轴 GZ=2	(0.24+0.06×2)×2 侧×(3−0.75)		3.240	
3.4轴 GZ=2	(0.24+0.06×2)×2 侧×(3−0.6)		3.456	
2层 1.9轴 GZ=2	(0.24+0.06×2)×2 侧×(4.2−0.75)		4.968	
3.4轴 GZ=2	(0.24+0.06×2)×2 侧×(4.2−0.6)		5.184	
A17-58	构造柱胶合板模板木支撑	100m²	48	0.48
	48.023		48.023	
011702003002	构造柱 模板制作安装 1. 柱高 3.8m	m²	13.68	13.68

分部分项和单价措施工程量计算表

工程名称：××有限公司食堂工程　　　　　　　　　　　　　　第 26 页　共 31 页

编　号	工程量计算式	单位	标准工程量	定额工程量
	//结构总说明，墙长＞5m 设 GZ			
二层 A 轴 GZ＝5	(0.24＋0.06×2)×2 侧×(4.2−0.4)		13.680	
A17-58 换	构造柱　胶合板模板　木支撑(实际高度：3.8m)	100m²	13.7	0.137
同清单量	13.68			13.680
011702005001	基础梁　模板制作安装	m²	90.902	90.902
结 6 KL1＝3	2×0.6×(9−0.28×2)		30.384	
KL2＝2	2×0.5×(6.7−0.28×2)＋2×0.4×(2.3−0.12−0.18)		15.480	
KL3＝2	2×0.4×(28.5−0.28×2−0.3×2−0.4×5)		40.544	
KL4	2×0.4×(3.3−0.18×2)		2.352	
L1	2×0.35×(3.3−0.12×2)		2.142	
A17-63	基础梁　胶合板模板木支撑	100m²	90.9	0.909
同清单量	90.902			90.902
011702006001	矩形梁　模板制作安装	m²	12.846	12.846
	//屋面结构布置图楼梯间−2.783m、−1.275m			
KL5	(0.24＋0.4×2)×(3.3−0.18×2)		3.058	
L6＝2	(0.24＋0.35×2)×(1.8−0.2−0.28)		2.482	
L7＝2	(0.24＋0.35×2)×(2.74−0.28−0.2)		4.249	
KL4	(0.24＋0.4×2)×(3.3−0.18×2)		3.058	
A17-66	单梁、连续梁、框架梁胶合板模板钢支撑	100m²	12.8	0.128
同清单量	12.846			12.846
011702008001	圈梁模板制作安装 1. 直形　素混凝土反边	m²	15.648	15.648
	//一层反边 240mm 墙			
3.4 轴＝2	2×0.2×(2.3−0.12−0.28)		1.520	
A 轴	2×0.2×(3.3−0.18×2)		1.176	
B 轴	2×0.2×(3.3−0.18×2−0.9×2 门)		0.456	
	//二层反边 240mm 墙			
3 轴	2×0.2×(0.5＋1.62−0.4)		0.688	
4 轴	2×0.2×(9＋1.62−2.4＋0.12−0.4×2−1.0 门)		2.616	
1/5 轴	2×0.2×(9＋1.62−2.4＋0.12−1.0 门)		2.936	
1/0A 轴	2×0.2×(3.7＋1.85−0.12×2)		2.124	
D 轴	2×0.2×(3.7＋1.85−0.12×2−1.0)		1.724	
	//反边 120mm 墙			
一层卫	2×0.2×(2.3−0.12×2)		0.824	
二层卫 2 轴	2×0.2×(0.5＋1.5−0.12−0.4)		0.592	

分部分项和单价措施工程量计算表

工程名称：××有限公司食堂工程

编　号	工程量计算式	单位	标准工程量	定额工程量
1/2 轴	2×0.2×(0.5＋1.5－0.12×2)		0.704	
1/A 轴	2×0.2×(2.7－0.06－0.12－0.9×2)		0.288	
A17-72	圈梁　直形　胶合板模板　木支撑	100m²	15.6	0.156
	15.648		15.648	
011702009001	过梁　模板制作安装	m²	36.077	36.077
	//一层 240mm 墙			
M2＝2	0.24×0.9＋0.2×2×(0.9＋0.5)		1.552	
M3	0.24×1.8＋0.2×2×(1.8＋0.5)		1.352	
C2＝2	0.24×0.9＋0.2×2×(0.9＋0.5)		1.552	
	//二层 240mm 墙			
FM乙1＝3	0.24×1＋0.2×2×(1＋0.5)		2.520	
M4＝2	0.24×1.5＋0.2×2×(1.5＋0.5)		2.320	
M5	0.24×1.2＋0.2×2×(1.2＋0.5)		0.968	
C1	0.24×1.5＋0.2×2×(1.5＋0.5)		1.160	
C2＝2	0.24×0.9＋0.2×2×(0.9＋0.5)		1.552	
C3＝11	0.24×1.8＋0.2×2×(1.8＋0.5)		14.872	
C4	0.24×2.7＋0.2×2×(2.7＋0.5)		1.928	
C5	0.24×1.8＋0.2×2×(1.8＋0.5)		1.352	
	//屋面层梯间 240mm 墙			
FM乙1	0.24×1＋0.2×2×(1＋0.5)		0.840	
C5	0.24×1.8＋0.2×2×(1.8＋0.5)		1.352	
	//二层 120mm 墙			
M1＝2	0.115×1.0＋0.2×2×(1.0＋0.5)		1.430	
M2＝2	0.115×0.9＋0.2×2×(0.9＋0.5)		1.327	
A17-76	过梁　胶合板模板　木支撑	100m²	36.1	0.361
同清单量	36.077		36.077	
011702014001	有梁板　模板制作安装 1. 支撑高度：3.6m 以内	m²	534.531	534.531
	//结7 二层梁计量方法：梁高扣板厚＋板体积		7.000	
KL1 纵向梁	2×(0.75－0.1)×(9－0.28×2)＋2×(0.4－0.1)×(1.62－0.12)		11.872	
KL2	2×(0.75－0.1)×(9－0.28×2)＋2×(0.5－0.1)×(1.62－0.12)		12.172	
KL3＝2	2×(0.6－0.1)×(6.7－0.28×2)＋2×(0.4－0.1)×(2.3－0.12－0.28)＋2×(0.5－0.1)×(1.62－0.12)		16.960	
L1	2×(0.55－0.1)×(6.6－0.12×2)		5.724	
KL4＝2	2×(0.75－0.1)×(9－0.28×2)＋2×(0.4－0.1)×(1.62－0.12)		23.744	

分部分项和单价措施工程量计算表

工程名称：××有限公司食堂工程　　　　　　　　　　　　　　　第28页　共31页

编　号	工程量计算式	单位	标准工程量	定额工程量
L2	2×(0.3−0.1)×(6.6+1.62−0.12×2−0.24×2)		3.000	
KL5＝2	2×(0.75−0.1)×(9−0.28×2)+2×(0.4−0.1)×(1.62−0.12)		23.744	
KL6	2×(0.75−0.1)×(9−0.28×2)+2×(0.4−0.1)×(1.62−0.12)		11.872	
L3	2×(0.4−0.1)×(1.5+1.62−0.24×2)		1.584	
L4 横向梁	2×0.4×(28.5+1.44−0.12−0.24×7)		22.512	
KL7	2×(0.4−0.1)×(28.5+1.44−3.7−0.28−0.4×5−0.3−0.18−0.2)		13.968	
	2×(0.6−0.1)×(3.7−0.12−0.2)		3.380	
L11	计入室外楼梯			
KL8	2×(0.4−0.1)×(3.3−0.18×2)		1.764	
L5	2×(0.3−0.1)×(6.7−0.12×2−0.3)		2.464	
L6	2×(0.3−0.1)×(3.7−0.3−0.12−0.2)		1.232	
L7	2×(0.3−0.1)×(3.7×4−0.15−0.3×3−0.12)		5.452	
L8	2×(0.3−0.1)×(6.7−0.12×2−0.3)		2.464	
L9	2×(0.3−0.1)×(3.7×4−0.12−0.3×3−0.15)		5.452	
	2×(0.6−0.1)×(3.7−0.12−0.15)		3.430	
L10	计入梯梁			
KL9	2×(0.4−0.1)×(28.5−0.28×2−0.3×2−0.4×5)		15.204	
	//结10 二层楼板板厚均100mm			
板底面	(28.5+0.12×2)×(9+1.62+0.12)+(1.44−0.12)×(1.62+1.5−0.2)		312.522	
扣楼梯间	−(3.3−0.12×2)×(6.7−2.2+0.2−0.12)		−14.015	
扣柱	−[0.3×0.4×2+0.4×0.4×14+(0.3×0.4−0.06×0.16)×4]		−2.922	
板厚外侧＝0.1	(28.74+10.74)×2		7.896	
	//结9 楼梯间屋面梁、板		9.000	
WKL1＝2	2×(0.6−0.1)×(6.7−0.28×2)		12.280	
WKL2＝2	2×(0.4−0.1)×(3.3−0.18×2)		3.528	
L1	2×(0.3−0.1)×(3.3−0.12×2)		1.224	
板底面	(3.3+0.12×2)×(6.7+0.12×2)		24.568	
扣柱	−0.4×0.4×4		−0.640	
板厚外侧面＝0.1	(3.54+6.94)×2		2.096	
A17-92	有梁板胶合板模板木支撑	100m²	534.5	5.345
同清单量	534.531			534.531
011702014002	有梁板模板制作安装 1. 支撑高度：4.1m	m²	457.478	457.478
	//结8 屋面梁计量方法：梁高扣板厚＋板体积		8.000	

分部分项和单价措施工程量计算表

工程名称：××有限公司食堂工程　　　　　　　　　　　　　第 29 页　共 31 页

编　号	工程量计算式	单位	标准工程量	定额工程量
WKL1＝2 纵向梁	$2×(0.75-0.1)×(9-0.28×2)+2×(0.4-0.1)×(1.62-0.12)$		11.872	
WKL2	$2×(0.75-0.1)×(9-0.28×2)+2×(0.4-0.1)×(1.62-0.12)$		11.872	
KL1＝2	$2×(0.6-0.1)×(6.7-0.28×2)+2×(0.4-0.1)×(2.3+1.62-0.12-0.4)$		16.360	
WKL3＝4	$2×(0.75-0.1)×(9-0.28×2)+2×(0.4-0.1)×(1.62-0.12)$		47.488	
L1 横向梁	$2×(0.4-0.1)×(28.5-0.12×2-0.3×5-0.24×2)$		15.768	
WKL4	$2×(0.4-0.1)×(28.5-0.28×2-0.3×2-0.4×5)$		15.204	
KL2	$2×(0.4-0.1)×(3.3-0.18×2)$		1.764	
L2＝2	$2×(0.3-0.1)×(6.7-0.12×2-0.3)$		4.928	
L3＝2	$2×(0.3-0.1)×(3.7×5-0.12×2-0.3×4)$		13.648	
WKL5	$2×(0.4-0.1)×(6.7-0.28-0.4-0.12)$		3.540	
WKL6	$2×(0.4-0.1)×(3.7×5-0.12-0.4×4-0.28)$		9.900	
	//结11 屋面楼板板厚均100mm			
板底	$(28.5+0.12×2)×(9+1.62+0.12)+(1.44-0.12)×(1.62+1.5-0.2)$		312.522	
扣楼梯间	$-(3.3-0.12×2)×(6.7-2.74+0.2-0.12)$		−12.362	
扣柱	$-[0.3×0.4×2+0.4×0.4×14+(0.3×0.4-0.06×0.16)×4]$		−2.922	
板厚外侧面＝0.1	$(28.74+10.74)×2$		7.896	
A17-92 换	有梁板胶合板模板木支撑(实际高度：4.1m)	100m²	457.5	4.575
同清单量	457.478		457.478	
011702023001	雨篷模板制作安装	m²	29.82	29.82
结10 二层 E 轴	$(28.5+0.12×2)×1.0$		28.740	
结9 顶层梯间入口	$1.8×0.6$		1.080	
A17-109	悬挑板　直形　木模板木支撑	10m² 投影面积	29.82	2.982
同清单量	29.82		29.820	
011702024001	楼梯　模板制作安装	m²	44.175	44.175
同结构量	$23.73+20.445$		44.175	
A17-115	楼梯　直形　胶合板模板　钢支撑	10m² 投影面积	44.17	4.417
同清单量	44.175		44.175	
桂 011702038001	压顶模板制作安装	m	98.02	98.02
屋面女儿墙	$(28.5+10.5)×2-3.54$		74.460	
梯顶女儿墙	$(3.3+6.7)×2$		20.000	
-GZ	$-0.24×(20+6)$		−6.240	
户外梯 TB6	$1.32+1.5×2+5.48$		9.800	

分部分项和单价措施工程量计算表

工程名称：××有限公司食堂工程　　　　　　　　　　　　　　第 30 页　共 31 页

编　号	工程量计算式	单位	标准工程量	定额工程量
A17-118	压顶、扶手木模板木支撑	100 延长米	98	0.98
同清单量	98.02		98.020	
桂 011702039001	混凝土散水模板制作安装 1. 散水厚度：70mm	m²	17.232	17.232
同结构量	17.232			17.232
A17-123 换	混凝土散水混凝土 60mm 厚　木模板木支撑（实际高度：70m）	100m²	17.2	0.172
	17.232			17.232
桂 011702064001	沟盖板模板制作安装	m³	1.653	1.653
砖砌地沟混凝土盖板	0.32×0.06×86.08			1.653
A17-224	地沟盖板木模板	10m³ 混凝土体积	1.65	0.165
同清单量	1.6527			1.653
011703	垂直运输工程			
011703001001	垂直运输 1. 建筑物建筑类型及结构形式：框架结构 2. 建筑物檐口高度、层数：7.35m，地上 2 层	m²	598.79	598.79
	598.79			598.790
A16-1	建筑物垂直运输高度 20m 以内混合结构卷扬机	100m²	598.8	5.988
同清单量	598.79		598.790	
011708	混凝土运输及泵送工程			
桂 011708002001	混凝土泵送 1. 檐高：40m 内 2. 碎石 GD20 商品普通混凝土 C25	m³	10.2	10.2
A18-4	混凝土泵送输送泵檐高 40m 以内（碎石 GD20 商品普通混凝土 C25）	100m³	10.2	0.102
桂 011708002002	混凝土泵送 1. 檐高：40m 内 2. 碎石 GD40 商品普通混凝土 C25	m³	224.4	224.4
A18-4	混凝土泵送输送泵檐高 40m 以内（碎石 GD40 商品普通混凝土 C25）	100m³	224.4	2.244
桂 011708002003	混凝土泵送 1. 檐高：40m 内 2. 碎石 GD40 商品普通混凝土 C15	m³	29.5	29.5
A18-4	混凝土泵送输送泵檐高 40m 以内（碎石 GD40 商品普通混凝土 C15）	100m³	29.5	0.295
	税前项目			
010802001001	塑钢成品平开门 60 系列 5 厚白玻不带纱	m²	7.56	7.56
M2＝4	0.9×2.1			7.560
B-	塑钢成品平开门 60 系列 5 厚白玻不带纱	平方米	7.56	7.56
同清单量	7.56			7.560

分部分项和单价措施工程量计算表

工程名称：××有限公司食堂工程　　　　　　　　　　第31页　共31页

编　号	工程量计算式	单位	标准工程量	定额工程量
010807001001	铝合金推拉窗≤2m² 1. 框、扇材质：90系列1.4mm厚白铝 2. 玻璃品种、厚度：5mm白玻	m²	3.24	3.24
C2＝4	0.9×0.9		3.240	
B-	铝合金推拉窗≤2m²	m²	3.24	3.24
同清单量	3.24		3.240	
010807001002	铝合金推拉窗＞2m² 1. 框、扇材质：90系列1.4mm厚白铝 2. 玻璃品种、厚度：5mm白玻	m²	52.56	52.56
C1.3.4.5	1.5×2.1×1＋1.8×2.1×11＋2.7×0.9×1＋1.8×1.5×2		52.560	
B-	铝合金推拉窗＞2m²	m²	52.56	52.56
同清单量	52.56		52.560	
010807002001	铝合金防火窗乙级	m²	4.05	4.05
FC乙-1	4.5×0.9		4.050	
B-	金属防火窗　乙级	m²	4.05	4.05
同清单量	4.05		4.050	
011407001001	墙面喷刷涂料 1. 涂料品种、喷刷遍数：水性弹性外墙涂料，一底二涂，平涂，十年保质，国产	m²	582.941	582.941
同外墙抹灰	569.982		569.982	
二层雨篷外侧边	0.1×(28.74＋1×2)		3.074	
梯间屋面雨篷外侧边	0.1×(1.8＋0.6×2)		0.300	
	//MC侧壁			
1-9立面C2.3.4	[0.9×4×4＋(1.8＋2.1)×2×5＋(2.7＋0.9)×2]×0.075		4.545	
9-1立面C1.3.5	[(1.5＋2.1)×2＋(1.8＋2.1)×2×6＋(1.8＋1.5)×2×2]×0.075		5.040	
B-	外墙涂料	m²	582.941	582.941
同清单量	582.941		582.941	

附录4 某食堂工程施工图纸

4.1 设 计 变 更

1. 建施01图，总说明中"四、构造说明之(九)其他工程"第3点，铁件油漆说明改成"红丹打底一道，再面刷银粉漆两道"。

2. 建施01图，食堂门窗表作如下调整：

(1)"FM乙1"为木质乙级防火门，配件为闭门器、防火铰链。

(2)成品木门配L型执手锁。

(3)成品塑钢门为80系列不带纱平开门。

(4)推拉窗做法为铝合窗，1.4mm厚白铝，5厚白玻。

(5)卷闸门为0.8mm厚。

3. 木门、木质防火门油漆做法为润油粉、聚氨酯清漆两遍。

4. 建施01图，食堂建筑装修做法表作如下调整：

(1)楼地面，地20、楼10做法陶瓷地砖楼面采用600×600抛光砖。

(2)楼地面，地56、楼33做法陶瓷地砖卫生间楼地面采用300×300防滑砖。

(3)上人屋面作法中，05ZJ001屋5面层的面砖为500×500耐磨砖。

(4)混合砂浆内墙面装饰做法，原设计面层仿瓷3遍，改成面层刮成品腻子粉二遍。

(5)混合砂浆顶棚面装饰做法，原设计面层仿瓷3遍，改成面层刮成品腻子粉二遍。

5. 女儿墙内侧面、室外楼梯栏板内侧面装饰做法为15厚1：3水泥砂浆打底，10厚1：2水泥砂浆抹面层。

6. 建施07图，取消楼梯间顶平面图中"屋面爬梯"。

4.2 图 纸 内 容

1. 结构施工图纸目录

2. 结构施工图纸

3. 建筑施工图纸目录

4. 建筑施工图纸

图 纸 目 录

XX建筑设计有限责任公司				建设单位	XX有限责任公司			设计号	20110114
				项目名称	食堂			2011年 1月10日	

序 号	图 别	图 号	图 纸 名 称	采用标准图或重复使用图纸			备 注
				图集编号或设计号	图别	图号	
1			图纸目录				图幅 A4
2	建 施	01	建筑施工图设计总说明				图幅 A2
3	建 施	02	一层平面图				图幅 A2
4	建 施	03	二层平面图				图幅 A2
5	建 施	04	屋顶平面图				图幅 A2
6	建 施	05	①～⑨轴立面图 女儿墙内天沟大样图一				图幅 A2
7	建 施	06	⑥～⑪轴立面图 ⑪～⑥轴立面图				图幅 A2
8	建 施	07	⑨～①轴立面图				图幅 A2
9	建 施	08	1—1剖面图 女儿墙内天沟大样图二				图幅 A2

采用标准图集目录				
序 号	编 号	建筑标准图集—中南标	册	备 注

项目负责人：　　　　　　　　校 核：　　　　　　　　制表人：

施工图设计总说明

一、建筑设计依据

1. 广西省本项目业主、规划、消防等主管部门批复的方案设计依据。
2. 根据业主提供工程设计任务书，设计合同书、建筑方案设计批复。
3. 国家现行建筑设计规范、标准及有关规定。
4. 现行的国家、广西省本省有关本项目现行建筑技术规范及材料规范。
5. 本次设计批准后方可施工。

二、工程概况

1. 建设地点：广西省本市。
2. 建筑面积：食堂 598.8m²，食堂 360.35m²。
3. 建筑层数：地上二层。建筑高度：食堂 7.350m。
4. 建筑耐火等级：三级（50年）。
5. 主要功能房间为：食堂、厨房、储藏间等。
6. 屋面防水等级：二级。
7. 抗震设防烈度：七度。
8. 本工程属民用建筑，中、小型公共建筑。

三、建筑单体说明

1. 标题说明以方案为准，本项目以本专业施工设计图为准。
2. 设计方案与本项目设计方案一致。二次装修另详。

四、建筑构造说明

（一）墙体工程

1. 外墙：240 内墙体 240 卫生间墙体 120。
2. 材料：详图纸。
3. 墙身 240 内墙体 240 楼梯间墙 120。

（二）墙面工程

1. 外墙面、勒脚、墙裙等面层均按建筑材料表。室内墙面以房间面层表为准，室外墙面以立面图为准。
2. 内墙面：水泥砂浆打底，面层以房间面层表。
3. 楼地面：楼地面以房间面层表为准，直接做水泥砂浆面层。

（三）屋面防水工程

1. 屋面防水做法按二千屋面系列。

（四）屋面排水工程

1. 雨水排水以大雄屋面排水为准，支大雄与业主核查面层表。

食堂门窗表

类型	设计编号	洞口尺寸(mm)	数量	材料及类型	备注
窗	FMC-1	1000X2100	4	乙级防火门	厂家做
门	M-1	1000X2100	4		
	M-2	900X2100	4	成品钢门	
	M-3	1800X2600	1	成品木门	
	M-4	1500X2100	2	成品木门	
	M-5	1200X2100	1	成品木门	
	C-1	1500X2100	1	单层窗	
	C-2	900X900	4	单层窗	
	C-3	1800X2100	11	推拉窗	
	C-4	2700X900	1	推拉窗	
	C-5	1800X1500	2	推拉窗	
	FCZ-1	4500X900	1	乙级防火窗	厂家做
	JN-1		2	柒璃门	

食堂建筑装修做法表

分类	编号	图案	名称	使用部位	备注
地面	地20	卷材面 05ZJ001	陶瓷锦砖地面	所有房间及楼梯间	
	地56	卷材面 05ZJ001	陶瓷地砖卫生间	所有卫生间	
楼面	楼33	卷材面 05ZJ001	陶瓷锦砖楼面	所有楼面卫生间	
内墙面	内墙23	涂料面层	涂料内墙面	详见内墙面	
	内墙44	涂料面层	混合砂浆墙面	餐厅内墙面（卫生间除外）	
顶棚	顶3	涂料面层	混合砂浆顶棚	楼梯间	
	顶5		上人屋面	室外有顶棚间	
屋面	屋15		不上人屋面	屋面平屋面	

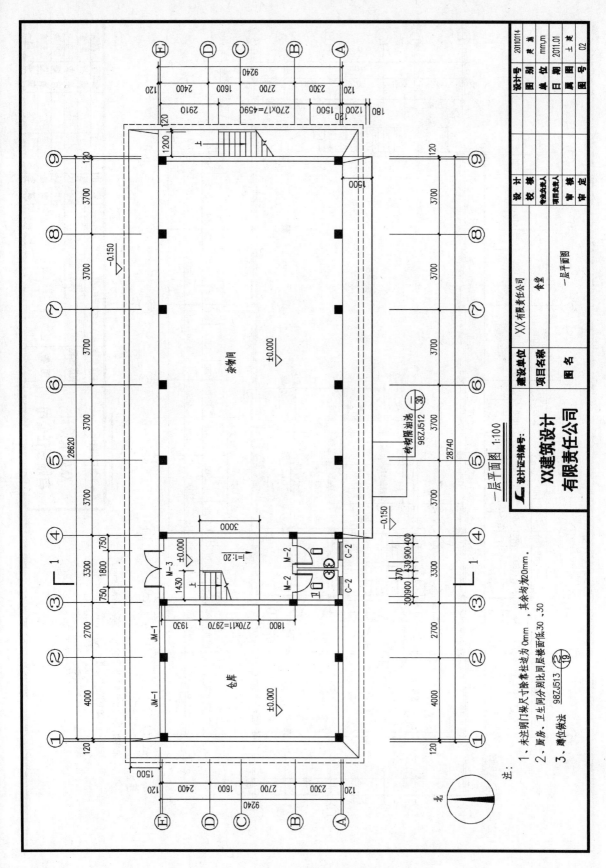

一层平面图 1:100

注:
1、未注明门垛尺寸靠柱边为0mm，其余均为20mm。
2、厨房、卫生间分别比同层楼面低30、30
3、蹲位做法 98ZJ513 ②⑲

XX建筑设计
有限责任公司

建设单位	XX有限责任公司	设计号	20110114
项目名称	食堂	图别		灵清
		单位	mm、m
图名	一层平面图	日期	2011.01
		属图号	土建
		图号	02

设计
校核
审核负责人
项目负责人
审核
审定

设计正书籍号：

363

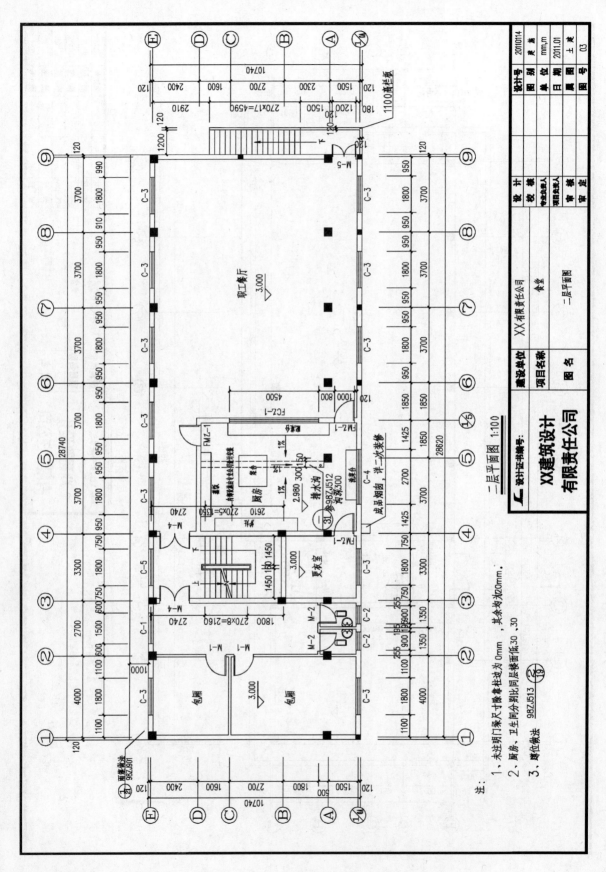

二层平面图 1:100

职工餐厅
▽ 3.000

厨房

更衣室
▽ 3.000

包厢
▽ 3.000

包厢

注：
1. 未注明门窗尺寸除柱这为0mm，其余均为20mm。
2. 厨房、卫生间同批同层楼面低30 ,30
3. 墙位做法 98ZJ513

建设单位：XX有限责任公司
项目名称 食堂
图名 二层平面图

设计证书编号：

XX建筑设计
有限责任公司

设 计		灵 美	设计号	20110114
校 核			图 别	灵 美
中请负责人			单 位	mm,m
项目负责人			日 期	2011.01
审 核		灵 美	页 图	土 美
审 定			图 号	03

364

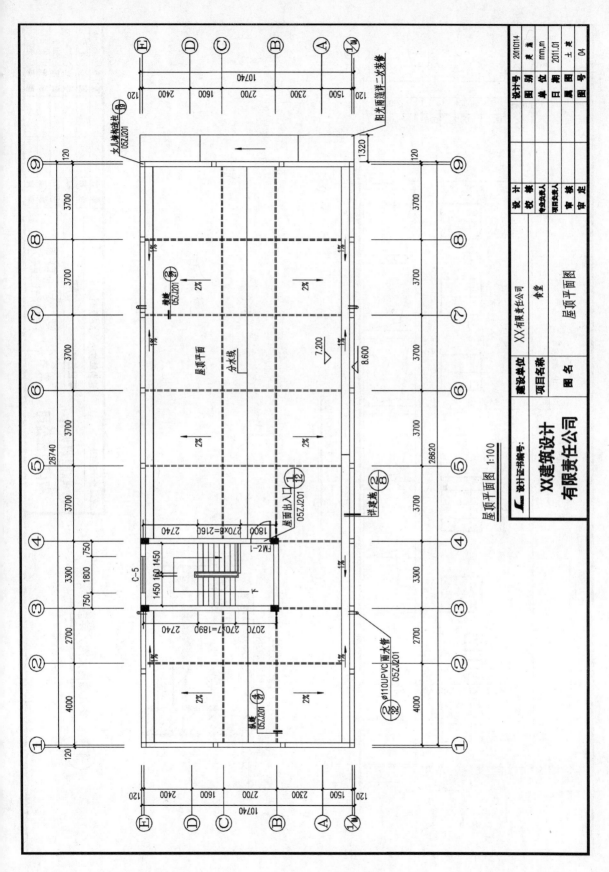

屋顶平面图 1:100

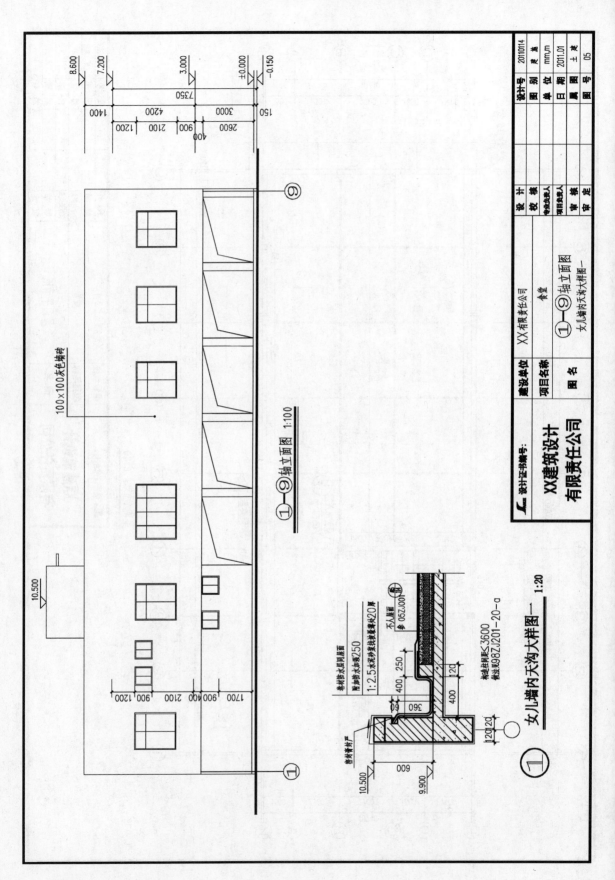

①—⑨轴立面图 1:100

100×100灰色墙砖

10.500

8.600
7.200

3.000
±0.000
-0.150

7350
1400 4200 3000 150
2600 2100 900 400
1200 1200 2100 900

1700 1200 900 400 2100

女儿墙内天沟大样图— 1:20

10.500
9.900

不上人屋面
参 05ZJ001

和建井同厚≤3600
参选则08ZJ201-20-a

素材泛水层同屋面
厚加防水涂膜250
1:2.5水泥砂浆找坡找素材20厚

250
400
120
400
360
60

600
120 120

密材有封严

① 女儿墙内天沟大样图— 1:20

设计正书编号：

XX建筑设计
有限责任公司

建设单位	XX有限责任公司		设 计		设计号	20110114
项目名称		食堂	校 核		图 别	灵 盖
			专业负责人		单 位	mm,m
图 名	①—⑨轴立面图		项目负责人		日 期	2011.01
	女儿墙内天沟大样图—		审 核		属 图	土 支
			审 定		图 号	05

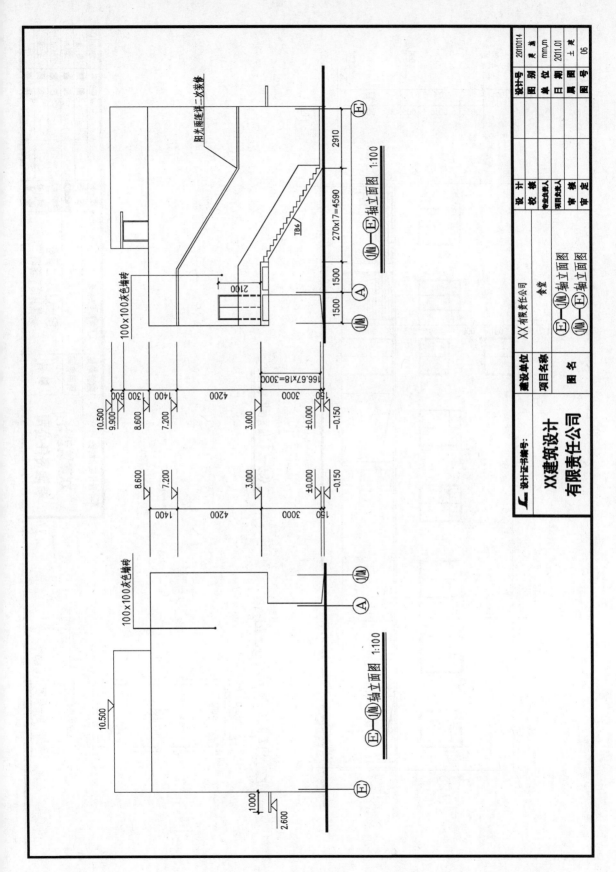

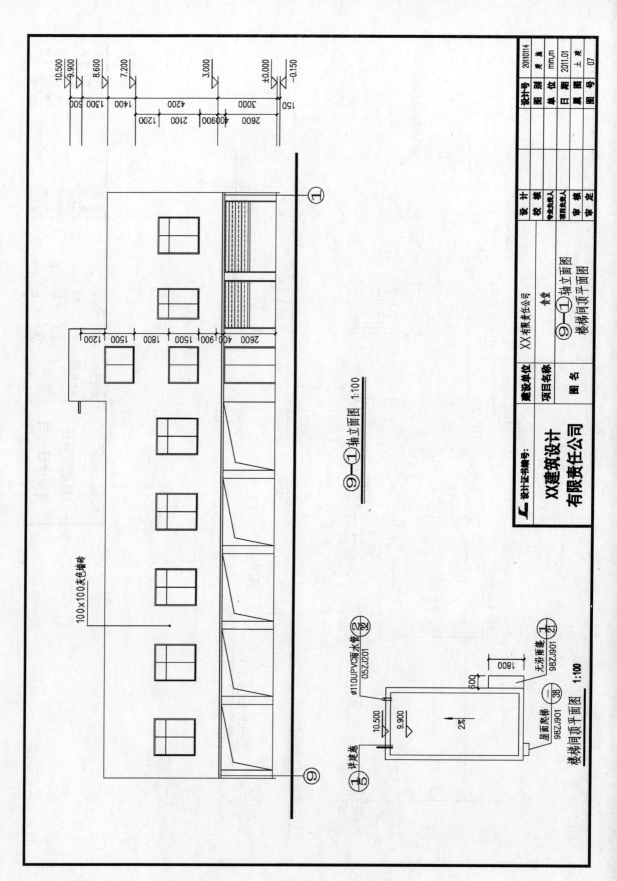

100×100灰色墙砖

⑨—①轴立面图 1:100

⑨—①轴立面图

Ø110UPVC雨水管② 05ZJ201

防水卷 ⑤ ①

10.500
9.900
2%
600

无组织排檐 ① ② 98ZJ901 21

屋面爬梯 ⑧ 98ZJ901 (一) 1800

楼梯间顶平面图 1:100

楼梯间顶平面图

设计正书编号：

XX建筑设计
有限责任公司

建设单位：	XX有限责任公司
项目名称：	食堂
图 名	⑨—①轴立面图
	楼梯间顶平面图

设 计	
校 核	
专业负责人	
项目负责人	
审 核	
审 定	

设计号	20110114
图 别	建 筑
单 位	mm,m
日 期	2011.01
属 图	土 建
图 号	07

368

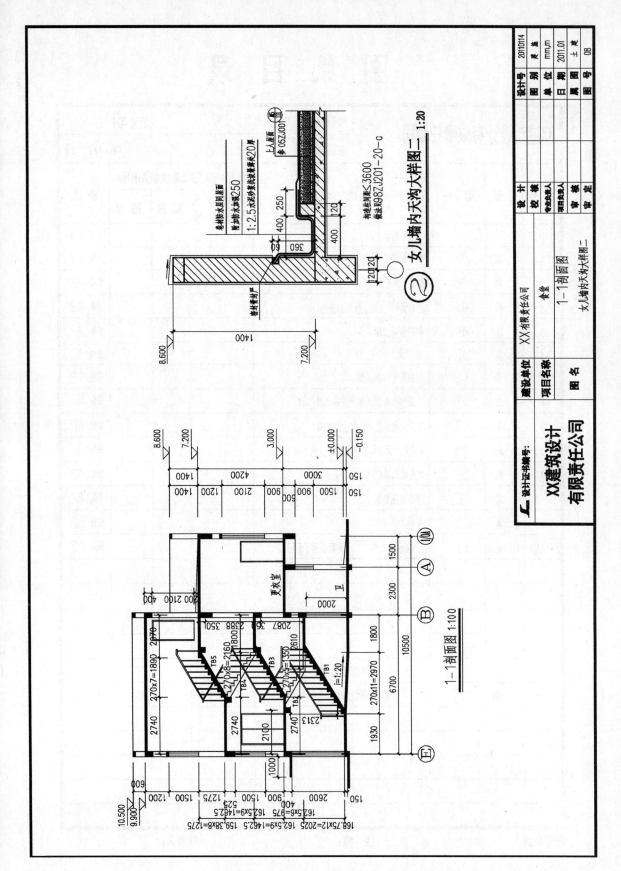

女儿墙内天沟大样图二 1:20

1—1剖面图 1:10.0

设计证书编号：		

XX建筑设计
有限责任公司

建设单位	XX有限责任公司		设计号	20110114
项目名称	食堂		图别	灵惠
			单位	mm,m
			日期	2011.01
图名	1—1剖面图		属图号	土灵
	女儿墙内天沟大样图二		图号	08

设 计				
校 核				
专业负责人				
项目负责人				
审 核	审 楼			
审 定	审 定			

图 纸 目 录

| | | | | | 采用标准图或重复使用图纸 | | | |
| 建设单位 | XX有限责任公司 | | | | | | 设计号 | |

XX建筑设计有限责任公司

建设单位	XX有限责任公司		设计号	
项目名称	食堂		年 月 日	

序号	图别	图号	图 纸 名 称	采用标准图或重复使用图纸			备注
				图集编号 或设计号	图别	图号	
1			图纸目录				图幅 A4
2	结施	01	结构设计总说明				图幅 A2
3	结施	02	基础平面布置图				图幅 A2
4	结施	03	基础说明 柱下独基示意图				图幅 A2
5	结施	04	柱平法施工图				图幅 A2
6	结施	05	柱 表				图幅 A2
7	结施	06	基础梁平法施工图				图幅 A2
8	结施	07	二层结构布置及梁平法施工图				图幅 A2
9	结施	08	屋面结构布置及梁平法施工图				图幅 A2
10	结施	09	楼梯间屋面结构布置及梁平法施工图				图幅 A2
11	结施	10	二层板配筋图				图幅 A2
12	结施	11	屋面板配筋图				图幅 A2
13	结施	12	楼梯大样				图幅 A2
14	结施	13	二层楼梯平面图 屋面楼梯平面图				图幅 A2

采用标准图集目录				
序 号	编 号	建筑标准图集—中南标	册	备 注

项目负责人：　　　　　　　　**校 核：**　　　　　　　　**制表人：**

结构设计总说明

1. 工程概况

1.1 本工程位于来宾市,食堂地面以上2层,房屋高度为7.35m;结构类型为框架结构.

1.2 本工程室内±0.000的绝对标高详建筑施工图.

2. 本工程设计遵循的主要标准、规范、规程、标准图

建筑结构可靠度设计统一标准(GB50068-2001)
建筑工程抗震设防分类标准(GB50223-2008)
建筑结构荷载规范(GB50009-2001)(2006年版)
建筑地基基础设计规范(GB50007-2002)
建筑抗震设计规范(GB50011-2010)
混凝土结构设计规范(GB50010-2010)
砌体结构设计规范(GB50003-2001)
地下工程防水技术规范(GB50108-2001)
混凝土结构施工图平面整体表示方法制图规则和构造详图(11G101-1).

3. 自然条件

3.1 基本风压:W_0= 0.30kN/m²(重现期50年);地面粗糙度类别为 B 类;体型系数取1.3.

3.2 场地地震基本烈度6度,抗震设防烈度6度(0.05g),设计地震分组为第一组.

3.3 建筑场地类别:II类.

3.4 场地的工程地质及地下水条件:

1)根据广西水文地质工程勘察院二OO七年十月的工程勘察报告进行基础设计.

2)地下水对混凝土结构及混凝土结构中的钢筋无腐蚀性.

3)场地土对混凝土无腐蚀性.

3.5 环境类别为:混凝土结构

混凝土结构环境类别	构件部位
一	一层以上楼面梁板柱
二(a)	与土壤接触的土0.000以下部分

4. 设计使用年限及相关设计等级

4.1 结构的设计使用年限为 50 年;

4.2 建筑结构的安全等级为 二 级;

4.3 抗震设防类别为 丙 类;

4.4 抗震等级 四 级;

4.5 地基基础设计等级为 丙 级.

5. 设计计算程序

5.1 结构整体分析:多层建筑结构空间有限元分析与计算软件SAT-8.

5.2 基础计算:PKPM 系列的JCCAD.

6. 设计采用活荷载标准值

6.1 楼、屋面活荷载标准值

项次	类 别	(kN/m²)
1	餐厅	2.5
2	厨房	4.0
3	卫生间	2.5
4	楼梯	2.5
5	上人屋面	2.0
6	不上人屋面	0.5
7		

6.2 楼面二次装修荷载限值:0.7kN/m·2Φ.

6.3 以上荷载值是本工程各使用部位设计采用的荷载标准值,为保证结构的安全,在实际施工和使用过程中须严格遵守和控制.

7. 主要结构材料

7.1 混凝土强度等级详各施工图

7.2 钢筋:采用HPB235钢筋(φ):f_y=210N²/mm;HPB400钢筋(≥):f_y=360N/mm

7.3 焊条:E43(HPB235用,Q235焊接)及E50(HRB335,HRB400焊接)

7.4 框架填充墙:烧结页岩砖,砌体结构质量控制等级为B级.
烧结页岩砖MU10,砂浆强度等级 Mb5(<3.5kN/m·2Φ).

8. 基础及说明详基础图。

9. 混凝土构件的统一构造要求

9.1 结构混凝土耐久性的基本要求(设计使用年限为50年)

环境类别	最大水灰比	最小水泥用量(kg/m³)	最低混凝土强度等级	最大氯离子含量(%)	最大碱含量(kg/m³)
一	0.65	225	C20	1.0	不限制
二(a)	0.60	250	C25	0.3	3.0
三	0.5	300	C30	0.1	3.0

9.2 受力钢筋的混凝土保护层厚度:本工程上部结构梁,板,柱按图集<<平法>>03G101-1的第33,35页采用,其中取取消剪力墙.

9.3 本工程图纸有说明时,受拉钢筋的最小锚固长度l_a,抗震锚固长度l_{aE}.

9.4 箍筋、拉筋及预埋件等不应与框架梁钢筋焊接.

9.5 受力钢筋的连接接头应设置在构件受力较小的部位,在同一根钢筋上宜少设接头.抗震设计时,宜避开梁端,柱端箍筋加密区范围,当钢筋不位置无法避开梁端,柱端箍筋加密区时,宜采用机械连接或焊接,且钢筋接头面积百分率不应超过50%.

9.6 上部结构柱的梁、板通长钢筋连接,除特别注明外,底筋在支座处连接.面筋在跨中1/3范围内连接,相邻通长钢筋的接头应相互错开,当采用焊接接头时,在任一焊接接头中心至长度为钢筋直径的35倍且不少于500mm的区段范围内,或当采用绑扎搭接接头时(只在受拉钢筋直径d<25mm用),从任一接头中心至1.3倍搭接长度的区段范围内,有接头的受拉钢筋截面积占受力钢筋总截面积的百分率不宜大于25%,不应>50%.

9.7 本工程柱、梁纵筋做法,未另加说明时均须按现行图集<<平法>>11G101-1进行施工.

10. 柱的构造要求

10.1 柱纵筋设有拉筋时,拉筋应同时拉住纵筋和箍筋.

10.2 柱与门窗或过梁及填充墙的混凝土水平筋相连处均按相关图纸要求留出相应钢筋,钢筋埋入柱内l_{aE},伸出柱外长度>L_{aE}.受拉钢筋绑扎搭接长度L1E 应按图集<<平法>>11G101-1采用.

11. 梁的构造要求

11.1 梁上部纵向钢筋水平方向的净间距不小于30mm和1.5d(d为纵筋的最大直径),下部纵向钢筋水平方向的净间距不应<于25mm和d;梁下部纵向钢筋配置多于两层时,两层以上钢筋水平方向的中距应比下面两层的中距增大一倍各层钢筋之间的净间距不应<于25mm 和d.

11.2 在各层梁施工时,凡两端相交处及接点,不论是否设有附加吊筋应按图2要求设置附加箍筋.

11.3 架立纵钢筋形式详3,挑梁箍筋图示未注明均为100mm,当梁跨净跨尺寸大于1500mm时应按大样图3设置腰筋.

11.4 当梁、柱混凝土强度等级不一样时应按图4施工,可沿预定的接缝位置设置留剩的钢丝网(孔经5x5mm).浇捣高强度混凝土后随即凿毛清低强度混凝土,不能留施工缝.

11.5 除注明外,本工程布有梁版柱450mm时均向构造纵筋均为Φ12,布置及要求详图集<<平法>>11G101-1.

11.6 当框架梁梁与柱边设置时,梁主筋应于柱主筋内侧.

12. 楼板、屋面板的构造要求

12.1 双向板底筋之短向筋置于下排,长向筋在上排.

12.2 板底筋应伸出过梁,梁中心线且不少于50mm,板中间支座面筋两端锚固直钩,直钩长度等于板厚减保护层厚度.板边支座钢筋应按图5施工,面筋另一端做直钩伸向中间支座.

12.3 当板底与梁底平时,板底筋应锚入梁底层纵筋,长度不小于10d.且至少伸过梁中线以外.

12.4 现浇板内需埋设暗管时,管外径不得大于板厚1/3,交叉管线应妥善处理,并使管暗至板上方的混凝土厚度应不少于25mm,若预埋暗管于无钢筋网时应沿管长方向加设>6@150钢筋,详图6.

12.5 单向或双向板端悬挑的阳角处,在1/4范围内应增设双向板面钢筋,其距取<200,直径的锚角筋负钢筋,对于跨度>4.2米的跨板在板角处也增加双向板面钢筋,配置要求与端板相同.板角附加板筋详图7.

12.6 板筋的分布构造:除注明外,在1/4范围内;<12时为Φ6@200;受力筋直径>12为Φ8@200.

12.7 楼板开洞构造要求:当洞孔直径D或宽度b(b为矩形洞的垂直于板短向方向的孔洞跨度)不大于300mm时,钢筋不切断,绕过洞口施工.当简洞孔直径D或宽度b大于300mm,但小于1000mm,这部分应无集中荷载时,在洞边补放,详见图8大样施工,其每侧截面积不小于孔洞宽度内被切断的受力钢筋总面积的一半.

12.8 建筑平面图所示的水管,电缆管井一般应封板;烟道,风道不封板.除特别注明外需要封闭的先留出H>10@200双层孔,待管道安装后浇灌楼井上楼板混凝土,板厚100mm.

12.9 地面地面30米以上悬挑长大于1200的悬臂板,以及位于抗震设防区悬挑长大于1500的悬挑板,均需设>8@200的底筋.

12.10 挑檐转角处(阴角,阳角)应配置附加强钢筋详图16.

13.砌体填充墙与砼墙、柱连接及构造柱、过梁的构造要求

13.1 当填充墙长>5m时，应在填充墙中间设置构造柱，间距<4米，构造柱大样详图9
　　当墙高大于4米小于7米时，墙体半高处设置一道与柱连接且贯全长贯通的钢筋
　　混凝土水平系梁，梁同墙宽，梁高200.梁内纵筋4≥12通长，箍筋端头锚固长度LaE，箍筋≥6@200.
　　砌体转角、墙体的尽头无柱或墙体拉结时，也均应设构造柱。

13.2 填充墙应沿柱全高每隔400mm设2Φ6拉筋，拉筋伸入墙内
　　不应小于墙长的1/5且不小于700mm，入框柱(剪力墙)200mm.

13.3 不得使用断裂或整体有裂纹的小砌块砌筑墙体，不得与其它不同材料在墙体中混砌。

13.4 小砌块墙砌筑完后应让其充分分干燥，收缩后再抹面。

13.5 构造柱应在施工楼层梁时按图10设预埋筋，构造柱施工应先砌墙后浇柱，构造柱设置位置参各层结构图，
　　并按照第13.1条原则布置。在120墙上的构造柱标识为120，门与120墙的尽头无柱或墙体
　　拉结时，也均应设构造柱。柱宽同墙宽，柱高240.柱内纵筋4Φ12通长，箍筋≥6@200.
　　构造柱混凝土强度等级C25.

13.6 门、窗顶无结构梁时，应另设钢筋混凝土过梁(过梁长度为洞宽+500mm)
　　详图15，未加说明时其做法如下:

门洞宽	梁高	①号筋	②号筋	③号筋
<1200	200	2≥8	2≥10	≥6@150
1300~1500	200	2≥8	2≥12	≥6@150
1600~2000	200	2≥8	2≥14	≥6@150
1800~3000	300	2≥8	2≥14	≥6@150

注: 过梁宽同墙厚

13.7 门、窗洞顶与结构梁底距离小于过梁高度时，过梁与结构梁浇成整体，详图11.

13.8 卫生间边梁上方需做素砼反边200高，反边宽同墙厚，反边与梁同时
　　浇筑，遇洞口处取消砼反边;当周边梁高于坑板底时，卫生间边梁处吊
　　板做法详图12.各层卫生间周边梁板构造示意详图17.

14.其它

14.1 图中标高以米(m)为单位 尺寸以毫米(mm)为单位.

14.2 大体积混凝土施工时，应特别注意混凝土的浇筑及养护，以防干缩及水化热等有害影响.

14.3 悬臂梁、悬挑板必须待混凝土强度达到100%设计强度后，方可拆除底模支撑，
　　楼、屋面板混凝土浇筑完毕后，应按施工技术方案并采取有效的养护措施，
　　混凝土强度达到1.2N/mm²前，不得在其上人踩，也可安装模板及支架.

14.4 本施工图与建筑、电气 给排水、通风、空调等专业的施工图应密切配合，
　　及时铺设各类管线及套管，所有的预埋件、插筋及预留孔洞均由按各专业的图纸上予以预留、预埋，不得遗漏.

14.5 避雷引下线利用剪力墙或柱内纵向钢筋时，该钢筋上、下应贯通，接头应焊接，
　　焊接长度应满足足电气专业要求.

14.6 未经设计许可不得改变结构的用途和使用环境.

14.7 图纸未经施工图审图，会审不得用于施工;施工图经审图批准后，需涉及到结构安全等主要内容的修改时
　　须由原施工单位与审图单位再审通过后方可施工.

14.8 本工程设计图纸如存在相互不一致时，请及时通知设计人员处理.

14.9 施工时除应遵守设计说明与设计图纸要求外，尚应严格执行国家现行及工程所在地区的有关规范或规程规定.

图2 梁附加箍筋

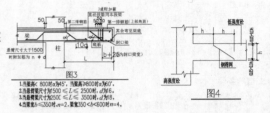

图3　图4

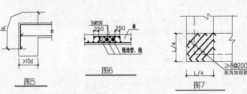

图5　图6　图7

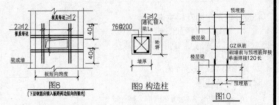

图8　图9 构造柱　图10

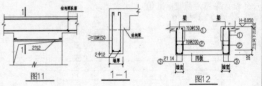

图11　1-1　图12

图13　图15　图16　图17

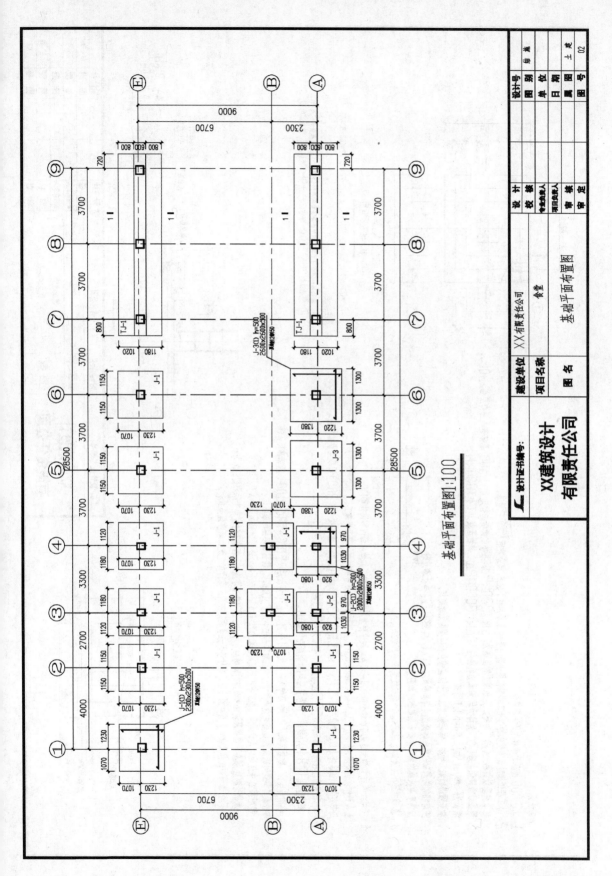

基础平面布置图1:100

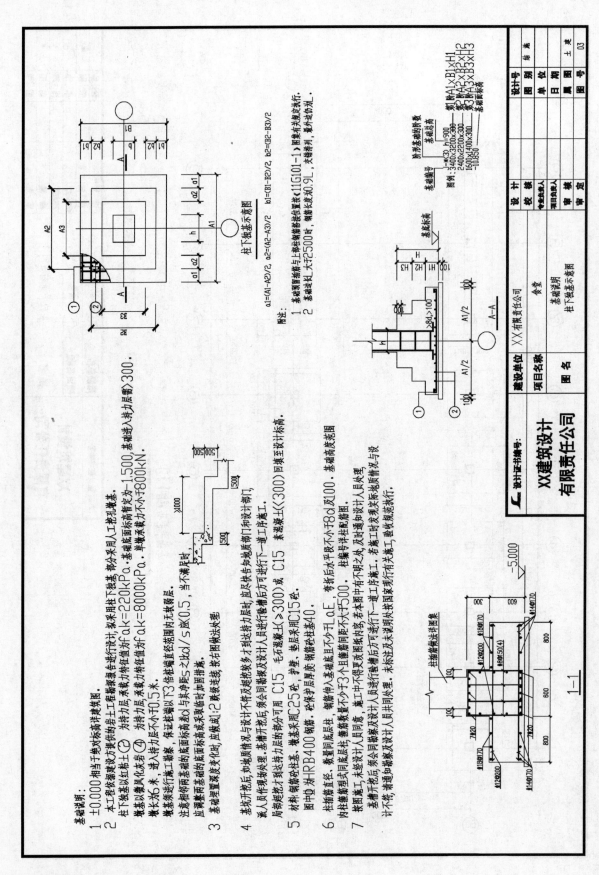

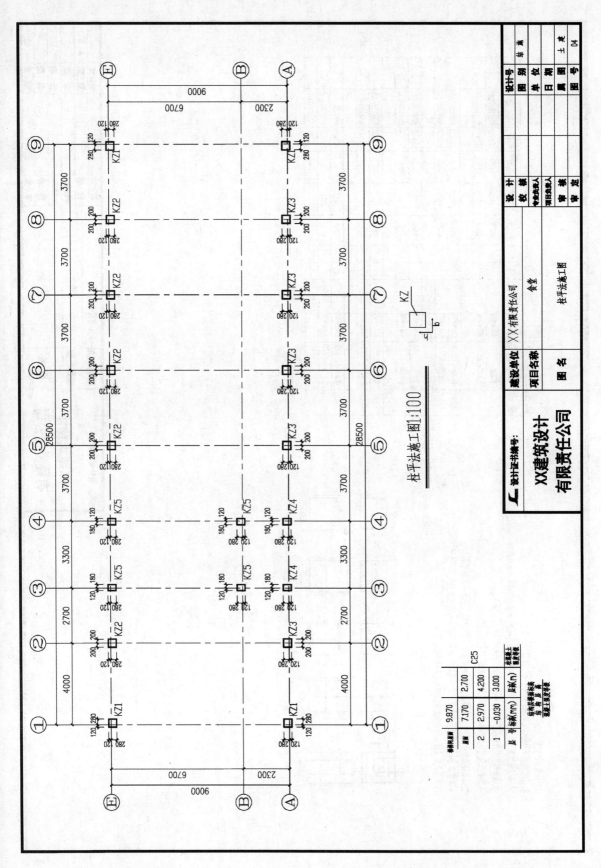

柱平法施工图1:100

柱表

柱号	标高	b×h	b1	b2	h1	h2	角筋	b边一侧中部筋	h边一侧中部筋	箍筋类型号(m×n)	箍筋	备注
KZ1	基础顶面~-2.970	400×400					4Φ20	1Φ20	1Φ20	1(3×3)	Φ8@100/200	
	2.970~7.170	400×400					4Φ18	1Φ18	1Φ18	1(3×3)	Φ6@100/200	
KZ2	基础顶面~-2.970	400×400					4Φ22	1Φ22	1Φ18	1(3×3)	Φ8@100/200	
	2.970~7.170	400×400					4Φ22	1Φ22	1Φ18	1(3×3)	Φ6@100/200	
KZ3	基础顶面~-2.970	400×400					4Φ20	1Φ20	1Φ16	1(3×3)	Φ8@100/200	
	2.970~7.170	400×400					4Φ20	1Φ20	1Φ16	1(3×3)	Φ6@100/200	
KZ4	基础顶面~-2.970	300×400					4Φ16			1(2×2)	Φ8@100/200	
	2.970~7.170	300×400					4Φ16			1(2×2)	Φ8@100/200	
KZ5	基础顶面~-2.970	300×400					4Φ18	1Φ18		1(2×2)	Φ8@100	
	2.970~9.870	300×400					4Φ18	1Φ18		1(2×2)	Φ8@100	

箍筋类型 (nxn)

柱平法施工图说明:
1. 本工程柱平面整体表示标准图集号为11G101-1.
2. 本工程抗震设防烈度为六度, 框架抗震等级为四级, 框架结构抗震措施按四级进行施工.
3. 请按照所采用标准图集相应的抗震等级标准图进行施工.
4. 混凝土强度及钢筋详各层楼面标高表. 钢筋HRB400(Φ).
5. 柱基础插筋同底层柱筋, 插筋坐弯于基础底且插入基础底板Lₐ且非抗震等成直钩, 直钩长≥100基础内柱基筋于经同底层柱, 数量不少于3个, 且筆箍间距不大于500.
6. 未详之处请按该图集与其大则规则和相应大样施工.

设计正书编号:

XX建筑设计有限责任公司

建设单位	XX有限责任公司		设计号	
项目名称	食堂		图别	
			单位	
图名	柱表		日期	
			属图	
			图号	05

设计		校核	
专业负责人		项目负责人	
审核		审定	

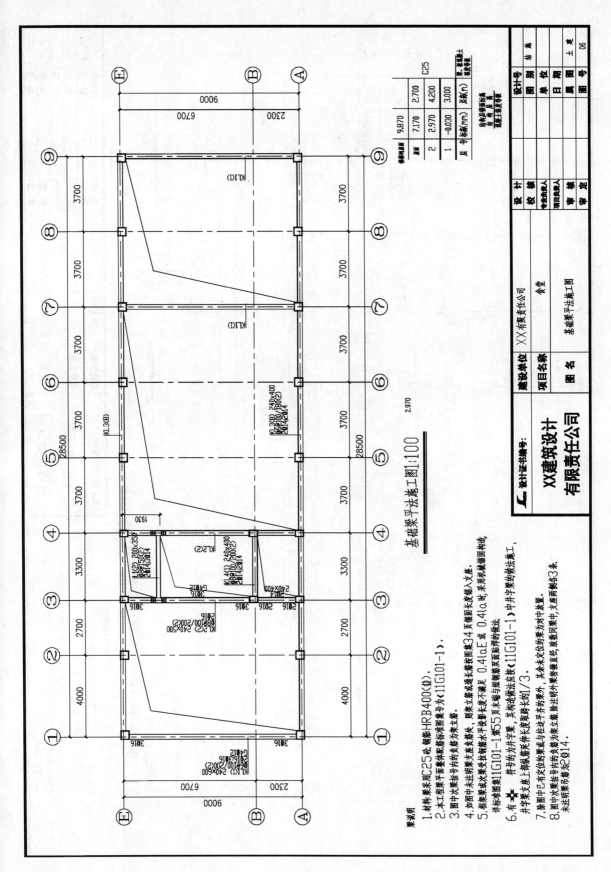

基础梁平法施工图1:100

梁说明：
1.材料梁采用C25砼，钢筋HRB400(Φ)。
2.本工程梁平面整体配筋标准图集号为《11G101-1》。
3.图中次梁吊筋符号的为箍为立筋。
4.沟图中未注明梁支座负筋处，附某立筋试通长筋按图集第34页图长度锚入支座。
5.框架梁或次梁各按支座处箍水平投影长度不满足 0.4laE或 0.4laⱼ时，采用机械锚固构造。
详标准图集11G101-1第55页末端与短锚筋双页配弯起其做法
6.有 符号的为十字梁，其构造做法按《11G101-1》中井字梁的做法施工，
并十字梁支座上部收剪牙筋按牙筋长收的1/3。
7.除图中已有支位按梁与柱边平不附梁外，其本支位的梁为对中放置。
8.图中次梁吊符号内的负筋为梁立筋，除注明外梁立筋置至锚，故剩吊某柱，支座两侧各3条
未注梁吊筋另加2Φ14。

结构层楼面标高 结构层高 及混凝土强度等级		
层 号 标高(mm)	层高(m)	
屋面	9.870	
2	7.170	2.700
	2.970	4.200	C25
1	-0.030	3.000
		素混凝土 垫层层级

建设单位：	XX 有限责任公司
项目名称	食堂
图 名	基础梁平法施工图

XX建筑设计
有限责任公司

设计证书编号：

设 计
校 核
专业负责人
项目负责人
审 核
审 定

图 别 结 构
图 号
单 位
日 期
属 图 号
图 号 06

377

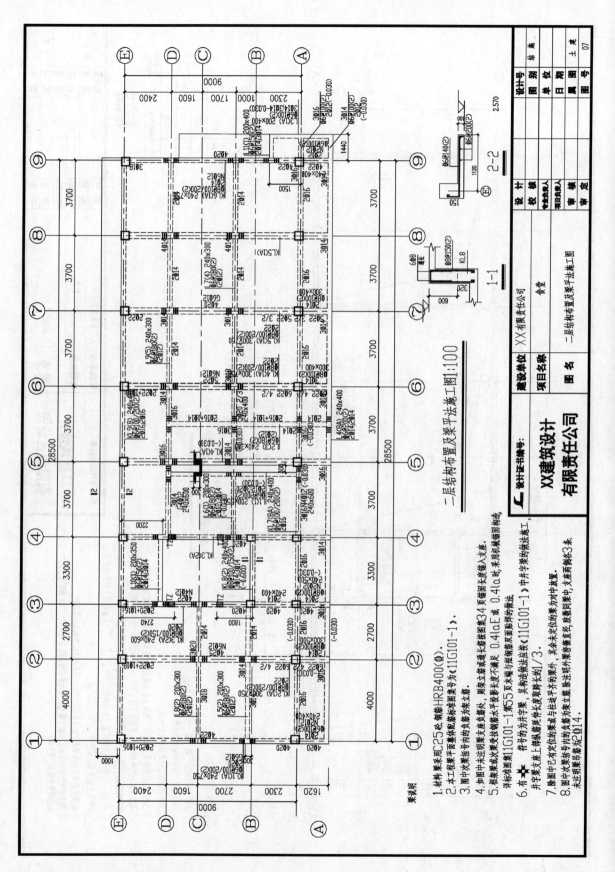

二层结构布置及梁平法施工图1:100

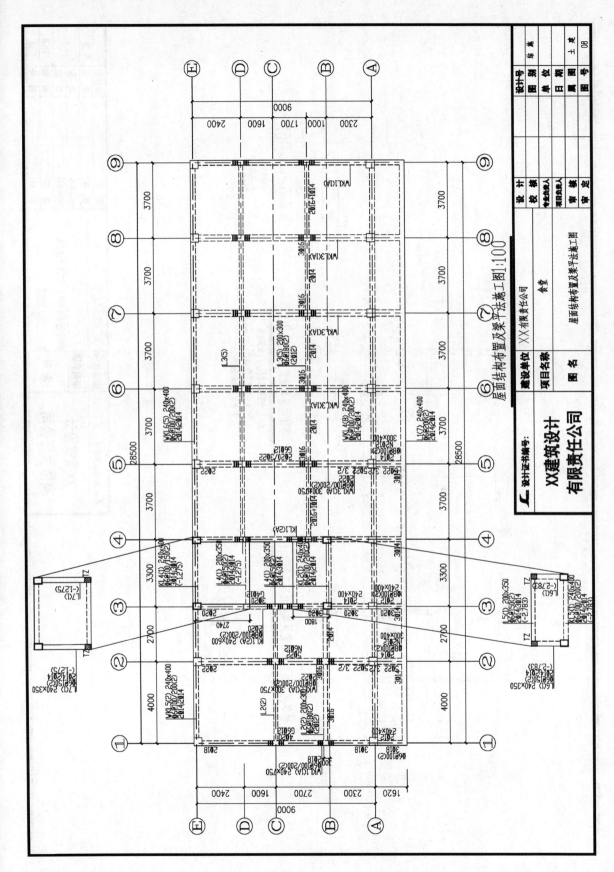

屋面结构布置及梁平法施工图 1:100

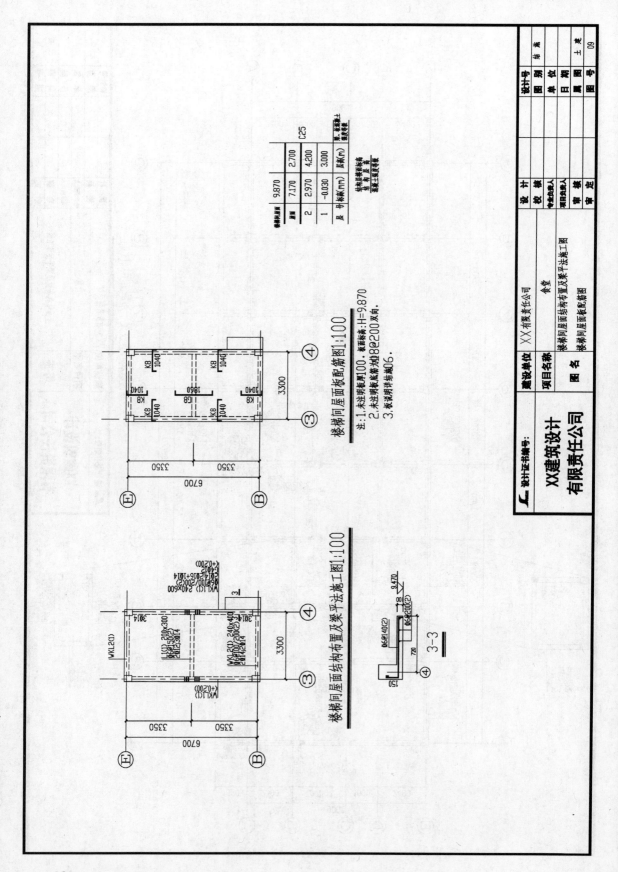

楼梯间屋面板配筋图 1:100

注：1. 未注明板厚El00.
2. 未注明板底筋均为8@200双向.
3. 板说明详结施05.

楼梯间屋面结构布置及梁平法施工图 1:100

屋面	9.870	2.700		C25
2	7.170	2.970	4.200	3.000
1	2.970	-0.030		
层 号	顶标高(mm)	底标高(mm)	层高(m)	

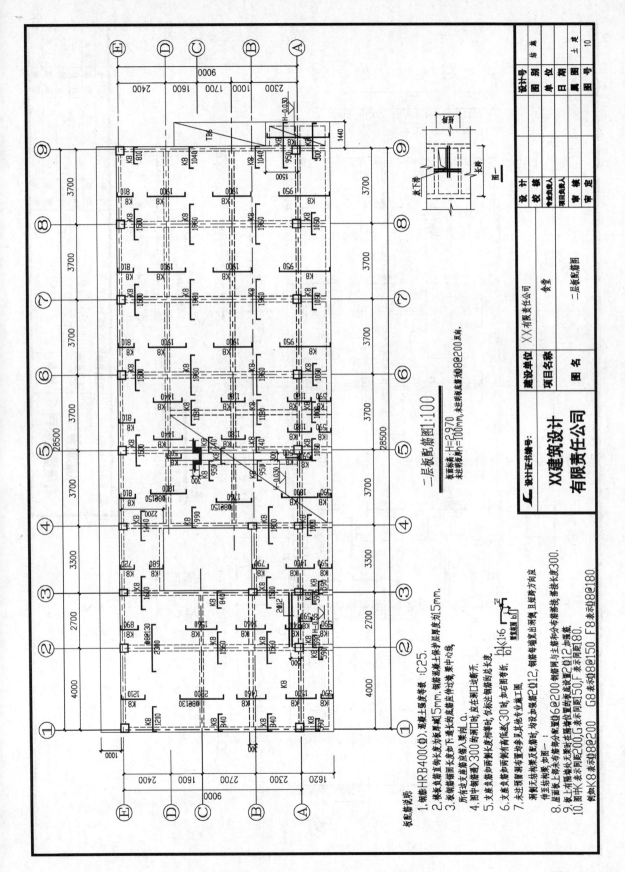

二层板配筋图 1:100

板顶标高：H=2.970
未注明板底筋均为Φ8@200双向。

板配筋说明：
1. 钢筋采用HRB400(中)，混凝土强度等级 iC25.
2. 楼板负筋直角长度为板跨且钢筋混凝土保护层厚度为15mm.
3. 板钢筋锚固图大度为下遇长的底筋前伸过墙，来中心线
   所有支座钢筋皆入署抽Q。
4. 图中钢筋数300的溯孔时，应在本溯口过断开.
5. 支座负筋如两侧大度相等时，仅标注钢筋的总长度.
6. 支座负筋如两侧皆有者高底≥30时，如右图弯折.
7. 未注预留预留孔置均多见其他专业施工图，
   消制无结构施及配筋时，均按加发箍2Φ12，钢筋车端突出洞侧分布筋替线，替长度300.
8. 屋面板上部加筋均分配置6Φ200钢筋网与主筋向底设置2Φ12 加密箍.
9. 板上有墙的无集处主筋布置多钢板底筋板50,F表示同图180.
10. 图中K8表示Φ8@150 G8表Φ8@200 F8表Φ8@180

设计单位：XX建筑设计
有限责任公司

	建设单位	XX有限责任公司
设计	项目名称	食堂
校核	图名	二层板配筋图
专业负责人		
项目负责人		
审核		
审定		

设计号		结 构
图别		土 建
日期		
真图号		
图号		10

381

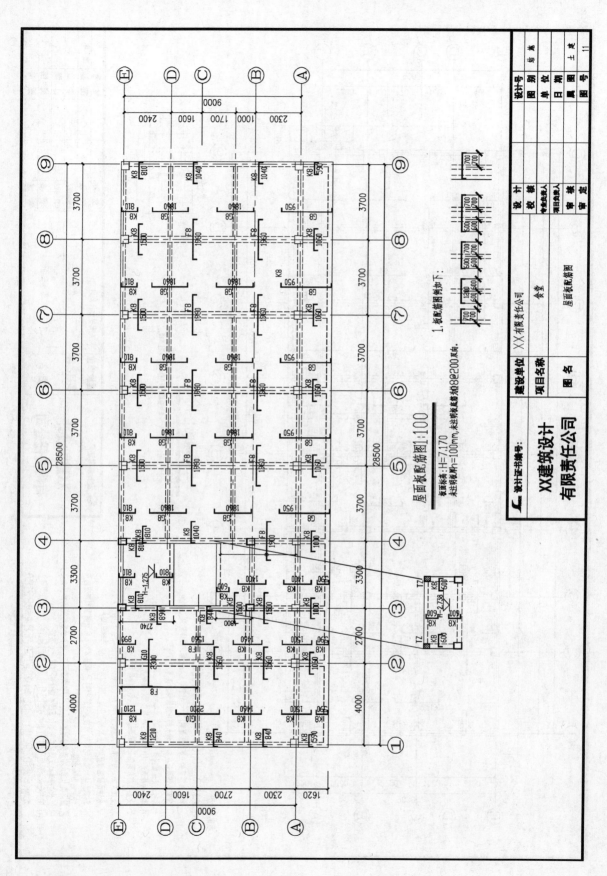

屋面板配筋图1:100

有顶面高：H=7.170
未注明板厚h=100mm,未注明板底钢筋加8@200双向.

1.板配筋图例如下:

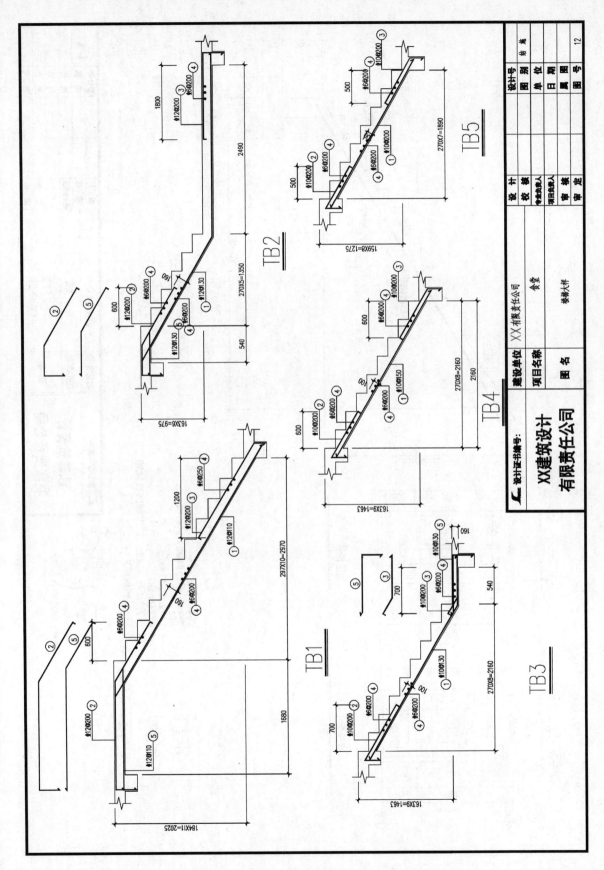

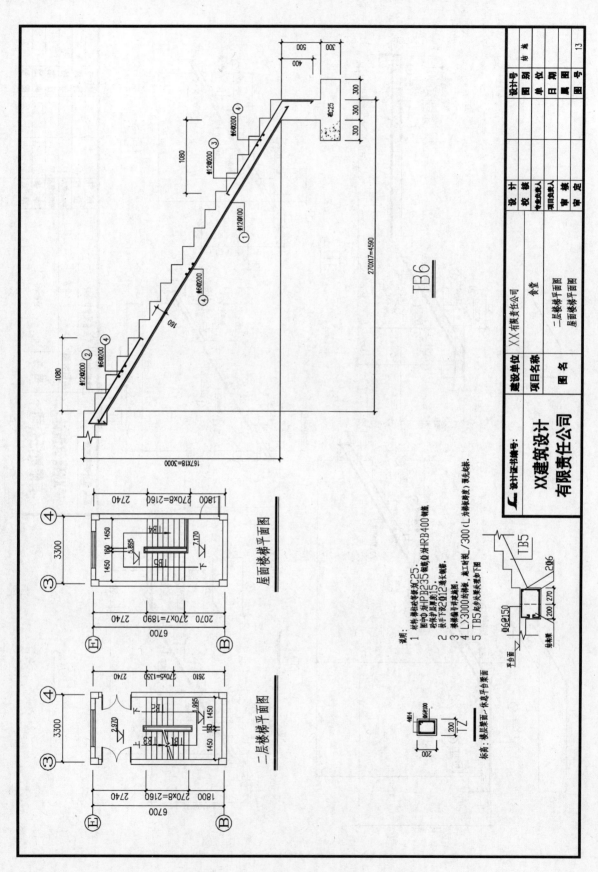

TB6

270X17=4590

167X18=3000

屋面楼梯平面图

二层楼梯平面图

注解:
1 材料:楼梯板采用C25。
　图中ф为HPB235钢筋,Φ为HRB400钢筋。
　砼保护层厚度15。
2 扶手下各2Φ12通长钢筋。
　楼梯栏杆详见建施。
3 详图比例见详图。
4 L≥3000的楼梯,施工时地,地工时楼梯(L为楼梯跨度)系长起梯。
5 TB5楼梯为处楼梯连接下图

标高:楼层标高/休息平台标面

平台面

XX建筑设计
有限责任公司

设计证书编号:

建设单位	XX有限责任公司		设计号	
项目名称	食堂		图别	
			单位	
图名	二层楼梯平面图 屋面楼梯平面图		日期	
			属图	
			图号	13

设计
校核
专业负责人
项目负责人
审核
审定

参 考 文 献

[1] 中华人民共和国国家标准 . 建设工程工程量清单计价规范(GB 50500—2013). 北京：中国计划出版社，2013.

[2] 中华人民共和国国家标准 . 房屋建筑与装饰工程工程量计算规范(GB 50854—2013). 北京：中国计划出版社，2013.

[3] 规范编制组 . 2013 建设工程计价计量规范辅导 . 北京：中国计划出版社，2013.

[4] 广西壮族自治区建设工程造价管理总站 . 建设工程工程量清单计价规范广西壮族自治区实施细则，2013.

[5] 广西壮族自治区建设工程造价管理总站 . 建设工程工程量计算规范广西壮族自治区实施细则，2013.

[6] 广西壮族自治区建设工程造价管理总站 . 2013 广西壮族自治区建筑装饰装修工程费用定额 . 北京：中国建材工业出版社，2013.

[7] 广西壮族自治区建设工程造价管理总站 . 2013 广西壮族自治区建筑装饰装修工程消耗量定额 . 北京：中国建材工业出版社，2013.

[8] 广西壮族自治区建设工程造价管理总站 . 2013 广西壮族自治区建筑装饰装修工程人工材料配合比机械台班基期价 . 北京：中国建材工业出版社，2013.

[9] 莫良善，陆丽娟 . 广西壮族自治区建筑装饰装修工程定额宣贯资料 . 广西建设工程造价管理总站，2013.

[10] 广西壮族自治区建设工程造价管理总站 . 广西壮族自治区工程量清单及招标控制价编制示范文本，2011.

[11] 中国建设工程造价管理协会 . 工程造价计价与控制 . 北京：中国计划出版社，2013.

[12] 袁建新 . 工程量清单计价 . 北京：中国建筑工业出版社，2004.